保健食品和医药产品研发注册与应用系列

U0786497

保健食品研发设计与注册应用

主　编　杜　清　马　国　罗毅皓　蒋立勤　田　俊

中国健康传媒集团
中国医药科技出版社

内容提要

本书依据保健食品管理相关法律法规，食品和医药相关专业高等教育教学要求和人才培养的需要编写而成，内容包括保健食品基本概况、法律法规、研发现状、研发思路和流程、原辅料要求、配方工艺研究、生产工艺研究、质量研究与评价、毒理学与安全性评价、功能学研究与评价、标签、说明书和包装的设计要求、药食两用中药保健食品的研发设计、注册与备案、技术审评和研发注册应用相关实例等方面。

本书可供高等学校食品科学、药学、中药学、食品卫生与营养学等相关专业师生使用。

图书在版编目（CIP）数据

保健食品研发设计与注册应用 / 杜清等主编.
北京： 中国医药科技出版社， 2024. 11. -- ISBN 978-7
-5214-4229-8

Ⅰ. TS218

中国国家版本馆CIP数据核字第2024DR2504号

美术编辑 陈君杞
版式设计 友全图文
责任编辑 张 睿

出版 **中国健康传媒集团** | 中国医药科技出版社
地址 北京市海淀区文慧园北路甲22号
邮编 100082
电话 发行：010-62227427 邮购：010-62236938
网址 www.cmstp.com
规格 787 × 1092mm 1/16
印张 21 1/2
字数 467千字
版次 2024年11月第1版
印次 2024年11月第1次印刷
印刷 北京盛通印刷股份有限公司
经销 全国各地新华书店
书号 ISBN 978-7-5214-4229-8
定价 86.00元

版权所有 盗版必究

举报电话：010-62228771

本社图书如存在印装质量问题请与本社联系调换

获取新书信息、投稿、为图书纠错，请扫码联系我们。

保健食品和医药产品研发注册与应用系列

建设指导委员会

主 任 委 员　田　俊（江苏师范大学）

常务副主任委员　周中凯（天津科技大学）

副 主 任 委 员　（以姓氏笔画为序）

朱振元（天津科技大学）

刘新旗（北京工商大学）

李军乔（青海民族大学）

雷　娟（北京福太明生物科技有限公司）

委　　　员　（以姓氏笔画为序）

王满元（首都医科大学）

孙万成（青海大学）

贡济宇（长春中医药大学）

杜伊仁（即可清醒（上海）生物科技有限公司）

李文龙（天津中医药大学）

李文钊（天津科技大学）

李兆丰（江南大学）

宋家乐（桂林医学院）

张根义（江南大学）

张连富（江南大学）

编委会

主　编　杜　清［青海民族大学，清新天正（北京）国际科技有限公司］

马　国（复旦大学）　罗毅皓（青海大学）

蒋立勤（浙江中医药大学）　田　俊（江苏师范大学）

副主编　张玉静（湖南师范大学）　朱恩俊（南京财经大学）

孙万成（青海大学）　段飞霞（四川大学）

刘　曼（江苏师范大学）　王立强（菏泽学院）

张晓维（天津科技大学）　潘　超（江苏师范大学）

左蕾蕾（成都中医药大学）

编　委　（以姓氏笔画为序）

王满元（首都医科大学）　吕　璇（青海大学）

朱振元（天津科技大学）　刘梦丹（湖南师范大学）

孙会轻（天津科技大学）　严世伟（复旦大学）

李文龙（天津中医药大学）　李文钊（天津科技大学）

李龙舟（复旦大学）　宋家乐（桂林医学院）

张　焱（天津科技大学）　张根义（江南大学）

岳　珂（江苏师范大学）　赵　芬（北京工商大学）

姜晓东（湖南师范大学）　耿雪晴（天津科技大学）

雷　娟（北京福太明生物科技有限公司）

主编简介

杜清

执业药师，中级工程师，质量内审员。2016年底至今在北京协和医学院药用植物研究所、青海民族大学从事教学和研究工作。中国民族医药学会科普分会理事、药学专委会委员，二级创新工程师，中国野生植物保护协会兰花专委会委员，中国中药协会追溯专委会成员，中国化学会会员，青海省集邮协会理事，生物化学和分子生物学终身会员。先后主持并参与国家自然科学基金、中央级公益性科研院所、北京市自然科学基金及省级等10余项科研课题，科研课题曾获天津市科技进步三等奖1项。完成青海省自然科学基金项目《藏药材斑花黄堇生物碱类化学成分制备分离及质量控制技术研究》，获得国内领先科技成果。在国内外杂志发表论文40余篇，参编教材和著作10余部，申请和授权国家发明专利5项。

马国

教授，博士生导师，复旦大学药学院。主要从事临床药学、药物动力学与多组学研究。近年主持国家和省部级项目16项，其中国家自然科学基金面上项目4项。在国际知名杂志发表学术论文80余篇，主编教材专著10部，副主编7部，参编15部。荣获各类奖励40余项。现担任中国药学会医药生物分析专委会、中国药学会循证药学专委会、中国民族医药学会方药量效研究分会、科普分会、中国中医药研究促进会中药临床药学分会等18个国家级或省部级学会的副会长、常务理事、委员。

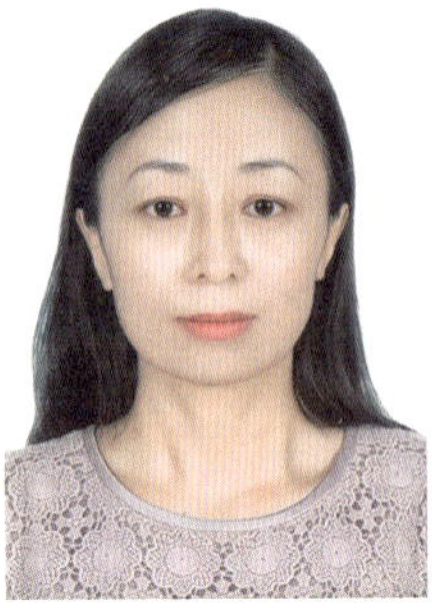

罗毅皓

副教授，硕士研究生导师，青海大学农牧学院。青海省自然科学与工程技术学科带头人，主要研究方向为青藏特色资源加工及食品功能成分与健康机制研究，主持和参与国家级、省部级等科研项目13项，获得科技成果7项，获批专利3项，获得青海省科技成果5项，完成2本全国统编教材（均为副主编），在国内外重要期刊发表学术论文62篇。多次被评为青海大学本科及硕士优秀毕业论文指导教师。

蒋立勤

副教授，硕士生导师，浙江中医药大学。从事食品、保健食品相关教学与科研工作。主讲课程包括《功能食品学》《食品工艺学基础》《临床营养学》《食全食美食健康》《饮食与文化概况》等。主持省部级课题3项、厅局级课题2项，参与国家自然基金3项，担任省一流课程《功能食品学》《食全食美食健康》负责人。参与编写规划教材《食品理化检验》《保健食品研发与应用》《健康管理学》《健康营养学》等，在国内外发表学术50余篇。

田俊

教授、博士生导师，江苏师范大学科学技术研究院副院长。国家优秀青年科学基金获得者，江苏省杰出青年基金获得者，先后入选江苏省“青蓝工程”中青年学术带头人、省“333工程”中青年科学技术带头人、省“六大人才高峰”高层次人才、省青年科技人才托举工程、省“双创计划”科技副总、省“青蓝工程”优秀青年骨干教师等。担任江苏省优势学科负责人、江苏省一流专业负责人、江苏省食品安全与微生物功能基因组国际联合实验室主任。主持国家自然科学基金项目4项等近30项课题。以第一或通讯作者发表论文72篇（其中JCR 1区50篇）；以第1完成人获全国商业科技进步奖一等奖、江苏省高校自然科学奖二等奖和江苏省教育科学研究成果奖二等奖等。

序

近年来，我国保健食品行业蓬勃发展，市场规模持续扩大，也受到国家产业政策的重点支持。保健食品行业正式步入“注册制”与“备案制”双轨并行时代以来，我国陆续出台的多项相关产业政策，为保健食品行业的发展提供了明确的市场方向，在有力规范生产经营秩序的同时，为行业的创新与升级注入了新的活力。

基于保健食品行业日新月异的发展和日趋完善的监管体系,《保健食品研发设计与注册应用》一书应运而生。本书由多位食品科学、药学、生命科学等相关领域的知名专家学者集专业之所长共同编著而成，涵盖了保健食品研发过程中所涉及的各项技术流程和评价体系，旨在帮助读者构建保健食品相关的知识网络，明晰保健食品研发注册监管条例、实操要点及疑难问题，以期助力保健食品行业的进一步体系化、规范化和创新化。

本书的第一个特点是深入浅出，可读性强。各章灵活利用思维导图对核心内容进行凝练，结合思维导图、学习目标、思政案例、知识拓展、案例、复习思考题等模块，使重点、难点、考点一目了然。通过对学习目标的明确、对关键知识点的整理，对典型问题的分析解答,帮助读者澄清一些易混淆和易误解的概念，使读者熟悉保健食品研发设计与注册应用的实际流程和注意事项，丰富相关知识储备和技术经验，提高分析和解决问题的能力。本书的第二个特点是脉络清晰，全面系统。本书内容共分为四个部分：导论篇、研发篇、注册篇和应用篇。各部分相互承接，逻辑连贯、案例典型、分析透彻，具有良好的参考借鉴和推广应用价值。本书的第三个特点是学练结合，紧贴实际，有助于读者更清晰地梳理学习思路，更好地巩固知识要点，达到融会贯通的目的。

保健食品作为具有巨大市场潜力的新兴产业，亟需更多的专业人才为其添砖加瓦。本书的编者团队长期从事保健食品相关科学研究，积累了丰富的理论和实操经验。希望本书可以为相关专业的本科生和研究生提供学习指导，为该领域的科技工作者和相关专业人士提供理论和技术支持。

让我们乘“大食物”变革之风，探“大健康”产业蓝海，携手共同推进保健食品行业的健康高速发展。

2023年6月

前　言

本书依据国家现行保健食品政策法规,密切联系研发设计和生产实际，系统地介绍了保健食品研发设计与注册应用的核心内容，重点介绍保健食品研发设计与注册应用的基本知识、基本理论和基本技能，力求体现“思想性、科学性、创新性、启发性、先进性”原则，紧扣教学结构和知识体系，注重理论知识与实际应用的有机结合，重点突出教材内容的全面性、系统性、学术性、创新性、引领性和适用性。

本书各章设有思维导图、学习目标、案例、知识拓展、本章小结、复习思考题等模块，有助于学生对内容的理解、掌握和应用。此外，为了加深对本书内容的学习、理解和掌握，为了实现新时期“课程思政”育人目标，发挥好教书育人作用，本书增加了课程思政案例，巧妙融入课程思政元素，实现专业教育和思政教育的有机统一。

本书主要分为四部分：第一部分为导论篇，由第一章和第二章组成，系统概括了保健食品的基础知识、研发注册管理部门及相关法律法规；第二部分为研发篇，由第三章至第十二章组成，涵盖了保健食品的研发流程、原辅料、配方工艺、生产工艺、质量评价、安全评价、功能评价、包装设计、中药保健食品研发等内容，对各环节的基本概念、相关理论、具体要求、评价体系等进行了详细介绍；第三部分为注册篇，由第十三章和第十四章组成，内容包括保健食品的注册备案与技术评审相关要点；第四部分为应用篇，由第十五章组成，针对性地列举了不同保健功能的食品研发应用相关实例并进行了解析。本书各章通过思维导图对核心内容进行凝练，通过对学习目标的明确，对关键知识点的整理,对典型实际案例的分析解答,帮助学生澄清一些易混淆和易理解错误的理念,使学生熟悉保健食品研发设计与注册应用的实际流程和注意事项，提高学生的相关知识储备和分析解决问题的能力，旨在指导和辅导学生理解掌握各个知识点和实际案例的研发流程及技术要求，达到夯实理论知识和实践融会贯通的目的。

本书由王满元、田俊、李兆丰、朱振元、孙万成、周中凯、刘新旗、张根义、张连富、李文钊、贡济宇、李军乔、李文龙、宋家乐、雷娟、杜伊仁等16位教授和企业负责人作为教材建设的专家指导，由杜清、马国、罗毅皓、蒋立勤和田俊任主编。第一章由罗毅皓、杜清、孙万成、吕璇、雷娟编写，第二章由朱恩俊、杜清编写，第三章由马国、杜清、王立强和严世伟编写，第四章由岳珂、张根义、杜清和田俊任编写，第五章由朱振元、孙会轻和耿雪晴编写，第六章由朱振元、孙会轻和张焱编写，第七章由左蕾蕾编写，第八章由朱振元、张晓维和宋家乐编写，第九章由刘曼、田俊、张玉静、张晓维和姜晓东编写，第十章由蒋立勤、朱振元、张晓维、张玉静、王立强和姜晓东编写，第十一章由李文钊编写，第十二章由王满元、李文龙和杜清编写，第十三章由马国、杜清、潘超和李龙舟编写，第十四章由马国、杜清、潘超和李龙舟编写，第十五章由张玉静、段飞霞、杜清和刘梦丹编写。

本书可供食品科学、药学、中药学、食品卫生与营养学等专业本科生和研究生教学使用，并可作为从事保健食品研究、设计、开发和应用专业人员以及相关专业研究生的参考书。

书中难免存在一些不足之处，恳请广大师生及读者提出宝贵意见和建议,以便进一步修订和完善。

编　者

2023年6月

目录

导论篇

注册篇

应用篇

全书思维导图

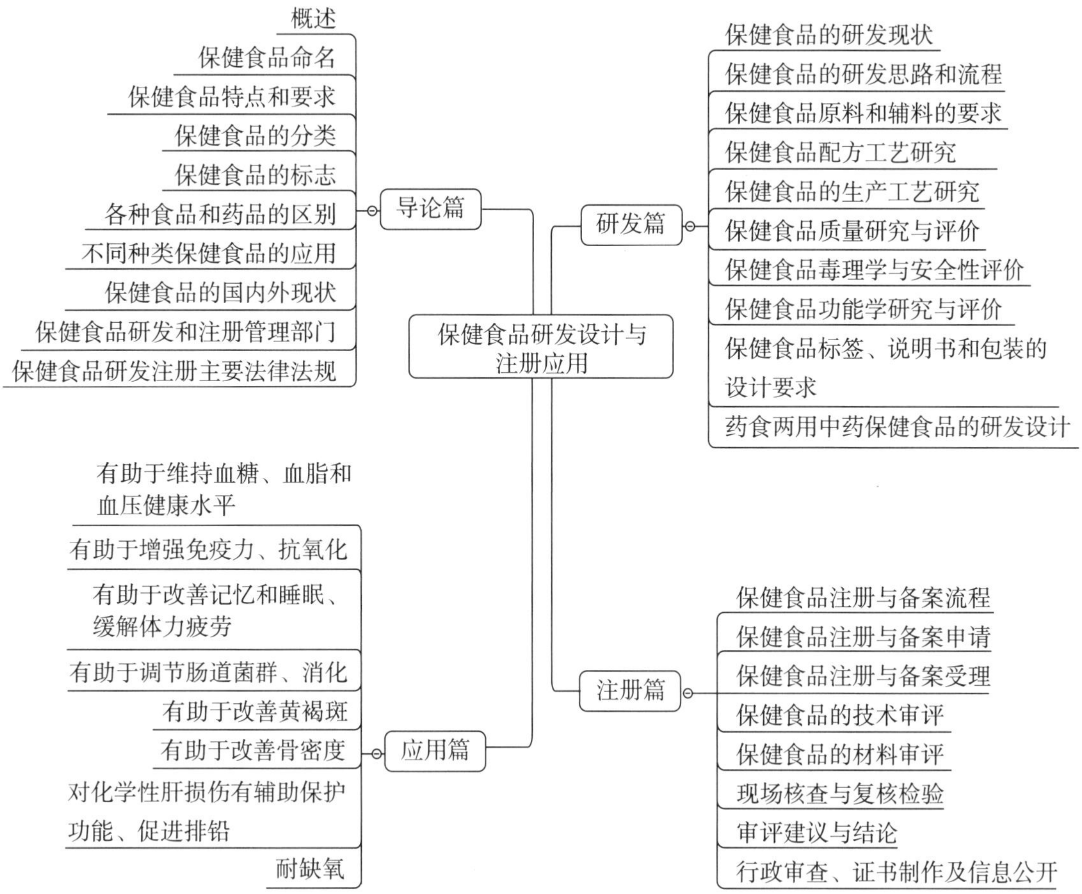
保健食品研发设计与注册应用
导论篇
概述
保健食品命名
保健食品特点和要求
保健食品的分类
保健食品的标志
各种食品和药品的区别
不同种类保健食品的应用
保健食品的国内外现状
保健食品研发和注册管理部门
保健食品研发注册主要法律法规
研发篇
保健食品的研发现状
保健食品的研发思路和流程
保健食品原料和辅料的要求
保健食品配方工艺研究
保健食品的生产工艺研究
保健食品质量研究与评价
保健食品毒理学与安全性评价
保健食品功能学研究与评价
保健食品标签、说明书和包装的设计要求
药食两用中药保健食品的研发设计
应用篇
有助于维持血糖、血脂和血压健康水平
有助于增强免疫力、抗氧化
有助于改善记忆和睡眠、缓解体力疲劳
有助于调节肠道菌群、消化
有助于改善黄褐斑
有助于改善骨密度
对化学性肝损伤有辅助保护功能、促进排铅
耐缺氧
注册篇
保健食品注册与备案流程
保健食品注册与备案申请
保健食品注册与备案受理
保健食品的技术审评
保健食品的材料审评
现场核查与复核检验
审评建议与结论
行政审查、证书制作及信息公开

导论篇

思维导图

- 保健食品导读
  - 定义
  - 命名
    - 《保健食品注册与备案管理办法》
    - 《保健食品命名指南（2019年版）》
  - 特点
  - 分类
    - 按照功能分类
    - 按照功效分类
    - 营养素补充剂类
    - 野生动植物类
    - 新资源食品
  - 标志 –天蓝色图案，下有“保健食品”字样，俗称“蓝帽子标志”
  - 差异 –与普通食品、功能食品、特医食品、药品的区别
  - 不同种类保健食品的应用
  - 国内外现状

第一章　绪论思维导图

第一章

绪　论

学习目标

1. 掌握保健食品的基本概念、特点和分类以及保健食品与食品、特医食品和药品的区别。

2. 熟悉保健食品的法定标志。

3. 了解保健食品国内外发展现状。

第一节　概　述

一、保健食品的历史沿革

保健食品的概念最早于1962年由日本厚生省提出，1989年4月，厚生省进一步明确了保健食品的定义："保健食品是其成分对人体能充分显示防御功能、调节生理节律以及预防疾病和促进康复等有关身体调节功能的加工食品"。美国只强调食品的健康指标，欧洲国家一般称其为健康食品或营养食品，我国卫生部于1996年3月15日发布的《保健食品管理办法》中正式提出保健食品的概念。保健食品是不同于一般食品而又有别于药品的一类特殊食品，它们大都具有食品属性，同时具有调节机体功能的保健作用。

思政教育

中医食疗是发展中国特色的营养保健食品的基础与源泉

古代中医药文献中有"谷肉果粟，食养尽之"之说，中医食养和食疗的概念在我国起源早，历史悠久，内容丰富多彩。在中医药经典著作中早有关于食品调节人体生理功能的论述，如《山海经》记载："櫰木之实，食之使人多力；枥木之实，食之使人不忘；狌，食之善走；服之不夭"。这里的"多力、不忘、善走、不夭"，按现代术语，表明食物具有强身、增强记忆力、延年益寿以及不产生不良反应的功效。可见，早在几千年前中医药就提出了与现代功能食品（营养保健食品）类似的构想。

由于有关中医食疗的资料较分散，往往局限于实际经验，缺乏现代科学实验分析和论证，与现代营养学存在较大差异，有必要加强中医药药理学、药效学的评估，阐明中医药有效成分及其构效、量效关系，利用中医药食疗宝库开发具有中国特色的营养保健食品，惠泽世人。

中华民族有着悠久的食疗养生传统，几千年来，在与各种疾病作斗争的实践过程中，不断总结和形成独具特色的传统医药科学，积累了大量养生保健经验，形成了具有中国特色的养生保健理论。中医中药作为传统的医药和养生文化，是我国保健食品开发研制的重要理论基础和有效的物质来源，同时也是我国发展保健食品的独特优势。1995年，《中华人民共和国食品卫生法》确定了保健食品的法律地位，卫生部负责保健食品的监督管理。1996年制定了《保健食品管理办法》，开展了保健食品注册审批工作，随后陆续公布了《保健食品标识规定》《保健食品通用卫生要求》《保健食品功能学评价程序和检验方法》《卫生部关于规范保健食品技术转让问题的通知》和《卫生部关于进一步规范保健食品原料管理的通知》等一系列文件。2003年，保健食品的注册职能移交国家食品药品监督管理局，同年国家食品药品监督管理局开展了保健食品注册工作。2005年制定了《保健食品注册管理办法（试行）》，并陆续制定了《保健食品注册现场核查规定》《营养素补充剂申报与审评规定》等8个相关规定，《保健食品命名规定》等保健食品注册管理的配套文件，2008年，保健食品的卫生监管职能由卫生部移交国家食品药品监督管理局。2009年《中华人民共和国食品安全法》（以下简称《食品安全法》）及其实施条例进一步明确了食品药品监督管理部门对保健食品实行严格监管，2018年，保健食品的监督管理职能由国家市场监督管理总局负责。

二、保健食品的定义

保健食品在世界上许多国家、地区或组织也被称为膳食补充剂、食物补充剂、天然健康产品或健康食品等，是指具有保健声称且可为消费者提供维生素或矿物质类营养物质或可改善身体机能的设定每日服用量的产品。

我国在GB16740—2014《食品安全国家标准 保健食品》第2.1条将保健食品定义为："声称并具有特定保健功能或者以补充维生素、矿物质为目的的食品。即适用于特定人群食用，具有调节机体功能，不以治疗疾病为目的，并且对人体不产生任何急性、亚急性或慢性危害的食品。"在中国台湾，保健食品被称为"健康食品"，对其定义为具有保健功效，并标示或广告该类产品具有该功效的食品。该类产品需经监管机构审批，主要用以增进民众健康、减少疾病危害风险，且具有实质科学证据之功效，无治疗及矫正疾病等医疗性能。中国香港地区的法律法规对类似大陆地区的保健食品类产品并未进行规范的食品类别划分。经查询官方资料并分析研究，将该地区的相关产品分为两类：含有中药或西药成分的药物以及被归类为普通食品的声称具有保健功能的产品。

在欧盟国家，保健食品被称为"食品补充剂"（food supplements），2002/46/EC《关于食品补充剂的成员国相似法案》中对该产品的定义为：具有营养或生理作用的营养成分或其他成分，旨在补充正常饮食带来的不足，可单独或以组合剂的形式进行出售，通常情况下以胶囊、锭剂、片剂、丸剂和其他类似形式，如粉末小袋、液体安瓿剂、滴液瓶和其他类似形式的液体和粉末形式在市场上销售。

在美国，保健食品被称为“膳食补充剂”，对其采取有别于普通食品和药品的特殊监管模式。1994年发布的《膳食补充剂与健康教育法》中该产品被定义为：一种旨在补充食品的产品，它可能含有一种或多种食品成分，例如：一种维生素、一种矿物质、一种草本（草药）或其他植物、一种氨基酸、一种用以增加每日总摄入量来补充食品的食物成分，或以上成分的一种浓缩物、代谢物、成分、提取物或组合产品等。产品的剂型应为片剂、胶囊、软胶囊、粉状或液体，如以其他形式出现则必须标明是食品补充剂，不得以“代餐”或“普通食品”的类型出现。

在俄罗斯，保健食品被称作“生物活性添加剂”，关税联盟食品安全通用技术法规TR CU 021/2011《食品安全技术法规》中对该类产品的定义为：天然的和（或）具有天然生物活性的物质，以及打算与食品同时使用或存在于食品中的益生菌微生物。

在印度，保健食品被称为“健康补充剂”，健康补充剂可被叫做膳食补充剂或食品补充剂。《2022版FSS监管条例》（其中FSS是指保健食品、营养品、特殊膳食用食品、特殊医学用途食品、益生菌和益生菌食品）将该产品定义为：提供生理益处并帮助维持健康，为特定营养或饮食目的而特别加工或配制的，其特殊成分能明显区别于正常消费食品，适用于2周岁以上人群，以规定的数量和持续时间内口服，不包括肠胃外使用的产品。除食品安全标准局根据FSS法规特别许可外，声称治疗、预防或缓解任何特定疾病、障碍或状况的产品不属于该范围。

知识拓展

世界各国的食品监管局负责监管各自国家的食品安全，确保食品的安全性、有效性和质量。表1-1汇总了国内外多个国家的保健食品的注册和监管部门。

表1-1 国内外保健食品的注册和监管部门

国家	保健品注册和监管部门	官方网址
中国	国家市场监督管理局	https://www.samr.gov.cn/
美国	食品药品管理局（FDA）	http://www.fda.gov
欧盟	欧洲食品安全局（EFSA）	https://www.efsa.europa.eu/en
澳大利亚	治疗药品管理局（TGA）	http://www.tga.gov.au/
加拿大	卫生部健康产品和食品司	https://www.hc-sc.gc.ca/
新加坡	卫生科学局	https://www.hsa.gov.sg/
日本	厚生劳动省	https://www.mhlw.go.jp/index.html
韩国	食品药品安全处	http://www.kfda.go.kr/
马来西亚	国家药品监管局	www.bpfk.gov.my/
泰国	食品药品监督管理局	www.fda.moph.go.th/

三、保健功能的概念

据了解，一些国家和地区对于食品和保健食品类似产品的功能声称的设立和定位，主要围绕增进健康和降低风险因素。具体对保健功能的分类管理，一般包括营养成分功能声称、一般功能声称和降低疾病风险声称三类。营养成分功能声称，是指营养素在人体生长、发育以及正常机能中所发挥的生理活性作用。一般功能声称，是指在上述营养素功能之外，产品对于人体正常机能或生物活性所具有的特定功效，对人体健康有贡献，增强身体功能，维持或改善整体健康状态等。降低疾病风险声称，是指某种食物成分、食品（食品补充剂）可以降低发生某种疾病的风险或减少健康问题程度的健康声称，但不能等同于药品、疫苗预防和阻断疾病发生的作用。对于保健食品的功能声称，各国普遍都是严格监管，重点关注原料（成分）、用量与功能声称的相关性及科学依据充足程度。

2019年发布的《保健食品原料目录与保健功能目录管理办法》（国家市场监督管理总局令第13号），参考了国际组织和欧美等国家和地区对功能声称的管理，明确我国保健食品的保健功能应以补充膳食营养物质、维持/改善机体健康状态或降低疾病发生风险因素为目的，还提出了以传统养生保健理论为指导的保健功能，这大大扩展了原来补充微量营养素和调节特定身体机能的范围，更全面地覆盖了广大群众的保健需求。根据《食品安全法》规定，保健食品必须经过注册或备案。

四、相关法规解读

《保健功能释义（2022年版）》（以下简称《释义》）为规范对保健功能声称的科普宣传和消费引导，有关科研机构从科学角度论证起草了保健食品功能声称释义，从功能作用的生理或保健意义、影响功能作用的其他影响因素和条件限制、现有科学认知及其局限三个方面延伸解读保健功能名称。必要时提示可能的消费误区。统一权威的保健功能声称释义，作为科普宣传的重要组成部分，对于帮助消费者正确理解保健功能声称，引导企业研发与合理宣传具有重要意义。

（一）保健功能作用的生理或保健意义功能

对于不同的保健功能，其作用机制和保健定位也不同，通过《保健功能释义(2022年版）》对保健功能名称的展开能够帮助消费者正确认识保健食品的功能名称及其科学内涵。例如，对于“有助于润肠通便”功能，主要通过促进消化功能，促进肠胃蠕动、增加消化酶等方式来实现；对于“有助于增强免疫力”功能，免疫力是人体对外防御和对内环境维持稳定的反应能力，受多种因素影响。主要通过提高机体的抵抗力，预防机体受到外界侵害等方式来实现；对于“有助于抗氧化”功能，氧化是人体利用氧过程中的一个环节，抗氧化是人体控制由于氧化过度而产生不利健康影响的过程，氧化和抗氧化保持平衡，有助于维持正常生命活动。

（二）影响功能作用的其他影响因素和条件限制

此外，《释义》表明了与保健功能作用有关的其他影响因素对于保健食品发挥作用也很重要。例如，对于“有助于增强免疫力”功能，营养不良、疲劳、体力活动不足、生活不规律等导致的免疫力降低，应注意调整和纠正这些因素，才能取得最佳的保健效果。

（三）现有科学认知及其局限

获取保健知识是消费者在选择保健产品时必不可少的一步，只有掌握了足够的保健知识，才能更好地识别和选择适合自己的保健产品，对身体健康产生积极的影响。《释义》为消费者避免消费误区的同时也提供了指导。例如，“辅助改善记忆”里提到补充有关的物质，不能使人“过目不忘”，也不能改善病理性的记忆减退，对此提出科学的见解，在改善睡眠、压力和不良生活习惯基础上，补充适宜的物质有助于改善非病理性记忆减退。

五、保健食品的选用原则

首先，要弄清口服保健食品的地位和作用。其次，牢记保健食品服用原则是：因人而异，因时制宜，适度为宜。

保健食品服用提示：①力选天然制品；②以中医药学观点为指导；③注意质量和生产日期。

第二节　保健食品的命名

一、文件规定

根据《保健食品注册与备案管理办法》第五十六条：“保健食品的名称由商标名、通用名和属性名组成。商标名，是指保健食品使用依法注册的商标名称或者符合《商标法》规定的未注册的商标名称，用以表明其产品是独有的、区别于其他同类产品。通用名，是指表明产品主要原料等特性的名称。属性名，是指表明产品剂型或者食品分类属性等的名称。”

二、命名原则

参考《保健食品命名指南（2019年版）》法规内容，命名原则包括以下4点。

1.符合国家有关法律法规相关规定　这个原则是基本的，并且必须遵守，因为所有的保健食品名称都需要符合国家的法律法规，绝不允许出现例如《广告法》等相关法律及监管部门明令禁止使用的词汇。

2.遵循一品一名　这个原则意味着，每种保健食品应该有一个独特的、明确的名称，以便消费者能够区分不同的产品，避免混淆。

3.反映产品的真实属性　简明扼要，通俗易懂，符合中文语言习惯，便于消费者识别记忆。这个原则要求保健食品的名称应当反映出其真实的功能效果，而且必须简单明了、易于消费者理解产品的特性，并符合中文语言的规范。

4.不得涉及疾病预防、治疗功能，不得误导、欺骗消费者。

命名原则表明，保健食品的名称不能带有暗示含义，避免误导或者欺骗消费者，扰乱保健食品市场。

三、使用指南

2019年国家市场监督管理总局公布《保健食品命名指南（2019年版）》，拟对保健食品命名进行规范。该规定就保健食品命名基本原则、保健食品名称组成（商标名、通用名、属性名）、保健食品名称不得含有的内容以及保健食品名称申报与审评要求等作出规范。特别是，在附录里列里详细列出了14类保健食品名称中禁止表达词意或使用的词语，包括常见的“天然”“灵”“精”“脑”“心”，以及人名、地名等。

对于保健食品不得使用虚假、夸大、过度、绝对化的语言和描述，不得使用与实际情况不符的图文宣传。这个原则要求保健食品的名称和描述应当真实，不得使用虚假的描述或者夸张的语言，也不能使用与实际情况不符的图文宣传，宣传应该符合消费者阅读习惯和文化背景。禁用语指的是那些违反了以上原则的词语或语句，比如涉及疾病预防、治疗功能的词语，虚假、夸大、过度的描述等等。禁用语涉及消费者的健康安全问题，因此必须严格禁止。例如使用过度夸张、误导消费者的提示语的行为应该制止，如“特效”“奇效”“美容圣品”“神仙水”“一疗就好”等。同时，不得使用涉及疾病诊断、治疗的提示语诱导消费者消费，如“处方”“治疗”“消除肝火”“改善视力”等。

对于营养补充剂类的保健食品，应当按照营养素名称命名，并在名称中注明为营养素补充剂，命名时规范使用原料名称。单一原料配方的产品，需要注意是否使用规范的原料名称，两个以上原料组成的产品，需要按照国家规定的简写名称命名，含三种以上维生素或三种以上矿物质的，可以多种维生素或多种矿物质命名，例如，维生素C含片，钙镁锌片等。产品名称中不得出现虚假成分或含量的描述，如“99%纯天然成分”等。

案例

“×××减肥茶”替换为“×××常菁茶”的命名缘由

一款保健茶，早在2004年就获批了“蓝帽子”，其保健声称为减肥功能。一直以来，减肥茶广受消费者们的欢迎。不过，在盛名之下的，是种种非议。2016年2月，国家食品药品监督管理总局发布了《关于保健食品命名有关事项的公告》。按照规定，自2016年5月1日起，保健产品的名称中不得带有功效性宣传文字。所以，某款减肥茶从当年5月1日起，便停止了生产，并且在部分地区也停止了销售。经过两次申请，“×××减肥茶”才得以在2016年11月正式更名为“×××常菁茶”。此次更名的宣传，似乎正着力向消费者强调一点：虽然更名，功效未变。

2019年国家市场监管总局公布了《保健食品命名指南（2019年版）》（以下简称为《指南》），这也意味着未来保健食品在命名规范上将有规可依，但目前仍有部分保健食品的命名存在与《指南》相悖的情况。某公司主要产品“常润茶”和“常菁茶”被疑似出现谐音表述产品功能（“常润”对“肠润”、“常菁”对“肠清”）。而血乐口服液，则与《指南》中不得提及人体组织、器官、细胞方面涉嫌存在冲突；静心助眠口服液，除涉及人体组织、器官及细胞外，可能还涉嫌提及功能性。根据经验，通常指南发布后特食司会发布通知，明确需更名时限。公司会根据后续通知要求完成变更申请。正在进行注册或再注册审评的保健食品，会根据食品审评中心的要求，提交更名的补充材料。表1-2列举了保健食品命名禁用表达及词语。

表1-2　保健食品命名禁用表达及词语

类别	说明
虚假性词意	如产品中使用化学合成的原料或只使用部分天然成分的，表述为“天然”等字样，或名称中含有祖传、御制、宫廷、精制等溢美之词的
夸大性词意	如：宝、灵、精、强力、特效、全效、奇效、高效、速效、神效等不切实际的用语，原料简称除外
绝对化词意	如：最、第一、全面、全方位、特级、顶级、冠级
明示或暗示预防、治疗疾病的词语	如：处方、药、医、防治、治疗、消炎、抗炎、活血、止咳、解毒、各种疾病名称等
人名和特定人群，包括医学名人	如：华佗、扁鹊、张仲景等；除第四条第（五）款情况外，不得使用特定人群（学生、教师、首长、俊男、靓女等）命名，如学生牌学生饮料等
地名	包括中华、中国、华夏等
与产品特性没有关联，消费者不易理解的词语及地方方言	如：百战百胜、金枪银鞭、命门等
人体组织、器官、细胞等词语	如：脑、眼、心等
字母及数字	注册商标作为商标名、通用名中含有维生素及符合国家规定的含字母及数字的原料除外，如可使用维生素B_1、辅酶Q_{10}等命名
除“®”之外的符号	如“·”“+”等
与已经批准注册的药品名称音、形相似的名称	但以原料名称命名或者保健食品注册批准在先的除外
保健功能名称或与表述产品保健功能相关（近似、谐音、暗示、形似等）的文字	如：辅助降血压、清脂、平糖、葆酐、剪泗等
庸俗或带有封建迷信色彩的词语	如：悍男、三皇五帝等
法律法规规定禁止使用的其他词语	—

第三节　保健食品的特点和要求

一、保健食品的特点

1.具有食品属性　作为食品，必须保证其安全可靠。保健食品所选用的原辅料、食品添加剂必须符合相应的国家标准或行业标准的规定。

2.具有功能性　这是区别于食品的地方，它至少应具有调节人体功能的作用，如“调节血糖”“调节血脂”等。保健食品的功能必须经国家市场监督管理总局指定机构进行动物功能试验、人体功能试验和稳定性试验，证明其功能明确并且可靠。功能不明确，不稳定者不能作为保健食品。保健食品必须具有2019年发布的《保健食品原料目录与保健功能目录管理办法》（国家市场监督管理总局令第13号）设定的“维持改善机体健康状态或者降低疾病发生风险因素为目的”的保健功能定位。

3.适合特定人群食用 日常食品提供给人们维持生命活动所需要的各种营养素，男女老幼皆不可少。而保健食品由于具有调节人体的某一个或几个功能的作用，因而只有某个或几个功能失调的人群食用才有保健作用，而该项功能良好的人无需食用这种保健食品，甚至食用后会产生不良作用。

4.具有科学依据 保健食品的配方组成和用量必须具有科学依据，具有明确的功效成分。功效成分是保健食品的功能基础。

5.资质审核 保健食品不仅需由国家市场监督管理总局（原《保健食品管理办法》中为“卫生部”）认定的具有法定资质的食品检验机构随机选取进行功能评价和其他检验，验证评价试验应当符合保健食品人体试食试验伦理审查和试验管理相关要求。

市场监督管理部门审查合格后才发给保健食品批准证书及批号：

国产保健食品注册号格式为：国食健注G+4位年代号+4位顺序号；

进口保健食品注册号格式为：国食健注J+4位年代号+4位顺序号。

二、保健食品必须符合的四条要素

1.没有毒、对人无害，符合该有的营养要求。

2.功效必须明确、详细，并经过科学验证，且功效无法替代正常的膳食摄入和对各种必需营养素的需要。

3.经必要的动物和（或）人群功能试验，证明其具有明确、稳定的保健作用。

4.不以治疗为目的，不能代替药物对病人治疗作用。

第四节 保健食品的分类

《中华人民共和国食品安全法》关注食品安全问题，为保障公众健康提供了法律保障，对保健食品的安全性等方面也有规定。《保健食品注册与备案管理办法》对保健食品的定义、注册审批等相关事项进行了明确规定。在这些法规的指导下，保健食品根据保健功能和功效成分进行分类，以确保产品的合理性、有效性和安全性。同时，根据不同类别的保健食品，应该严格遵照其相应的审批标准和监管措施。

最初监管部门依法批准注册的保健食品允许声称的保健功能主要有27项，在2012年6月国家食品药品监督管理局保健食品化妆品监管司提出“保健食品功能范围调整方案（征求意见稿）”27项功能取消4项，涉及胃肠道功能的4项合并为1项、涉及改善面部皮肤代谢功能的3项合并为1项，予以保留，最后确定为18项功能。自2018年7月《保健食品检验与评价技术规范（2003年版）》废止后，国家市场监督管理总局遵照“科学合理、有效衔接、平稳过渡、规范调整”的原则，分别于2019年3月、2020年11月、2022年1月三次面向社会公开征求意见，修改完善后，时隔五年，于2023年8月31日依法会同国家卫生健康委和国家中医药局发布《允许保健食品声称的保健功能目录非营养素补充剂（2023年版）》及配套文件，将原来的27项保健功能正式调整为24项，删除了“改善生长发育”“促进泌乳”“改善皮肤油分”等3种共识程度不高、健康需求不明晰的保健功能，将功能评价方法由强制方法调整为推荐方法，落实企业研发评价主体责任，充分发挥社会资源科研优势。

同时还发布了包括《保健食品功能检验与评价方法（2023年版）》及《保健食品新功能及产品技术评价实施细则（试行）》等一系列文件，2023年12月12日国家市场监督管理总局发布了《保健食品标志规范标注指南》，保健食品行业迎来一系列新法规。最新文件与《保健食品检验与评价技术规范（2003年版）》和《关于印发抗氧化功能评价方法等9个保健功能评价方法2012年》进行了对比和梳理，按照功能分类的原有名称及功能评价方法都有一定的变化，例如将原先的“增强免疫力”变更为“有助于增强免疫力功能”，新的功能评价方法在对24项保健功能需要开展的动物实验和（或）人体试食试验的要求上并未发生变化。例如：“有助于增强免疫力”仍然只需要开展动物实验，“有助于抗氧化”仍需要开展动物实验+人体试食试验。但新方法在一些细节均进行了一定更新，例如某些检测项目增多，评价指标变化等。

一、新增的保健食品申报与评审规定

1.营养素补充剂类保健食品，应标出产品每种营养素的每人每日食用量，并与《中国居民膳食营养素每日参考摄入量》和《矿物质、维生素种类及用量》相对应。并符合《营养素补充剂申报与审评规定（试行）》要求。

2.野生动植物类保健食品应符合《野生动植物类保健食品申报与审评规定（试行）》。

3.真菌、益生菌类保健食品应符合《真菌类保健食品申报与审评规定（试行）》和《益生菌类保健食品申报与审评规定（试行）》。

4.核酸类保健食品应符合《核酸类保健食品申报与审评规定（试行）》。

5.氨基酸螯合物、使用微生物发酵直接生产、褪黑素、大豆磷脂、芦荟、蚂蚁、以酒为载体、甲壳素、超氧化物歧化酶（SOD）、动物性原料、红景天、花粉、螺旋藻、石斛应符合《氨基酸螯合物等保健食品申报与审评规定（试行）》。

二、保健食品的分类

1.按照功能分类（2023年，24类） 表1-3列举了保健食品的功能分类及释义。

表1-3 保健食品的功能分类及释义

保健食品功能分类	释义
有助于增强免疫力	免疫力是人体对外防御和对内环境维持稳定的反应能力，受多种因素影响。营养不良、疲劳、体力活动不足、生活不规律等导致的免疫力降低，应注意调整和纠正这些因素。有科学研究表明，补充适宜的物质有助于改善免疫力
有助于抗氧化	氧化是人体利用氧过程中的一个环节，抗氧化是人体控制由于氧化过度而产生不利健康影响的过程，氧化和抗氧化保持平衡，有助于维持正常生命活动。外源性抗氧化物质主要来源于食物。有科学研究表明，补充适宜的抗氧化物质，有助于人体维持氧化与抗氧化过程的平衡

续表

保健食品功能分类	释义
辅助改善记忆	非病理性记忆减退是健康状态下，大脑对过往经验和事物的识记、保持和再现能力变弱的感觉。人的记忆主要决定于先天禀赋和后天教育训练，并受年龄、精神、营养、社会环境等因素影响。补充有关的物质，不能使人“过目不忘”，也不能改善病理性的记忆减退。有科学研究表明，改善睡眠、压力和不良生活习惯基础上，补充适宜的物质有助于改善非病理性记忆减退
缓解视觉疲劳	视觉疲劳是眼睛长时间调节屈光所致，表现为视物模糊、眼部酸胀、干涩、流泪等眼部不适感。视觉疲劳与用眼距离、时间、照明、眼镜屈光度不当和户外活动少等有关。有科学研究表明，补充适宜的物质有助于缓解视觉疲劳
清咽润喉	饮水不足、用嗓过度、刺激性食物、吸烟等因素可以引起咽喉部不适感。有科学研究表明，补充适宜的物质有助于滋润咽喉或产生清爽的感觉
有助于改善睡眠	睡眠状况不佳不利健康。是人体恢复体力和脑力的必要过程。时差、倒班、睡眠不规律、精神压力、劳累、用脑过度、情绪变化等因素可以引起睡眠状况不佳。有科学研究表明，补充适宜的物质有助于改善睡眠
缓解体力疲劳	体力疲劳是体力劳动和（或）运动引起体力下降的感觉，不同于疾病、脑力劳动和心理压力伴随的“疲劳感”。“体力疲劳”与身体承受的体力负荷大小直接相关。有科学研究表明，补充适宜的物质有助于缓解体力疲劳
耐缺氧	缺氧指在氧气含量和大气压力较低的环境中人体的反应，其原因和应对措施与疾病引起的缺氧反应不同。改善机体对低氧环境的适应和耐受能力，应注意调整饮食、运动和其他生活方式等因素。有科学研究表明，补充适宜的物质有助于人体耐受和适应低氧环境
有助于控制体内脂肪	脂肪是身体组成的必要成分，但在体内过量蓄积不利于健康。 控制饮食和增加运动是控制体内脂肪必不可少的措施。有科学研究表明，补充适宜的物质有助于控制体内脂肪或改善控制饮食期间的营养供给
有助于改善骨密度	骨密度是反映骨健康的常用指标之一，内分泌、年龄、运动、饮食、体重等是影响该指标的重要因素。中年以后，随着年龄增长，骨密度逐渐降低。有科学研究表明，补充适宜的物质有助于减缓骨密度的降低速度
改善缺铁性贫血	缺铁性贫血是人体对铁元素的需求与供给失衡的一种表现，膳食摄入的铁不足是发生缺铁性贫血的风险因素之一。改善缺铁性贫血需注意保持均衡合理的饮食。有科学研究表明，补充适宜的物质有助于改善缺铁性贫血
有助于改善痤疮	痤疮是一种毛囊皮脂腺异常的表现，多见于青年人面部，俗称“青春痘”。遗传、皮肤油脂多、毛囊角质化、细菌繁殖、精神压力、免疫、刺激性食物等因素都影响痤疮的发生发展。有科学研究表明，补充适宜的物质有助于改善痤疮状况
有助于改善黄褐斑	黄褐斑为面部的黄褐色色素沉着，其发生和发展与妊娠、口服避孕药、内分泌失调、月经紊乱等因素有关。改善黄褐斑，应注意紫外线防护、内分泌异常及饮食失衡等。有科学研究表明，补充适宜的物质有助于改善黄褐斑状况
有助于改善皮肤水分状况	皮肤水分含量直接影响皮肤的表观状态。皮肤水分受日照、年龄、饮水、饮食等多种因素影响。有科学研究表明，补充适宜的物质有助于改善皮肤的含水量
有助于调节肠道菌群	肠道菌群是肠道内的各种细菌群落，包括有益菌、有害菌和中性菌，它们之间的平衡与人体健康有关。肠道菌群受年龄、营养、卫生、成长环境等多种因素影响。有科学研究表明，补充适宜的物质有助于调节肠道菌群的平衡和有益菌群的生长

续表

保健食品功能分类	释义
有助于消化	消化是指人体将摄入的食物转变为可以被吸收利用的小分子物质的过程。消化功能受饮食、气候、情绪和运动等多种因素影响。有科学研究表明，补充适宜的物质有助于改善消化功能
有助于润肠通便	排便功能受饮食、运动和饮水等多种因素影响。有科学研究表明，补充适宜的物质有助于改善肠道的排便功能
辅助保护胃黏膜	胃黏膜是胃内壁的表层结构，影响胃的正常功能。胃黏膜健康受饮食（如进食量、饮酒、刺激性食物）和生活方式（如胃部受凉、气候、心理压力）等多种因素影响。有科学研究表明，补充适宜的物质有助于保护胃黏膜
有助于维持血脂（胆固醇/甘油三酯）健康水平	Ⅰ.有助于维持血脂健康水平 甘油三酯、胆固醇是血脂的重要组成成分，与健康相关。血胆固醇的健康水平应低于5.2mmol/L，血甘油三酯的健康水平应低于1.7mmol/L。血胆固醇在5.2～6.2mmol/L或血甘油三酯在1.7～2.3mmol/L之间为边缘升高，是心血管等疾病的主要风险因素之一。血胆固醇和血甘油三酯受多种因素影响。有科学研究表明，在健康饮食基础上，补充适宜的物质有助于血脂趋于健康水平。 Ⅱ.有助于维持血胆固醇健康水平 血胆固醇的健康水平应低于5.2mmol/L。血胆固醇在5.2～6.2mmol/L之间为边缘升高，是心血管疾病的风险因素。血胆固醇受体重和饮食等多种因素影响。 有科学研究表明，在健康饮食基础上，补充适宜的物质有助于血胆固醇趋于健康水平。 Ⅲ.有助于维持血甘油三酯健康水平 血甘油三酯的健康水平应低于1.7mmol/L。血甘油三酯在1.7～2.3mmol/L之间为边缘升高，是一些疾病的风险因素。血甘油三酯受体重、饮食、运动等多种因素影响。有科学研究表明，在健康饮食基础上，补充适宜的物质有助于血甘油三酯趋于健康水平
有助于维持血糖健康水平	空腹血糖的健康水平不宜高于6.1mmol/L，餐后血糖的健康水平不宜高于7.8mmol/L。空腹血糖在6.1～7.0mmol/L或餐后血糖在7.8～11.1mmol/L之间，表明血糖代谢存在异常，是2型糖尿病的主要风险因素。血糖代谢受体重、饮食、运动等多种因素影响。有科学研究表明，在健康饮食基础上，补充适宜的物质有助于血糖趋于健康水平
有助于维持血压健康水平	健康成人的收缩压不高于120mmHg、舒张压不高于80mmHg。收缩压在120～139mmHg之间、舒张压在80～89mmHg之间为血压正常高值，是一些疾病的潜在风险因素。血压受体重、饮食、运动、压力、年龄等多种因素影响。有科学研究表明，在健康饮食基础上，补充适宜的物质有助于血压趋于健康水平
对化学性肝损伤有辅助保护作用	该功能不涉及与饮酒相关的增加酒量和解酒等作用。化学性肝损伤是指具有肝毒性的化学物质造成的肝损伤，包括内源性和外源性化学物质引起的肝功能异常。保护肝脏应避免劳累和运动过度，减少接触有害化学物质。有科学研究表明，补充适宜的物质有助于改善肝脏处理化学物质的能力，起到辅助保护肝功能的作用
对电离辐射危害有辅助保护作用	电离辐射指可以使物质发生电离现象的辐射，如X线、γ-射线。日常接触较多的紫外线、微波等是非电离辐射。降低电离辐射危害，应采取有效的物理防护措施、减少和避免不必要的电离辐射暴露。有科学研究表明，补充适宜的物质有助于降低电离辐射引起的健康危害
有助于排铅	铅是一种对人体健康有严重危害的重金属元素。铅普遍存在于日常环境中，一些特殊职业和地区人群可以接触到过量的铅。有科学研究表明，补充适宜的物质有助于机体排出随食物和饮水摄入的铅

注：法规依据包括《允许保健食品声称的保健功能目录非营养素补充剂（2023年版）》《保健食品功能检验与评价技术指导原则（2023年版）》《保健食品功能检验与评价方法（2023年版）》《保健食品人群试食试验伦理审查工作指导原则（2023年版）》《〈允许保健食品声称的保健功能目录非营养素补充剂（2023年版）〉及配套文件解读》

2.按照功效成分分类　在GB 16740—2014《食品安全国家标准 保健食品》规定，保健（功能）食品应有与功能作用相对应的功效成分及其最低含量。

（1）多糖类　如膳食纤维、香菇多糖等。

（2）功能性甜味料（剂）　如单糖、低聚糖、多元醇糖等。

（3）功能性油脂（脂肪酸）类　如多不饱和脂肪酸、磷酯、胆碱等。

（4）自由基清除剂类　如超氧化物歧化酶（SOD）、谷胱甘肽过氧化酶等。

（5）维生素类　如维生素A、维生素C、维生素E和复合维生素B等。

（6）肽与蛋白质类　如谷胱甘肽、免疫球蛋白等。

（7）真菌、益生菌类　其中真菌类11种，益生菌类10种，详细内容参见第十二章。

（8）核酸类　指以核酸（DNA或RNA）为原料，辅以相应的协调物质（具有增加免疫功能的药食两用的中药及某些维生素等）生产的保健食品，不得以单一的DNA或RNA作为原料申报保健食品，保健食品中所使用核酸，其单一原料纯度应大于80%。

（9）氨基酸螯合物　采用氨基酸作为螯合剂生产的螯合物使作物吸收率大大提高。同时氨基酸作为配位体，在无需光合作用的情况下就能直接参于机体的蛋白合成，有更加明显的效果。

（10）植物化合物二十八醇、植物甾醇、皂甙（苷）等。

3.营养素补充剂类　营养素补充剂是指以补充维生素、矿物质而不以提供能量为目的的产品。其作用是补充膳食供给的不足，预防营养缺乏和降低发生某些慢性退行性疾病的危险性，且仅限于补充维生素和矿物质。详见《营养素补充剂申报与审评规定（试行）》表1维生素、矿物质的种类和用量及表2维生素、矿物质化合物名单。

4.野生动植物类　作为保健食品的野生动植物需要提供种养证明，在《野生动植物类保健食品申报与审评规定（试行）》和《卫生部关于限制以野生动植物及其产品为原料生产保健食品的通知》（卫法监发〔2001〕160号），明确规定了作为保健食品的动植物必须是人工驯养繁殖或人工栽培的国家二级保护野生动植物及其产品；国家保护的有益的或者有重要经济、科学研究价值的陆生野生动植物及其产品；中华人民共和国林业植物新品种保护名录中植物及其产品；人工栽培的甘草、苁蓉和雪莲及其产品等。

5.新资源食品　原（辅）料不在规定范围的，亦不在禁用品的新研制、新发现、新引进的无食用习惯或仅在个别地区有食用习惯的，须按照新资源食品的要求进行安全性独立学评价并提供相关资料后使用。

三、保健食品分类的意义

保健食品是用于调节和保养身体健康的功能性产品，通过对其分类更加有利于大众的熟知和选用。

1.保护消费者权益　通过对保健食品进行分类，消费者可以更清楚地了解产品的功效、安全性和适用人群等信息，避免受到虚假宣传或误导。

2.规范市场秩序　对保健食品进行分类，可以加大监管力度，遏制不良商家的乱象行为，在一定程度上减少市场竞争中的不公平行为。

3.提高产品质量　对保健食品进行分类，能够促进企业间的技术创新和质量提升，使消费者获得更加安全、健康的产品。

4.促进行业发展　通过对保健食品进行分类，还能够促进行业的发展，推动企业结构调整和升级，促进产业转型升级。

总之，对保健食品进行分类是非常必要和重要的，能够有效地保护消费者权益，规范市场秩序，提高产品质量，促进行业发展。

案例

中药养生茶

甘草干姜润喉茶含片和桂圆红枣枸杞杯泡茶以中医药食同源健康养生的理念，与现代中药科技融合创新的产品。

1.甘草干姜润喉茶含片

主要成分：甘草、干姜、桔梗、绿茶、百合等（处方源自《伤寒杂病论》）

主要功效：甘草有甘草酸成分，干姜温热，润喉止咳，缓解喉咙干燥、刺激和咳嗽等症状，添加了薄荷后，入喉的清凉感也可有效缓解不适症状。

适合人群：因流感咽喉不适，及经常需要讲话的人群。

2.桂圆红枣枸杞杯泡茶

主要成分：桂圆、红枣、枸杞

主要功效：益气养血，滋补肝肾。

适合人群：气血不足、低血糖、手脚冰冷、宫寒气虚、脾虚人群。

第五节　保健食品的标志

一、法规来源和规定

蓝帽子标志（blue hat sign），是我国保健食品专用标志，为天蓝色，呈帽形，业界俗称“蓝帽子”，也叫“小蓝帽”。蓝帽产品是由国家市场监督管理总局批准的保健食品标志，同时也警示消费者选择保健食品时必须有保健食品标志。

根据1996年3月15日发布的《保健食品管理办法》（中华人民共和国卫生部令第46号）第五条规定：“卫生部对审查合格的保健食品发给《保健食品批准证书》，批准文号为‘卫食健字（　）第　号’。获得《保健食品批准证书》的食品准许使用卫生部规定的保健食品标志（标志见附件）”。在其配套文件《保健食品标识规定》（卫法监发［1996］38号）中也提及“保健食品标志”，对标志的图形（即“蓝帽子”）和使用做出了细致的要求。

从2003年底开始，保健食品的审批权由卫生部归为国家食品药品监督管理局负责。2005年出台了新的《保健食品注册管理办法（试行）》（国家食品药品监督管理局令第

19号），替代了《保健食品管理办法》中的部分内容，但并未提及“保健食品标志”。尽管，《食品卫生法》在2009年被新的《食品安全法》替代，但《保健食品管理办法》在2011年仍被列入《关于公布现行有效部门规章目录的公告》（2011年第5号），说明“保健食品标志”相关内容依然有效。

在2015年《食品安全法》修订后，原有的保健食品配套文件被相继废止，建立了新的保健食品管理制度体系。2016年《保健食品注册与备案管理办法》出台，全文未提及“保健食品标志”，也并未宣布废止《保健食品管理办法》。在同年《国家卫生和计划生育委员会公告》（2016年第1号）中无论是有效部门规章，还是不再作为部门规章的文件目录中都并未提及《保健食品管理办法》。

至此，现行法规体系中就不再有保健食品标志是“蓝帽子”图形的明确规定，目前仍沿用“蓝帽子”作为保健食品标志。2019年出台的《药品、医疗器械、保健食品、特殊医学用途配方食品广告审查管理暂行办法》（国家市场监督管理总局令第21号）第七条要求保健食品广告应当显著标明保健食品标志，但未作任何具体说明。2019年、2020年两次征求意见的《食品标识监督管理办法（征求意见稿）》第三十八条中对“保健食品标志”的使用给出了明确要求，并提出标志应当为国家市场监督管理总局规定的图案，其中仍然未说明图案为“蓝帽子”。

但是，在2022年3月21日，国家市场监督管理总局发布“《市场监管总局关于加强保健食品标志管理的公告（征求意见稿）》意见的通知”，填补此前的法规空白的同时，释放了两个信号：①明确保健食品保留标志，继续沿用“蓝帽子”图案；②明确备案产品也可以标注“蓝帽子”。2023年12月，国家市场监督管理总局发布《保健食品标志规范标注指南》，指导保健食品生产经营者进一步规范标注保健食品标志，正确引导消费，营造公平有序的市场秩序。

二、“蓝帽子”使用的规定

为指导保健食品生产经营者进一步规范标注保健食品标志，正确引导消费，营造更加公平有序的市场秩序，根据《中华人民共和国食品安全法》及相关法规文件的规定要求，2023年12月，国家市场监管总局发布《保健食品标志规范标注指南》，该指南的发布规范了保健食品标志的定义，对图案的规格、尺寸、颜色等给出了详细的参数。

图1-1　保健食品的标志设计图

1.保健食品标志的定义　该指南对保健食品标志给出了明确的定义，即“保健食品标志为依法经注册和备案的保健食品的专有标志”（图1-1）。

2.保健食品标志图案的详细参数　该指南给出了保健食品标志图案的详细参数：保健食品标志整体比例为8.2:12（高:宽），帽形图案高度：6.6比例尺，帽形图案宽度：12比例尺，中间球形直径：3.8比例尺。“保健食品”四字宽度为8.2 比例尺，每字样高度及宽度（比例尺）：“保”高 1.8、宽 1.9；“健”高 1.8、宽 1.9；“食”高 1.8、宽 1.9；“品”高 1.7、宽 1.85。保健食品标志印刷标准色CMYK色值为 C100 M0 Y0K0，屏幕标准色RGB色值：R0 G160 B233。

3.在产品包装上的使用要求　该指南规定，保健食品最小销售包装应当标注保健食品标志。强调了保健食品标志应规范标注在展示版面的左上方。当主要展示版面的表面积大于100平方厘米时，保健食品标志最宽处的宽度不得小于2厘米。

对比1996年发布的《保健食品标识规定》，该指南增加了“当主要展示版面的表面积小于或等于100平方厘米时，保健食品标志最宽处的宽度不得小于1厘米”。

4.在生产经营场所的使用要求　该指南规定，保健食品生产经营者可以在生产经营场所、专区专柜等位置使用保健食品标志。标志图案仅能按照需要进行等比例变化，不得变形、变色。非保健食品不得冒用、盗用保健食品标志。

5.对保健食品生产经营者与各级市场监管部门的要求　该指南要求保健食品注册证书或备案凭证持有人、保健食品生产经营者应当切实落实食品安全主体责任，规范标注保健食品标志。

第六节　保健食品与食品、特殊医学用途配方食品和药品的区别

一、食品的定义

根据《中华人民共和国食品安全法》附则第一百五十条对食品的定义是：“食品，指各种供人食用或者饮用的成品和原料以及按照传统既是食品又是中药材的物品，但是不包括以治疗为目的的物品。”

二、特殊医学用途配方食品的定义

GB 29922—2013《特殊医学用途配方食品通则》将特殊医学用途配方食品（以下简称特医食品）定义为：为了满足进食受限、消化吸收障碍、代谢紊乱或特定疾病状态人群对营养素或膳食的特殊需要，专门加工配制而成的配方食品。特殊医学用途配方食品分为全营养配方食品、特定全营养配方食品和非全营养配方食品。《中华人民共和国食品安全法》第七十四条规定：“国家对保健食品、特殊医学用途配方食品和婴幼儿配方食品等特殊食品实行严格监督管理。”

三、药品的定义

关于药品的定义，根据《中华人民共和国药品管理法》第二条：“本法所称药品，是指用于预防、治疗、诊断人的疾病，有目的地调节人的生理机能并规定有适应症或者功能主治、用法和用量的物质，包括中药、化学药和生物制品等。”

四、联系和区别

根据《中华人民共和国食品安全法》，我国的食品类别可划分为食品与特殊食品两大类。其中，特殊食品包括保健食品、婴幼儿配方食品和特殊医学用途配方食品。婴幼儿配方食品（婴幼儿配方乳粉）特征明显，消费者易于理解与区分。但保健食品、特殊医学用途配方食品与食品之间常被大众混淆概念。表1-4总结了食品、保健食品、

特殊医学用途配方食品以及药品之间的常见区别。食品企业在进行产品研发、标签设计等工作时，首先应当清楚了解这些食品的用途，根据自身的市场定位选择开发合适的产品，进行符合法规的产品宣传。

表1-4 食品、保健食品、特殊医学用途配方食品、药品的区别

项目	食品	保健食品	特殊医学用途配方食品	药品
用途	提供营养，维持人体正常新陈代谢	主要用于特定人群调节机体功能	作为一种营养补充途径，对治疗、康复及机体功能维持等起营养支持作用	主要用于临床上治疗疾病，以及疾病的预防和诊断
标签标识	营养成分含量	可以宣称特定保健功能，不得声称对疾病的预防和治疗功能	根据不同临床需求和适用人群分类，不得声称对疾病的预防和治疗功能	适应证或功能主治
原料特点	富含营养成分，无毒副作用	富含活性成分，在规定的用量下无毒副作用	富含营养成分，特定人群使用无毒副作用	富含活性成分，允许在规定用量下有一定毒副作用
形态	普通食品的形态	部分普通食品的形态，部分片剂、胶囊等特定剂型	几乎都是采用粉剂、溶液形式	药品具有特定剂型：片剂、胶囊、针剂、微丸等
用法用量	食用、饮用无规定用量	食用、饮用有规定用量	食用、饮用无规定用量，医生或临床营养师指导使用	多种给药途径，有规定用量，遵医嘱
管理方式	备案	注册或备案	注册	注册

从以上比较可知，保健食品与特殊医学用途配方食品均属于食品大类，在使用目的、产品安全性等方面与药品均有着本质性的区别。药品用于预防或治疗疾病，而食品不可以宣称任何预防或治疗疾病的作用；药品允许对人体产生一定的毒副作用，而食品不能给人体带来任何急性、亚急性和慢性危害。

知识拓展

同一个产品的药品和保健食品的区别

同一产品如维生素、矿物质元素类产品，有的是药品，有的却是保健食品。如何看待同一产品的药品和保健食品呢？

1.生产过程的质量控制不同

制药需要符合GMP标准（药品生产质量规范），药准字号维生素类产品，生产过程中的质量控制要求很高，比如空气清洁度、无菌标准等；而食字号维生素类食品产品，其生产标准比药品生产标准低。

2.功能不同

药品需要经过大量临床验证，并通过国家药品监督管理局审查批准，有严格的适应证，有规定的剂量、规格，治疗疾病有明确疗效；而作为食品的保健食品，则没有治疗作用。

3.说明书和广告宣传不同

药品要有经过国家药品监督管理局批准的详细的使用说明书，适应证、注意事项、

不良反应，十分严谨；而作为食品的保健食品，说明书则较简略，比较容易被利用作夸大其词的广告宣传。

4.使用方法不同

保健食品仅口服使用，药品除了口服还可以有注射、涂抹等方法。

第七节　不同种类保健食品的应用

目前，欧美保健食品市场呈现以下特点：一是低脂肪、低热量、低胆固醇的保健食品品种多，销售量最大。二是植物性食品、植物蛋白受欢迎，保健茶、中草药在美国崛起，销路看好。三是工艺先进、高科技制作，产品纯度高、性能好，多为软胶囊、片剂造型，或制成运动饮料，易于吸收。

概括近些年国外保健食品的发展，有以下七点明显发展趋势：一是发展迅速，随着大制造商的加入，保健食品将继续迅速发展；二是全球化趋势，保健食品将席卷全球，并最终实现全球社会化和全球的贸易化；三是低脂肪、低胆固醇、低热量的保健食品将主导市场；四是维生素、矿物质类保健食品所占比例稳定；五是以强调添加益生菌或使用新原料（如乳酸菌、氨基酸、核酸、植物精华等）的产品显著成长，并有不断扩大市场之势；六是“素食”及植物性保健食品所占比重逐渐增大；七是保健茶、中草药保健食品继续风靡市场，深受广大消费者欢迎。

中国拥有数千年的中医药历史和健康养生文化，传统的滋补保健食材、营养食品、中医养生保健理念已经深深植入人们的饮食生活之中，我国的保健食品产业发展更多地体现了传统养生理论和现代西方科学技术融合的理念，即以中医理论为基础，以药用植物为原料的产品；以营养学理论为基础，以各类营养物质为资源的营养补充剂；以生物学为理论基础，通过生物转化生成的产品。我国的保健食品管理非常严格，采用注册审批制。保健食品须申报并通过审批后，取得注册号，才能称为保健食品，而且功能也只能采用《允许保健食品声称的保健功能目录非营养素补充剂（2023年版）》规定的24种功能。此外，国家对保健食品产品管理、生产管理、市场监督、广告管理等都给予了相关规定，同时也对保健食品原料目录作了相关说明，以整肃行业内的非法生产、经营及宣传的乱象，有助于保护消费者权益，引导理性消费，也为行业可持续发展营造了一个良好的政策环境。

案例

人参类保健食品的市场情况

自古以来，有“百草之王”之称的人参一直被作为补益元气以及安神健脑的神药。人参中的皂苷类、多糖类、蛋白类以及氨基酸等营养成分，因其具有较高的营养价值，传统中医称其为“扶正固本，滋阴补生”之极品中药。药理学研究证明，人参具有调节机体免疫、降低氧化应激、抗抑郁、抗阿尔茨海默病、降血糖以及抗衰老等保健功效，可用于健康产品开发。在2002年卫生部发布《卫生部关于进一步规范保健食品原料管理的通知》(卫法监发〔2002〕51号)，人参被列入《可用于保健食品的物品名单》，允许在保健食品中使用。2012年，卫生部发布《关于批准人参(人工种植)为新资源食品的公告》(2012年第17号)，批准人参(人工种植)为新资源食品。自此，人参保健食品产业迎来了新的发展机遇。通过对1998~2022年人参类保健食品申报注册情况数据的整理，对其开发现状进行总结，以期为人参产品的进一步研究提供理论参考，并为高附加值的人参精深加工保健食品开发提供思路。

人参保健食品是以人参及其活性成分为基本原料，辅以其他辅料而开发出的具有多种生物活性的功能性食品。根据国家市场监督管理总局食品审评中心数据显示，截至2022年，已获得批号的人参保健食品有172种，涵盖了缓解体力疲劳、增强免疫力、延缓衰老、辅助降血脂、肝损伤辅助保护作用、改善睡眠以及抗氧化等多种保健功能，统计信息如图1-2所示。

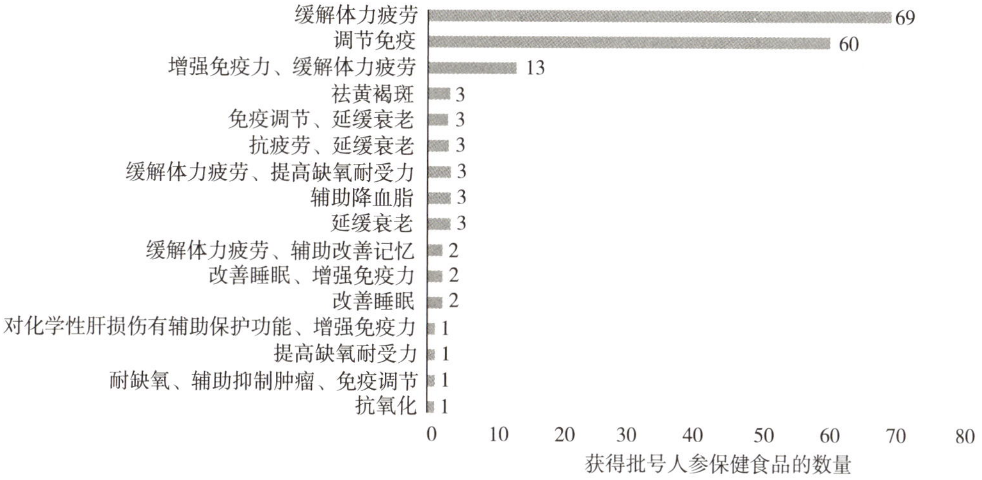

图1-2 人参的申报注册情况1998~2022年

第八节 保健食品的国内外现状

近年来，国民收入水平的提高、人口老龄化引发的慢病管理需求提升、城市化及生活环境的问题引发人们对健康的关注，成为了中国保健食品市场发展的重要驱动力。保健营养类食品按照其监管标准和用途可以分为保健食品和功能性食品。保健食品以"蓝帽子"为标识，具有被批准宣传保健功能的资格，在消费者认知中具有明确的保健属性和明显功能性。功能性食品，例如猴头菇饼干，按照食品标准监管，只能宣传原料的功能，而不能宣传保健功能，在消费者认知中其促进健康的功效明确性和认可度低于保健食品。预计未来五年中国保健食品市场将新增1000亿元市场规模，功能性食品将突破万亿元规模。

中国保健食品起步于20世纪80年代，保健食品行业已逐步形成了包括原料与功能声称管理、产品注册审评、产品剂型、命名指南及产品宣传、生产经营许可等在内的一套上市前、后监管制度体系，保健食品行业逐步进入科学与规范发展时期。

一、保健食品市场状况

采用文献的统计方法查询我国2013~2023年在保健食品研究领域的文献，以期分析保健食品研究领域的热点，为未来发展方向及研究重点的探索提供参考。

（一）资料来源与方法

以中国期刊全文数据库（CNKI）为数据来源，采取高级检索方法，制定检索策略为：发表时间between（2013-04-28，2023-04-28）并且［主题=保健食品或者篇名=保健食品或者v_subject= functional food或者title= functional food（中英文扩展）］（精确匹配）。排除标准：新闻资讯、综述、重复发表、会议论文、科技成果等文献，共获得中文研究性文献2556篇，外文研究性文献1613篇。对获得的文献进行分析，以关键词及主要主题为对象进行统计分析保健食品行业发展现状，探索保健食品研究领域的文献特征和规律。

（二）数据分析结果

1.中文文献主要主题分析　根据知网提供的数据，在中文中以“保健食品”“非法添加”“保健品”“高效液相色谱法”“功能性食品”“食品策略”“食品安全”等作为高频主要主题出现。其中“高效液相色谱法”等其他一些新技术的提及展现了现代高新技术应用于保健食品的开发和检验方面的潜力。目前全球多家公司活跃在纳米产品的开发上，高新技术的应用成为保健食品研究和检验的创新点。“非法添加”和“食品安全”体现了作为食品类别的保健食品在研发和应用过程中始终要重视其安全性。随着大健康产业的发展，益生菌类保健食品也逐渐得到了关注，市场需求不断扩大（图1-3）。

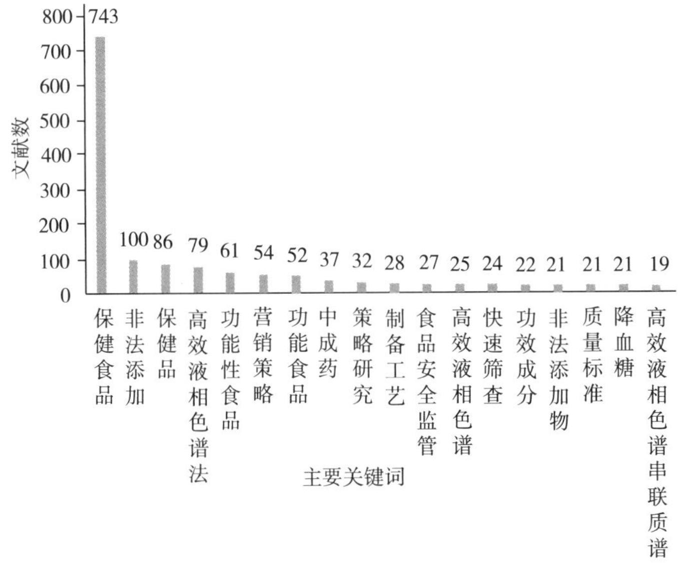

图1-3　保健食品在中文知网数据库检索后的研发应用情况

2.外文文献关键词分析　根据知网检索可知，在近十年外文研究性文献中，关键词多为"Functional food（保健食品/功能性食品）""Obesity（肥胖）""Antioxidant（抗氧化剂）""Antioxidant activity（抗氧化活性）""Nutrition（营养）""Probiotics（益生菌）"。肥胖属于慢性、易复发、进行性疾病状态，在我国和国外都已成为重要的公共卫生问题，从研究的关键词中也不难看出，保健食品行业对此也十分关注。科学研究表明，癌症、衰老或其他疾病大都与过量自由基的产生有关联。研究抗氧化可以有效克服其所带来的危害，针对"Antioxidant（抗氧化剂）""Antioxidant activity（抗氧化活性）"的研究可以看出抗氧化被保健品、化妆品企业列为主要的研发方向之一，也是市场最重要的功能性诉求之一。近年来随着消费者对益生菌产业认知提升以及产品创新增强，益生菌也迎来了更多样化的形式，保健食品行业要抓住机遇，挖掘益生菌深层的作用，助力大健康产业发展（图1-4）。

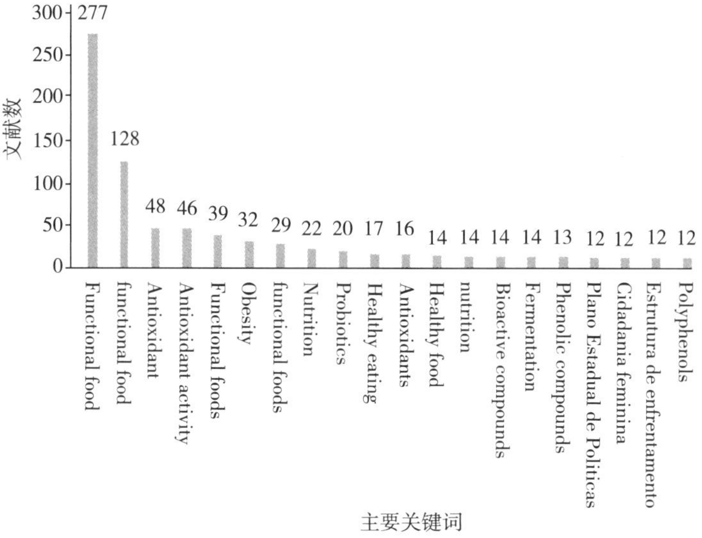

图1-4　保健食品在知网数据库外文检索后的研发应用情况

二、保健食品研发

在"健康中国2030"规划纲要背景下，政府对民众健康管理的重心正逐渐从控制疾病、治疗疾病向全民健康引导、治未病等方面进行转变，而广大的保健品企业正确认识保健食品新功能的开发，将是产业焕发生机、良性发展的必要前提。纵观全球保健食品研发，现阶段其具有显著的3大特点：①现代高新技术应用于保健食品的开发：如全球有200多家公司活跃在纳米产品的开发上，许多著名的食品公司纷纷开展纳米食品的研究和开发，世界范围市场上出现纳米食品已超过300多种。纳米技术的应用使疏水性功效成分效用大幅提高，成为保健食品研究的创新点。②全球保健食品以低脂肪、低热量、低胆固醇的第三代产品为主流，主导大部分消费市场；③"套餐"形式的保健食品备受青睐：人群的营养保健需求是多样的，而单一保健食品很难同时具备多种保健功能，因此复合型保健品大受关注，这不仅是未来保健食品研发和市场推广需着重考虑的问题，也是未来保健食品产业升级的方向。

三、对保健食品行业的建议

1.快速出台配套的政策体系，加强管理 政策是行业的方向、指引，保健食品的研发同样也离不开政策的土壤。因此，国家相关部门应加快保健食品相关法律法规的修订、完善等工作的进度，并出台系列利好的产业政策；业内人士积极配合，协助征求意见稿类文件尽快落地实施，共同携手促进保健食品行业发展。

2.应用现代高新技术，开发第三代保健食品 保健食品功效成分的筛选、提取、分离、纯化、结构解析、药理活性、作用机制、功能评价等均可应用现代高新技术，以便更好、更快加强保健食品功效成分基础研究，通过强化基础从而助推保健食品健康发展。

3.开发功能多元化产品，以满足不同人群的特定需求 目前保健食品多集中于增强免疫力、辅助降血脂、缓解体力疲劳等功能方面，且多以片剂、胶囊剂和口服液等形式为主，存在保健功能失调和产品剂型较为单一的现象。而人群结构、健康状况和保健需求各有不同，因此应该满足不同人群的特定需求开发功能多元化、剂型多样性的保健食品。

知识拓展

在《山海经》中，有许多关于药食的描述，包括一些草药和食材的功效与作用，这些内容对于现代保健食品的研发具有一定的启发意义。例如，《山海经》中记载了鹿茸（Cervi Cornu Pantotrichum）、灵芝（Ganoderma）、人参（*Panax ginseng* C. A. Mey.）等具有保健作用的药材。此外，山海经中也描述了一些富含营养成分的食材，如海参（sea cucumber）、海带（*Laminaria japonica* Arech.）、豆腐（tofu）等，这些食材也常被应用于现代保健食品中。但是，需要注意的是，现代保健食品的研发需要基于科学的实验和数据支持，不能仅凭借文献记载而进行宣传和销售。

4.开发中医药特色产品 饮食养生早已在中医药学体系中出现，是中华保健文化的精髓之一。远古时代，人类在觅食的过程中就发现医食共用的食物，即“药食同源”。先秦时期，就出现了食医一职，且为众医之首，并初步创造了“食治学”。之后，随着实践和理论的积累和总结，形成了较为系统的中医养生的理论、原则和方法。如“春夏养阳”“秋冬养阴”“圣人不治已病治未病”“五谷为养，五果为助，五畜为益，五菜为充”等养生理论，提出了调和阴阳、濡养脏腑、顺应自然等养生原则。保健食品的目的与中医药养生是一脉相传的，都是为了达到防病、延年的状态，并且我国保健食品的原料基本上都来自《按照传统既是食品又是中药材的物质目录管理规定》里的中药品种。因为，我国保健食品与中医药养生关系密切，而中医药养生已有悠久的实践历史和丰富的理论基础，保健食品的研发应借鉴中医药养生理论，开发符合中医药特点的保健食品，是我国保健食品研发的重要途径之一。

5.基于大数据分析，加强保健食品研发 互联网技术给健康大数据的收集提供了前所未有的便捷。通过相关数据库、信息进行系统的整理、分析和挖掘，可以明确市场的真实需求，更好地指导相应的保健食品开发，避免严重的同质化产品现象发生。

中国的保健食品源远流长，近20年来取得了巨大进步。此后，要进一步加强科研开发，建立健全质量保证体系，健全法制，加强管理，积极稳妥地开拓市场。同时，还要加大保健食品的科普教育力度，使我国保健食品健康、持久、快速发展。

思政教育

“十二五”规划（2011–2015年）时期，首次将“营养与保健食品制造业”列入国家发展规划。“十三五”规划（2016–2020年）时期，国家提出要着力发展保健食品、营养强化食品、双蛋白食物等新型营养健康食品。至“十四五”规划（2021–2025年）时期，丰富中医药健康产品供给，国家层面鼓励以保健食品、特殊医学用途配方食品、功能性化妆品、日化产品为重点，积极研发中医药健康产品。同时，自2015年以来，国家市场监督管理总局、国家卫生健康委员会等多部门都陆续印发了支持、指导和规范保健品的发展政策，涉及保健品命名和宣传规范、保健食品安全等。

本章小结

本章内容通过对保健食品相关法律法规的引用和解读，阐述了保健食品在国内外的定义区别，对国内注册备案的保健食品的命名原则及禁用词汇进行了介绍，提供了保健食品的命名指南，总结了保健食品的特点和要求，为保健食品的注册和备案提供了参考。另外，依照现行法律对保健食品根据保健功能和功效成分进行分类介绍，能够有效地保护消费者权益，规范市场秩序，提高产品质量，促进行业发展。监管部门在实际操作层面不断强调让消费者认清保健食品“蓝帽子”标志，保健食品标志的引入是为了加强对保健食品的监管和控制，遏制虚假宣传和滥用添加物等违规行为，同时要求生产企业应当对保健食品产品质量、安全性进行严格管理，确保产品符合国家相关标准和规定，并不能夸大或虚假宣传产品功效。

此外，为了大众更好理解不同的食品概念，本章内容对食品、保健食品、特殊医学用途配方食品三类食品进行了介绍和区分。通过对不同种类的保健食品的介绍和对保健食品国内外发展现状的分析，可以帮助洞悉该行业发展趋势，不同种类的保健品所面对的市场机遇和挑战也各不相同，只有通过深入了解不同种类保健品的特点和趋势，企业才能根据市场需求及时调整经营管理策略，提高产品质量和效果，从而获得更好的发展和收益。

关键词

保健品　functional products　　保健食品　functional food

保健食品分类　classification of functional food　　膳食补充剂　dietary supplements

复习思考题

1.简述保健食品的概念。
2.简述保健食品的特点。
3.简述食品、保健食品、特殊医学用途配方食品及药品的区别与联系。
4.保健食品的分类、功能有哪些?
5.保健食品的命名应该注意哪些内容?
6.保健食品的法定标志的含义。
7.根据你所学的知识，谈谈可以从哪些方面识别真假保健食品。

（罗毅皓　杜　清　孙万成　吕　璇　雷　娟）

思维导图

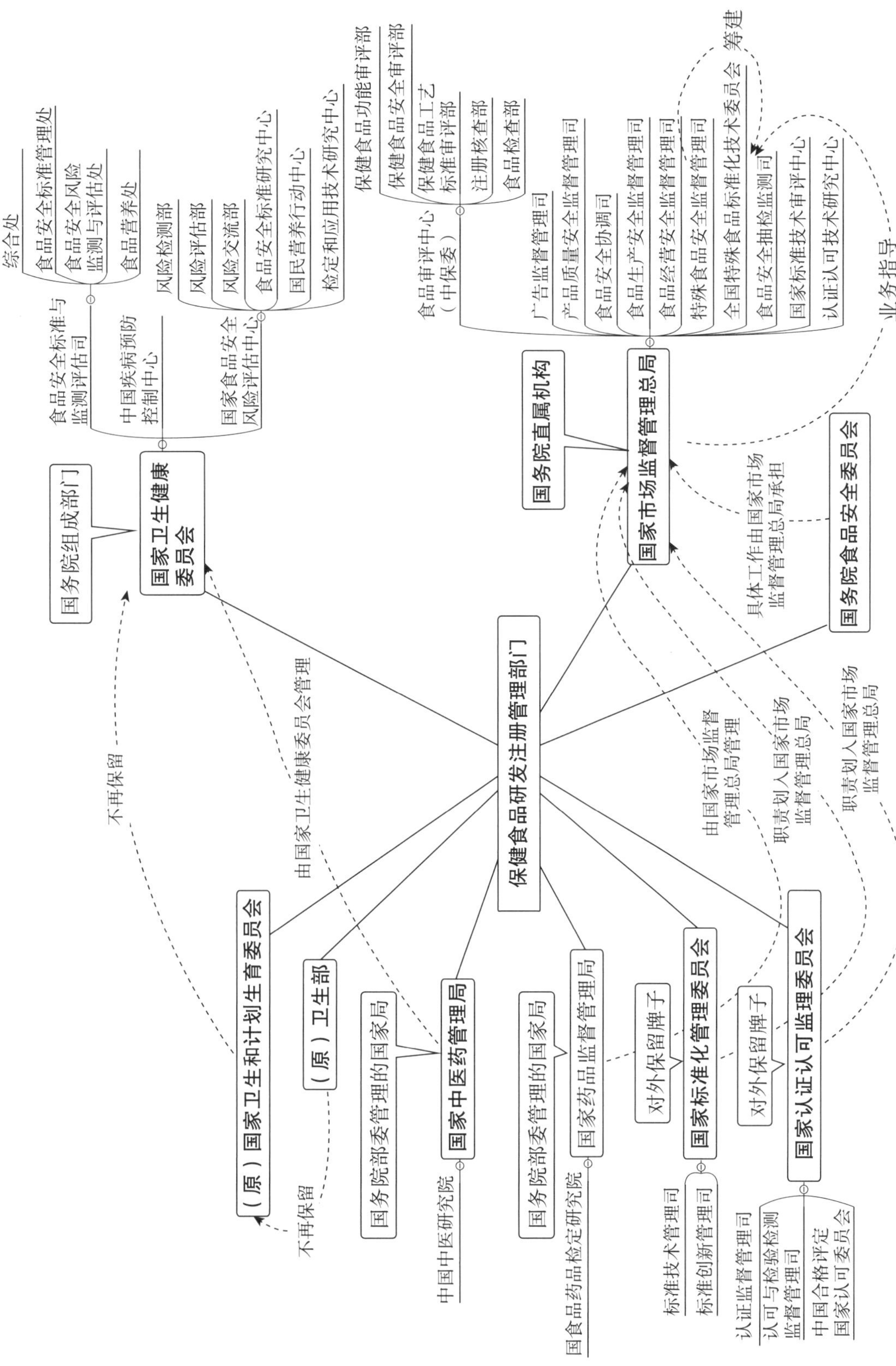

第二章 保健食品研发注册管理部门和主要法律法规思维导图

第二章

保健食品研发注册管理部门和主要法律法规

学习目标

1. 掌握与保健食品研发注册过程直接相关的我国主要法律法规的基本内容。
2. 熟悉与保健食品研发注册过程直接相关的我国主要管理部门及其主要职责。
3. 了解与保健食品研发注册过程不直接相关的管理部门和法律法规。

第一节　保健食品研发和注册管理部门

一、国家卫生健康委员会

中华人民共和国国家卫生健康委员会（以下简称“国家卫健委”），是国务院组成部门。国家卫健委下设若干司局或直属单位，各自承担不同的职责。

（一）食品安全标准与监测评估司

食品安全标准与监测评估司，其主要职责为：组织拟订食品安全国家标准，开展食品安全风险监测、评估和交流，承担新食品原料、食品添加剂新品种、食品相关产品新品种的安全性审查等。食品安全标准与监测评估司设有综合处、食品安全标准管理处、食品安全风险监测与评估处、食品营养处等职能处室。

（二）国家食品安全风险评估中心

国家食品安全风险评估中心（以下简称食品评估中心），成立于2011年10月13日，是经中央机构编制委员会办公室批准，直属于国家卫健委的公共卫生事业单位。食品评估中心除了内设若干个职能处室外，还设置了风险监测部、风险评估部、风险交流部、食品安全标准研究中心、国民营养行动中心、检定和应用技术研究中心等若干个业务部门。食品评估中心主要职责如下。

（1）开展食品安全风险监测、风险评估、标准管理等相关工作，为政府制定相关的法律、法规、部门规章和技术规范等提供技术咨询及政策建议。

（2）拟订国家食品安全风险监测计划；开展食品安全风险监测工作，按规定报送监测数据和分析结果。

（3）拟订食品安全风险评估技术规范；承担食品安全风险评估相关工作，对食品、食品添加剂、食品相关产品中生物性、化学性和物理性危害因素进行风险评估，向国家卫生健康委报告食品安全风险评估结果等信息。

（4）开展食品安全相关科学研究、成果转化、检测服务、信息化建设、技术培训和科普宣教工作。

（5）承担食品安全风险监测、评估、标准、营养等信息的风险交流工作。

（6）承担食品安全标准的技术管理工作；承担国民营养计划实施的技术支持工作。

（7）开展食品安全风险评估领域的国际合作与交流。

（8）承担国家食品安全风险评估专家委员会、食品安全国家标准审评委员会等机构秘书处工作。

（9）承办国家卫生健康委交办的其他事项。

思政教育

成立国家食品安全风险评估中心是党中央、国务院加强食品安全工作的重要举措，也是深入贯彻落实《中华人民共和国食品安全法》、有效提升我国食品安全风险管理科学水平的重要基础建设。作为唯一的国家级食品安全风险评估技术机构，国家食品安全风险评估中心在国家卫健委党组的正确领导下，紧密围绕"为保障食品安全和公众健康提供食品安全风险管理技术支撑"的宗旨，全面落实食品安全风险监测、风险评估、标准管理、国民营养计划四大核心业务，承担着"从农田到餐桌"全过程食品安全风险管理的技术支撑任务，服务于政府的风险管理，服务于公众的科普宣教，服务于行业的创新发展，有效发挥了技术支撑的示范引领作用，为保障国家食品安全、助力健康中国建设作出了重大贡献。

二、国家市场监督管理总局

2018年3月，国务院机构改革方案将国家工商行政管理总局的职责、国家质量监督检验检疫总局的职责、国家食品药品监督管理总局的职责、国家发展和改革委员会的价格监督检查与反垄断执法职责、商务部的经营者集中反垄断执法以及国务院反垄断委员会办公室等职责整合，组建国家市场监督管理总局（以下简称市场监管总局），作为国务院直属机构。国家市场监督管理总局下设若干个机构，其中与食品和保健食品相关的机构有：广告监督管理司、产品质量安全监督管理司、食品安全协调司、食品生产安全监督管理司、食品经营安全监督管理司、特殊食品安全监督管理司、食品安全抽检监测司等。

（一）广告监督管理司

广告监督管理司的主要职责为：拟订广告业发展规划、政策并组织实施；拟订实施广告监督管理的制度措施，组织指导药品、保健食品、医疗器械、特殊医学用途配方食品广告审查工作；组织监测各类媒介广告发布情况；组织查处虚假广告等违法行为；指导广告审查机构和广告行业组织的工作等。

（二）食品安全协调司

食品安全协调司的主要职责为：拟订推进食品安全战略的重大政策措施并组织实施；承担统筹协调食品全过程监管中的重大问题，推动健全食品安全跨地区跨部门协调联动机制工作；承办国务院食品安全委员会日常工作等。

（三）特殊食品安全监督管理司

特殊食品安全监督管理司的主要职责为：分析掌握保健食品、特殊医学用途配方食品和婴幼儿配方乳粉等特殊食品领域安全形势，拟订特殊食品注册、备案和监督管理的制度措施并组织实施；组织查处相关重大违法行为等。

（四）全国特殊食品标准化技术委员会

全国特殊食品标准化技术委员会（编号TC466），由市场监管总局特殊食品安全监督管理司筹建，市场监管总局进行业务指导。该技术委员会负责专业范围为：特殊食品领域国家标准制修订工作。

（五）食品审评中心

国家市场监督管理总局食品审评中心（国家中药品种保护审评委员会，简称中保委）为市场监管总局直属正局级公益一类事业单位。食品审评中心内设若干个机构：保健食品功能审评部、保健食品安全审评部、保健食品工艺标准审评部、注册核查部、食品检查部等，它们的主要职责如下。

（1）保健食品功能审评部承担保健食品保健功能的技术审评；参与制修订保健食品注册备案管理的制度措施，组织制修订保健食品新产品相关配套技术文件；开展允许保健食品声称的保健功能目录研究。

（2）保健食品安全审评部承担保健食品安全性的技术审评和进口保健食品的备案审核；组织制修订保健食品延续产品相关配套技术文件；开展保健食品原料目录研究和上市后技术评价。

（3）保健食品工艺标准审评部承担保健食品工艺标准、质量可控性的技术审评；组织制修订保健食品变更、转让技术和证书补发相关配套技术文件。

（4）注册核查部组织开展特殊食品境内外注册现场核查工作，承担注册现场核查队伍的建设管理；组织制修订注册现场核查技术规范。

（5）食品检查部承担食品生产企业检查相关工作，承担国家级食品检查队伍、食品许可专家队伍的建设管理；组织制修订食品许可审查通则细则，承担食品许可、食品安全监管措施研究等技术支撑工作；协助开展食品安全风险研判。参与食品安全国家标准制修订工作。

（六）国家标准技术审评中心

国家标准技术审评中心的上级主管部门为市场监管总局和国家标准化管理委员会，是从事国家标准技术审评的国家级专业评估与咨询机构，负责国家标准立项评估、国家标准报批材料审核、标准实施后评估、全国标准化技术委员会考核、行地标备案审核，国际标准信息资源交换合作，国际标准推广应用等工作。

（七）国家市场监督管理总局认证认可技术研究中心

认证认可技术研究中心（简称认研中心）是市场监管总局直属正司局级单位，是中央机构编制委员会批准的公益二类事业单位。市场监管总局认研中心是我国国家层面从事认证认可检验检测研究的科研机构和智库型机构，是以认证认可检验检测政策理论、学术研究、监管辅助、标准研究、从业人员能力提升为主要职责的技术支撑服务机构。

三、国家中医药管理局

国家中医药管理局，由国家卫生健康委员会管理。国家中医药管理局直属单位其中包括中国中医科学院。

国家中医药管理局的主要职责包括以下内容。

（1）拟订中医药和民族医药事业发展的战略、规划、政策和相关标准，起草有关法律法规和部门规章草案，参与国家重大中医药项目的规划和组织实施。

（2）承担中医医疗、预防、保健、康复及临床用药等的监督管理责任。规划、指导和协调中医医疗、科研机构的结构布局及其运行机制的改革。拟订各类中医医疗、保健等机构管理规范和技术标准并监督执行。

（3）负责监督和协调医疗、研究机构的中西医结合工作，拟订有关管理规范和技术标准。

（4）负责指导民族医药的理论、医术、药物的发掘、整理、总结和提高工作，拟订民族医医疗机构管理规范和技术标准并监督执行。

（5）组织开展中药资源普查，促进中药资源的保护、开发和合理利用，参与制定中药产业发展规划、产业政策和中医药的扶持政策，参与国家基本药物制度建设。

（6）组织拟订中医药人才发展规划，会同有关部门拟订中医药专业技术人员资格标准并组织实施。会同有关部门组织开展中医药师承教育、毕业后教育、继续教育和相关人才培训工作，参与指导中医药教育教学改革，参与拟订各级各类中医药教育发展规划。

（7）拟订和组织实施中医药科学研究、技术开发规划，指导中医药科研条件和能力建设，管理国家重点中医药科研项目，促进中医药科技成果的转化、应用和推广。

（8）承担保护濒临消亡的中医诊疗技术和中药生产加工技术的责任，组织开展对中医古籍的整理研究和中医药文化的继承发展，提出保护中医非物质文化遗产的建议，推动中医药防病治病知识普及。

（9）组织开展中医药国际推广、应用和传播工作，开展中医药国际交流合作和与港澳台的中医药合作。

（10）承办国务院及国家卫生健康委员会交办的其他事项。

四、国家药品监督管理局

国家药品监督管理局（以下简称药监局），是国家市场监督管理总局管理的国家局。药监局有很多直属单位，其中的中国食品药品检定研究院（国家药品监督管理局医疗器械标准管理中心、中国药品检验总所）与食品和保健食品直接相关，其主要职责包括：承担食品、药品、医疗器械、化妆品及有关药用辅料、包装材料与容器（以下统称为食品药品）的检验检测工作；承担食品药品检验检测机构实验室间比对以及能力验证、考核与评价等技术工作；组织开展对食品药品相关单位质量检验检测工作的培训和技术指导；开展食品药品检验检测国际（地区）交流与合作等。

五、国家标准化管理委员会

国家标准化管理委员会的职责划入市场监管总局，对外保留牌子。其主要职责为：以国家标准化管理委员会名义，下达国家标准计划，批准发布国家标准，审议并发布标准化政策、管理制度、规划、公告等重要文件；开展强制性国家标准对外通报；协调、指导和监督行业、地方、团体、企业标准工作；代表国家参加国际标准化组织、国际电工委员会和其他国际或区域性标准化组织；承担有关国际合作协议签署工作；承担国务院标准化协调机制日常工作。内设标准技术管理司和标准创新管理司等。

六、国家认证认可监督管理委员会

国家认证认可监督管理委员会（CNCA）的职责划入市场监管总局，对外保留牌子。原有国家认监委的相关业务职能由认证监督管理司和认可与检验检测监督管理司承担。

（一）认证监督管理司

认证监督管理司的职责为：拟订实施认证和合格评定监督管理制度。规划指导认证行业发展并协助查处认证违法行为。组织参与认证和合格评定国际或区域性组织活动。

（二）认可与检验检测监督管理司

认可与检验检测监督管理司的职责为：拟订实施认可与检验检测监督管理制度。组织协调检验检测资源整合和改革工作，规划指导检验检测行业发展并协助查处认可与检验检测违法行为。组织参与认可与检验检测国际或区域性组织活动。

（三）中国合格评定国家认可委员会

中国合格评定国家认可委员会（CNAS）是根据《中华人民共和国认证认可条例》的规定，由国家认证认可监督管理委员会批准成立并确定的认可机构，统一实施对认证机构、实验室和检验机构等相关机构的认可工作。

中国合格评定国家认可委员会是国际实验室认可合作组织（ILAC）和亚太实验室认可合作组织（APLAC）的互认协议成员。

七、检验检测机构

按照《中华人民共和国食品安全法》的规定，“食品检验机构按照国家有关认证认可的规定取得资质认定后，方可从事食品检验活动”。食品检验检测机构，必须同时获得由国家认证认可监督管理委员会（CNCA）或其授权发证机关颁发的“检验检测机构资质认定证书”和由中国合格评定国家认可委员会（CNAS）颁发的“实验室认可证书”。

获得上述“检验检测机构资质认定证书”和“实验室认可证书”的检验检测机构有很多，例如：中国食品药品检定研究院、北京市药品检验研究院、北京市疾病预防控制中心等，各省、自治区、直辖市一般都有“食品药品检验所(研究院)”和“疾病预防控制中心”。

第二节　保健食品研发注册主要法律法规

一、中华人民共和国食品安全法

(一)历史修订

2009年2月28日第十一届全国人民代表大会常务委员会第七次会议通过；自2009年6月1日起施行。《中华人民共和国食品卫生法》同时废止。

2015年4月24日第十二届全国人民代表大会常务委员会第十四次会议修订；根据2018年12月29日第十三届全国人民代表大会常务委员会第七次会议《关于修改〈中华人民共和国产品质量法〉等五部法律的决定》第一次修正；根据2021年4月29日第十三届全国人民代表大会常务委员会第二十八次会议《关于修改〈中华人民共和国道路交通安全法〉等八部法律的决定》第二次修正。

(二)与保健食品相关的主要内容

本法共10章154条，其中第四章“食品生产经营”第四节专门阐述“特殊食品”(第74~83条)，第八章“监督管理”、第九章“法律责任”和第十章“附则”中相关条款也提及“保健食品”。按照本法的规定，保健食品属于三种特殊食品(保健食品、特殊医学用途配方食品和婴幼儿配方食品)中的一种。

本法第四章“食品生产经营”第四节“特殊食品”主要条款如下。

第七十四条　国家对保健食品、特殊医学用途配方食品和婴幼儿配方食品等特殊食品实行严格监督管理。

第七十五条　保健食品声称保健功能，应当具有科学依据，不得对人体产生急性、亚急性或者慢性危害。

保健食品原料目录和允许保健食品声称的保健功能目录，由国务院食品安全监督管理部门会同国务院卫生行政部门、国家中医药管理部门制定、调整并公布。

保健食品原料目录应当包括原料名称、用量及其对应的功效；列入保健食品原料目录的原料只能用于保健食品生产，不得用于其他食品生产。

第七十六条　使用保健食品原料目录以外原料的保健食品和首次进口的保健食品应当经国务院食品安全监督管理部门注册。但是，首次进口的保健食品中属于补充维生素、矿物质等营养物质的，应当报国务院食品安全监督管理部门备案。其他保健食品应当报省、自治区、直辖市人民政府食品安全监督管理部门备案。

进口的保健食品应当是出口国(地区)主管部门准许上市销售的产品。

第七十七条　依法应当注册的保健食品，注册时应当提交保健食品的研发报告、产品配方、生产工艺、安全性和保健功能评价、标签、说明书等材料及样品，并提供相关证明文件。国务院食品安全监督管理部门经组织技术审评，对符合安全和功能声称要求的，准予注册；对不符合要求的，不予注册并书面说明理由。对使用保健食品原料目录以外原料的保健食品作出准予注册决定的，应当及时将该原料纳入保健食品原料目录。

依法应当备案的保健食品，备案时应当提交产品配方、生产工艺、标签、说明书以及表明产品安全性和保健功能的材料。

第七十八条　保健食品的标签、说明书不得涉及疾病预防、治疗功能，内容应当真实，与注册或者备案的内容相一致，载明适宜人群、不适宜人群、功效成分或者标志性成分及其含量等，并声明“本品不能代替药物”。保健食品的功能和成分应当与标签、说明书相一致。

第七十九条　保健食品广告除应当符合本法第七十三条第一款的规定外，还应当声明“本品不能代替药物”；其内容应当经生产企业所在地省、自治区、直辖市人民政府食品安全监督管理部门审查批准，取得保健食品广告批准文件。省、自治区、直辖市人民政府食品安全监督管理部门应当公布并及时更新已经批准的保健食品广告目录以及批准的广告内容。

第八十二条　保健食品、特殊医学用途配方食品、婴幼儿配方乳粉的注册人或者备案人应当对其提交材料的真实性负责。

省级以上人民政府食品安全监督管理部门应当及时公布注册或者备案的保健食品、特殊医学用途配方食品、婴幼儿配方乳粉目录，并对注册或者备案中获知的企业商业秘密予以保密。

保健食品、特殊医学用途配方食品、婴幼儿配方乳粉生产企业应当按照注册或者备案的产品配方、生产工艺等技术要求组织生产。

第八十三条　生产保健食品，特殊医学用途配方食品、婴幼儿配方食品和其他专供特定人群的主辅食品的企业，应当按照良好生产规范的要求建立与所生产食品相适应的生产质量管理体系，定期对该体系的运行情况进行自查，保证其有效运行，并向所在地县级人民政府食品安全监督管理部门提交自查报告。

二、中华人民共和国食品安全法实施条例

（一）历史修订

1. 2009年7月20日中华人民共和国国务院令第557号公布。
2. 2016年2月6日《国务院关于修改部分行政法规的决定》修订。
3. 2019年3月26日国务院第42次常务会议修订通过。
4. 2019年10月11日中华人民共和国国务院令第721号公布。自2019年12月1日起施行。

（二）与保健食品相关的主要内容

本条例共10章86条，其中与保健食品相关的主要内容有：第十二条保健食品、特殊医学用途配方食品、婴幼儿配方食品等特殊食品不属于地方特色食品，不得对其制定食品安全地方标准。第三十五条保健食品生产工艺有原料提取、纯化等前处理工序

的，生产企业应当具备相应的原料前处理能力。第三十八条对保健食品之外的其他食品，不得声称具有保健功能。

三、保健食品注册与备案管理办法

（一）历史修订

2016年2月26日国家食品药品监督管理总局令第22号公布。

自2016年7月1日起施行。2005年4月30日公布的《保健食品注册管理办法（试行）》（国家食品药品监督管理局令第19号）同时废止。

2019年3月29日市场监管总局特殊食品安全监督管理司发文，对《保健食品注册与备案管理办法》有关问题进行了解读，解读具体内容可在市场监管总局网站查看。

根据2020年10月23日国家市场监督管理总局令第31号，进行了修订：把办法中的“国家食品药品监督管理总局”修改为“国家市场监督管理总局”，把办法中的“食品药品监督管理部门”修改为“市场监督管理部门”。

（二）要点内容

本办法共8章75条，其中要点内容如下。

1.本办法的立法依据是《中华人民共和国食品安全法》。

2.在中华人民共和国境内保健食品的注册与备案及其监督管理适用本办法。

3.保健食品注册，是指市场监督管理部门根据注册申请人申请，依照法定程序、条件和要求，对申请注册的保健食品的安全性、保健功能和质量可控性等相关申请材料进行系统评价和审评，并决定是否准予其注册的审批过程；保健食品备案，是指保健食品生产企业依照法定程序、条件和要求，将表明产品安全性、保健功能和质量可控性的材料提交市场监督管理部门进行存档、公开、备查的过程。

（三）后续相关法规

1.保健食品注册审评审批工作细则（2016年版） 原国家食品药品监督管理总局根据《中华人民共和国食品安全法》《保健食品注册与备案管理办法》等有关规定，制定了《保健食品注册审评审批工作细则（2016年版）》，并于2016年11月14日印发通知。该细则适用于使用保健食品原料目录以外原料的保健食品和首次进口的保健食品（不包括补充维生素、矿物质等营养物质的保健食品）新产品注册、延续注册、转让技术、变更注册、证书补发等的审评审批工作。细则全文可以在市场监管总局网站查看。

2.保健食品注册申请服务指南（2016年版） 原国家食品药品监督管理总局根据《中华人民共和国食品安全法》《保健食品注册与备案管理办法》等有关规定，组织制定了《保健食品注册申请服务指南（2016年版）》，并于2016年12月19日发布通告（2016年第167号）。该指南适用于使用保健食品原料目录以外原料的保健食品和首次进口的保健食品（不包括补充维生素、矿物质等营养物质的保健食品）注册申请。

指南全文可以在中华人民共和国中央人民政府网站或市场监管总局网站查看。

3.保健食品备案工作指南（试行） 原国家食品药品监督管理总局根据《中华人民共和国食品安全法》《保健食品注册与备案管理办法》有关规定，制定了《保健食品备案工作指南（试行）》，并于2017年5月2日发布通知（食药监特食管〔2017〕37号）。指南全文可以在市场监管总局网站查看。

4.保健食品命名指南（2019年版） 市场监管总局根据《中华人民共和国食品安全法》及《保健食品注册与备案管理办法》等规定，制定了《保健食品命名指南（2019年版）》，并于2019年11月10日发布公告（2019年第53号）。指南全文可以在市场监管总局网站查看。

5.保健食品标注警示用语指南 为指导保健食品警示用语标注，使消费者更易于区分保健食品与普通食品、药品，引导消费者理性消费，市场监管总局组织编制了《保健食品标注警示用语指南》，并于2019年6月10 日发布公告（2019年第29号）。自2020年1月1日起实施。指南全文可以在市场监管总局网站查看。

6.保健食品备案产品可用辅料及其使用规定（2021年版） 为进一步推进和规范保健食品备案管理工作，根据相关食品安全国家标准及注册产品情况，市场监管总局制修订了配套的《保健食品备案可用辅料及其使用规定（2021年版）》并于2021年1月29日发布公告（2021年第7号）。自2021年6月1日起施行。规定全文可在市场监管总局网站查看。

7.保健食品备案产品剂型及技术要求（2021年版） 为进一步推进和规范保健食品备案管理工作，根据相关食品安全国家标准及注册产品情况，市场监管总局制修订了配套的《保健食品备案产品剂型及技术要求（2021年版）》，将粉剂、凝胶糖果纳入保健食品备案剂型，并于2021年1月29 日发布公告（2021年第7号）。自2021年6月1日起施行。该要求全文可在市场监管总局网站查看。

8.药品、医疗器械、保健食品、特殊医学用途配方食品广告审查管理暂行办法 为加强药品、医疗器械、保健食品和特殊医学用途配方食品广告监督管理，规范广告审查工作，维护广告市场秩序，保护消费者合法权益，根据《中华人民共和国广告法》等法律、行政法规，市场监管总局于2019年12月24日制定了《药品、医疗器械、保健食品、特殊医学用途配方食品广告审查管理暂行办法》（国家市场监督管理总局令第21号）。自2020年3月1日起施行。该办法全文可在市场监管总局网站查看。

9.保健食品及其原料安全性毒理学检验与评价技术指导原则（2020年版） 根据《中华人民共和国食品安全法》，经与国家卫健委协商一致，市场监管总局于2020年10月16日制定并印发了《保健食品及其原料安全性毒理学检验与评价技术指导原则（2020年版）》《保健食品原料用菌种安全性检验与评价技术指导原则（2020年版）》和《保健食品理化及卫生指标检验与评价技术指导原则（2020年版）》。这三个原则的全文可在市场监管总局网站查看。

《保健食品及其原料安全性毒理学检验与评价技术指导原则（2020年版）》依据GB 15193.1—2014《食品安全国家标准食品安全性毒理学评价程序》等食品安全国家标准GB 15193系列标准（收集在《食品安全国家标准目录》“毒理学检验方法与规程标准29项”中）制定，适用于保健食品及其原料的安全性毒理学的检验与评价。

10.保健食品原料用菌种安全性检验与评价技术指导原则（2020年版） 该指导原

则规定了保健食品原料用细菌、丝状真菌（子实体除外）和酵母的安全性评价中的致病性（毒力）检验与评价程序和方法。该指导原则适用于保健食品原料用菌种（包括保健食品配方用及原料生产用菌种）的致病性检验与评价。该指导原则不适用于基因改造微生物菌种和在我国无使用习惯的菌种致病性检验与评价。

11.保健食品理化及卫生指标检验与评价技术指导原则（2020年版） 该指导原则规定了保健食品及其原料、辅料理化及卫生指标检验与评价的基本要求、功效成分/标志性成分检验方法、溶剂残留和违禁成分的测定要求。该指导原则适用于保健食品的注册和备案检验。

四、保健食品原料目录与保健功能目录管理办法

（一）历史修订

1.2018年12月18日经市场监管总局2018年第9次局务会议审议通过。

2.经与国家卫健委协商一致，2019年8月2日国家市场监督管理总局令第13号公布。自2019年10月1日起施行。

（二）要点内容

本办法共4章26条，其中要点内容如下。

1.本办法的立法依据是《中华人民共和国食品安全法》。

2.中华人民共和国境内生产经营的保健食品的原料目录和允许保健食品声称的保健功能目录的制定、调整和公布适用本办法。

3.保健食品原料目录，是指依照本办法制定的保健食品原料的信息列表，包括原料名称、用量及其对应的功效；允许保健食品声称的保健功能目录（以下简称保健功能目录），是指依照本办法制定的具有明确评价方法和判定标准的保健功能信息列表。

4.保健食品原料目录的制定、按照传统既是食品又是中药材物质目录的制定、新食品原料的审查等工作应当相互衔接。

（三）相关法规

保健食品原料的相关法规主要包括以下内容：①保健食品原料目录（一）；②允许保健食品声称的保健功能目录（一）；③保健食品原料目录营养素补充剂（2023年版）；④允许保健食品声称的保健功能目录营养素补充剂（2023年版）；⑤保健食品原料目录辅酶Q_{10}；⑥保健食品原料目录破壁灵芝孢子粉；⑦保健食品原料目录螺旋藻；⑧保健食品原料目录鱼油；⑨保健食品原料目录褪黑素；⑩保健食品原料目录DHA藻油、大豆分离蛋白、乳清蛋白粉。

保健食品研发和注册管理部门会适时对相关法规进行动态更新、补充和调整。针对上述“保健食品原料目录（一）”和“允许保健食品声称的保健功能目录（一）”，说明如下：根据《中华人民共和国食品安全法》有关规定，原国家食品药品监督管理总局会同原国家卫生计生委和国家中医药管理局制定了《保健食品原料目录（一）》和《允许保健食品声称的保健功能目录（一）》并于2016年12月27日发布公告。该公告

及两份目录全文可在国家市场监督管理总局特殊食品安全监督管理司网站查看。

针对保健食品原料目录辅酶Q_{10}，保健食品原料目录破壁灵芝孢子粉，保健食品原料目录螺旋藻，保健食品原料目录鱼油，保健食品原料目录褪黑素，说明如下。根据《中华人民共和国食品安全法》《保健食品原料目录与保健功能目录管理办法》等规定，市场监管总局会同国家卫健委、国家中医药管理局制定了辅酶Q_{10}、破壁灵芝孢子粉（ganoderma spore powder）、螺旋藻（spirulina）、鱼油（fish oil）、褪黑素（melatonin）等五种保健食品原料目录，并于2020年11月23日发布公告。自2021年3月1日起施行。该公告及五种保健食品原料目录可在市场监管总局网站查看。市场监管总局特殊食品安全监督管理司发布《普通食品原料纳入保健原料目录的使用监管问题的解读》。该解读可在市场监管总局网站查看。

国家市场监督管理总局特殊食品安全监督管理司发布《辅酶Q_{10}等五种保健食品原料目录》配套解读。该解读可在市场监管总局网站查看。

针对保健食品原料目录DHA藻油、大豆分离蛋白、乳清蛋白粉，说明如下。根据《中华人民共和国食品安全法》《保健食品原料目录与保健功能目录管理办法》等规定，国家市场监督管理总局会同国家卫生健康委员会、国家中医药管理局调整了《保健食品原料目录营养素补充剂（2023年版）》《允许保健食品声称的保健功能目录营养素补充剂（2023年版）》，制定了《保健食品原料目录大豆分离蛋白》《保健食品原料目录乳清蛋白》，自2023年10月1日起施行。

五、保健食品原料管理相关法规

2002年2月28日卫生部发布《关于进一步规范保健食品原料管理的通知》（卫法监发〔2002〕51号），印发《既是食品又是药品的物品名单》《可用于保健食品的物品名单》和《保健食品禁用物品名单》，并作了相关规定。该通知全文（含三份物品名单）可在国家卫健委网站或市场监管总局食品审评中心网站查看。

为方便群众了解相关政策法规，增加食品安全的透明度，原国家卫生计生委政务公开办于2014年4月21日发布《国家卫生计生委政务公开办关于新食品原料、普通食品和保健食品有关问题的说明》。该说明全文可在国家卫健委政务服务平台查看。

（一）按照传统既是食品又是中药材的物质

1.既是食品又是药品的物品名单（卫法监发〔2002〕51号） 该物品名单可在国家卫健委网站或市场监管总局食品审评中心网站查看。

2.《按照传统既是食品又是中药材物质目录管理办法》（征求意见稿） 根据《食品安全法》第五十条规定，“按照传统既是食品又是中药材的物质的目录由国务院卫生行政部门制定、公布”，原国家卫生计生委组织有关单位对《禁止食品加药卫生管理办法》进行修订。经研究论证，将《禁止食品加药卫生管理办法》的名称修改为《按照传统既是食品又是中药材物质目录管理办法》（以下简称《办法》），并起草了《办法》的征求意见稿。2014年10月28日国家卫生计生委办公厅发函（国卫办食品函〔2014〕975号），征求《按照传统既是食品又是中药材物质目录管理办法》（征求意见稿）意见，并进行了修订说明。《办法》（征求意见稿）主要内容共17条，共列出86种中药材物质和15种新增中药材物质。该办法全文可在国家卫健委食品安全标准与监测评估司网站查看。

3.关于当归等6种新增按照传统既是食品又是中药材的物质公告 2019年11月25日国家卫健委和市场监管总局联合发布《关于当归等6种新增按照传统既是食品又是中药材的物质公告》（2019年第8号），将当归、山柰、西红花、草果、姜黄、荜茇等6种物质纳入按照传统既是食品又是中药材的物质（以下简称食药物质）目录管理，仅作为香辛料和调味品使用。该公告全文可在国家卫健委食品安全标准与监测评估司网站查看。

2020年1月6日国家卫健委食品安全标准与监测评估司发文，解读《关于当归等6种新增按照传统既是食品又是中药材的物质公告》（2019年第8号）。本次公布的当归等6种新增食药物质，主要根据《食品安全法》，按照我国传统饮食习惯和《中国药典》（2015年版）修订情况，综合考虑地方需求并参考相关国际管理经验，采用食品安全风险评估的原则和方法，经系统研究、综合论证确定。该解读全文可在国家卫健委食品安全标准与监测评估司网站查看。

4.对党参等9种物质开展按照传统既是食品又是中药材的物质管理试点工作 2019年11月25日国家卫健委和市场监管总局联合发布《关于对党参等9种物质开展按照传统既是食品又是中药材的物质管理试点工作的通知》（国卫食品函〔2019〕311号），将对党参、肉苁蓉、铁皮石斛、西洋参、黄芪、灵芝、山茱萸、天麻、杜仲叶等9种物质开展按照传统既是食品又是中药材的物质生产经营试点工作。该通知全文可在国家卫健委食品安全标准与监测评估司网站查看。

2020年1月7日国家卫健委食品安全标准与监测评估司发文，解读《关于对党参等9种物质开展按照传统既是食品又是中药材的物质管理试点工作的通知》（国卫食品函〔2019〕311号）。本次对党参等9种物质开展食药物质管理试点工作，主要根据《食品安全法》，按照我国传统饮食习惯和《中国药典》（2015年版）修订情况，综合考虑地方需求并参考相关国际管理经验，采用食品安全风险评估的原则和方法，经系统研究、综合论证确定。该解读全文可在国家卫健委食品安全标准与监测评估司网站查看。

5.按照传统既是食品又是中药材的物质目录管理规定 根据《中华人民共和国食品安全法》及其实施条例的规定，经市场监管总局同意，2021年11月10日国家卫健委制定并印发了《按照传统既是食品又是中药材的物质目录管理规定》的通知（国卫食品发〔2021〕36号）。该规定第三条指出“食药物质是指传统作为食品，且列入《中华人民共和国药典》（以下简称《中国药典》）的物质”；规定第四条指出“国家卫生健康委会同市场监管总局制定、公布食药物质目录，对目录实施动态管理。”。该规定全文可在国家卫健委食品安全标准与监测评估司网站查看。

2021年11月国家卫健委食品安全标准与监测评估司发布关于《按照传统既是食品又是中药材的物质目录管理规定》的解读，对规定的起草背景、起草原则和主要内容进行了说明。该解读全文可在国家卫健委食品安全标准与监测评估司网站查看。

（二）保健食品原料

1.可用于保健食品的物品名单（卫法监发〔2002〕51号） 该物品名单可在国家卫健委网站或市场监管总局食品审评中心网站查看。

2.保健食品禁用物品名单（卫法监发〔2002〕51号） 该物品名单可在国家卫健委网站或市场监管总局食品审评中心网站查看。

（三）新食品原料

1.新食品原料安全性审查管理办法 2013年5月31日公布（国家卫生和计划生育委员会令第1号）；自2013年10月1日起施行。原卫生部2007年12月1日公布的《新资源食品管理办法》同时废止。

根据2017年12月26日《国家卫生计生委关于修改〈新食品原料安全性审查管理办法〉等7件部门规章的决定》（中华人民共和国国家卫生和计划生育委员会令第18号）修正该管理办法。该办法主要内容共25条。可在中华人民共和国中央人民政府网站查看。

2.新食品原料申报与受理规定 为规范新食品原料安全性审查和许可工作，根据《中华人民共和国食品安全法》和《新食品原料安全性审查管理办法》的规定，原国家卫生计生委组织制定了《新食品原料申报与受理规定》和《新食品原料安全性审查规程》，并于2013年10月15日印发通知。《新食品原料申报与受理规定》主要内容共4章25条。

3.新食品原料安全性审查规程 《新食品原料安全性审查规程》主要内容共5章27条。该规定和规程可在中华人民共和国中央人民政府网站查看。

六、食品安全方面的国家标准和地方标准

（一）国家标准全文公开系统中的相关标准

登录国家标准全文公开系统（网址https：//openstd.samr.gov.cn/）或全国标准信息公共服务平台（网址https：//std.samr.gov.cn/）可以查询国家标准的全文，但食品安全、环境保护、工程建设方面的国家标准未纳入该系统，需要咨询相关部委。

1.涉及食品安全检测、风险和管理的现行的国家标准 尽管食品安全方面的国家标准未纳入国家标准全文公开系统，但在该系统中输入“食品安全”仍然可以检索到涉及食品安全检测、食品安全风险和食品安全管理体系的现行的国家标准共13项，其中推荐性国家标准12项，指导性技术文件1项。

（1）GB/T 29471—2020《食品安全检测移动实验室通用技术规范》

（2）GB/T 23811—2009《食品安全风险分析工作原则》

（3）GB/Z 23785—2009《微生物风险评估在食品安全风险管理中的应用指南》

（4）GB/T 22000—2006《食品安全管理体系 食品链中各类组织的要求》

（5）GB/T 22003—2017《合格评定 食品安全管理体系 审核与认证机构要求》

（6）GB/T 22004—2007《食品安全管理体系 GB/T 22000—2006的应用指南》

（7）GB/T 27301—2008《食品安全管理体系 肉及肉制品生产企业要求》

（8）GB/T 27302—2008《食品安全管理体系 速冻方便食品生产企业要求》

（9）GB/T 27303—2008《食品安全管理体系 罐头食品生产企业要求》

（10）GB/T 27304—2008《食品安全管理体系 水产品加工企业要求》

（11）GB/T 27305—2008《食品安全管理体系 果汁和蔬菜汁类生产企业要求》

（12）GB/T 27306—2008《食品安全管理体系 餐饮业要求》

（13）GB/T 27307—2008《食品安全管理体系 速冻果蔬生产企业要求》

2.涉及保健食品的现行的国家标准 在国家标准全文公开系统中输入“保健食品”可以检索到的现行的国家标准共有18项，其中强制性国家标准1项（GB 17405—1998《保健食品良好生产规范》），推荐性国家标准17项（均为保健食品中相关成分的测定）。

（1）GB 17405—1998《保健食品良好生产规范》本标准于1999年1月1日实施。本标准规定了对生产具有特定保健功能食品企业的人员、设计与设施、原料、生产过程、成品贮存与运输以及品质和卫生管理方面的基本技术要求。本标准适用于所有保健食品生产企业。

（2）GB/T 5009.196—2003《保健食品中肌醇的测定》

（3）GB/T 22249—2008《保健食品中番茄红素的测定》

（4）GB/T 22250—2008《保健食品中绿原酸的测定》

（5）GB/T 22244—2008《保健食品中前花青素的测定》

（6）GB/T 22247—2008《保健食品中淫羊藿苷的测定》

（7）GB/T 22245—2008《保健食品中异嗪皮啶的测定》

（8）GB/T 22246—2008《保健食品中泛酸钙的测定》

（9）GB/T 22251—2008《保健食品中葛根素的测定》

（10）GB/T 22248—2008《保健食品中甘草酸的测定》

（11）GB/T 5009.170—2003《保健食品中褪黑素含量的测定》

（12）GB/T 5009.193—2003《保健食品中脱氢表雄甾酮（DHEA）的测定》

（13）GB/T 5009.195—2003《保健食品中吡啶甲酸铬含量的测定》

（14）GB/T 5009.194—2003《保健食品中免疫球蛋白lgG的测定》

（15）GB/T 22252—2008《保健食品中辅酶Q_{10}的测定》

（16）GB/T 5009.171—2003《保健食品中超氧化物歧化酶（SOD）活性的测定》

（17）GB/T 23788—2009《保健食品中大豆异黄酮的测定方法高效液相色谱法》

（18）GB/T 5009.197—2003《保健食品中盐酸硫胺素、盐酸吡哆醇、烟酸、烟酰胺和咖啡因的测定》

3.其他现行的相关国家标准

（1）GB 15266—2009《运动饮料》 本标准于2009年12月1日实施。本标准定义运动饮料为“营养素及其含量能适应运动或体力活动人群的生理特点，能为机体补充水分、电解质和能量，可被迅速吸收的饮料”。本标准规定了运动饮料的定义、技术要求、实验方法、检验规则、标签、包装、运输和贮存的要求。

（2）GB 14882—1994《食品中放射性物质限制浓度标准》本标准于1994年9月1日实施。本标准规定了主要食品中12种放射性物质的导出限制浓度。

（3）GB 9990—2009《食品营养强化剂 煅烧钙》本标准于2009年8月1日实施。本标准代替GB 9990—1988《食品强化剂 活性钙》。本标准规定了食品营养强化剂煅烧钙的技术要求、试验方法、检验规则、标志、包装、运输、贮存及保质期。本标准适用于由牡蛎壳或贝壳经高温煅烧、水解而制得的制品。

（4）GB 23350—2021《限制商品过度包装要求 食品和化妆品》本标准于2023年9月1日实施。本标准代替GB 23350—2009《限制商品过度包装要求 食品和化妆品》。本文件规定了限制食品和化妆品过度包装的要求、检测和判定规则。本标准适用于食品和化妆品销售包装，不适用于赠品或非卖品。

（5）GB 10355—2006《食品添加剂 乳化香精》本标准于2007年4月1 日实施。本标准代替GB 10355—1989《食品添加剂 乳化香精》。本标准规定了食品添加剂乳化香精的术语和定义、要求、试验方法、检验规则和标志、包装、运输、贮存等内容。本标准适用于对由食用香料、乳化剂、蒸馏水或去离子水等原料组成，经乳化均质制得的水包油乳化香精的质量进行分析评价。

（6）GB 9683—1988《复合食品包装袋卫生标准》本标准于1989年6月1 日实施。本标准规定了复合食品包装袋的卫生要求。本标准适用于由纸、塑料薄膜或铝箔经黏合剂（聚氨酯和改性聚氨酯）复合而成的食品包装袋，包括蒸煮袋和普通复合袋。

（二）《食品安全国家标准目录》

上文已指出，食品安全方面的国家标准未纳入国家标准全文公开系统。这些食品安全国家标准的文本可在国家卫健委食品评估中心“食品安全国家标准在线检索平台”查阅下载。

2023年1月11日国家卫健委食品安全标准与监测评估司公告了《食品安全国家标准目录》（截至2022年11月共1478项）。该目录可在国家卫健委食品安全标准与监测评估司网站查看。

该目录列出通用标准15项、食品产品标准70项、特殊膳食食品标准10项、食品添加剂质量规格及相关标准651项、食品营养强化剂质量规格标准62项、食品相关产品标准16项、生产经营规范标准34项、理化检验方法标准237项、微生物检验方法标准32项、毒理学检验方法与规程标准29项、农药残留检测方法标准120项、兽药残留检测方法标准95项、被替代（拟替代）和已废止（待废止）标准107项。

1.《食品安全国家标准目录》中的15项通用标准

（1）GB 2760—2014《食品安全国家标准 食品添加剂使用标准》

（2）GB 2761—2017《食品安全国家标准 食品中真菌毒素限量》

（3）GB 2762—2022《食品安全国家标准 食品中污染物限量》

（4）GB 2763—2021《食品安全国家标准 食品中农药最大残留限量》

（5）GB 2763.1—2022《食品安全国家标准 食品中2，4-滴丁酸钠盐等112种农药最大残留限量》

（6）GB 29921—2021《食品安全国家标准 食品中致病菌限量》

（7）GB 31607—2021《食品安全国家标准 散装即食食品中致病菌限量》

（8）GB 31650—2019《食品安全国家标准 食品中兽药最大残留限量》

（9）GB 31650.1—2022《食品安全国家标准 食品中41种兽药最大残留限量》

（10）GB 9685—2016《食品安全国家标准 食品接触材料及制品用添加剂使用标准》

（11）GB 14880—2012《食品安全国家标准 食品营养强化剂使用标准》

（12）GB 7718—2011《食品安全国家标准 预包装食品标签通则》

（13）GB 28050—2011《食品安全国家标准 预包装食品营养标签通则》

（14）GB 13432—2013《食品安全国家标准 预包装特殊膳食用食品标签》

（15）GB 29924—2013《食品安全国家标准 食品添加剂标识通则》

2.《食品安全国家标准目录》中涉及保健食品的2项标准

（1）GB 16740—2014《食品安全国家标准 保健食品》本标准于2015年5月24日实施。本标准代替GB 16740—1997《保健（功能）食品通用标准》。本标准收集在《食品安全国家标准目录》"食品产品标准70项"中。本标准对保健食品作了如下定义"声称并具有特定保健功能或者以补充维生素、矿物质为目的的食品。即适用于特定人群食用，具有调节机体功能，不以治疗疾病为目的，并且对人体不产生任何急性、亚急性或慢性危害的食品"。

（2）GB 28404—2012《食品安全国家标准 保健食品中α-亚麻酸、二十碳五烯酸、二十二碳五烯酸和二十二碳六烯酸的测定》本标准于2012年7月17日实施。本标准收集在《食品安全国家标准目录》"理化检验方法标准237项"中。

（三）保健食品地方标准

国内不少地方政府也会发布一些与保健食品相关的地方标准，如主管部门为山东省市场监督管理局发布的地方标准DB37/T 4211—2020《保健食品生产企业批生产记录通用管理规范》，主管部门为辽宁省市场监督管理局发布的地方标准DB21/T 3542—2021《保健食品生产管理指南》和DB21/T 3543—2021《辽宁省保健食品经营管理规范》，主管部门为上海市市场监督管理局发布的地方标准DB31/T 1259—2020《保健食品经营管理规范》等。

七、保健食品生产经营相关法规

1.食品生产许可管理办法　为规范食品、食品添加剂生产许可活动，加强食品生产监督管理，保障食品安全，根据《中华人民共和国行政许可法》《中华人民共和国食品安全法》和《中华人民共和国食品安全法实施条例》等法律法规，市场监管总局制定了本办法。本办法于2019年12月23日经市场监管总局2019年第18次局务会议审议通过，2020年1月2日国家市场监督管理总局令第24号公布。自2020年3月1日起施行。原国家食品药品监督管理总局2015年8月31日公布，根据2017年11月7日原国家食品药品监督管理总局《关于修改部分规章的决定》修正的《食品生产许可管理办法》同时废止。

本办法主要内容共8章61条。按照本办法规定，在中华人民共和国境内，从事食品生产活动，应当依法取得食品生产许可。食品生产许可的申请、受理、审查、决定及其监督检查，适用本办法。本办法全文可在中华人民共和国中央人民政府网站查看。

本办法中提及保健食品的要点如下。

（1）保健食品的生产许可，由省、自治区、直辖市市场监督管理部门负责。

（2）申请食品生产许可，应当按照食品类别提出，保健食品是食品类别中的其中一类（市场监管总局可以根据监督管理工作需要对食品类别进行调整）。

（3）申请保健食品生产许可，如果保健食品生产工艺有原料提取、纯化等前处理工序的，需要具备与生产的品种、数量相适应的原料前处理设备或者设施。

（4）申请保健食品生产许可，还应当提交与所生产食品相适应的生产质量管理体系文件以及相关注册和备案文件。

（5）申请保健食品生产许可，在产品注册或者产品配方注册时经过现场核查的项目，可以不再重复进行现场核查。

2.食品生产许可审查通则（2022版） 为了加强食品、食品添加剂生产许可管理，规范食品生产许可审查工作，依据《中华人民共和国食品安全法》《中华人民共和国食品安全法实施条例》《食品生产许可管理办法》等法律法规、规章和食品安全国家标准，市场监管总局制定并于2022年10月8日发布新修订的《食品生产许可审查通则（2022版）》。自2022年11月1日起施行。原国家食品药品监督管理总局2016年8月9日发布的《食品生产许可审查通则》同时废止。

本通则适用于市场监督管理部门组织对食品生产许可和变更许可、延续许可等审查工作。本通则全文可在市场监管总局网站查看。

3.保健食品生产许可审查细则 为规范保健食品生产许可审查工作，督促企业落实主体责任，保障保健食品质量安全，依据《中华人民共和国食品安全法》《食品生产许可管理办法》《保健食品注册与备案管理办法》《保健食品良好生产规范》和《食品生产许可审查通则》等相关法律法规和技术标准的有关规定，原国家食品药品监督管理总局组织制定并印发了《保健食品生产许可审查细则》。自2017年1月1日起施行。

本细则适用于中华人民共和国境内保健食品生产许可审查，包括书面审查、现场核查等技术审查和行政审批。本细则全文可在市场监管总局特殊食品安全监督管理司网站查看。

4.食品生产经营监督检查管理办法 为了加强和规范对食品生产经营活动的监督检查，督促食品生产经营者落实主体责任，保障食品安全，根据《中华人民共和国食品安全法》及其实施条例等法律法规，市场监管总局制定了《食品生产经营监督检查管理办法》。2021年12月24日国家市场监督管理总局令第49号公布。自2022年3月15日起施行。原国家食品药品监督管理总局2016年3月4日发布的《食品生产经营日常监督检查管理办法》同时废止。

市场监督管理部门对食品（含食品添加剂）生产经营者执行食品安全法律、法规、规章和食品安全标准等情况实施监督检查，适用本办法。本办法主要内容共7章55条，全文可在市场监管总局特殊食品安全监督管理司网站查看。

本办法第十八条提及保健食品，要点如下。

（1）特殊食品生产环节监督检查要点，除应当包括本办法第十五条规定的内容，还应当包括注册备案要求执行、生产质量管理体系运行、原辅料管理等情况。保健食品生产环节的监督检查要点还应当包括原料前处理等情况。

（2）特殊食品销售环节监督检查要点，除应当包括本办法第十七条规定的内容，还应当包括禁止混放要求落实、标签和说明书核对等情况。

5.食品召回管理办法　为加强食品生产经营管理，减少和避免不安全食品的危害，保障公众身体健康和生命安全，根据《中华人民共和国食品安全法》及其实施条例等法律法规的规定，制定《食品召回管理办法》。2015年3月11日国家食品药品监督管理总局令第12号公布。自2015年9月1日起施行。根据2020年10月23日国家市场监督管理总局令第31号，进行了修订（把办法中的“国家食品药品监督管理总局”修改为“国家市场监督管理总局”，把办法中的“食品药品监督管理部门”修改为“市场监督管理部门”）。

在中华人民共和国境内，不安全食品的停止生产经营、召回和处置及其监督管理，适用本办法。本办法适用于食品、食品添加剂和保健食品。本办法全文可在市场监管总局网站查看。

本章小结

本章主要介绍了在保健食品研发设计和注册应用过程中涉及到的我国主要的政府管理部门和主要的法律法规。政府管理部门会随着国务院机构改革方案和各部门、机构设置方案的重新变动而进行动态调整，法律法规也会不断出现新的版本或补充新的内容。在学习本章内容的过程中，务必同时关注国家相关政策，及时查阅相关法律法规。有时还会出台一些地方法规和地方标准等，需要结合当时当地的实际情况开展相应工作。

本章介绍的主要管理部门包括：国家卫生健康委员会、国家市场监督管理总局、国家中医药管理局、国家药品监督管理局、国家标准化管理委员会、国家认证认可监督管理委员会等。必须熟悉与保健食品研发注册过程直接相关的我国主要管理部门及其主要职责，如国家卫生健康委员会、国家市场监督管理总局、国家认证认可监督管理委员会等。

本章介绍的主要法律法规包括：中华人民共和国食品安全法、中华人民共和国食品安全法实施条例、保健食品注册与备案管理办法、保健食品原料目录与保健功能目录管理办法、保健食品原料管理相关法规、食品安全国家标准、保健食品生产经营相关法规等。必须掌握与保健食品研发注册过程直接相关的我国主要法律法规的基本内容，如中华人民共和国食品安全法、中华人民共和国食品安全法实施条例、保健食品注册与备案管理办法等。

有些与保健食品研发注册过程不直接相关的管理部门和法律法规也需要做一定的了解，如国家中医药管理局、国家药品监督管理局、食品安全风险评估监测相关法规等。

关键词

中华人民共和国国家卫生健康委员会 National Health Commission of the People's Republic of China

国家市场监督管理总局 State Administration for Marker Regulation

国家认证认可监督管理委员会 National Certification and Accreditation Administration

中华人民共和国食品安全法 Food Safety Law of the People's Republic of China

复习思考题

1.在我国境内，保健食品注册申报、审评的管理部门主要有哪些?

2.在我国境内从事哪些活动，应当遵守《中华人民共和国食品安全法》?

3.实施食品生产许可证的法律依据是什么?

4.检验检测机构必须获得什么证书?

5.什么是新食品原料？有哪些相关法规?

（朱恩俊　杜　清）

研发篇

思维导图

- 保健食品的研发现状
  - 国外研发现状
    - 美国—膳食补充剂
    - 日本—保建功能食品
    - 欧盟—食品补充剂
    - 澳大利亚—补充药物
  - 我国发展概况
    - 发展历程
    - 新时期优势条件
      - 市场上升空间
      - 人均收入增加
      - 人口老龄化
      - 健康消费意识
      - 营销手段升级
      - 创新驱动发展
      - 政策法规支持
  - 国内市场分析
    - 基础研究情况
      - 创新点
        - 新型功能物质筛选
        - 功能评价和机制研究
        - 安全性评价和风险控制
        - 新型递送系统开发
        - 辅料研究
        - 质量标准和检测方法
      - 特点
        - 跨学科交叉
        - 前沿引领
        - 应用导向
    - 进出口情况
      - 进口
        - 维生素矿物质类、燕窝、鱼油产品等
        - 美国、澳大利亚、印尼等
      - 出口
        - 维生素、矿物质、ω-3脂肪酸
        - 美国、中国香港、东盟等
    - 保健功能分布—增强免疫力、缓解体力疲劳、抗氧化为主
    - 剂型分布—片剂、软胶囊、口服液为主
    - 地区分布—广东、北京等经济发达地区为主
    - 企业品牌
  - 尚存问题和对策
    - 中药保健食品现状
    - 非法添加原料现状
    - 缺乏创新现状
    - 市场定位现状
    - 审评方法现状

第三章　保健食品的研发现状思维导图

第三章

保健食品的研发现状

学习目标

1. 掌握国内外保健食品的研发现状、动态和趋势。
2. 熟悉国内保健食品市场情况；当前保健食品研发中存在的问题和对策。
3. 了解国内保健食品的发展历程和优势条件。

第一节　国外保健食品研发现状

近年来，全球保健食品行业稳步增长。据营养商业杂志（Nutrition Business Journal，NBJ）报道，2017 年全球保健食品行业消费规模为1283.61亿美元，2021年已增至1566.39亿美元，2022年达到1636.96亿美元，年均复合增长率为5.1%（图3-1）。

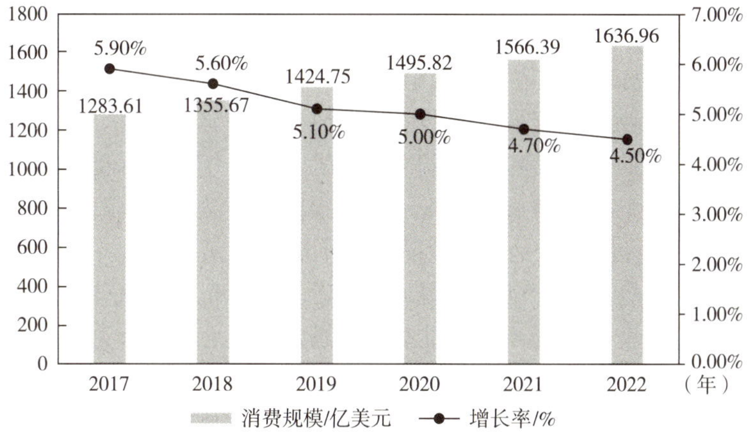

图3-1　2017~2022年全球保健食品消费规模及增长率趋势图

资料来源：参考Nutrition Business Journal，中商产业研究院数据并修订

世界营养保健食品的消费地区主要分布在美国、亚洲和欧洲等国家和地区，其中美国、欧洲营养保健食品行业发展较早，市场较为成熟，需求较为稳定。从市场份额来看，美国为目前世界上最大的保健食品消费市场，市场占比达到34%，其次为欧洲，占比为26%（图3-2）。

随着社会的发展，全球营养健康行业呈以下发展趋势：

1.发展迅速，吸引了医药企业及大制造商的加入；

2.全球化趋势明显，健康理念深入人心，并最终实现全球社会化和全球贸易化；

3.健康市场朝低脂肪、低胆固醇、低热量的方向发展；

4.维生素、矿物质类保健食品所占比例稳定，素食及植物性保健食品所占比重逐渐增大。

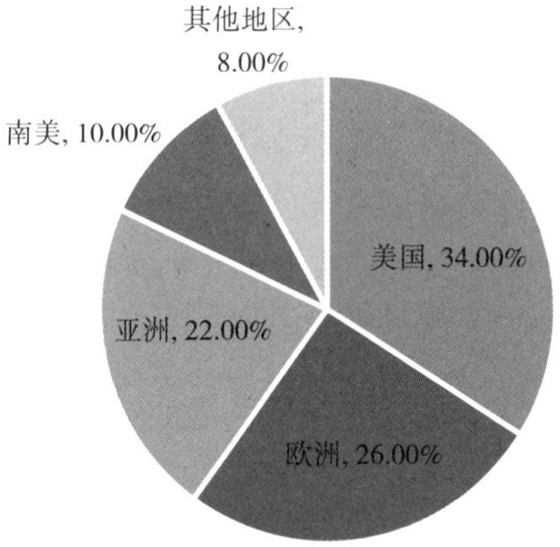

图3-2　2022年全球保健食品市场份额地区分布

一、美国保健食品研发现状

在美国，保健食品被称为膳食补充剂（dietary supplements），即为增加每日总摄入量而补充的膳食成分（烟草除外），或是以上成分的浓缩品、代谢物、提取物或组合品，含有一种或多种如下成分：维生素、矿物质、草药、氨基酸和酶等，以片剂、胶囊、软胶囊、凝胶、粉末或液体等形式销售。

美国保健食品行业起步较早，已形成相对成熟和稳定的体系，涌现出一批具有悠久历史和重要影响力的国际品牌。根据NBJ数据，2019年美国保健食品行业消费规模为486.69亿美元，年均复合增长6.15%，预计2023年将达到624.32亿美元，其中复合维生素、胶原蛋白、ω脂肪酸是销售量最高的补充剂类型。

美国保健食品市场的监管机制透明，消费者对监管机制的认知度和信任度高，这些都为企业创造了安全的投资环境，推动了市场的发展。此外，对新品研发的重视和数目庞大的实体店增强了美国保健食品企业的市场竞争力。同时，与体育运动员和专业营养机构人员的合作宣传也有助于树立良好的品牌形象，体现出企业的专业度。这些因素相互促进，使得美国的保健食品市场得以蓬勃发展，保健食品产品得到了广大消费者的普遍认可。

有机、绿色、天然、健康一直是美国保健食品产品研发的大趋势。维生素、矿物质及鱼油产品是长期畅销产品，品牌公司一般都有此类产品。此外，含益生菌、镁、姜黄、枸杞、植物蛋白的产品以及运动营养产品也是当前的研发热点。

将保健食品融入日常饮食是美国保健食品研发的另一大发展趋势。如在原料方面，使用保健功能性原料制作常见食品，包括日常芦荟酸奶、植物蛋白代餐粉、枸杞食品、椰子油等；剂型方面，制作成易被接受、口味丰富的软糖、软饮、固体饮料等多种剂型，而不仅限于胶囊、片剂等药物剂型。

二、日本保健食品研发现状

日本是全球最早提出保健功能食品的国家。日本保健功能食品（functional foods）绝大部分是以具有一定功能的动植物提取物为原料而制成的特殊剂型食品，其产品形态有片剂、胶囊、颗粒剂、粉末、口服液、饮料等，法律上划分为食品范畴。根据日本消费者事务厅的定义，保健功能食品分为特定保健食品（food for special health uses，FOSHU）、营养功能食品（food for nutrient function claim，FNFC）和功能性标示食品（foods with function claims，FFC）三类（表3-1）。

表3-1　日本保健功能食品的概况

	特定保健食品（FOSHU）	营养功能食品（FNFC）	功能性标示食品（FFC）
推出时间	1991年	2001年	2015年
定义	具有特定保健成分的食品，有助于维持和促进健康	提供以补充身体健康生长、发育和维持健康所必需的特定营养成分为目的的食品	适用于没有疾病的人群（未成年人、孕妇和哺乳期妇女除外），基于科学证据的补充营养成分
可标示成分	认证内容为七大功效类别	需按照规定使用可用成分及其用量，包括13种维生素、6种矿物质、1种脂肪酸	功能性相关成分、需为可定量定性的成分
摄取目的	维持、增进健康（含降低疾病风险）	补充日常饮食摄取不足的营养成分	维持、增进健康（不含降低疾病风险）
审评方式	政府对其有效性、安全性进行审批、认证严格，需经临床试验，约花费数十万美元并历经两年审查，并获消费者事务厅批准后，方可声称被批准的功能	其功能已经被科学证据证实，符合营养功能标准规定的声称、无需审批或注册	上市前60天在消费者事务厅进行备案，提供证明食品安全和有效性科学文献或临床试验等功能评估的依据，政府不对产品的安全性和有效性进行审查但经营者需对产品负责
与中国类比	类似中国保健食品中的注册类保健食品	类似中国保健食品中的备案制类保健食品	类似中国功能性食品

根据日本健康产业杂志社统计，截至2017年，日本保健食品的市场规模已达到2050亿日元，2020财年为8680.1亿日元，约合将近449亿人民币。据矢野经济研究所2018年的数据统计，日本保健食品市场主要以中老年人群体为中心，成分类别有青汁、葡糖胺、复合维生素、胶原蛋白、乳酸菌、植物发酵提取物等，功能涵盖了降糖、减脂、延缓衰老、关节、精神压力等多个方面。其中，青汁类相关产品的需求近年来不断增长，此外还有一些具有调理肠胃功能（整肠）的乳酸菌饮料的市场也在逐步扩大，均逐渐成为目前大型保健饮料制造商的研究热点。

2020年以后，日本保健功能食品市场快速发展，期间催生出一系列行业新型产品，如带有降血脂、控尿酸等具有各种功效性能的乳酸菌饮料、低糖/零糖啤酒、健康系巧克力等，这些产品为保健功能食品市场带来了勃勃生机，拓展了全新的消费需求与食用场景。

三、欧盟保健食品研发现状

欧盟将保健食品称之为食品补充剂（food supplements），指用于补充日常饮食的食品，是含有浓缩型营养素或其他以单独或组合形式构成的具有营养或生理效果的物质。包括但不限于维生素、矿物质、氨基酸、必需脂肪酸、纤维素及各种植物和草本的萃取物，主要食用目的是为了增加人体必需营养成分的摄入量。

欧洲是全球保健食品消费的主力市场之一。其主要产品类别包括维生素、矿物质、植物提取物、酶类、脂肪酸、蛋白质和其他营养素，其中粉末、咀嚼物、软糖和其他方便易得的新剂型在欧洲消费群体中越来越受欢迎。

欧洲保健食品市场高度分散，全球和地方品牌都在争夺市场份额。这些公司通过寻求并购或合作扩大其产品组合和经营范围，不断推出新产品以扩大市场竞争力。如2021年2月，瑞典一家益生菌公司和全球领先的非处方药制造商合作签署了广泛的泛欧协议，推出了三种经过临床测试并证明对消化系统健康和免疫力有积极作用的益生菌产品，并将在欧洲市场上市。

除了改善肠道健康的益生菌产品近年来出现显著增长外，针对植物补充剂这类纯天然产品的研发目前同样也是热点之一。此外，随着欧洲肥胖人群比例的不断增加和消费者对减肥塑形的需求持续高涨，具有减肥和控制体重功能的食品补充剂产品也在快速抢占市场，成为越来越多企业的开发方向。

四、澳大利亚保健食品研发现状

澳大利亚将保健食品称作补充药物（complementary medicines），实施强制食品安全计划，是世界上唯一把营养保健品纳入药品管理的国家。补充药物是指全部或主要由一种或几种有效成分组成的治疗产品，而且所含的各种有效成分均经明确鉴定，并具有以下用途：①传统用途；②《治疗用品规例》中指定的任何其他用途。品类包括草药、维生素、矿物质、营养补充剂、芳香性植物油和顺势疗法产品等，剂型有片剂、胶囊和粉剂等，可以有功能声称，并作为药品进行管理。

澳大利亚保健食品产业呈现快速发展态势，行业持续繁荣。从产品类别上看，澳大利亚保健食品研发最多、市场规模最大的仍为维生素和矿物质类产品，其次为运动营养类产品，草药类产品和体重控制类产品紧随其后，具体包括益生菌、蜂胶、钙、叶绿素和蔓越莓类产品等。

第二节　我国保健食品研发历史

一、保健食品的三个发展阶段

第一代保健食品：包括各类强化食品，是最原始的保健食品，仅根据食品中各类营养素或强化营养素的功能来推断这类食品的功能，而这些功能没有经过任何实验予以证实。目前欧美已将这类产品列为一般食品。

第二代保健食品：须经过人体试食试验及动物实验，证明该产品具有某项生理调节功能，即欧美所强调的真实性和科学性。目前我国卫健部门审批的保健食品绝大多数属第二代产品，也就是功能明确的保健食品。

第三代保健食品：不仅需要经过人体试食试验及动物实验证明具有某项生理调节功能，还需确知具有该功效的有效成分（或称功能因子）的结构和含量，以及功能因子在食品中应有的稳定形态。目前欧美、日本都在大力开发这一代产品，而且也只允许这类产品进入欧美市场。

二、保健食品研发历程

1949～1979年，保健食品常被称作补药，多为药食同源或其他有滋补性的中药，如人参酒、鹿茸酒、阿胶、蜂乳、蜂王浆等，也有少数新开发的产品，如氨基酸类、麦乳精类。

1980～1995年，国内市场开放，新兴事物涌现，催生出了3000多家保健食品生产企业，产品品种多达2.8万种，年产值达300多亿元。这一阶段的保健食品仍以民间处方、秘方为基础的第一代产品为主，同时也出现一些第二代保健食品。

1996～1998年，根据新修订的《中华人民共和国食品卫生法》，原国家卫生部制定和颁布了《保健食品管理办法》，正式开启了对保健食品的管理，一些知名品牌也在这个时期诞生：1996年4月研发生产出了中国第一瓶多烯鱼油软胶囊，这是中国鱼油发展的标志性里程碑；1997年，以褪黑素、低聚糖为主要成分的第二代保健食品上市。

1999～2010年，国家对保健食品行业的监管日益重视，行业管理逐步规范化，企业逐渐走出低谷，人们更加注重健康，保健食品市场焕发出新的生机。2003年，国家食品药品监督管理局承担保健品的审批职责。2005年，《保健食品注册管理办法（试行）》公布，以辅酶Q_{10}为代表的第三代保健食品进入中国高端消费市场。

2011～2014年，2011年《食品工业“十二五”发展规划》中，营养与保健品制造业首次被列为重点发展产业。2014年国家政策支持、国内人均收入的提升和消费结构升级、人口加速老龄化等条件共同推动了保健食品市场发展。具有增强免疫力、缓解体力疲劳、辅助降血脂保健功能的产品是这一阶段保健食品企业的研发热点，但不可避免地存在着一些简单抄袭和低水平重复现象，使得保健食品企业研发经营陷入同质化恶性竞争，如何引导企业高质量创新成为亟待解决的新问题。

2015年，新修订的《食品安全法》正式实施，该法对食品、特殊食品进行了规范，将保健食品纳入特殊食品范畴进行管理，明确了保健食品、特殊医学用途配方食品等产品属性和法律地位。该法特别提出了要建立保健食品实施注册和备案相结合的准入制度，这不仅有助于吸引更多的资本进入，还有效鼓励创新，加快创新产品上市速度，促进行业快速健康成长。

2016年，国家食品药品监督管理总局发布了《保健食品注册与备案管理办法》，标志着保健食品备案和注册双轨制监管进入新时代。同年，中共中央、国务院发布了《“健康中国2030”规划纲要》，作为新时期推进健康中国建设的行动纲领，从此健产业成为了我国经济转型的新引擎，强调了将全民健康作为发展的根本目标。

2017年，国务院办公厅印发《国民营养计划（2017—2030年）》，从我国国情出发，立足我国人群营养健康现状和需求，全方位布局了未来国家营养发展计划，明确了今后一段时期内国民营养工作的指导思想、基本原则、实施策略和重大行动。

随着备案、注册并行制度的实施，行业整体研发水平不断提高，未来产品上市门槛将逐步降低，产品品类将更加丰富。

综上所述，我国保健食品的研发正朝着精细化程度更高、集中度更高和品质更高的方向发展。

三、新时期保健食品研发优势条件

从产业发展阶段来看，我国保健食品产业仍处于起步阶段，行业发展潜力大。新时期，我国的保健食品行业的研发具备许多优势条件，未来仍然有望保持良好的增长趋势，大致可归为以下几个方面。

（一）国内保健食品市场有较大上升空间

与全球主要国家和地区人均营养保健食品消费水平相比，我国的营养保健食品市场还存在着较大的上升空间，这也为保健食品新产品的研发提供了巨大动力。NBJ和世界银行数据显示，2019年全球发达国家和地区中，美国、澳大利亚与新西兰、日本及欧洲的人均保健食品消费规模分别为148.38美元/人、98.92美元/人、89.30美元/人、56.86美元/人，而同期我国的人均保健食品消费水平仅为15.07美元/人，远低于全球平均水平。

（二）人均收入增加带来消费结构调整

经济的整体情况奠定了一个行业发展的基础，保健食品行业的发展离不开外部的大环境。改革开放以来，中国经济的快速增长为保健食品行业的发展奠定了基础。如今，经济的快速发展使得物质供给由短缺转为过剩，居民人均可支配收入的增长提高了购买力，两者的结果是扩大了消费需求和市场。而中国整体教育水平的提高，也促使中国消费者的消费观念更加理性和科学，开始注重食品的安全、营养与功能。

（三）社会人口老龄化引发健康需求

通常，当一个国家或地区60岁以上老年人占人口总数的10%，或65岁以上老年人占人口总数的7%，即意味着这个国家或地区处于老龄化社会。根据第七次人口普查结果，2021年中国总人口约14.1亿人，60岁及以上人口为2.64亿人，占18.70%（其中，65岁及以上人口为19064万人，占13.50%），超过国际老龄化社会标准。

随之而来的是我国人口老龄化进程加剧，标志着我国已经进入并将长期处于老龄化社会，未来老龄人口数量还将持续攀升。人均寿命的大幅提升、老年人口增多，引发了更大的健康产品与服务需求。如何根据老年人的生理需求和心理特点设计产品和提供服务，更好地促进老年人身体健康，成为保健食品研发亟需解决的问题。

（四）国民医疗健康消费意识提高

亚健康是指人体处于健康和疾病之间的一种状态。处于亚健康状态者，不能达到健康的标准，表现为一定时间内的活力降低、功能和适应能力减退的症状，但不符合现代医学有关疾病的临床或亚临床诊断标准。随着现代社会生活节奏的加快，工作压力的提高，我国多数人群的身体状况处于亚健康状态，其中青年及中间人群占有极大比例。亚健康人群及慢性病患者长期诊疗、消费人群扩大及多样化为保健食品提供规模巨大的消费市场，与此同时随着健康素养的提高，内涵丰富的大健康产业应运而生，保健食品已成为大健康产业的最大消费热点。

随着时代发展，民众越发意识到健康的重要性，通过健康饮食、健身运动、服用适合自身的保健品来提高免疫力的健康消费意识已经深入人心。如今，保健食品消费人群呈扩大化、细分化趋势，养生保健并非“银发一族”专属需求，青年和中年群体正逐渐成为保健品行业增长的主要驱动人群。

此外，随着医疗改革进一步深化，居民的医疗保健需求迅速增加，医疗健康的策略逐渐由治疗转向预防，这也为保健食品行业的成长提供了良好的外部环境。

消费者整体知识水平提升，对健康产品的认识更趋于客观和理性，使得以营养学、系统生物学、预防医学等理论为基础的新型保健食品，将更容易被新一代消费者接受。

（五）科技进步升级营销手段及渠道

保健食品作为一种特殊食品，主要通过传统营销、商超分销及直销模式三种途径进行销售。传统营销模式即通过药店零售或连锁药店销售，目前我国药店连锁化水平逐渐提高，保健食品的销售集中度也越来越大；商超分销模式渠道则更加多元化、终端布点密集、购物环境相对自由；直销模式是保健食品企业倾向的营销手段，特点是成本较低、回报率高，商品流通过程中不需要中间商参与，缩减了中间环节，直销商直接可以与消费者沟通产品信息、反馈产品情况，有效消除中间商层层赚取差价的弊病。

近十年来，直销是中国保健食品产品的主要销售模式，占比在50%以上，以电商平台、直播带货、社群电商为代表的直销模式发展迅速。此外，会议营销、体验营销等其他新型营销模式在满足消费者产品需求的同时，还提供了附加的售后和体验服务，也获得了越来越多消费者的认可与信任。这些新型营销手段一定程度上降低了营销的成本，更容易提高产品的知名度和销量，使得保健食品企业可以更专注于新型产品的研发和生产质量的提升。

（六）创新驱动助力行业健康、有序发展

随着市场的发展和竞争的加剧，为进一步寻求产品的差异性和独创性，越来越多的保健食品研发企业纷纷从各个维度开展产品的技术研发。

1.从上游切入原料的技术和功能研究　保健食品行业是一条涵盖原料供应商、产品提供商和产品经销商的上下游全产业链。过去，作为中流砥柱的产品提供商将产品研发精力主要聚焦在产品配方的制定、保健功能的试验研究等方向，如今越来越多的产品研发企业开始积极与上游原料供应商合作。

将原料与产品结合在一起做系统性的开发，一方面可以缩短产品研发周期，促进新旧产品的更迭，抢占市场；另一方面，可以通过终端市场需求指导并联合原料供应商在功能指向、市场应用等方面做原料端的深入开发，从而推进保健食品行业的技术升级和产品革新。

2.产品品类将更加多元化、细分化　随着消费结构升级和消费者观念的转变，功能性产品市场正经历着越来越严苛的考验，健康、营养、个性、便捷等关键词成为热点，功能诉求越来越细分、专业，诸如口服美容类、体重管理、运动营养类及益生菌类等细分领域保健食品呈现快速增长态势，即便是同一功能类别，针对不同性别、不同年龄段亦有不同的产品配方，细分领域保健食品越来越受到行业重视

3. “精准营养”概念成为未来发展热点　精准营养（precision nutrition），又被称为个体化营养（personalized nutrition），指人们在选择食物或进行营养干预时，应将自己视作人和微生物的超级共生体，通过基于个性化的营养支持来优化健康或预防、管理、治疗疾病。简单地说，“精准营养”就是要根据大众的多元、全面、均衡的营养需求，实现千人千面的个体化的精准营养解决方案。

2017年中国科学院上海生命科学研究院与企业共同成立“精准营养科研转化产业联盟”。与此同时，大型海外跨国企业等也在积极布局精准营养相关技术与应用研究，“精准营养”已成为全球膳食营养补充剂行业发展的热点。

（七）国家政策法规为可持续发展保驾护航

1.符合国家宏观政策战略导向　“健康中国战略”“食品安全战略”“以人民健康为中心”，这是对包括保健品在内的大健康产业形成最有力支撑。2016年中共中央、国务院印发的《“健康中国2030”规划纲要》提出，到2030年，人民健康水平持续提升，健康产业规模显著扩大。此后相继发布《国民营养计划（2017-2030年）》《国务院关于实施健康中国行动的意见》等政策文件，进一步提出发展食物营养健康产业及预防为主的制度体系。此外，持续推进的“放管服”改革，有效优化了营商环境，激发了市场主体活力和发展动力，让创业者能够快速投入到项目建设中。

保健食品作为提高国民整体健康水平的产品，不但可以改善亚健康慢性病患者的亚健康状态和治愈效果，也可以对健康人群发挥预防和保健的作用，受到了极大的政策利好及支持。

2.法律法规的不断完善保障市场经营秩序　2015年10月1日起实施的《中华人民共和国食品安全法》对保健食品审批和监管做出了明确规定，保健食品的法律地位得以正式明确。

2016年7月由国家市场监督管理总局发布的《保健食品注册与备案管理办法》正式实施，保健食品准入方式由注册制转变为注册与备案相结合的“双轨制”，大大缩短了保健食品的评审时间，简化了审批流程，企业进入保健食品市场的成本有效减少。

2016～2022年间国家市场监督管理总局颁布了《保健食品原料目录》、保健食品功能评价指导原则等一系列规章文件，进一步完善了保健食品法规体系，《中华人民共和

国电子商务法》和《商务部 发展改革委 财政部 海关总署 税务总局 市场监管总局关于完善跨境电子商务零售进口监管有关工作的通知》等正式实施，分别对保健食品网络销售和跨境零售进口进行了规范。

近年来，不断加大监管力度，市场监管总局、公安部、商务部、文化和旅游部、卫生健康委、广电总局等多个部门联合组织实施保健食品市场清理整治行动，持续规范保健食品市场经营秩序，这些都将进一步规范行业、净化市场，为保健食品行业科技创新和可持续发展保驾护航。

第三节　我国保健食品研发情况分析

一、基础研究情况

2011年至2023年，国家自然科学基金委员会共资助了与保健食品相关的基础科研项目783项，总金额为4.327亿元，其中重点项目和重大研究计划12项，面上项目232项，青年项目240项，项目涉及保健食品的安全性评价、功能机制研究、新原料和新添加剂、新剂型工艺、检测技术等多个方面，覆盖了中药、植物、动物、菌类、微生物等多种保健食品资源，见图3-3。

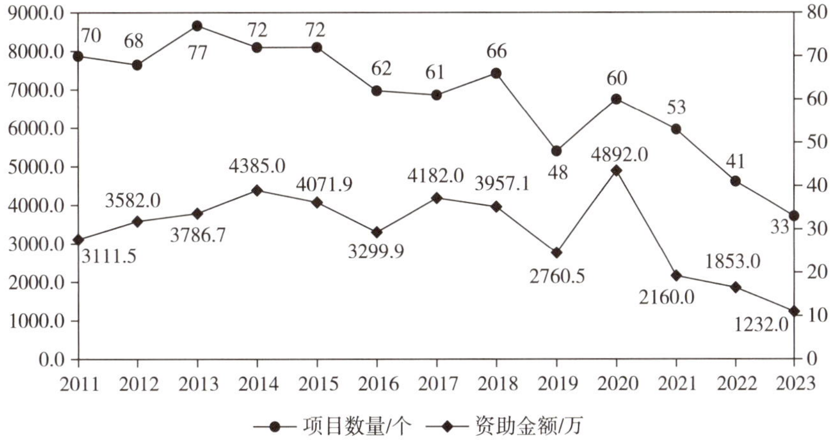

图3-3　2010～2023年国家自然科学基金保健食品相关项目申报情况

资料来源：LetPub国家自然科学基金项目查询

在中国知网以“保健食品”为主题关键词进行检索，发表时间设置为2010年至2022年，共检索到6640篇期刊论文，主要集中在以下几个方面：保健食品的成分分析、活性评价、作用机制、质量控制等；保健食品的安全性评价、毒理学研究、不良反应监测等；保健食品的功能性评价、人体试食试验、效果验证等；保健食品的标准制定、法规政策、监管体系等；保健食品的创新开发、新技术应用、产业化推进等（图3-4）。

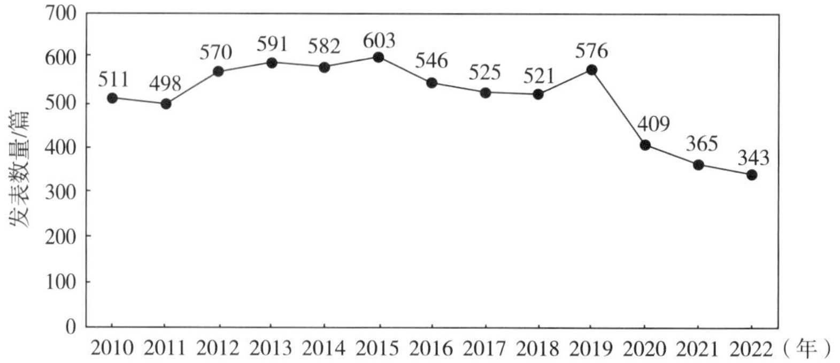

图3-4　2010～2022年知网保健食品相关文献发表年度趋势

资料来源：中国知网

这些基础研究的创新点主要集中在以下6个方面。

（1）新型功能物质筛选　利用高通量筛选、分子生物学等新型技术，发现保健食品中的新型抗炎、抗氧化、抗肿瘤等活性分子或组分。如中国农业科学院柑桔研究所的黄林华团队利用从柑橘果园土样中筛选出优良菌株，通过分解果胶得到了果胶低聚糖，实验表明其具备显著抑制真菌增殖的效果，是一种理想的新型功能性成分。

（2）功能评价和机制研究　探讨保健食品对机体的调节作用及其代谢通路，或者是探究保健食品对肿瘤或病原体的抑制活性及其作用原理。如天津科技大学的朱华平团队研究番木瓜籽中的活性成分——硫代葡萄糖苷及其降解活性产物异硫氰酸苄酯抑菌活性、量效关系和构效关系，初步揭示其抗菌作用原理是异硫氰酸基团、苯环以及连接它们的亚甲基共同作用的结果。

（3）安全性评价和风险控制　建立保健食品的毒理学评价体系和安全性预警模型，分析保健食品中的潜在毒素和污染物。如暨南大学的胡长鹰团队建立了纳米金属/金属氧化物在其复合的聚烯烃材料和食品模拟物中的检测方法，通过建立分子动力学模型理论研究了纳米成分在材料中的迁移情况，揭示了其迁移微观机制，对开发食品包装材料和保障食品安全具有重要意义。

（4）新型递送系统开发　制备食品级脂质体、纳米粒、结构化乳液等新剂型，在保持功能物质稳定性和活性的同时促进机体吸收，提高生物利用率。如湖南农业大学的肖航团队制备了一种川陈皮素纳米乳液，应用体外模拟消化模型和Caco-2单层细胞模型探究纳米乳液在消化道中对川陈皮素的转运机制，最后通过动物实验验证了纳米乳液提高生物利用率的作用。

（5）辅料研究　开发具有改善保健食品产品稳定性等各种功能的新型辅料，或是探究辅料与主要功能物质相互作用机制。如江南大学的夏咏梅团队发现甜菊糖苷在使用浓度下可提高油溶性维生素的溶解度最高达100000倍，一定的组合间还可以形成共晶复合物，并大幅强化其抗氧化性和稳定性，有效提升维生素的生物利用度。

（6）质量标准和检测方法　制定保健食品的质量规范和标准方法，开发快速、准确、灵敏的检测技术。如厦门大学的冯江华团队以核磁共振技术为主，结合以多变量统计分析为基础的模式识别技术，建立了开放、共享、质量稳定、重现性好的适合食品质量控制系统和掺假鉴别的快速、准确、灵敏的自动识别专家系统，可对食品来源、产地、生产方式和贮存时间等各因素进行溯源分析的模型，并了解不同因素对食品成分组成变化带来的影响。

综上所述，当前我国保健食品的基础研究具有以下3个特点：一是跨学科交叉，结合生物学、化学、药学、医学等多个领域的理论和方法，开展多层次、多角度的研究；二是前沿引领，关注国际科技发展动态和前沿问题，引入新型技术和手段，提高研究水平和影响力；三是应用导向，紧密结合保健食品行业的实际需求和发展方向，解决行业面临的关键技术难题和瓶颈问题，促进产学研结合和成果转化。

二、进出口市场情况

2021年是“十四五”规划开局之年，中国营养健康产业呈现出高质量发展的好势头。据中国医保商会统计，2021年上半年，中国共进口保健食品23.7亿美元，同比增长7.3%；出口12.0亿美元，同比增长16.9%，进出口均创历史新高。

随着国货的崛起和消费者更加成熟理性，不少消费者不再盲目热捧进口产品，但由于受制于现行保健食品注册制度的严格，国内新上市的保健食品更多是备案产品，企业也更倾向开展营销模式的创新，消费者需求的成分创新和功能诉求短时期内仍无法满足。

（一）进口市场

中国市场大、成长性好，各国营养健康企业纷纷将中国作为其新的“增长引擎”，不断加大对中国市场的开拓力度，产品进口规模持续快速增长。据中国医保商会统计，进口额从2008年的4.1亿美元，增长至2020年的48.1亿美元，年均复合增长率高达22.8%。

在具体品类上，维生素矿物质类、燕窝产品、鱼油软胶囊、补钙类、蛋白质粉、胶原蛋白和益生菌等产品位列前茅。根据海关数据，2019年维生素矿物质类产品依然是进口的最大类别，进口额达6.7亿美元，涵盖维生素C、维生素D、复合维生素、钙、铁、锌等不同产品；其次为燕窝类产品（含即食），2019年的进口额达3.8亿美元；再其次是二十二碳六烯酸（DHA，又称脑黄金）类产品和益生菌类产品，2019年的进口额均为1.8亿美元；氨糖类、胶原蛋白类产品也有一定程度的增长。

从进口来源地上看，美国、澳大利亚、印度尼西亚（印尼）、德国和日本是保健食品进口的前五大来源地，2021年上半年，来自上述国家的进口额分别为4.31亿美元、3.55亿美元、2.25亿美元、2.00亿美元和1.56亿美元，前五大进口市场集中度为57.7%，可见国内消费者的市场消费偏好相对集中（图3-5）。

随着消费者日趋理性，市场多元化趋势也日趋明显，来自印度尼西亚、德国和日本的保健食品进口额加快上升，美国和澳大利亚的市场地位逐渐受到挑战。其主要原因一方面与贸易摩擦、运费上涨等因素有关，另一方面也与这些国家的特色产品越来越被中国消费者钟爱有关，如印度尼西亚的进口燕窝、德国植物类补充剂和日本酵素、胶原蛋白等美容类产品。

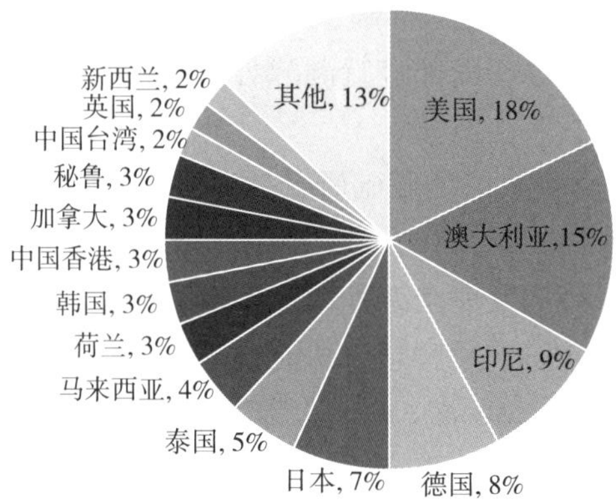

图3-5　2021年上半年中国保健食品主要进口来源地及所占份额

资料来源：参考中国医药保健品进出口商会数据并修订

中国从不同国家的进口的保健食品品类各有侧重。从澳大利亚进口的主要品类是维生素矿物质类、氨基葡萄糖类、鱼油类、葡萄籽、乳铁蛋白类；从美国进口的主要品类是维生素矿物质类、氨基葡萄糖类、蛋白粉类及膳食纤维及辅酶Q_{10}类产品；加拿大的优势品类是海豹油及西洋参；印度尼西亚（印尼）的主要品类为燕窝产品；日本的主要品类是酵素、胶原蛋白。

（二）出口市场

随着中国经济的快速发展，中国企业的实力不断增强，在“双循环”等国家政策的正向激励和积极带动下，“出海”、全球布局成为中国企业发展的战略目标。在营养健康领域，一些龙头企业通过海外并购生产基地、设立分支机构等形式布局全球，发展成为全球知名保健食品供应商，我国营养保健食品出口也一直保持稳步增长态势。

作为2020年在全球主要经济体中唯一实现经济正增长的经济体，我国保健食品企业积极开拓国际市场，2020年出口达到21.8亿美元，同比增长11.0%，2021年上半年出口增速更是达到了16.9%，创近年来增速新高。

在出口市场上，美国、中国香港、东盟、日本和欧盟等是我国保健食品主要出口市场。2021年上半年，前五大出口市场分别为美国、中国香港、泰国、日本和菲律宾，出口额分别为1.85亿美元、1.58亿美元、0.58亿美元、0.55亿美元和0.45亿美元，前五大市场占比为41.8%，集中度较高。近年来，东盟保健食品市场发展较快，泰国、缅甸和菲律宾也已发展成为我国保健食品的重要出口国家。

维生素、矿物质、ω-3脂肪酸、氨糖软骨素及植物性保健食品等是我国出口的传统优势品类。在具体品种上，不同市场有不同的特点，比如美国市场，维生素、矿物质和草本类保健食品所占市场份额较大，2020年维生素类保健食品销售额达到177亿美元，草本类保健食品销售额也首次超过100亿美元。2020年维生素D单品销售额达到14.3亿美元。

三、保健功能分布

截至2020年2月底，我国保健食品批文总数达到16535个，其中国产保健食品滋补品为15752个，进口保健食品滋补品为783个，比较热门的保健食品保健功能主要集中在调节免疫，占28.8%。其次为维生素（14.9%）、抗疲劳（12.9%）及补钙（10.2%）等，见表3-2。

随着消费者愈发重视增强免疫力，保健食品生产企业也更为青睐增强免疫力的相关产品。2021年，我国获得注册批文的国产保健食品中，具有增强免疫力功能的保健食品占比53%，其次是缓解体力疲劳，占比16%，抗氧化、改善睡眠、辅助降血脂、辅助改善记忆占比分别为6%、5%、5%、4%，见图3-6。图3-7为1996~2022年已批准上市保健食品保健功能统计。

表3-2　截至2020年2月国产和进口保健食品保健功能分布

产品	国产保健食品	进口保健食品
调节免疫力	4583	180
降血脂	1442	139
抗疲劳	2058	69
减肥	364	10
降血糖	525	11
改善睡眠	477	47
补钙	1632	57
补充维生素	2332	139
改善记忆力	248	3
抗氧化	212	5
其他	1879	123
合计	15752	783
总计	16535	

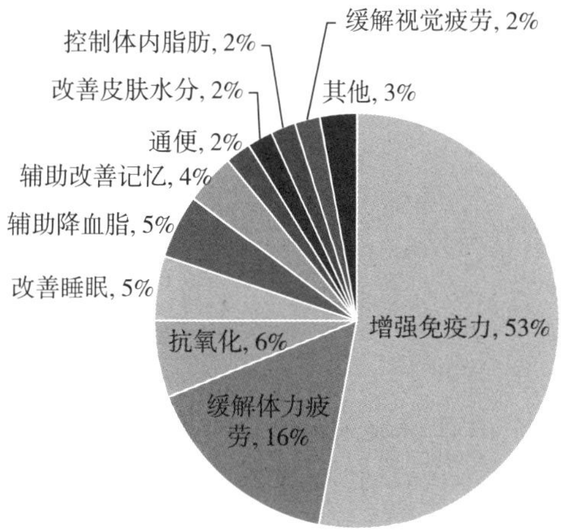

图3-6　2021年中国获得注册批文的保健食品功能分布占比统计

资料来源：参考国家市场监督管理总局、中商产业研究院数据并修订

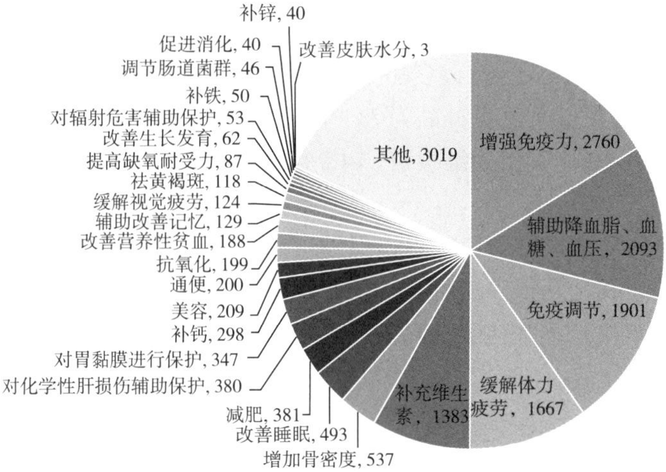

图3-7 1996~2022年已批准上市保健食品保健功能统计

四、剂型分布

从产品剂型来看，获得国产保健食品备案凭证的2455款产品中，片剂的产品最多，有1274款，占总数的52%；其次是软胶囊的产品，有650款，占总数的26%；口服液的产品排在第3位，共190款（包含49款滴剂），占总数的8%。此外，颗粒、粉剂和凝胶糖果均有获得备案凭证的产品，见图3-8。图3-9为1996~2022年已批准上市保健食品保健剂型统计。

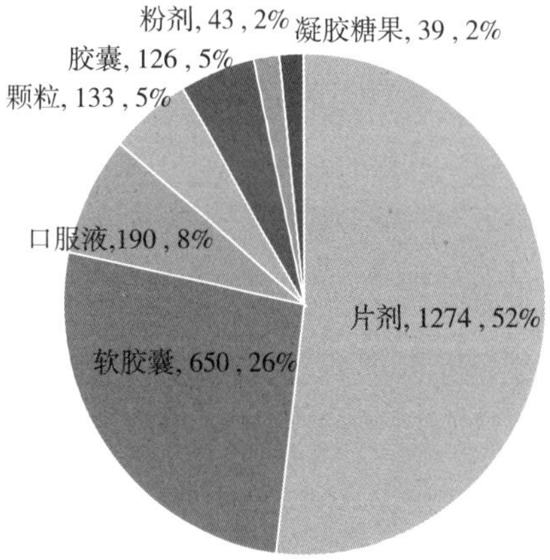

图3-8 2021年不同剂型的国产保健食品备案数量统计

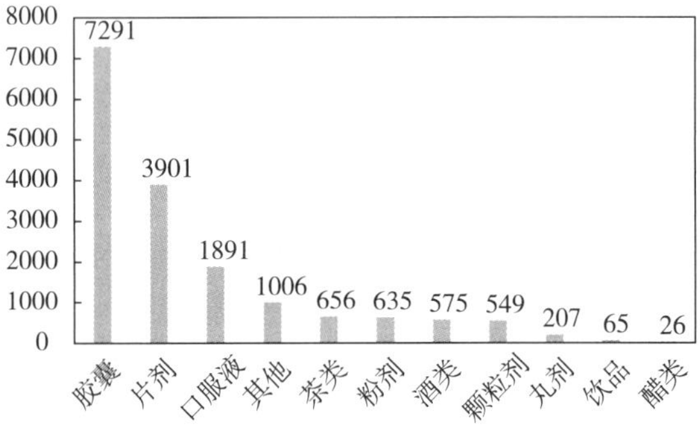

图3-9 1996~2022年已批准上市保健食品保健剂型统计（个）

五、地区分布

从已获批的保健食品分布地区来看，已上市的保健食品的主要分布在广东、北京、上海、江苏等地区，其中以广东省的保健产品最多，有2465个，其次是北京市，有2306个。可见保健食品在我国各地分布差异较大，发展状况极不均衡（图3-10）。

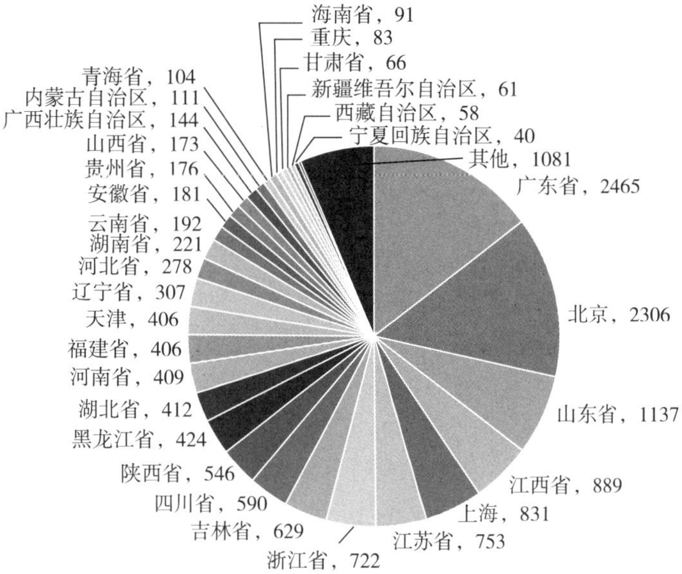

图3-10　1996~2022年已批准上市保健食品地区分布（个）

六、企业品牌

我国保健食品行业经过多年的发展已经形成了一定的规模。从竞争格局来看，国内保健食品行业产品品种众多，从事保健食品生产的市场参与者主要有两类：一类是缺乏自主品牌、专门从事合同生产的企业，这类企业注重前端的研发、生产、质量控制及供应链管理，主要配套服务于国内外品牌运营商；另一类则是同时具备研发、生产、质量控制、供应链管理以及销售能力的混合型企业，这类企业产业链完善，能及时根据终端的消费需求调整自身产品结构，保证产品的研发、生产与市场需求的同步，具备较强的竞争优势。

如图3-11所示，从保健食品企业注册量来看，2017~2022年，注册量呈逐年增长的趋势，由50万家增长至136.7万家，复合年均增长率达22.3%。最新数据显示，截至2023年2月，我国保健食品企业注册量达16.8万家。

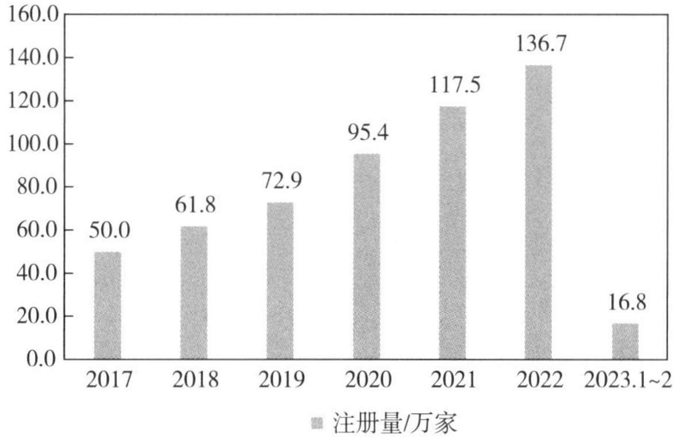

图3-11　2017~2023年2月中国保健食品企业注册量统计

近几年，不少中国企业采取中国市场嫁接海外品牌的模式扩张，海外并购优质品牌并将其引入中国成为不少营养保健企业或新进入企业快速扩张的模式。背后的主要动因之一是国内品牌希望通过收购海外优秀保健品公司获取其丰富而领先产品线，以快速实现产品品类上的扩充和跨越。

案例

以1996～2022年上市的灵芝类保健食品为例，如图3-12所示，其保健功能声称较为单一，增强免疫力占了所有功能分布的81.6%，其次是缓解体力疲劳、改善睡眠，分别占8.8%、6.3%；剂型方面同样较为集中，如图3-13所示，以硬胶囊、粉剂、软胶囊为主，分别占所有剂型分布的47.0%、18.4%、11.7%，以茶、酒、饮料、鸡精等日常普通食品形式的保健食品仍在少数；地区方面，如图3-14所示，以北京、上海、广州、深圳、江苏、浙江、山东、四川等经济发达地区为主，地区发展差异较大。

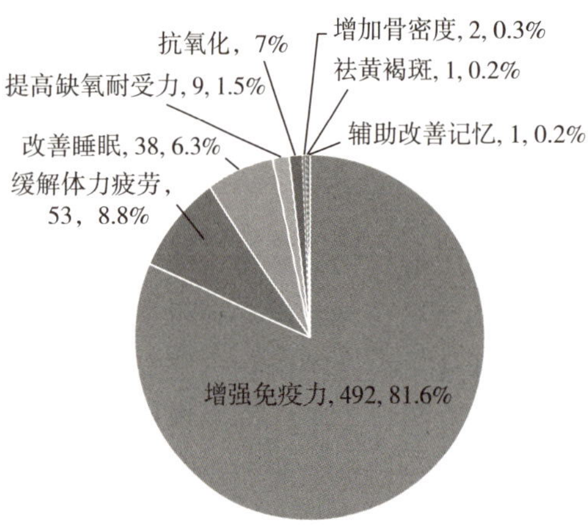

图3-12　1996～2022年灵芝保健食品功能分布

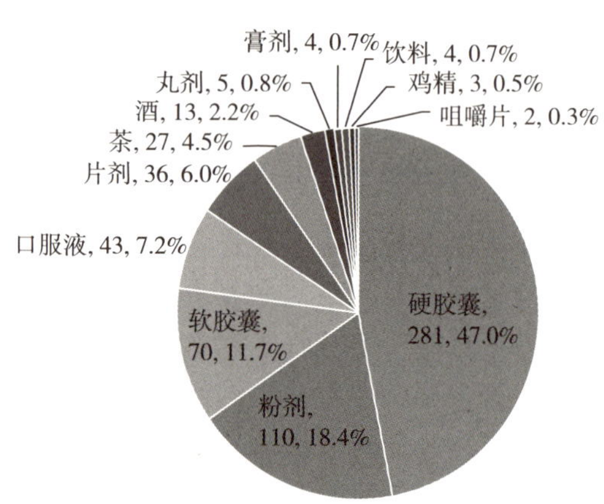

图3-13　1996~2022年灵芝保健食品剂型分布

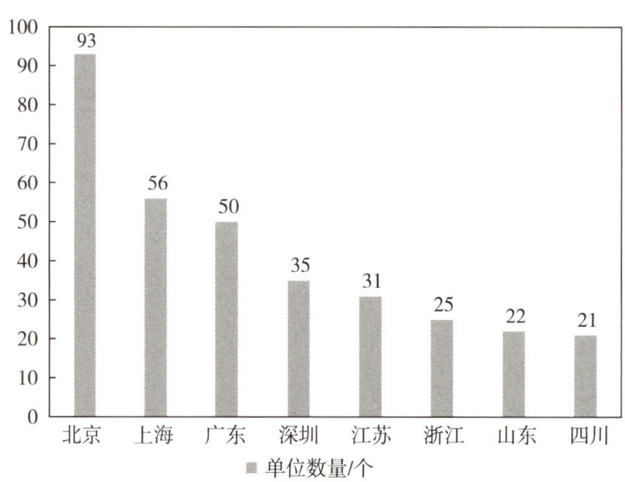

图3-14　1996～2022年灵芝保健食品主要地区分布

第四节　我国保健食品研发现状

一、中药保健食品研发现状

尽管目前中药保健食品的市场巨大，但是其在研发及评价的过程中仍存在诸多问题，制约了中药保健食品行业的发展，总结现存问题如下。

（一）研发过程脱离中医理论指导

目前中药保健食品的研发过程完全按照西方保健食品的方式进行，脱离中医理论指导，特别是在配方理论、适宜人群范围、食用注意事项等方面缺乏中医药理论支撑，使其保健功能声称与功效描述关联模糊，用量大小和配伍关系确定的证据不足，功效成分/组分不清楚，导致产品开发盲目，产业低质发展。

辨证施治是中医认识疾病和治疗疾病的一个基本原则，根据患者体质不同和疾病证型不同，往往采用不同的治疗方法。而中药保健食品的人体试食实验与其他的保健食品未加以区分，缺乏中医体质辨识指导，未充分考虑到保健食品的服用者体质差异，而目前许多保健食品消费者为老年人或者体弱多病者，这类人群往往在各种器官的功能上存在一定问题，因而更容易发生安全性问题。

另外，大部分中药保健食品的配方依据和剂量选择往往照搬西医的相关标准，更多以西医思维看待和理解中医药，这也是对中国传统中医药认识的错误理解。中西医在专业理论基础方面对人体的理解等方面一直存在较大差异，因此在中药保健食品的研发方面，更应该从传统中医理论上进行考虑。

因此，必须以中医药理论为基础，运用现代医学技术手段，解析中药保健食品核心保健功能的科学内涵，提出适宜于中药保健食品的研发理论指导。

针对中药保健食品剂量选择、配伍依据上缺乏科学数据的支撑及功能因子不清晰等问题，可利用代谢组学等多组学技术，解析符合中医药理论的保健功能量效特征、作用网络、配伍规律，探索活性组分体内代谢行为、机制靶标，阐释其核心功效的现代科学内涵。

此外，亟需建立基于中医治未病思想、以人体体质辨识为前提的中药保健食品人体试食评价技术规范。中药保健食品与中药不同，可以在疾病发生之前的亚健康状态干预疾病进程，达到“治未病”的效果。只有以中医理论为指导，根据体病相关、体质可分、体质可调的中医体质学说理论和中医调理方案，在中医体质辨识的基础上进行人体试食评价，才能形成具有中医药特点的人体试食规范。

《保健食品管理办法》规定，保健食品的标签、说明书等应明确标出适宜人群。对于中药类保健食品，更要注意食品标签、说明书或其他特别警示标识信息的标注，以利于消费者针对自己的需求进行选购。对于不同体质、不同生活习惯的特殊人群，应设定适用范围。如“葛花醒酒汤”适宜嗜饮酒者，“干果化口服液”的适用人群是汽车司机、交通警察及长期接触铅元素者，各类中药减肥食品的适用人群是嗜食肥甘、形盛体胖者。

（二）功能质量评价体系不健全

目前已经获得国家批准的保健食品功能比较单一，且评价指标和评价方法也多是基于有关生活指标，对于中医学相关指标和指征的重视度不足，未区分中药保健食品与其他保健食品、中成药的功效差异，无法真正做到科学评价中药保健食品的功能。

所以需借鉴中药复方现代研究策略，采用系统生物学、网络药理学、代谢组学、病理学等技术，厘清中药保健功能因子，构建适合中药保健品功能的评价技术体系，明确中药保健食品、其他保健食品、中药三者的区别，最终形成适宜于中药保健食品的功能声称。

针对目前中药保健食品与其他保健食品分不清的问题，中药保健食品的开发应以中医药理论为指导，厘清中药保健功能与其功效差异，在构建有效的保健食品组分库的基础上，着力分析并表征中药保健食品核心功效的功能因子并溯源质控，抽提基于中医体质辨识的功能发挥生物要素，建立科学的功能验证评价体系，积极开展多种人体试食试验研究，完善富有中医药特色的人体试食试验研究和评价技术体系。

此外，中药保健食品生产工艺不规范、工艺参数选择不合理也是导致质量参差不齐的重要原因。前者通常体现在中药原材料经过了精致、纯化，得到的产品已不再与原料本身实质等同，如采用了80%以上乙醇提取精制，与传统水提工艺得到的提取物相比，提取成分发生了实质改变；后者则常见灭菌工艺、提取参数与产品本身性质不符，提取方法采用的正交试验研究不合理等。

因此，这就要求建立一个健全的中药生产质量规范，包括生产原料的种植、采摘、收集、加工以及有效成分提取等多个环节，各环节都应制定相对完善的功能质量控制体系，以此保证产品的质量一致性。如原则上应尽量采用传统的加工工艺，对于中药类原料以水煮、浓度较低的乙醇为主，辅以常用的加工手段，从而使产品质量可控。

（三）潜在安全性问题

现有的保健食品安全性28天亚急性喂食实验，不足以充分暴露所有安全隐患，导致长期服用可能发生安全问题。此外，长久以来人们受药食同源的认知影响，中药保健食品在流入市场前，由于某些中药原料缺少现代毒理学资料，安全性不明确，多种原料的协同和拮抗作用亦不明确，缺乏类似药品生产的临床试验检验环节，导致部分产品可能会存在一定的安全隐患，极有可能会引发健康安全问题。

因此，首先要严格监管中药材的原料来源。目前中药类原料同时列入药食两用名单的部分原料，在选择上应明确用途，如西红花在中药中功能有活血化瘀、凉血解毒、解郁安神作用，而在药食两用目录中，规定仅可作为调味品或香辛料使用，这使在选用药食两用物品时，往往会依据药用功效而忽略其作为食品的使用范围限定，因此在中药功能和药食两用的使用范畴应该很好的衔接。

其次，对于未列入药食两用名单的原料，应运用现代毒理学技术，建立适宜于中药保健食品安全性评价的技术方法体系。对于此类中药所研制的保健食品应尽可能地完善该中药及该保健食品的毒理学资料，分析其潜在的毒性成分以及毒性作用，并严格规定服用剂量以及服用期限。同时，对于以某些毒理学知识还不充分的中药为原料的保健食品，应持续追踪消费者身体情况，监测不良反应。表3–3列举了保健可用中药原料的典型风险物质及其潜在毒性作用。

表3–3 保健食品可用中药原料的典型风险物质及其潜在毒性作用

原料名称	潜在毒性成分	潜在毒性作用
人参	人参皂苷Rb1	胚胎毒性
三七	三七总皂苷	肝毒性
大黄、何首乌、决明子、芦荟、番泻叶	蒽酮类化合物苷	细胞毒性、肝毒性、泌尿系统及生殖系统毒性
栀子	栀子苷、京尼平、栀子蓝	肝毒性、肾毒性
薄荷	薄荷醇、胡薄荷酮	肝毒性、肾毒性、脑损伤、遗传毒性、生殖发育毒性
佩兰、泽兰	吡咯里西啶生物碱	肝毒性、致突变作用
苦杏仁、桃仁、郁李仁	苦杏仁苷	中枢神经系统毒性
吴茱萸	吴茱萸碱	肝毒性
蒺藜	蒺藜皂苷	肝毒性
甘草	甘草次酸	肾毒性
补骨脂	补骨脂酚	肾毒性
鱼腥草	马兜铃内酰胺	肾毒性
益母草	益母草碱	中枢神经系统毒性、呼吸神经系统毒性、肾毒性
柴胡	柴胡皂苷D	肝毒性、肾毒性

（四）缺乏市场核心竞争力

目前中药保健食品缺乏市场核心竞争力，表现为：产品单一且创新水平低，中医药特色与优势弱，产品定位模糊且产品线少，产品市场生命力不强，缺乏个体化与差异化。

因此在开发中药保健食品的过程中，应当发挥中药特有优势，增强市场核心竞争力。功效方面，尽量选择社会需求量较大的产品种类，如具有抗衰、减脂、增强免疫力等功效的产品；在生产原料方面，应选择具有一定市场潜力但尚处于初级开发阶段的原料；剂型方面应选择安全、便捷、容易被消费者所接受的类型，如饮料、袋泡茶、饼干、果冻等。

相关企业应更加注重保健品的基础研发和应用，不断提高产品的质量水平和科技含量，让科技含量高的中药保健新产品逐渐成为市场的主流。借鉴一些现代药物先进的研发方法和手段，注重对功能物质、功能可靠性、功能特色和功能机制等方面的研究，让中药保健食品走出低次的广告战和价格战，逐渐向高层次的服务战、技术战等方向转变，打造出中医药健康产品的知名品牌。

今后在以高新技术为指导生产保健食品时，相关企业及研发团队应注意把握好以下3个方面：①产品要具有中国特色，配方必须要具有合理性，并且整体协调作用要明显。②重点发展微胶囊技术、生物工程技术、膜分离技术、超临界二氧化碳萃取技术、重组技术和组织化技术高新技术。③按照国际相关标准对生产设备进行优化改进，并让生产工艺流程逐渐趋于完善。

由此可见，只有以中医理论为指导，利用现代化的技术手段，研发基于中医体质辨识的功效确切且安全可靠的中药保健食品，才能做大、做强中药保健食品产业。这不仅有利于推动中药大健康产业的蓬勃发展，促进中药资源保护和利用，对于培养民族健康产业自主创新能力，推动具有中国特色健康产业的发展，服务健康中国建设，提高中医药的国际影响力同样具有重要的作用。

二、非法添加原料现状

保健食品中非法添加也是一个明显存在的问题。

食品添加剂，是指为改善食品品质和色、香、味，以及为防腐和加工工艺的需要而加入食品中的化学合成或天然物质。目前保健食品可用的原料包括普通食品、天然动植物物品（原卫生部发布的既是食品又是药品的物品共87个，可用于保健食品的物品共114个）、列入《食品添加剂使用卫生标准》《食品营养强化剂使用卫生标准》的食品添加剂和营养强化剂、允许使用的特定原料（包括褪黑素等）和保健食品新原料。

保健食品新原料，指的是未在可用于保健食品原料范围的原料、可用于保健食品原料新的使用部位、可用的保健食品原料经过提取加工后物质基础已发生了改变的原料。按照规定，对于加入新原料的保健食品，应进行注册申报。然而某些不法商家，会在保健食品中非法添加一些药物，以此增强保健功能。

以有助于控制体内脂肪的保健食品为例，该类保健食品中可能出现的非法添加化合物至少111种，其中以西布曲明、酚酞、氟苯丙胺、奥利司他、布美他尼、甲基安非他命等药物最为常见。

辅助降血糖类产品中非法添加化学降糖药物种类有双胍类、磺脲类、噻唑烷酮类以及格列奈类化学药物，在不知情的情况下服用含有这些非法添加化学成分的保健食品，可能造成严重的不良反应，甚至会危及生命。

由于某些消费者往往把缓解疲劳类保健食品与壮阳和提高性能力产生关联，使得该类保健食品中的壮阳类和改善性能力类药物的非法添加成了最严重的问题。这类保健食品中常见的非法添加的化学药品有西地那非、他达拉非等磷酸二酯酶-5（PDE-5）抑制剂，睾酮、甲睾酮、醋酸睾酮等雄性激素类似物以及酚妥拉明等α受体拮抗剂。

对于保健食品中所存在的非法添加物而言，国家药品监督管理局已经给出了部分常用保健食品的非法添加物的检测项目，但还有很多与其有着同种功效的类似药物未被列入检测项目。表3-4列举了保健食品中可能出现的非法添加药物。

因此，相关部门应加大惩处力度，加强对相关企业的相关人员的教育，正确利用新闻媒体的监督作用；国家相关部门应加紧制定更加完善、齐全的保健食品中非法添加物的检测项目；尽快开发相关检测方法及标准，以便能高效、快速地检测相关非法添加物；此外，还应及时跟踪新药研发进展，关注功能类型物的开发，并及时纳入非法添加物的考察对象。

表3-4 保健食品中可能出现的非法添加药物

保健食品类型	药物类型	药物名称
有助于控制体内脂肪	食欲抑制剂	芬氟拉明、安他非命、苯丙醇胺、利莫那班、苯氟雷司、唑尼沙胺、氯卡色林、氟西汀、西酞普兰、帕罗西汀等
	脂肪酶抑制剂	奥利司他、利莫那班、西替利司他、赛尼可等
	能量消耗剂	麻黄碱、甲基麻黄碱、伪麻黄碱、茶碱、去甲基肾上腺素、安非他命类、咖啡因等
	利尿剂	吲达帕胺、呋喃苯胺酸、氨苯蝶啶、苄氟噻嗪、阿米洛利、乙酰唑胺、呋塞米、螺内酯、三氨蝶啶、美托拉宗等
	泻药	酚酞、比沙可啶、大黄素、番泻苷A、番泻苷B等
降血糖类	双胍类	苯乙双胍、二甲双胍等
	磺酰脲类	格列本脲、格列齐特、格列吡嗪、格列美脲、格列波脲、格列喹酮等
	噻唑烷二酮类	罗格列酮、吡格列酮、格列喹酮、马来酸罗格列酮、盐酸吡格列酮等
	α-葡萄糖苷酶抑制剂	阿卡波糖、伏格列波糖等
	二肽基肽酶-4抑制剂	西格列汀、沙格列汀、维格列汀等
	胰高血糖素样肽-1受体激动剂	艾塞那肽、利拉鲁肽等
抗疲劳及增强免疫类	肾上腺素受体阻断剂	育亨宾、酚妥拉明、妥拉唑林、拉贝洛尔等
	睾酮酯类	睾酮、甲基睾酮、醋酸睾酮等
	多巴胺激动剂	溴隐亭、卡麦角林、阿扑吗啡、匹尼罗等
	肾上腺皮质激素类	地塞米松、泼尼松、倍他米松、曲安西龙、可的松等
抗疲劳及增强免疫类	苯二氮䓬类	氯氮䓬、地西泮、奥沙西泮、三唑仑、艾司唑仑、氟西泮、氯甲西泮、氟硝西泮、去甲西泮、替马西泮等
改善睡眠类	巴比妥类	巴比妥、苯巴比妥、异戊巴比妥、司可巴比妥、戊巴比妥等
	其他类镇静催眠药	氯美扎酮、文法拉辛、青藤碱、罗通定、氯苯那敏、佐匹克隆、扎来普隆、苯妥英钠、氯苯嗪、异丙嗪、奥氯平、氯氮平、氟桂利嗪、褪黑素等
降血压类	血管紧张素转化酶抑制剂	卡托普利、恩那普利、喹那普利等
	血管紧张素Ⅱ受体抑制剂	缬沙坦、氯沙坦、厄贝沙坦、替米沙坦、奥美沙坦酯等
	钙拮抗剂	硝苯地平、氨氯地平、尼索地平、西尼地平、氟桂利嗪、地尔硫䓬、维拉帕米等
	利尿剂	呋塞米、氢氯噻嗪、吲达帕胺、哌噻嗪、氯噻酮、环戊甲噻嗪等
	中枢神经及交感神经抑制剂	可乐定、利血平、甲基多巴、肼屈嗪、地巴唑、乌拉地尔、盐酸可乐定等
	肾上腺素受体阻断剂	阿替洛尔、美托洛尔、比索洛尔、普萘洛尔、特拉唑嗪等

续表

保健食品类型	药物类型	药物名称
降血脂类	烟酸及其衍生物	烟酸、非洛贝特、阿西莫林、烟酸醇酯等
	胆酸螯合剂	地维烯胺、考来烯胺、普罗布考、考来替泊等
	氯贝丁酯及苯氧乙酸类	利贝特、苯扎贝特、吉非罗齐、氯贝丁酯等
	他汀类	氟伐他汀、瑞舒伐他汀、西立伐他汀、普伐他汀、阿伐他汀等
	胆碱酯酶抑制剂	氟桂利嗪、培他司汀、尼麦角林、川芎嗪、丁咯地尔、地芬尼多、长春西汀、石杉碱甲、丁苯酞、胞磷胆碱等

三、缺乏创新现状

市场上保健食品同质化严重，缺乏高水平创新。据文献报道，现阶段保健食品的功效主要集中在增强免疫力、降血压、降血脂等，尤其是增强免疫力方面的产品，更是占据了极大的比例。保健食品的剂型，主要为硬胶囊、软胶囊、片剂、口服液等，而一般食品形态的保健品只占据了9.0%，使得消费者容易与药品产生关联。创新乏力、科技含量较低同质化程度高的新产品无益于提高保健食品行业水平及产品竞争力，同时不利于产品上市流通发展，无法促进大健康产业的进步。

配方配伍方面，涉及使用2个以上原料的产品，需要考虑到配方中主要原料具有功能作用的科学依据、与其余原料的配伍必要性，以及产品配方配伍及用量的功能性和安全性科学依据。但目前市面上的部分产品无法从文献或试验的角度提出用量和配伍的科学依据，搭配具有主观随意性，如植物类原料与具有药品标准的化合物配伍使用、原料提取物搭配使用、主要原料用量远低于食品或药品标准的推荐用量等。

此外，保健食品市场中存在的问题与保健食品功效声称偏差也有一定的关系。保健食品的功能在于保健作用而不是治疗作用，必须与药品进行严格区分。从保健食品的24种功能可以看出，保健食品与药品的界限非常模糊。一方面，保健食品不允许宣称疗效，而另一方面，保健食品却又具有类似的功效，这种矛盾的定位正是造成保健食品市场问题的根本原因。

研发创新是当务之急，保健食品的研发创新可以从产品的原料创新、技术创新和功能创新来入手。

原料方面，可以由早期的传统中药材资源扩大到果蔬、发酵乳、海洋提取物以及原有产品的二次研发等，还可以用健康保健成分替代高热、高糖、高脂等成分，如甜菊叶中的甜菊糖（粉）可代替脂肪和糖、鱼油可代替猪油等。将中药材与遗传学、蛋白组学、代谢组学、营养学和植物化学等学科研究相结合，优化提取物质量，提高原料利用率，减少原料浪费

技术方面，可运用纳米微胶囊等高新技术，剂量不变，强化功效。通过对生产技术的优化及创新，加速提高保健食品的生物利用率，提高生产效率。也可以通过改变剂型的方式达到技术创新的目的，如从传统的片剂逐渐发展为功能性饮品、饼干、膏

剂、咀嚼片、泡腾片、营养粥、多元素营养套餐等，剂型的改变更方便、快捷、新颖，可吸引消费者的目光并激发购买欲。

功能方面，除目前允许声称的保健功能外，未来对于新的功能声称应当进一步开放申报途径，进一步贴合大健康产业的需求。在开展研究的基础上，尝试新功能的开发，同时应对不同国家地区类似功能或健康声称的监管与法规概况进行对比研究，对类似产品的市场和消费情况开展调研，并对国内外类似功能食品或药品的研究应用情况进行对比分析，从而为保健食品行业中开启新的航向标。

此外，还需加强保健食品研发理论研究。创立以科研单位、保健食品技术研究院及高等院校为依托的产品开发模式，强化保健食品的技术理论研究，促进企业与科研院所的技术交流与信息反馈，形成高起点、高共享的科技资源平台，拓宽产品开发思路，有效降低创新成本，缩短产品创新周期。

四、市场定位现状

保健食品的概念明确了保健食品的市场定位，其符合传统中医理论中的“治未病”的核心要义。但很多消费者对于保健食品的定位并不清楚，保健食品虽具有调节机体、增强体质和改善饮食等功能，但并没有治疗疾病的作用。由于长期受传统固有思想和广告的错误宣传影响，不少人都将其当作治疗疾病的一种药品，对中药保健食品的功能和作用存在错误理解。

这种现象在老年群体中尤为突出。一些不法经营者深谙老年人等消费群体不能正确识别保健食品与普通食品、药品包装标识、批准文号等，缺乏对保健品的认知和鉴别，故意混淆概念，把普通食品宣传为保健食品、把保健食品宣传为药品销售，消费者无法购买到真正所需产品，甚至购买到来路不明、假冒伪劣的保健品，掉入“陷阱”被骗取钱财。

有些患者使用保健食品的同时，没有及时采取其他的治疗手段，反而贻误病情，耽误治疗，这些无序化行为严重打击了消费者对于保健食品的信任度。大部分人群仍存在“重治疗、轻预防”的陈旧观念，对保健品的认识不足。

此外，相比较辅助降血糖、辅助降血脂这类具有明显功效的保健食品而言，具有抗氧化、抗疲劳等功效的保健食品对消费者身体的改变是日积月累产生的，这使得消费者无法清晰地感知身体的变化，而造成其认为该产品无任何作用。

对于产品定位方面的问题，应加强对保健食品的销售人员普及相关知识，让销售人员更加专业，在增强顾客信任的同时能协助消费者寻找适合自己的产品。此外，对消费者而言普及保健食品的相关知识显得尤为重要，尤其是让消费者认识到保健食品其主要在于疾病预防而不具有疾病治疗的作用。

对于企业而言，应根据产品功能定位，确定该产品的目标消费者，以便于企业能更精准地投放广告，便于有该保健需求的消费者能快速获得讯息。

五、审评方法现状

保健食品功能的评价方法大致分为三类：只要求动物实验、只要求人体试食试验和两种均要求。仅需要动物实验、人体试食试验以及两者皆要的保健功能分别为7项、4项以及13项。

由于在增加免疫力保健食品的功能审核中仅需在其规定的4个指标中有2个指标为阳性，就能表明该产品具有增强免疫力的功能。较低的评判要求以及实验成本造成了增强免疫力类保健食品在整个保健食品市场中的主导地位。

已规定的24种保健功能中只有抗氧化、辅助保护胃黏膜损伤及辅助降血糖等9种具有明确的评价方法，包括抗氧化、辅助保护胃黏膜损伤、辅助降血糖、缓解视觉疲劳功能、改善缺铁性贫血、辅助降血脂、促进排铅、清咽等功能评价方法，这在一定程度限制了行业创新。

六、针对我国保健食品研发存在问题的对策

审评审批政策方面，相关政府部门要优化审评审批流程，加速电子化审批平台的建设，细化产品审评进度的路线图和时间表。加速推进保健食品上市进度，提高产品审评审批效率，缩短企业创新时间，鼓励企业创新，营造市场良好发展氛围。健全市场机制，扶持产业发展。

首先，有关部门需尽快完善保健食品可申报的保健功能目录、检验及评价的技术指导原则及审评细则等相关文件。有针对性地对不同功能保健食品评价的审评标准进行规定；其次，明确注册申报通道，对保健食品新功能及新原料的功能研究及注册审评提供申报路径的支持；最后，明确企业主体责任。保健食品的开发不能局限于抗疲劳、免疫调节以及血脂调节这些方面，还要针对庞大多样的市场从多角度、多功能进行开发与生产。

本章小结

保健食品产业是全球性的朝阳产业，市场增长迅速。我国保健食品产业历经起步、繁荣、低谷、调整，在法律法规的不断完善下最终走向有序发展，取得了一定的阶段性成果，新时期虽然面临着巨大的挑战，但也拥有绝佳的优势条件，在大健康产业发展背景下仍具有良好的发展前景。

目前国内的保健食品研发热点仍集中在增强免疫力等常见功能和片剂等传统剂型，创新性有待进一步提高。未来要充分发掘国内保健食品市场的巨大潜力，迎接保健食品研发所面临的挑战，以现代先进的科学技术方法，创新研发思路，完善审评体系，构建大健康产业链，共同推进保健食品市场从“发展中规范”走向“规范中发展”，助力“健康中国”的建设。

关键词

膳食补充剂　dietary supplements
保健功能食品　functional foods
食品补充剂　food supplements
补充药物　complementary medicines
精准营养　precision nutrition

复习思考题

1. 如何评价目前国外保健食品研发现状？
2. 新时期我国保健食品研发具备哪些发展优势？

（马　国　严世伟　杜　清　王立强）

思维导图

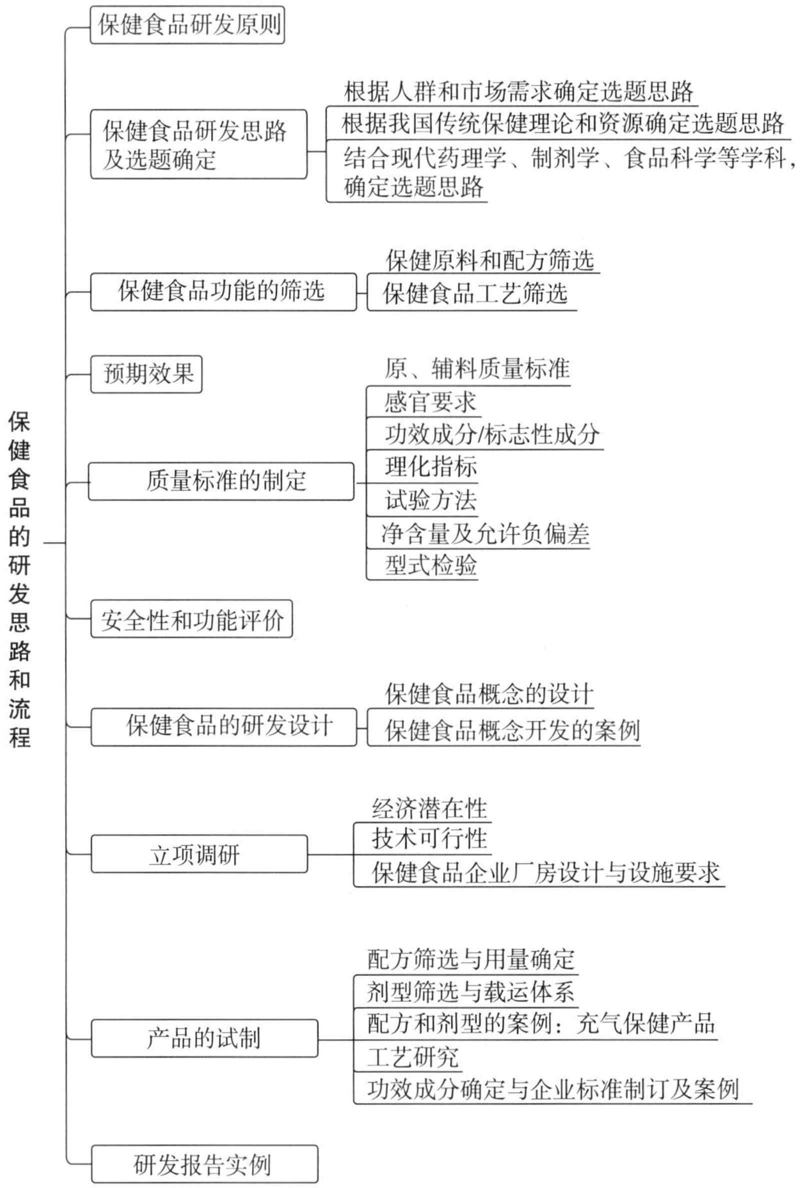

第四章　保健食品的研发思路和流程思维导图

第四章

保健食品的研发思路和流程

学习目标

1. 掌握保健食品的研发原则、研发思路及安全性和功能学评价。
2. 熟悉保健食品的功能筛选、预期效果及研发设计。
3. 了解关于制定保健食品质量标准、立项研究及研发试制和研发的报告实例。

第一节 保健食品的研发思路

一、保健食品研发原则

中医养生，特别是药物养生（例如药膳），是传统中医学的一个组成部分，其目的是颐养身心、增强体质、预防疾病以及延年益寿。饮食养生是中华保健文化的精髓之一。远古时期，人类已经发现可用于医用和饮食共用的食物，即“药食同源”。先秦时期，初步创造了“食治学”。之后，随着实践和理论的积累和总结，形成了较为系统的中医养生的理论、原则和方法。如“春夏养阳，秋冬养阴”“圣人不治已病治未病”“五谷为养，五果为助，五畜为益，五菜为充”等养生理论，提出了调和阴阳、濡养脏腑、顺应自然等养生原则。保健食品与中医药养生是一脉相传，都为达到防病、延年益寿的目的，并且我国保健食品的原料基本上都来自《按照传统既是食品又是中药材的物质目录》里规定的中药品种。我国保健食品与中医药养生关系密切，中医药养生已有悠久的实践历史和丰富的理论基础，保健食品的研发可借鉴中医药养生理论，开发符合中医药特点的保健食品，是我国保健食品研发的重要途径之一，也是开发保健食品的指导原则。

此外，现代食品科学和营养学的发展为保健食品的开发提供了丰厚的基础，通过研究营养素的重要生理功能、食品原料中生物活性物质的鉴别和筛选、功能性肽和脂肪、先进的纳米包埋和载运技术以及肠道菌群对身体健康的重要性，现代食品科学和营养学为保健食品提供了资源和技术的基础，为食品充分发挥健康功能提供了广阔空间。因此，将传统中医养生与现代食品营养科学技术相结合，在保健食品开发过程中充分发挥传统中医理论和现代科学的优势，一方面可提高对中草药、配方、功能机制和功效成分的认知，另一方面也可重新认识中医的理论在保健食品中的应用，为促进保健食品的发展提供了理论和技术的基础，可进一步促进我国保健食品多元化健康发展，满足不同人群不同条件下对健康养生的需求。

保健食品的选题是关系到其市场接受度和社会效益的关键，因此选题应具有先进性、创造性、科学性和实用性的基本属性，所开发的产品在同类产品中应有较高的起点和较强的市场竞争力，在原料、配方和工艺中具有物美价廉的特点。对于特定的保健功能和研究手段，超前意识和科学性可确保其具有创造性和先进性，例如，可以通过肠道菌群的优化来调节抑郁类型的健康问题。此外，保健食品的选题和配方也应遵循自然规律，并以提高人类的生存质量为最高目标。

二、研发思路及选题的确定

保健食品的研发报告是为保健食品研发立项提供论证，提高申报产品的科技含量、市场潜力和批准的可能性。因此一份完整的保健食品研发报告主要从以下三方面论证研发立项的合理性和先进性，即选题的确定、研发思路、保健功能筛选和预期效果。论证的内容包括配方的合理性和实用性，产品工艺的剂型和成本的合理性，以及与同类产品在功能方面的差异性，同时阐释配方和制剂中的创新性。

保健食品选题在保健食品研发过程中是一个重要的内容，一个保健产品的成功与否需要考虑以下3个方面。

1.拟开发产品适宜的人群。依据流行病学、营养学等调研资料分析人群组成、数量、特点和趋势的研发。

2.分析同类产品、类似产品在国内外的基本情况，包括同类产品的种类和数量，产品的优缺点、销售现状和趋势。

3.根据文献和资料对新产品预期达到的保健功能和科学水平进行评价。

（一）根据人群和市场的需求确定选题思路

1.关注亚健康方面的保健食品 亚健康是指处于健康状态和疾病状态之间一种非健康非患病的中间状态，WHO的一项全球性调查表明，真正健康的人仅占5%，患有疾病的人占20%，而75%的人处于亚健康状态。亚健康状态在经济发达、社会竞争激烈的国家和地区中普遍存在，人数呈逐年增加，成为国际上医学界研究的热点之一。亚健康状态的表现错综复杂，较常见的是活力、反应能力、适应能力和免疫力降低，出现躯体疲劳、易感冒、稍动即累、出虚汗、食欲不振、头痛、失眠、焦虑、人际关系不协调、家庭关系不和睦、性功能障碍等症状。亚健康的表现形式主要有慢性疲劳综合征、信息过剩综合征、神经衰弱、肥胖症等若干种。因此，关注亚健康方面的保健食品可以从增强免疫力、缓解体力疲劳、改善睡眠等保健功效方面来研发。

2.关注婴幼儿生长发育方面的保健食品 婴幼儿配方奶粉属于保健食品中维持婴幼儿正常代谢和生长的特殊食品，以乳类及乳蛋白或者大豆及大豆蛋白为主要原料，并在配方中添加的钙、镁、铁、锌、硒等矿物质和维生素（A、B、C、D等）的一类特殊食品。应根据GB10766—2021《食品安全国家标准 较大婴儿配方食品》的标准进行立项。

3.关注老龄化方面的保健食品 2000年我国60岁以上的老年人口总数达到1.3亿，

占总人口数的10.6%。据预测，2025年老年人口的比重将达到20%，可谓“超老年型国家”。老年人口的比重将在2040～2050年达到顶峰，为25.5%，届时每4个人中就有一个老年人。因此，预防慢性病的保健食品有很大的开发与研究的前景。

4.关注有助于控制体内脂肪方面的保健食品　肥胖症已成为现代社会流行慢性病。根据BMK指数（体重/身高的平方）判断，大于25即为肥胖，1982年至1992年期间，中国城市青少年肥胖人口增长了50%。据此推测，我国超重肥胖者已占总人口的20%以上，达2亿多人。世界卫生组织举行的肥胖症研讨会发出警示：体重过重和肥胖症是引发许多非传染性疾病的重要根源，它能诱发或导致胆结石、糖尿病、高脂血症、高血压病、脑血管障碍、心绞痛及心肌梗死等，还易导致患多种癌症、胆囊炎、呼吸系统疾病等30余种并发症。儿童肥胖的比率也在不断上升，而且肥胖儿童长到成年后，很可能仍然肥胖。因此，在有助于控制体内脂肪方面的保健食品具有很大的研发意义和市场前景。

（二）根据我国传统保健理论和资源确定选题思路

运用我国传统保健理论选题需掌握三个原则：①整理配方，吸收精华；②辨证保健，整体调节；③合理配伍，控制方向。配方中所用原料及多种原料配合比例和关系，应当符合中医药学养生保健理论，考虑原料的性味、归经、升降浮沉等性能，要依据“理法方药”程序，按“君臣佐使”关系组合，结合申报的功能，针对适用人群的症型及主症，本着辨证论食的原则，论述配方依据。在对配方依据的描述上，传统中医药学、保健作用与现代医学理论不应截然分开。在资源方面，中草药、真菌、益生菌、昆虫资源、海洋资源以及各种营养素和维生素都是保健食品的重要原料。

（三）结合功能评价、制剂学的要求和食品科学的发展，确定选题思路

根据功能评价的结果，为选题提供依据，例如要研发具有增强免疫力、耐缺氧、抗疲劳的保健食品时可选用人参，因为人参同时具备以上三种功能。同时结合现代制剂学研究，运用先进制剂工艺，选择合理剂型，增强功能，而现代医药学理论及研究成果可以从所用原料间的物理、化学性质及现代科学的协同与拮抗情况进行考察，注意量效关系，同时也需要结合食品科学研究，改善口味，便于接受和服用。

三、预期效果

对产品发展前景进行市场预测。市场预测是在市场调查的基础上，运用科学的方法对市场需求和企业需求以及影响市场需求变化的诸多因素进行分析研究，对未来的发展趋势作出判断和推测，为企业制定正确的市场营销决策提供依据。

（一）市场预测的内容与步骤

1.市场预测的内容

（1）环境预测　环境预测也称为宏观预测或经济预测，它是通过对各种环境因素如国家财政开支、进出口贸易、通货膨胀、失业状况、企业投资及消费者支出等因素的分析，对国民总产值和有关的总量指标的预测。

（2）市场潜量与企业潜量预测　市场潜量预测和企业潜量预测是市场需求预测的重要内容。市场潜量是从行业的角度考虑某一产品的市场需求的极限值，企业潜量则是

从企业角度考虑某一产品在市场上所占的最大的市场份额。市场潜量和企业潜量的预测是企业制定营销决策的前提，也是进行市场预测和企业销售预测的基础。

（3）市场预测与企业预测　市场预测是在一定营销环境下和一定营销力量下，某产品的市场需求水平的估计，企业预测是在一定的环境下和一定的营销方案下，企业预期的销售水平。企业预测不是企业制定营销决策的基础或前提，相反它是受企业营销方案影响的一个函数。

2. 市场预测要遵循一定的程序和步骤

（1）确定预测目标　市场预测首先要确定预测目标，明确目标之后，才能根据预测目标选择方法、决定收集资料的范围与内容，做到有的放矢。

（2）选择预测方法　预测的方法有很多种，各种方法都有其优点和缺点，有各自的适用场合，因此必须在预测开始根据预测的目标和目的，根据企业的人力、财力以及企业可以获得的资料，确定预测的方法。

（3）收集市场资料　按照预测方法的不同确定要收集的资料，这是市场预测的一个重要阶段。

（4）进行预测　此阶段就是按照选定的预测方法，利用已经获得的资料进行预测，计算预测结果。

（5）预测结果评价　得出预测结果得到以后，应通过对预测数字与实际数字的差距分析比较以及对预测模型进行理论分析，对预测结果的准确性和可靠程度给出评价。

（6）预测结果报告　预测结果的报告从结果的表述形式上看，可以分成点值预测和区间预测。点值预测的结果形式上为一个数值，例如某行业市场潜量预计达到5个亿，就属于点值预测。区间预测则不是给出预测对象的一个具体的数值，而是给出预测值的一个可能的区间范围和预测结果的可靠程度。

（二）市场预测的方法

市场预测的方法有很多，一些复杂的方法涉及许多专门的技术。对于企业营销管理人员来说，应该了解和掌握的企业预测方法主要有以下两种。

（1）定性预测法　定性预测法也称为直观判断法，是市场预测中经常使用的方法。定性预测主要依靠预测人员所掌握的信息、经验和综合判断能力，预测市场未来的状况和发展趋势。这类预测方法简单易行，特别适用于那些难以获取全面的资料进行统计分析的问题。因此，定性预测方法在市场预测中得到广泛的应用。定性预测方法又包括：专家会议法，销售人员意见汇集法，顾客需求意向调查法。

（2）定量预测法　定量预测是利用比较完备的历史资料，运用数学模型和计量方法，来预测未来的市场需求。定量预测基本上分为两类，一类是时间序列模式，另一类是因果关系模式。

（三）对产品的社会效益和经济效益评估

根据保健食品的保健功能对该产品适用人群食用后所产生社会效益进行评估。根据该产品年销售收入、年税后收入、年制造成本对产品的经济效益评估。年制造成本包括直接材料费用、制造费用、管理费用、银行利息，利税总额为销售收入减去年制造成本。

第二节　保健食品的研发过程

一、保健食品的研发设计

（一）保健食品概念的设计

保健食品的研发是其注册过程的重要环节，从项目的设立、配方组成到原料和产品的安全性以及功能性的论证都属于保健食品研发的范畴，其研发流程见图4-1。针对项目的设立，应根据概念设计（concept design）的原理，分析用户需求，并通过一个由粗到精、由模糊到清晰、由抽象到具体的设计过程。保健功能概念产品（conceptual product）的设计不仅要了解市场需求和消费行为，而且要兼顾功能和产品形象两个层面设计概念产品的原型，其表达方式（剂型）也是概念产品设计中确保其功能的重要部分。保健食品的概念产品应满足保健功能诉求点、产品形象诉求点、消费者的特殊认知点和功能支持点。剂型是概念产品具体化的重要步骤，而剂型的选择应与原料的理化性质和产品的安全性和功能性相匹配。在产品的工业化过程中，项目的可行性的论证也是保健食品开发中不可或缺的步骤。项目的可行性不仅要考虑相关文献资料（信息资源、专利分析、市场分析、技术分析、策略分析）对所用原料和剂型安全性和功能性的报道，也应明晰项目的具体目标与任务（需求及技术难点）和现有的工作基础与优势，例如立项的背景、国内外现状、知识产权和技术标准的现状及预期分析以及已有的开发经历、研究成果、科研条件及研发队伍。所有这些工作是保健食品开发的起始和基础，决定了保健食品开发成功的概率，其重要性不言而喻。

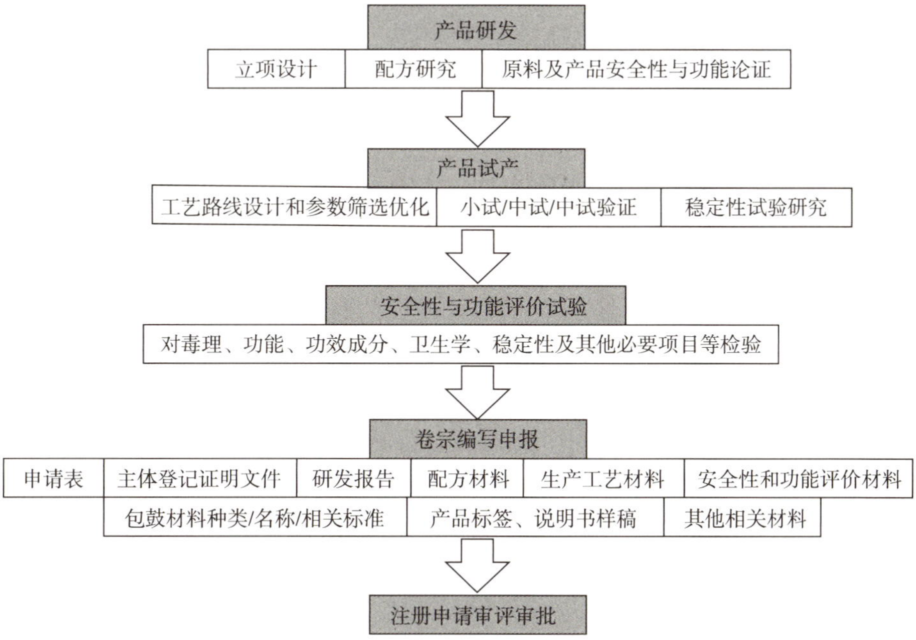

图4-1　保健食品的研发流程图

（二）保健食品概念开发的案例

1.以用户为中心的设计方法（UCD） UCD的产品设计是以小组互动的形式进行的，选择这种形式可以很好地解释和协商产品属性，以及与其他参与者对最终产品概念的整体设计。UCD在互动开始时，参与者被要求填写一份简短的人口统计问卷。四次互动中的每一次都由八名参与者组成，持续时间为90分钟。所有互动都被录音，为营销和技术团队收集相关数据。

每次互动分为两个阶段。第一阶段代表新产品开发（NPD）过程的产品设计阶段。在第一阶段，每次互动分成两个四人小组。在此阶段期间，各组保持分开，并且不知道彼此的选择。这些小组配备了一台笔记本电脑，其中包括一个预装的拖放软件程序。该软件使参与者能够将他们选择的产品属性级别拖放到屏幕上，该屏幕提供了他们最终产品概念的可视化表示。属性级别可以被拖放的次数是无限的，这允许参与者查看假设的产品概念并促进改变主意。UCD交互中使用的产品属性是从查阅相关文献中生成的，而且包括了关键利益相关者的观点。参与者被要求使用提供的产品属性级别创建功能性食品概念。唯一的要求是各组按以下顺序组合概念：健康关注、食品和饮料载体、包装、营销信息和健康声明。每组四人被要求从每个属性中仅选择一个属性级别，并选择既吸引人又适合他们生活方式的设计概念。参与者对最终产品概念的互动进行了简短的产品演示，从而可以对小组的决策过程进行口头反馈。该过程的第二阶段，每组的所有参与者进行讨论。讨论集中在每个交互中发展的两个不同产品概念以及参与者选择的属性级别。这次讨论揭示了选择特定产品属性级别背后的动机以及关于某些产品属性级别更高的原因。在整个过程的各个阶段，NPD设计团队的成员都会观察参与者的互动，以收集“消费者的声音”信息，并真正理解他们在讨论产品属性和权衡时的含义。最后对UCD交互产生的定性数据进行主题分析以识别数据中的共同主题。

2.以用户为中心的设计方法的案例 UCD流程的目标是在新产品开发流程的早期阶段确定新的功能性食品概念。大脑和认知健康是备受关注的概念，该概念由第1组设计，该组由年龄在55至72岁之间的两名女性和两名男性参与者组成：其中两名参与者是全职工作者，另外两名分别为退休人员和学生。此外，就他们的健康状况而言，一名参与者认为他们的健康状况非常好，两名认为他们的健康状况良好，一名认为他们的健康状况适中。

（1）属性一：产品概念健康关注 第1组选择的健康关注是大脑和认知健康。大脑和认知健康成为最受关注的健康问题，而心脏和心血管健康则是第二重要的健康关注。从NPD的角度来看，这种互动说明了性别对产品设计决策的潜在影响。特别是，在按性别分析讨论时，女性参与者似乎关心骨骼、肌肉和关节健康，并为这些健康问题提供了强有力的论据。然而，男性参与者认为它们与女性更相关。对相互作用的分析确定心脏和心血管健康是一个以男性为导向的健康问题。很大一部分男性参与者将心脏和心血管问题与家族病史联系起来。从NPD的角度来看，这引发了开发针对性别的功能性产品的问题。其次，只有在与特定个体的健康需求相关时，潜在功能性食品的健康功能才具有吸引力。NPD过程的早期阶段消费者的高度参与可以导致开发更多以市场需求为导向的产品，最终获得消费者的认可。

UCD交互过程表明心脏和心血管健康在消费者决策过程中占有重要地位。然而，心脏和心血管健康仍然仅次于大脑和认知健康，并且市场上有大量的心脏健康产品，但缺乏应用大脑健康的产品。因此要求未来NPD专注于开发针对大脑和认知健康的产品。

（2）属性二：食品和饮料载体　第1组选择的食品和饮料载体是果汁饮料。口腔健康下降和胃肠功能变化通常会限制老年消费者的食物摄入量。在这种互动中，人们更喜欢液体的食品，或者是以饮料作为载体。在四次互动中，经常选择可饮用的乳制品酸奶和汤。推动基于液体的偏好的属性是方便和易于消费。

食品储存和食品制备要求成为设计考虑的关键因素。果汁被认为是一种方便的产品，易于储存在冰箱中，不需要进一步准备或烹饪。此外，参与者将果汁描述为一种易于消化的饮料。同样，汤和酸奶载体都被描述为在八种相互作用中易于消化的食物。在果汁载体方面，一位女性参与者表达了她对果汁酸度水平的担忧。讨论揭示了参与者如何将不同的酸度水平与各种不同的果汁品牌联系起来。果汁品牌对所有UCD互动中的购买决策产生了重大影响，参与者倾向于将某些品牌与感知到的更高质量地联系起来。

（3）属性三：产品概念包装　对于第1组，选择了利乐（tetrapak）纸盒作为包装形式。关节炎或运动技能下降等慢性衰老状况需要将补偿策略整合到产品设计过程中。针对老年消费者的产品开发人员在制定包装设计决策时需要考虑这一群体的身体能力。对用户友好的设计元素的整合确保食品可以轻松处理、制备和食用，并可能导致消费者对老年消费者对新功能食品的极大接受。

果汁包装形式选择利乐包装纸盒主要是因为“易于打开”和“可重新密封”属性以及可回收。整体产品可接受水平受到包装格式的强烈影响。tetrapak纸盒同样受到所有集团成员的青睐，并且通过其他互动也证明了它作为包装载体很受欢迎。可拧开的帽子吸引了这群人，因为他们已经熟悉它，并且还喜欢重新密封它并将其储存起来以备下次消费场合使用的选项。重要的是，包装熟悉度被证明是针对老年消费者的产品的基本设计特征。互动过程中，还邀请了食品包装设计专家旁听与会人员的讨论，专家观察了老年消费者的身体能力如何影响他们对包装的选择。

（4）属性四：产品概念营销信息　该组选择食品图像作为功能性食品概念的营销信息，事实证明这是互动中最具争议的部分。小组参与者普遍对营销以及食品和饮料的营销和健康信息持怀疑态度，尤其是健康和保健类别。参与者选择食物图像信息是因为它“有吸引力”并且看起来“诱人”，还传达可用于维持“正常大脑功能”的食物的概念。其他营销信息也被考虑在内，但总的来说，食品图像信息被选中，是因为该小组认为它是一个非常“准确和清晰”的信息。

（5）属性五：产品概念健康声明　用ω-3强化“维持正常大脑功能”是选择的健康声明。使用消费者理解和熟悉的术语被认为是产品接受的先决条件。

（6）复合产品概念　从该UCD中确定的功能性产品概念如下：一种含有ω-3和ω-6的果汁，用于维持正常的大脑功能，果汁将被包装在可回收的tetrapak纸箱中，该产品概念的营销信息将侧重于食品图像，该产品概念的健康声明将侧重于维持正常的大脑功能，如表4-1所示。

表4-1 根据UCD对保健食品概念设计的结果

属性	属性级别
健康关注	大脑和认知健康
食品饮料载体	果汁
食品饮料包装	利乐纸盒
讯息营销	食物意象
健康声称	用 ω-3 和 ω-6强化："维持正常的大脑功能"

(7)结论　本研究中使用的UCD概念化方法允许进行多学科流程，有助于识别新产品概念，这些概念最终可以开发成适合老龄化消费者群体的新产品。在案例研究互动中推动消费者接受的最重要的属性水平是：针对大脑和认知健康的产品；作为载体的液体饮料；易于使用的环保元素包装；简单的营销信息，明确关注健康方面而不是与年龄相关的诉求，和包含消费者友好术语的现实健康声明。这种互动充当了一种创新工具，可以识别消费者的需求和要求，并产生高潜力的概念，然后可以使用其他概念化技术对其进行改进。这种方法将消费者视为价值创造过程的积极参与者。

在整个UCD互动过程中，老年消费者被认为是积极的参与者，他们利用自己的个人经验创造出一个复合的新功能概念，这可能为全球食品和饮料公司提供新的机会，为消费者创造卓越价值的市场产品。使用UCD技术在NPD流程的早期阶段产生消费者洞察，确定了潜在的创新产品概念。

二、立项调研

(一)经济潜在性

根据《中国特殊食品产业发展蓝皮书》，我国健康需求正在跨越代际，老龄群体健康需求的质量刚性需求明显提升，大众对于保健食品的认识正在趋于理性和科学，基础政策的支持力度加大。跨越代际指的是非传染性疾病正在趋于低龄化和年轻化，特别是以高血压、糖尿病为代表的慢性疾病，由于非传染性疾病(心血管疾病、癌症、慢性呼吸系统疾病和糖尿病)的代际跨越，健康需求正在成为绝大多数人的需求。对于中青年群体，他们的健康意识明显提高，健康消费意愿也明显增强，购买保健食品的主力军除了中老年人，"90后"正在后来居上，占比超过了25%。因此我国人群对于健康需求在不断增强，而健康中国行动进一步推动了保健食品产业的快速发展。根据Euromonitor数据显示，2009~2019年中国保健品行业的市场规模年均复合增速为9.5%，2019年中国保健品行业的市场规模达到3965亿元，从表4-2可见2019年中国保健畅销产品中排在首位的是营养补充剂中的蛋白粉/蛋白质粉，实现销售额31亿元，在市场中占比8.8%。其次和骨关节保健相关的氨糖软骨素钙片、钙维生素D维生素K软胶囊品种等。

表4-2 2019年中国保健品畅销产品TOP20（单位：亿元，%）

排名	产品名	作用类型	2019销售额（亿元）	市场份额（%）
1	蛋白粉/蛋白质粉	营养补充剂	31	8.8
2	氨糖软骨素钙片	骨关节保健	29.4	8.3
3	天然维生素E软胶囊	维生素	15.1	4.3
4	维生素C含片	维生素	13.9	3.9
5	B族维生素片	维生素	13.2	3.7
6	儿童兰生莹颗粒	益生菌	11	3.1
7	钙维生素D维生素K软胶囊	骨关节保健	8.8	2.5
8	多种维生素矿物片	维生素	8.7	2.5
9	维生素C咀嚼片	维生素	8.4	2.4
10	鱼油软胶囊	辅助降血糖	6.3	1.8
11	多维片	维生素	5.8	1.6
12	维生素C片	维生素	5.7	1.6
13	牛初乳加钙片	钙补充剂	5.1	1.4
14	钙加维生素D软胶囊	钙补充剂	5.1	1.4
15	天然维生素CE含片	维生素	4.8	1.4
16	蜂胶软胶囊	提高免疫力	4.7	1.3
17	珂妍胶囊	通便	4	1.1
18	叶黄素片	缓解视觉疲劳	3.6	1.0
19	益生菌粉	益生菌	3.4	1.0
20	钙铁锌片	钙补充剂	3.2	0.9

未来的发展方向包括：①应用现代高新技术，开发第三代保健食品；②开发功能多元化产品，以满足不同人群的特定需求；③开发中医药特色产品；④基于大数据分析，加强保健食品研发将是我国保健食品发展的方向。保健食品功效成分的筛选、提取、分离、纯化、结构解析、药理活性、作用机制、功能评价等均可应用现代高新技术，加强保健食品功效成分基础研究，助推保健食品健康发展。同时，要注重实现中医中药辨证养生的优势理论，并结合现代西医的理念，研究功效成分的构效关系和生物利用率以及适宜的食品基质（剂型）提高其稳定性，实现保健食品功能和剂型的多样化，满足不同人群不同条件下的健康诉求。

（二）技术可行性

保健食品的安全性和功能性的实现需要与之相适应的开发技术如灭菌与消毒技术、口服液成型技术、浓缩技术、分离纯化精制技术、压片技术、胶囊内包装技术。随着科学技术的发展，很多新技术正在被运用到保健食品的开发中，如通过合成生物技术制备功能因子，以DNA重组技术为基础的酶工程和发酵工程以及纳米载运和输送技术，所有这些技术的日益成熟为保健食品的进一步发展提供了技术的支撑。

1.生物技术　在保健食品领域中广泛应用的发酵工程、酶工程以及细胞工程等都属于生物技术的范畴。功能因子如γ-亚油酸、超氧化物歧化酶（SOD）以及L-肉碱都是通过发酵工程的成功运用。生物活性酶的提取、分离和纯化、酶分子的修饰和非水相催化等是酶工程的典型代表。生物素、肌醇、胡萝卜素、维生素C、维生素B_2、维生素B_{12}的生物合成的是以DNA重组为基础的细胞工程的产物。

2.微胶囊技术　食品微胶囊化技术是用膜材料将固体、液体和气体的生物活性物质进行包裹而成微米颗粒。在保健食品中，微胶囊化提高了生物活性物质的稳定性，使其更便于加工、储存和运输。微胶囊化也会提高产品的色泽、形状和耐热性。微胶囊化亦可维持保健食品的稳定性、控制生物活性物质的释放位置、时间及速率，并提高其生物利用率。对于功能性油脂，微胶囊化还可使其固态化，并掩盖其不良气味。

3.膜分离技术　膜分离技术是一种采用半透膜的分离方法，膜分离主要利用膜的选择性（如孔径）和膜两侧的势能差作为推动力。超滤法、反渗透法、电渗透法、微孔过滤等都是膜分离技术的具体运用方法。在保健食品的制备过程中，膜分离技术已成功用于功能成分的过滤、除菌、分离、纯化和浓缩精制等过程，而且可根据实际的需求，采用多种膜分离技术的联合运用。

4.超临界萃取（SCF）技术　超临界萃取技术是指以超临界流体为溶剂，从固体或者液体中萃取可溶物质的分离方法。超临界流体具有气体和液体的特性，从而使得其有溶解性能强、传质性能好、临界压力适中、无毒、无残留、价格低廉等优点，可以把极性大小、沸点高低和分子量大小的成分依次萃取出来。当然，对应各压力范围所得到的萃取物不可能是单一的，但可以控制条件得到最佳比例的混合成分，然后借助减压、升温的方法使超临界流体变成普通气体，被萃取物质则完全或基本析出，从而达到分离纯化的目的，所以超临界流体萃取过程是由萃取和分离组合而成的技术，已经在保健食品中得到了广泛应用，尤其适用于热敏性物质（如鱼油）的萃取分离。

5.冷冻干燥技术　冷冻干燥是利用冰晶升华的原理，在高度真空的环境下，将已冻结了的食品物料的水分不经过冰的融化直接从冰固体升华为蒸汽而达到干燥的目的。由于真空冷冻干燥在低温、低压下进行，而且水分直接升华，因此赋予产品许多特殊的性能，尤其对热敏性物料亦能脱水比较彻底，且经干燥的物品十分稳定，便于长时间贮存。物料的物理结构和分子结构变化极小，其组织结构和外观形态被较好地保存。在真空冷冻干燥过程中，物料不存在表面硬化问题，且其内部形成多孔的海绵状，因而具有优异的复水性，可在短时间内恢复干燥前的状态。因此有效地抑制了热敏性物质发生生物、化学或物理变化，并较好地保存了原料中的活性物质以及原料的色泽。冷冻干燥技术在人参、蜂王浆、牛初乳、花粉等保健食品中已得到了广泛应用。

6.冷杀菌技术　冷杀菌是指在杀菌过程中食品温度不升高或升高很低的一种安全、高效杀菌方法。冷杀菌，作为一种物理杀菌方式，不仅有利于保持食品功能成分的生理活性，且还有利于保持色、香、味及营养成分，有利于保持食品功能成分的活性。常用的冷杀菌技术包括超高压杀菌、超高压脉冲电场杀菌、强磁脉冲杀菌、脉冲强光杀菌、微波杀菌、紫外线杀菌、放射线杀菌、臭氧杀菌。

7.功能因子　功能因子是保健食品的基础，从已有的技术来看，无论是功能因子的生物合成、分离纯化、食品开发中的稳定性以及食品的安全性，都有相应的技术保障，而且科学研究的深入也会产生新的技术，因此新技术的多样性也为保健食品的高速发展奠定了基础。此外，目前保健食品开发所需要的原料及辅料主要来自食物中的营养素、活性物质和其代谢物以及以中药资源。食物来源的包括功能性蛋白质、肽和氨基酸、功能性油脂如n-3脂肪酸、功能性多糖如香菇多糖和膳食纤维、活性菌类如益生菌、植物化学物如多酚类物质、维生素和其他微量元素，而所有保健食品的原料及辅料都有相应的国家标准，也是保健食品发展的政策保障。

三、配方的筛选和工艺的研制

在产品的研发报告中，需通过以下方法对保健食品的配方方法和保健功能的筛选依据先奠定大量的历史资料。在筛选配方过程中，需查阅大量文献资料，从原料合法性、用量安全性、用量有效性、保健功能、可行性等几个方面进行考查，最后筛选出配方。要以《卫生部关于进一步规范保健食品原料管理的通知》（卫法监发〔2002〕51号）、GB 2760—2014《食品安全国家标准 食品添加剂使用标准》、GB14880—2012《食品安全国家标准 食品营养强化剂使用标准》[2023年1月19日，国家食品安全风险评估中心就《食品安全国家标准 食品营养强化剂使用标准》（草案）公开征求意见，截止日期为2023年2月28日]以及《保健食品原料目录》《保健食品备案产品可用辅料及其使用规定》等相关国家法律法规、国家相关标准和行业标准为准则进行组方。

（一）选用原料的功效作用、用量及各原料配伍关系和对人体安全性的影响

选用中药原料的功效作用、用量可根据中华人民共和国药典内容阐述，以中医传统理论组方的产品遵循君臣佐使组方，提供几种原料的中医配伍依据和科学文献依据。因此，在拟定产品配方前，组方者应充分查证各选用原料的合法性、合理性、安全性，确定各原料均为可用物品，且在国内有食用历史，应符合国家标准和卫生要求。查找各原料的最大及最小食用剂量、发挥保健功能或毒性剂量的科学文献资料。查询各原料之间的配伍科学性资料，同时考证各原料配伍的食用有效量。确认各原料在配方中的作用，同时找出相应的理论依据或科学文献。

（二）产品的主要功效成分或标志性成分的确定过程和依据

产品的主要功效成分应是主要原料的功效成分，无功效成分时应选用几个原料的共同的标志性成分论证。各原料相互配伍应考虑功效成分（标志性成分）的提取和检验有无干扰。主要功效成分或标志性成分检测方法应尽量采用国家标准《保健食品检验与评价技术规范》和《中华人民共和国药典》规定方法。无上述方法的，可采用经过验证的论文文献方法和自拟方法，并说明标准对照品来源和纯度。

（三）工艺路线设计、产品形态与剂型选择的科学合理可行性及依据

一般采用常规食品或药品制剂生产工艺，工艺科学合理可行。先完成产品工艺小试，验证配方与工艺的可行性，估算产品成本，做到胸中有数。要提供工艺设计的依据及中试验相关技术参数。

四、质量标准的制定

完善的质量标准是保健食品成功研发的保证。保健食品要有完备的质量标准，不仅要对感官如形态、气味和理化指标，如净含量、水分、灰分、重金属、农药残留，还要对微生物指标等做明确指标规定，还要根据产品的保健功能明确功效成分，规定含量限度。从而保证产品的质量和较高的科技含量，保证产品的规范性和可控性，为中国保健食品走入国际市场打下良好的基础。根据质量标准要对产品的感官、理化、功效成分、卫生学等指标进行全面检验，并进行至少3个月的稳定性考察，确保产品的稳定可控。

五、安全性和功能学评价

保健食品毒理学评价试验按照《保健食品毒理学评价程序》的法规文件规定，需要开展的试验类别有急性经口毒性试验、遗传毒性试验、遗传毒性试验组合、28天经口毒性试验、致畸试验、90天经口毒性试验、生殖毒性试验、毒物动力学试验、慢性毒性试验、致癌试验、慢性毒性和致癌合并试验，需要根据不同保健食品申报的要求和相关规定开展相应的试验内容。

根据不同的保健食品原料和制剂功效等的验证选择不同的毒理学试验进行安全性和功能学方面的评价。《保健食品管理办法》规定，在报批保健功能食品以前，必须进行相关功能学的评价实验。功能学的研究为开发、完善我国保健食品的生产提供了良好的科学实验依据。

六、研制资料的安全有效性评价

对保健食品以上各个方面的文献资料依据、配方、工艺、质量标准、安全性和功能学功效学方面的研究及评价资料汇总统计分析形成产品研制报告，统计并分析研制保健食品的安全性、有效性、可行性和市场价值预期，从而为产品研制提供可供借鉴的技术基础。

第三节　产品的试制

保健食品开发中的核心是产品的研制，而产品的试制首要是选择产品的保健功能，然后按照产品的性能去设计最合理的配方和剂型，选择最适合的生产技术和设备，最终制备出理想的保健食品。

一、配方筛选与用量确定

产品配方是指产品生产使用时，并存于终产品中的原料、辅料的品种及用量。在

筛选配方过程中，要查阅大量文献资料，从原料合法性、用量安全性、用量有效性、保健功能、可行性等方面进行考查，最后筛选出配方。保健食品要以《国家市场监督管理总局国家卫生健康委员会国家中医药管理局关于发布辅酶Q_{10}等五种保健食品原料目录的公告》《保健食品原料目录营养素补充剂（2020年版）》《允许保健食品声称的保健功能目录营养素补充剂（2020年版）》，GB14880—2012《食品安全国家标准 食品营养强化剂使用标准》以及《中国药典》为基础进行组方。

选用中药原料为基础的保健食品、用量可根据中华人民共和国药典内容阐述，以中医传统理论，组方的产品遵循君臣佐使组方，提供原料的中医配伍依据和科学文献依据。因此，在拟定产品配方前，组方者应充分查证各选用原料的合法性、合理性、安全性，确定各原料均为可用物品，且在国内有食用历史，并符合国家标准和卫生要求。查找各原料的最大及最小食用剂量、发挥保健功能或毒性剂量的科学文献资料。查询各原料之间的配伍科学性资料，同时考证各原料配伍的食用有效量。确认各原料在配方中的作用，并找出相应的理论依据或科学文献。

按照现代医学理论研制的保健食品，应根据已有的研究成果，从所用原料的物理化学性质及不同物质之间的协同和拮抗情况进行配方依据的描述，说明量效关系，并提供相应的科学文献资料或者申请人的试验数据，阐明国内外研究现状。

对于混合中医理论和现代医学理论的保健食品，配方的标准应以一种医药学理论为基础，即将所用配方中的中药视作现代医学所表述的原料或将现代医药学所表述的原料视作中药或者中医药学的功能性物质。同时阐明两类原料配伍的必要性和合理性，并提供两类原料单独使用和配伍使用时的功能对比资料。

二、剂型筛选与载运体系

建立确定的营养保健品实体对于健康至关重要，在配方选择的基础上，如何将功能因子以食品的形式达到呈现并保持功能因子的活性是保健食品制作的另一个重要的步骤。针对功能因子而言，它们可能具有很低的水溶性、很高的液化温度（结晶形式几乎不能被利用）、很低的稳定性（温度、光照等），因此功能因子的载运体系就成为剂型筛选的重要基础。

常见现代科技的载运体系有以下五种。

（一）脂质体载运体系

根据细胞膜的结构，以磷脂制作的脂质物质的小体称为脂质体。作为保健品的通用载体，适用于载运常见的食品补充剂如维生素、矿物质、草药产品、抗氧化剂等具有脂溶性的物质。脂质体在药代动力学方面的特点可通过控制脂质体的形状和大小，它们的电荷分布及其化学组成，以达到人体吸收此类营养保健品的目的。由于脂质体在结构上以类似于生物膜的方式设计，这类营养输送系统可以基本上穿过细胞的膜屏障，提高功能因子的生物利用率。

（二）微米和纳米海绵

当今市场上的一组新型载运系统是有生物大分子所形成的具有多孔的聚合物，也称为微米或纳米海绵。它们所包含多孔的微球或纳米球极大地提高了内表面积，增强了它们的营养品的装载能力。这些多孔聚合物系统已被用于容纳具有营养保健功能的转基因黑色素的应用，黑色素会均匀分布在皮肤表面，从而保护皮肤免受有害紫外线辐射。其他应用，如白藜芦醇及其稳定性以及三维环糊精聚合物都可以使用微米/纳米海绵进行开发。这些聚合物由于其优越的释放性能、渗透性，稳定性和易用性而受到保健食品开发的欢迎。

（三）水凝胶

可生物降解的水凝胶主要应用在各种药物行业，它们也可被用于营养保健品的配方。这些水凝胶的主要作用是对易氧化或敏感的营养保健品的保护作用，以及在被消耗之前保留营养保健品的初生状态。由于维生素的热敏感性，水凝胶是维生素配方的常被采用的技术。已有的研究表明水凝胶可用于保护核黄素、大豆异黄酮、牛奶蛋白。

（四）纳米载运体系

纳米技术可是水不溶性功能因子常用的载运体系。纳米技术可以调节被载运化合物在水中的溶解度，增强其在体内的吸收率和生物利用度，并可配制多种剂量，也可以实现在胃肠道中的靶向释放。此外，纳米悬浮液和纳米乳液可溶解营养保健品，而这种保健品可使功能因子保持液体形式，可用于口服给药和与食品仪器联合给药。纳米悬浮液和纳米乳液都溶解疏水性并有效提高其溶解度和生物利用度。

纳米结构的脂肪载体是由一个脂质网格组成的载体，而其中的功能因子被预先嵌入到脂质中。由于它们的大小、形状和结构，可以快速被吸收并通过膜进入体内，从而以在适当的地点和正确的时间输送具有保健作用的功能因子。纳米胶束或纳米载体是另一种营养品输送单元。在目标网站上发布这些营养保健品已显示出多种健康辅助作用。此外，由于这些纳米胶囊的控释性质，一个剂量中同时食用多种营养保健功能因子可能产生的毒性被显著减少，而且这些纳米胶囊为封装的营养物质在不同环境下（温度、pH 或压力）提供了实质性的保护作用。

（五）固体分散体

固体分散体是配制营养保健品以实现靶向释放的另一种方法。生物活性化合物在这里均匀地分散在疏油性的聚合物物中。这种技术非常适用于显示有限的温和水溶性并且很难被身体吸收的食品补充剂，如生物活性物质白藜芦醇，当它被开发成固体分散体形式后，其靶向释放特性达到了显著的提升。

三、工艺研究

一般采用常规食品或药品制剂生产工艺，确保工艺科学合理可行。产品工艺的选择应首先根据所选择有利于功能发挥的剂型或产品形态以及剂量（提供依据），并说明原料的预处理方法（如分离、纯化、干燥等）、产品的工艺路线、所用设备仪器以及试验相关技术参数。生产工艺应包括制备过程的所有环节及该环节的工艺技术参数，并注明该环节所涉及仪器设备的型号和规格。在此基础上，先完成产品工艺小试，验证配方与工艺的可行性，估算产品成本。小试完成后，可在原来的基础上放大样品，进行中试，对拟定的生产工艺进行验证和偏差纠正，并自检产品的质量。

四、功效成分确定与质量标准制订

保健食品功效成分是保健食品企业标准的主要质量指标，产品的主要功效成分应是主要原料的功效成分，无功效成分时应选用几个原料共同的标志性成分，各原料相互配伍应考虑功效成分（标志性成分）的提取和检验有无干扰。保健食品若能明确其功效成分，以功效成分标识，否则以代表产品特性的标志性成分标识。营养补充剂中的维生素、矿物质均以功效成分标识。选择产品的功效成分可按配方投放量和所含的功效成分确定，也可按工艺提取的成分确定，亦可根据申报功能相关的功效成分而确定，同时所选择的功效成分应有标准的检验方法或验证可行的分析方法。因此主要功效成分或标志性成分检测方法尽量采用国家标准、《保健食品检验与评价技术规范（2023年版）》和《中华人民共和国药典》（2020年版）规定方法。无上述方法的，可采用经过验证的论文文献方法和自拟方法，并说明标准对照品来源和纯度。表4-3是常用食品原料的功效成分。

表4-3　保健食品中常用食品原料及其功效成分

原料	功效成分/标志性成分	原料	功效成分/标志性成分
五加科参类（西洋参、人参、刺五加、	总皂苷	银杏叶	银杏总黄酮
绞股蓝）	绞股蓝总皂苷	黄芪	黄芪甲苷
冬虫夏草及菌丝体	腺苷	枸杞	枸杞多糖
蕈类（香菇、猴头菇）	多糖	五味子	五味子醇甲、五味子甲素
红景天	红景天苷	芦荟	芦荟苷
大蒜提取物	大蒜素	葛根	葛根素
螺旋藻	胡萝卜素、多糖	当归	阿魏酸
茶叶	茶多酚、儿茶素	何首乌	蒽醌、槲皮素
魔芋	葡甘露聚糖、膳食纤维	番茄提取物	番茄红素
葡萄籽提取物	原花青素	红曲	洛伐他汀
灵芝孢子粉	灵芝总三萜	灵芝	灵芝多糖
苦荞麦	黄酮类、植酸	山茱萸	熊果酸
麦冬	麦冬皂苷	卵磷脂	磷脂酰胆碱

保健食品企业必须按照企业标准制定程序，在研究保健食品过程中及早调查收集有关标准情报资料，整理分析，确定各项参数的指标，安排一定的验证试验，在综合研究基础上编写出科学、合理及切实可行的企业标准，经保健食品审评后报当地标准化行政主管部门备案、实施。企业标准的编写应符合GB/T1.1—2020的要求和规定，包括文件名称、层次、要素的编写和表述规则以及文件的编排格式。具体企业标准按照GB/T1.1—2020的规则，应包括封面、前言、引言、章节编号和标题、条编号和标题、附录编号“规范性”/“资料性”和标题、附录条编号和标题、参考文献、索引、图编号和图题、

表编号和标题。对于保健食品而言，除了所规定的标准格式，保健食品的技术要求仍然是标准的核心，具体而言，技术要求包括了原料和辅料的要求（食品添加剂、营养强化剂、中药材和普通食品）、感官指标、功能要求、功效成分、理化指标和微生物指标。

五、保健食品生产企业保健食品质量标准的范例

保健食品生产企业保健食品质量标准应包括以下内容：

（1）企业名称；

（2）企业标准号（每页都有）；

（3）产品名称；

（4）发布时间；

（5）实施时间；

（6）企业标准公章（每页都需要）。

以某公司关于保健食品：某灵芝人参五味子胶囊的企业标准（Q/JLZS0003S-2021代替Q/JLZS0003S-2017）为例予以说明。发布时间为2021-10-13，实施时间2021-10-13（本标准按照GB/T 1.1给出的规则起草）。与Q/JLZS0003S-2017相比，主要变化如下：修改了《中华人民共和国药典》执行版本，由2015版改为2020版以及修改了铅的限量。

第四节　研发报告撰写案例

案例

专利：一种抗氧化牡丹保健花茶及其制备方法（申请号）

一、研发人：××× ××× ××× ××× ×××

二、研发人所在单位：××××

三、研发时间：××××

四、研发立项的思路和设计

1.保健功能的筛选　牡丹花又名富贵花，为毛茛科芍药属植物，是我国特有的花卉，素有“花中之王”“国色天香”的美誉。牡丹有一千九百多年的栽培和培育历史，并逐渐形成了品种丰富的牡丹品种群，在全国各地广为栽培。尤其是我国山东菏泽地区更是世界上最大的牡丹生产、观赏和科研基地，被国家林业局和中国花协命名为“牡丹之乡”。

牡丹作为一种名贵花卉不仅有很高的观赏价值，在食品、药品、日化等领域也有着很高的应用价值，对人体有很强的营养保健作用，已广泛应用于饮料、花茶、花酒和糕点中。据研究报道，牡丹的干燥根皮具有抗肿瘤、保护心血管、增强免疫力等多种药理作用，药用历史悠久。牡丹叶中黄酮含量丰富，对亚硝酸盐的清除作用显著。此外，牡丹叶片中的多糖对羟自由基有一定的清除能力，不同品种牡丹清除能力差异显著。除了极高的观赏价值，牡丹还具有较高的经济价值和营养价值。

牡丹鲜花富含多种营养成分，包括蛋白质、氨基酸、多酚类物质、人体必需的维

生素、矿物质、金属元素、脂肪和淀粉等等，其花大色艳还具有丰富的原花色素。另外，牡丹花瓣和花粉中氨基酸总含量高达14.294%，共含有13种氨基酸，其中有8种为人体所必需，必需氨基酸的比例占4.632%，微量元素近20种，其中微量金属元素包括丰富的钙、铁、铜、锌、锰和镁等，维生素则包括维生素B_6、维生素C、维生素D、维生素E、维生素K。因此，牡丹花的食品开发具有较大市场潜力。

2.剂型选择　花草茶是一种基于花卉植物的花蕾、花瓣或嫩叶为材料，经过采收、干燥、加工后制作而成的保健饮品。花草茶的种类繁多且特征各异，并且由于花卉原料的差异也导致不同的花草茶具有各异的保健功效。牡丹花由于具有较高的营养及保健价值，也广泛应用于花草茶的加工。牡丹花茶具有养血和肝、气血充沛、红润容颜、养颜美容、饱满精神、降低血压、改善贫血、散郁祛瘀、延缓皮肤衰老和改善面部黄褐斑等功效。因此，该发明选用的剂型为花茶。

3.研发设计及工艺路线　本案例在已经批准牡丹花茶相关专利的制作方法和原料利用的基础上，主要从原料的不同制作方式和制成牡丹花茶的不同产品进行开发。参考内容如下：①专利1：牡丹花茶及其制作方法，包括采摘、清洗、杀青、摊放和干燥等步骤，旨在保持牡丹花瓣的营养价值和形态，同时确保茶的滋味。②专利2：通过细胞破壁酶对花瓣的破壁处理，使制得的牡丹花茶在浸泡时其有益物质及自身色素可快速扩散，同时避免在后续制备和存放过程中发生氧化作用造成花茶颜色的褐变，并且由升华干燥的方式代替传统的高温蒸炒方式进行干燥，可保证制得的牡丹花茶良好的外观完整性和韧性。③专利3：专门针对牡丹花茶制作方法定制的设施，包括外包装、烘焙腔、模具和烤箱等系统，做好系统设置和环境温度等即可开展一系列牡丹花茶的制备，该发明具有先进和创新性。④专利4：其制备方法主要通过先将牡丹外的原料多次煎煮合并提取液浓缩后，再将牡丹花或叶放入浓缩液浸泡后风干，其功效包括抑制口腔细菌，达到清洁口腔和预防龋齿的作用。由此可见，牡丹花茶的制备工艺具有多样性和创新性。本发明所述抗氧化牡丹保健花茶的制备方法，通过采用由纤维素酶、果胶酶和葡萄糖氧化而组成的复合酶液喷洒牡丹花并进行堆渥的方式，对牡丹皮进行有效的预处理，有助于加速牡丹花中有效成分的转移和扩散，从而提高牡丹花茶冲泡过程中有效成分的快速溶出，有助于提高牡丹花茶的保健功效。本发明所述抗氧化牡丹保健花茶具有丰富的营养，具有养血和肝、气血充沛、红润容颜、养颜美容、饱满精神、降低血压、改善贫血、散郁祛瘀、延缓皮肤衰老和改善面部黄褐斑的功效，可用于日常保健饮用。

五、研制过程

1.相关参数　在工艺路线中，预处理过程中，所选用的复合酶制剂包括纤维素酶、果胶酶和葡萄糖氧化酶，其质量比为：（1～2）：（1～2）：1。所使用的复合酶制剂的用量占所述牡丹花质量的（5～10）wt%，质量浓度为（3～8）wt%。

预处理过程中，均匀喷洒含有复合酶制剂的复合酶液进行堆渥处理，堆渥温度为25～30℃，堆渥时间为5～12h。

在对新鲜牡丹花的前处理过程中，相关参数如下。

早晨7:00～8:00进行采摘，用去离子水清洗，然后微波杀青，再进行40～60℃干燥。干燥步骤为低温干燥。

2.研制过程及流程图

研制过程流程图如图4-2所示：

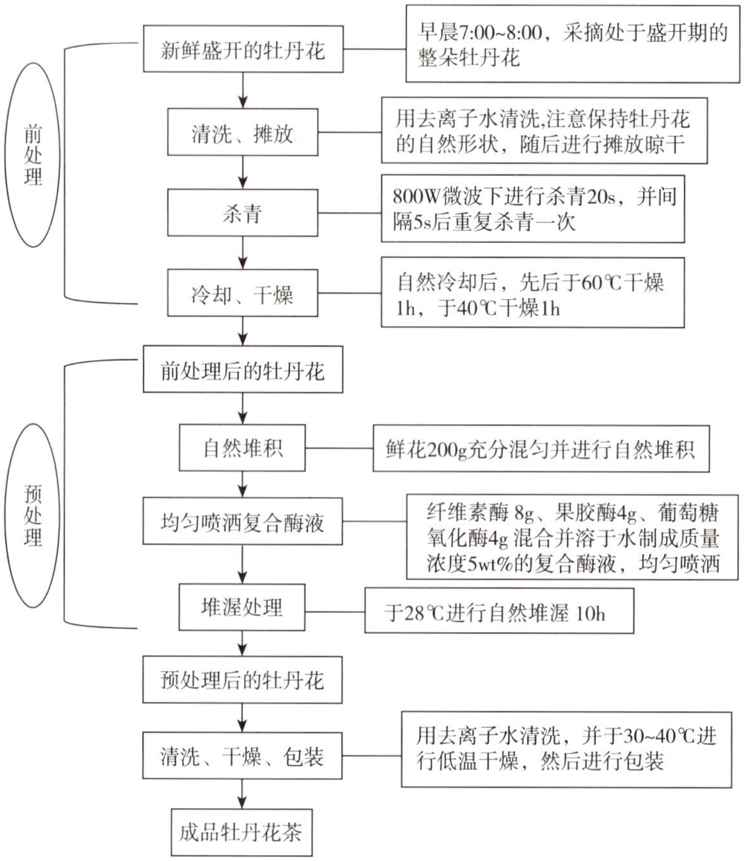

图4-2 制作牡丹花茶所采用的研制流程图

3.化学成分和功能检测情况

（1）总还原糖含量的测定 实验发现，本案例所述牡丹花茶茶汤中的总还原糖含量大幅高于对比例1中牡丹花茶茶汤，与菊花茶中还原糖含量近似，并显著高于玫瑰花茶。

（2）黄酮含量的测定 实验发现，本案例所述牡丹花茶茶汤中的总黄酮含量大幅高于对比例1中牡丹花茶茶汤，略高于菊花茶中还原糖含量，并显著高于玫瑰花茶。

（3）总抗氧化能力的测定 实验发现，本案例所述牡丹花茶的抗氧化能力优于对比例1中牡丹花茶茶汤，并略高于菊花茶和玫瑰花茶的抗氧化能力。

本章小结

本章通过探讨保健食品的研发原则，研发思路及选题的确定，保健食品功能的筛选，包括原料及配方筛选、工艺筛选等，保健食品的预期效果，保健食品质量标准的制定，安全性和功能学评价，研发设计，立项调研以及产品的试制，包括配方、剂型筛选、工艺研究、功效成分确定以及企业标准制定等，并对保健食品实例研发案例进行了详细讲解与分析，对保健食品的研制者提供了可借鉴和参考的意义。

关键词

微胶囊技术 microcapsule technology　冷冻干燥技术 freeze drying technology
冷杀菌技术 cold sterilization technology　功能因子 functional factors
固体分散体 solid dispersion　膜分离技术 membrane separation technology
超临界萃取技术 supercritical fluid extraction technology

复习思考题

1. 如何开展保健食品的立项调研？
2. 如何撰写研发报告？
3. 如何对保健食品的安全性和功能学评价进行评价？
4. 从哪些方面考虑保健食品的质量标准？
5. 请简述保健食品的主要功效成分包括哪些？

（张根义　岳　珂　田　俊　杜　清）

思维导图

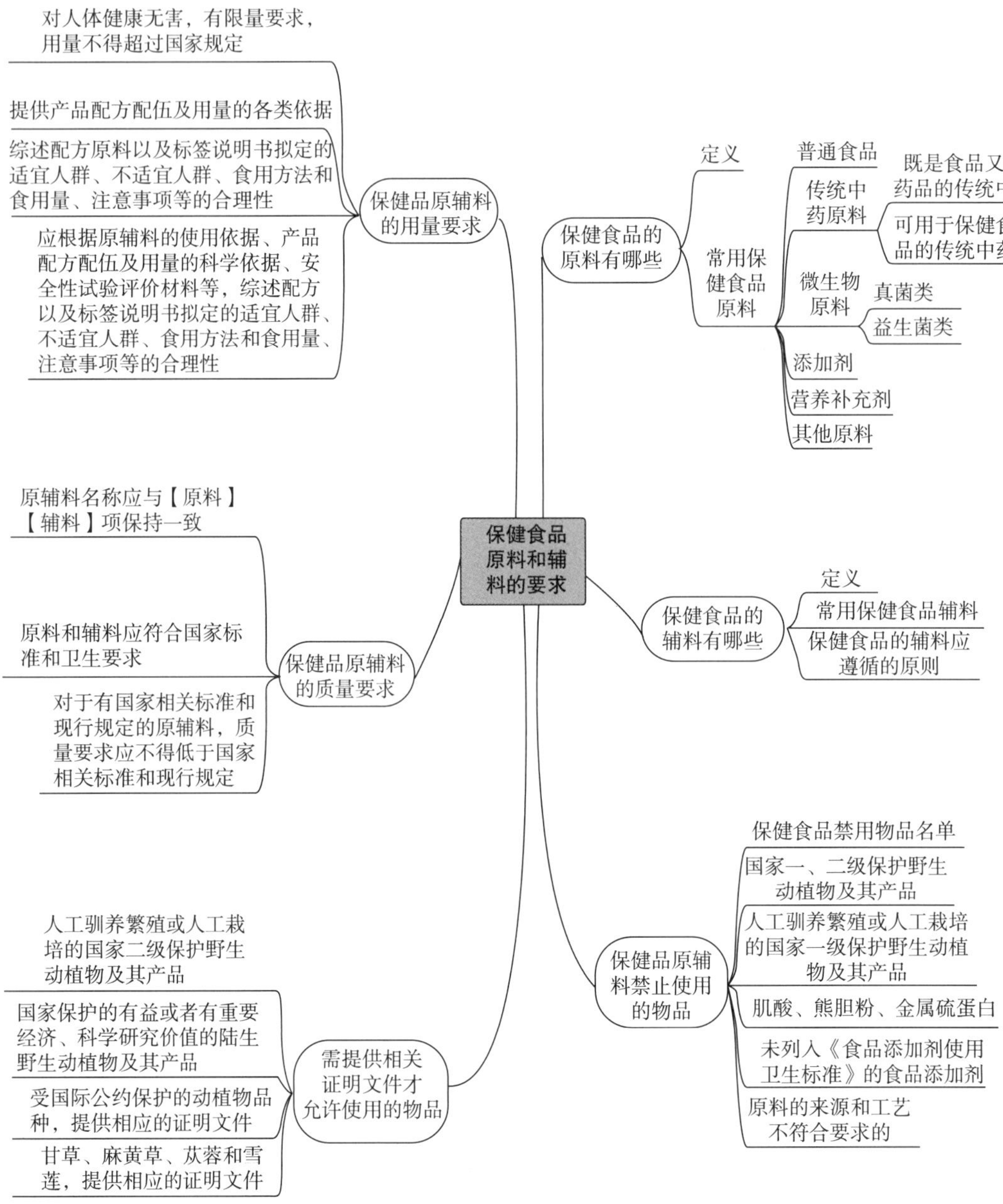

第五章　保健食品原料和辅料要求思维导图

第五章 保健食品原料和辅料要求

学习目标

1. 掌握保健食品原料和辅料的定义；食品原料和辅料的来源。

2. 熟悉保健食品原辅料禁止使用的物品；保健食品原辅料的用量要求。

3. 了解保健食品原辅料的质量要求；需要提供相关证明文件才允许使用的物品；保健食品原辅料的相关法规发展史。

第一节 概 述

一、发展概况

保健食品原料是指与保健食品功能相关的初始物料。保健食品辅料是指生产保健食品时所用的赋形剂及其他附加物料。

对于保健食品原料，2002年出台了《卫生部关于进一步规范保健食品原料管理的通知》（卫法监发〔2002〕51号），通知中明确了药食同源（87个）、可用于保健食品的物品（114个）以及禁用于保健食品的物品（59个）的名单，现行2015年颁发的《食品安全法》提出了保健食品原料的概念，即保健食品原料目录和允许保健食品声称的保健功能目录，由国务院食品药品监督管理部门会同国务院卫生行政部门、国家中医药管理部门制定，调整并公布。2016年发布的《保健食品原料目录（一）》列出了明确可以作为保健食品原料的物质。

对于保健食品辅料，2017年4月，国家食品药品监督管理总局根据《中华人民共和国食品安全法》《保健食品注册与备案管理办法》有关规定，制定了《保健食品备案产品可用辅料及其使用规定（试行）》，明确规定：包括阿拉伯胶、冰乙酸等在内可以用在保健食品中的100余种辅料。

二、相关法规的变迁

（一）原料的相关法规发展史

2002年出台了《卫生部关于进一步规范保健食品原料管理的通知》（卫法监发〔2002〕51号），通知中明确了药食同源（87个）、可用于保健食品的物品（114个）以及禁用于保健食品的物品（59个）的名单，同时制定了原料使用的技术要求，并对新原料、食品添加剂、真菌/益生菌、国家保护动植物的使用以及不同名单原料使用的个数和总数提出了具体要求。为加强保健食品原料使用管理，原卫生部陆续出台了《卫生部关于印发真菌类和益生菌类保健食品评审规定的通知》（卫法监发〔2001〕84号）、《卫生部关于限制以野生动植物及其产品为原料生产保健食品的通知》（卫法监发〔2001〕160号）、《卫生部关于限制以甘草、麻黄草、苁蓉和雪莲及其产品为原料生产保健食品的通知》（卫法监发〔2001〕188号）、《卫生部关于不再审批以熊胆粉和肌酸为原料生产的保健食品的通告》（卫法监发〔2001〕267号）、《卫生部关于进一步规范保健食品原料管理的通知》（卫法监发〔2002〕51号，以下简称51号文）以及《关于“黄芪”等物品不得作为普通食品原料使用的批复》（卫监督函〔2007〕274号）和《关于普通食品中有关原料问题的批复》（卫监督函〔2009〕326号）等文件对不同类型的保健食品原料提出了明确要求。尤其是51号文分别公布了既是食品又是药品、可用于保健食品以及保健食品禁用的三类物品名单，同时明确保健食品原料的管理要求，为规范保健食品原料使用起到了积极作用。

之后，原国家食品药品监督管理总局先后印发了《营养素补充剂申报与审评规定（试行）》《真菌类保健食品申报与审评规定（试行）》《益生菌类保健食品申报与审评规定（试行）》《核酸类保健食品申报与审评规定（试行）》《野生动植物类保健食品申报与审评规定（试行）》《氨基酸螯合物等保健食品申报与审评规定（试行）》（国食药监注〔2005〕202号）及《关于以红曲等为原料保健食品产品申报与审评有关事项的通知》（国食药监许〔2010〕2号）进一步规范相关保健食品原料管理。原国家食品药品监督管理总局成立后，根据新修订《食品安全法》规定，组织制定了《保健食品原料目录（第一批）》。

（二）辅料的相关法规发展史

2017年4月28日，国家食品药品监督管理总局根据《中华人民共和国食品安全法》《保健食品注册与备案管理办法》制定了《保健食品备案产品可用辅料及其使用规定（试行）》。2019年6月3日，为进一步规范保健食品备案管理工作，市场监管总局拟定了《保健食品备案产品可用辅料增补名单（一）》，向社会公开征求意见。2019年7月29日，市场监管总局发布了《保健食品备案产品可用辅料增补名单（一）》公开征求意见的反馈，共收集涉及保健食品辅料名单意见16条，其他意见53条。经专家及行业协会研讨，最终拟采纳3条，拟不予采纳意见13条。2019年11月6日，市场监管总局发布了《保健食品备案产品可用辅料及其使用规定（2019年版）》，其中可用辅料从原来的179个增至196个，自2019年12月1日起施行。

三、原辅料的变化情况

可作为保健食品的原辅料主要包括：普通食品、既是食品又是药品的物品、可用于保健食品的物品、真菌和益生菌、新食品原料、食品添加剂和营养素补充剂、赋形剂、填充剂。

对于既是食品又是药品的物品，1987年卫生部发布《禁止食品加药卫生管理办法》

（33种），其中包括《中华人民共和国药典》（1985年版）和中国医学科学院卫生研究所编著的《食物成分表》（1981年第三版，野菜类除外）中同时列入的品种还包括乌梢蛇、蝮蛇、酸枣仁、牡蛎、栀子、甘草、代代花、罗汉果、肉桂、决明子、莱菔子等33种原辅料，2002年《卫生部关于进一步规范保健食品原料管理的通知》中包含丁香、八角茴香、刀豆、小茴香、小蓟、山药、山楂、马齿苋、乌梢蛇、乌梅、木瓜、火麻仁、代代花、玉竹、甘草、白芷、白果、白扁豆等87种原料，2014年国家卫生计生委办公厅关于征求《按照传统既是食品又是中药材物质目录管理办法》（征求意见稿）意见的函中包含到了107种既是食品又是药品的物品。

对于新食品原料，2004年发布《关于将油菜花粉等食品新资源列为普通食品管理的公告》（2004年第17号）中将食品新资源油菜花粉、玉米花粉、松花粉、向日葵花粉、紫云英花粉、荞麦花粉、芝麻花粉、高粱花粉等列为普通食品管理；2008年卫生部发布《卫生部关于批准嗜酸乳杆菌等7种新资源食品的公告》（2008年第12号）批准了嗜酸乳杆菌、低聚木糖、透明质酸钠、叶黄素酯、L-阿拉伯糖、短梗五加、库拉索芦荟凝胶为新资源食品；2009年卫生部发布《卫生部关于批准菊粉、多聚果糖为新资源食品的公告》（2009年第5号）《卫生部关于批准γ-氨基丁酸等6种物质为新资源食品的公告》（2009年第12号），2010年发布《关于批准蔗糖聚酯、玉米低聚肽粉、磷脂酰丝氨酸等3种物品为新资源食品的公告》（2010年第15号），自2004年以来，发布的新食品原料共有129种。

国家市场监督管理总局发布《保健食品备案产品可用辅料及其使用规定（2019年版）》（以下简称“19版辅料目录”），与17版辅料目录相比，19版辅料目录新增了包括磷脂、姜黄素、辛，癸酸甘油酯、果蔬粉在内的17个可用辅料；有28个辅料增加了相关的使用标准；17版辅料目录中，纯化水等20个辅料的相关标准为《中华人民共和国药典》2015年版四部，19版辅料目录中统一规范为现行《中华人民共和国药典》；将旧版辅料目录中的“三乙酸甘油酯”名称更名为了“甘油三乙酯”。

第二节　保健食品的原料

一、定义

保健食品原料（health food raw materials）是指与保健食品功能相关的初始物料。

二、常用保健食品原料

（一）普通食品

普通食品（ordinary food）主要包括乳及乳制品、食用油脂及其制品、豆类及其制品、菌藻类及其制品、坚果及其制品、谷物及其制品、淀粉类及其制品、肉及肉制品、水产品、蛋及蛋制品、糖类、调味品、饮料类、酒类、茶类、蜂蜜及花粉等。

可用于保健食品的普通食品应满足如下规定：①列入我国食物成分表的动植物

品（原料）作为普通食品原料。②省级卫生行政主管部门出具证明，证明在当地（较大范围）长期食用的原料，一般也作为普通食品原料。③已经列为普通食品管理的食品新资源。

食品新资源（food new resources）：根据《中华人民共和国食品卫生法》及《新资源食品卫生管理办法》规定，原卫生部于1998年下发《关于1998年全国保健食品市场整顿工作安排的通知》（卫监法发〔1998〕第9号），将食品新资源油菜花粉、玉米花粉、松花粉、向日葵花粉、紫云英花粉、荞麦花粉、芝麻花粉、高粱花粉、魔芋、钝顶螺旋藻、极大螺旋藻、刺梨、玫瑰茄、蚕蛹列为普通食品管理。

（二）传统中药原料

《卫生部关于进一步规范保健食品原料管理的通知》（卫法监发〔2002〕51号）对保健品中可添加的既是食品又是药品的传统中药成分规定如下：既是食品又是药品的传统中药有87个。

（三）微生物原料

微生物原料（microbial raw materials）主要分为以下两类。

1.真菌类　保健食品中使用的真菌类原料（fungal material）主要是指《真菌类保健食品申报与审评规定（试行）》中公布的真菌菌种（11种）及原卫生部批准为新资源食品的真菌原料。

真菌类保健食品系指利用可食大型真菌和小型丝状真菌的子实体或菌丝体生产的产品。真菌类保健食品必须安全可靠，即食用安全，无毒无害，生产用菌种的生物学、遗传学、功效学特性明确和稳定。

2.益生菌类　主要是指在《益生菌类保健食品申报与审评规定（试行）》（国食药监注〔2005〕202号）中公布的益生菌菌种（10种）及卫生部批准试生产新资源食品的益生菌原料。

益生菌类保健食品系指能够促进肠道菌群生态平衡，对人体起有益作用的微生态产品。益生菌菌种必须是人体正常菌群的成员，可利用其活菌、死菌及其代谢产物。益生菌类保健食品必须安全可靠，即食用安全，无不良反应；生产用菌种的生物学、遗传学、功效学特性明确和稳定。

（四）营养素补充剂

主要是指列入《保健食品原料目录 营养素补充剂（2020年版）》中的营养素。

营养素补充剂（nutrient supplements）是指以补充维生素矿物质而不以提供能量为目的的食品。可加入食品的天然或人工的营养素，包括维生素、矿物质和氨基酸及含氮化合物。营养素补充剂主要作用是补充膳食营养素供给的不足以及降低发生某些慢性退行性疾病的危险性。主要包括胶囊、片剂、颗粒冲剂（＜20克）、口服液（＜30毫升）等形式。普通食品一般不得作为营养素补充剂。营养素补充剂主要包括维生素和矿物质两种，主要以维生素、矿物质化合物名单中的物品为原料来源；其中从食品可食部提取的维生素和矿物质，不得含有达到作用剂量的其他生物活性物质。

（五）其他原料

经过批准的一些物品，也可作为保健食品的原料。如褪黑素、核酸、辅酶Q_{10}。

1.褪黑素　褪黑素分子式为$C_{13}H_{16}N_2O_2$，分子量为232.27，化学名称为5-甲氧基-*N*-乙酰色胺，又被称为黑素细胞凝集素，是色氨酸的衍生物，也是生物活性最高的一种吲哚类神经激素。20世纪初，美国Johns Hopkins大学McCord和Allen做了一次很有意义的尝试，他们从牛体内提取了松果体，用它来饲养蝌蚪并进行观察，不久之后（大约30分钟）他们发现，蝌蚪的皮肤开始变得白皙，进一步研究发现，这一现象的原因是蝌蚪皮肤内黑素细胞的色素颗粒集结，这项实验最早证明了松果体是具有生物学活性的。1958年，美国耶鲁大学的皮肤专家Aaron B Lerner等人经过4年的实验探索，以牛为实验对象，从20万个松果体样本中，提取得到了吲哚类激素，进一步分离提纯，获得能使上述蝌蚪皮肤变白的神经激素，为其取名melatonin（即为褪黑素，MT）。是一种带有吲哚环的生物源胺，同时也是存在于从藻类到哺乳类动物等众多生物物种中的一种荷尔蒙。目前使用的褪黑素多为人工合成，用于褪黑素原料的纯度达到99.5%以上，推荐食用量为1～3毫克/日，配方中除赋形剂等辅料外，不得添加其他成分（维生素B_6除外），申报的保健功能范围暂限定为改善睡眠功能，同时在说明书中标明有关注意事项。

（1）褪黑素保健食品相关法规要求　2005年5月20日，国家食品药品监督管理局发布的《氨基酸螯合物等保健食品申报与审评规定（试行）》（以下简称：申报与审评规定），对申请注册以褪黑素为原料生产的保健食品，需特别提供的资料和应符合的要求作出了规定。2019年4月1日，市场监管总局发布了辅酶Q_{10}等5种保健食品原料目录、技术要求（征求意见稿）及起草说明（以下简称：第一次征求意见稿），向社会征求意见和建议。2020年8月12日，市场监管总局发布辅酶Q_{10}等五种保健食品原料目录备案产品技术要求（征求意见稿）（以下简称：第二次征求意见稿），再次向社会征求意见和建议。

（2）原辅料要求　申报与审评规定以及第一次征求意见稿中要求，产品配方中除褪黑素和必要的辅料（赋形剂）外，不得添加其他成分（维生素B_6除外）。第二次征求意见稿中，以褪黑素为保健食品原料时，可以以单一褪黑素原料备案保健食品，也可同时加入维生素B_6（符合营养素补充剂原料目录中的维生素B_6标准依据，不得超过原料目录中对应人群的每日用量）作为原料进行产品备案。

2.辅酶Q_{10}　辅酶Q_{10}（coenzyme Q_{10}）另有泛醌10、癸烯醌、维生素Q_1等别称，是一种脂溶性的类维生素苯醌化合物，可由酪氨酸在人体内内源性合成，亦可由食物摄入，具有参与体内ATP产能、清除自由基和抗氧化、增强免疫力、稳定细胞膜等诸多生理功能。目前，已有多个国家和地区允许辅酶Q_{10}作为保健食品或膳食补充剂上市。在我国，辅酶Q_{10}类保健食品是指以辅酶Q_{10}为主要原料加工制成一类保健食品。辅酶Q_{10}类保健食品的注册审评涉及原料与产品的有效性、安全性和质量可控性。

（1）辅酶Q_{10}作为保健品原料使用时的注意事项

①辅酶Q_{10}与食品以及按照传统既是食品又是药品的物品配伍时，应当提供充足的

配伍依据、文献依据、研究资料、试验数据以及辅酶Q_{10}与其他原料不会发生化学反应的有关资料。除食品以及按照传统既是食品又是药品的物品外，辅酶Q_{10}不得与其他原料配伍。

②原料辅酶Q_{10}的质量应符合《中国药典》中辅酶Q_{10}的相关要求。

③含辅酶Q_{10}的产品，其辅酶Q_{10}的每日推荐食用量不得超过50mg。

④含辅酶Q_{10}的产品，允许申报的保健功能暂限定为缓解体力疲劳、抗氧化、辅助降血脂和增强免疫力。

⑤提供原料辅酶Q_{10}的详细生产工艺。目前生产辅酶Q_{10}的常见工艺为微生物发酵法。

（2）辅酶Q_{10}保健食品相关法规要求　2009年9月2日，原国家食品药品监督管理局为规范含辅酶Q_{10}保健食品产品申报与审评工作，发布关于含辅酶Q_{10}保健食品产品注册申报与审评有关规定的通知。

（3）使用要求　辅酶Q_{10}的使用要求除上文的注意事项提到的配伍要求外，第二次征求意见稿中，以辅酶Q_{10}为单一原料的保健食品备案时，可选择的产品剂型包括片剂、颗粒剂、软胶囊、硬胶囊。

3.核酸　核酸（nucleic acid）是指DNA、RNA。以核酸为主要原料生产的保健食品，要求核酸原料的纯度应大于80%，只辅以相应的协调物质。协调物质原则上应当为食品原料、营养素及药食同源的物品，不得与中药配伍。并且不得以单一的DNA或RNA作为原料申报保健食品，只可申报增强免疫力功能。核酸的每日推荐食用量为0.6～1.2g，核酸类保健食品的产品说明有相应规定。

第三节　保健食品的辅料

一、定义

保健食品的辅料（health food accessories）是指生产保健食品时所用的赋形剂及其他附加物料。保健食品所使用的辅料应符合国家标准和卫生要求。无国家标准的，应当提供行业标准或自行制定的质量标准，并提供与该辅料相关的资料。保健食品所使用的辅料应当对人体健康安全无害。有限量要求的物质，其用量不得超过国家有关规定。

二、常用保健食品辅料

进一步推进和规范保健食品备案管理工作，根据相关食品安全国家标准及注册产品情况，市场监管总局制修订了配套的《保健食品备案可用辅料及其使用规定（2021年版）》，自2021年6月1日起施行。主要包括197种可使用的辅料。保健食品中使用的添加剂应该符合GB 2760—2014《食品安全国家标准 食品添加剂使用标准》的规定。食品添加剂（food additives）是指“为了改善食品品质和色、香、味，以及为防腐和加工工艺的需要而加入食品的化学合成或者天然物质”。

三、保健食品的辅料应遵循的原则

（1）对人体不产生任何健康危害；

（2）不以掩盖产品腐败变质为目的；

（3）不以掩盖产品本身或加工过程中的质量缺陷或掺杂、掺假、伪造为目的；

（4）不降低产品本身的保健功能和营养价值；

（5）在达到预期效果的前提下尽可能降低在产品中的使用量；

（6）加工助剂的使用应符合GB 2760—2014《食品安全国家标准 食品添加剂使用标准》及有关规定。

第四节　保健食品原辅料禁止使用的物品

1.保健食品禁用物品名单　《卫生部关于进一步规范保健食品原料管理的通知》（卫法监发〔2002〕51号）包含59个保健食品禁用物品。

2.国家一、二级保护野生动植物及其产品　禁止使用一、二级野生保护动植物及其产品作为保健食品原料。

3.人工驯养繁殖或人工栽培的国家一级保护野生动植物及其产品　禁止使用人工驯养繁殖或人工栽培的一级野生保护动植物及其产品作为保健食品原料。常见的梅花鹿为一级保护动物，即使人工饲养，也不能作为保健食品原料。而冬虫夏草为二级保护的植物，天然冬虫夏草不能用于保健食品。从保护生态环境、预防疾病出发，不提倡使用麻雀、青蛙、老鼠、幼猫等作为保健食品原料。

4.肌酸、熊胆粉、金属硫蛋白　肌酸、熊胆粉、金属硫蛋白已明确不能作为保健食品原料。

5.未列入《食品添加剂使用卫生标准》的食品添加剂　包括保健食品及原料生产过程中使用的加工助剂和酶制剂，例如：胰蛋白酶、三氯甲烷。

6. 原料的来源和工艺不符合要求　如乙醇提取某活性物质，如果使用的乙醇是食品级乙醇，则可以正常应用；若乙醇为工业酒精提取，则这一活性物质不可以作为保健食品原料。如从葡萄籽中提取制备活性物质原花青素，若使用有机试剂三氯甲烷萃取，则制备的原花青素不符合要求，不能用于保健食品开发。

第五节　需提供相关证明文件才允许使用的物品

1.人工驯养繁殖或人工栽培的国家二级保护野生动植物及其产品　使用人工驯养繁殖或人工栽培的国家二级保护野生动植物及其产品作为保健食品成分的，应提供省级以上农业（渔业）、林业行政主管部门的批准文件。例如马鹿。

2.国家保护的有益或者有重要经济、科学研究价值的陆生野生动植物及其产品　使用国家保护的有益的或者有重要经济、科学研究价值的陆生野生动物及其产品作为保健食品成分的，应提供省级以上农业（渔业）、林业行政主管部门依据管理职能批准的开发利用的证明。例如：林蛙（蛤士蟆）、蛇。

3.受国际公约保护的动植物品种，提供相应的证明文件　对于进口保健食品中使用《濒危野生动植物种国际贸易公约》名录中动植物及其产品的，应提供国务院农业（渔业）、林业行政主管部门批准文件、进出口许可证及海关的证明文件。

4.甘草、麻黄草、苁蓉和雪莲，提供相应的证明文件　为保护野生甘草、麻黄草、苁蓉和雪莲等固沙植物，根据《国务院关于禁止采集和销售发菜制止滥挖甘草和麻黄草有关问题的通知》，对以甘草、麻黄草、苁蓉和雪莲及其产品为原料生产保健食品，特作出如下规定：禁止使用野生甘草、麻黄草、苁蓉和雪莲及其产品作为保健食品成分；使用人工栽培的甘草、麻黄草、苁蓉和雪莲及其产品作为保健食品成分的，应提供原料来源、购销合同以及原料供应商出具的收购许可证（复印件）。

第六节　保健食品原辅料的质量要求与用量要求

一、保健食品原辅料的质量要求

保健食品的原料是指生产保健食品时投入的与功能相关的初始物料。保健食品的辅料是指生产保健食品时所用的赋形剂及其他附加物料。质量要求为国家标准、地方标准、行业标准的，应列出标准号；符合国家标准、地方标准、行业标准，且部分指标应同时符合企业标准的，应列出标准号或规范性文件的标题文号，同时以文字形式列出企业标准的指标项目及指标值；为企业标准的，应以列表形式列出指标项目及指标值。质量要求内容一般包括原料名称（对品种有明确要求的，应明确其具体品种和拉丁学名）、制法（包括主要生产工序、关键工艺参数等）、组成、提取率（得率）、感官要求、一般质量控制指标（如水分、灰分、粒度等）、污染物（铅、总砷、总汞、溶剂残留等）、农药残留量、功效成分或标志性成分、微生物等。

（1）原辅料名称应与【原料】【辅料】项保持一致。

（2）原料和辅料应符合国家标准和卫生要求。如无国家标准，应当提供行业标准或自行制定的质量标准，并提供与该原料和辅料相关的资料。

（3）对于有国家相关标准和现行规定的原辅料，质量要求应不得低于国家相关标准和现行规定。

二、保健食品原辅料的用量要求

保健食品所使用的原料和辅料应当对人体健康无害，有限量要求的物质，其用量不得超过国家规定。应从传统配伍禁忌和现代医学药理学研究方面，提供产品配方配伍及用量理论依据、文献依据和试验数据等科学依据。提供配方原料的品种、等级、质量、用量及个数符合有关规定的依据。应根据原辅料的使用依据、产品配方配伍及用量的科学依据、安全性试验评价材料等，综述配方以及标签说明书拟定的适宜人群、不适宜人群、食用方法和食用量、注意事项等的合理性。

本章小结

保健食品原料是指与保健食品功能相关的初始物料。保健食品辅料是指生产保健食品时所用的赋形剂及其他附加物料。本章重点介绍保健食品原料和辅料的定义、食品原料和辅料的来源、保健食品的辅料应遵循的原则、保健食品原辅料的质量要求、保健食品的用量要求、保健食品原辅料禁止使用的物品、需要提供相关证明文件才允许使用的物品、保健食品原辅料的相关法规发展史等相关内容。

关键词

保健食品原料 health food raw materials
普通食品 ordinary food
新食品原料 food new resources
传统中药 traditional chinese medicine
微生物原料 microbial raw materials
真菌类原料 fungal material
益生菌 probiotics
食品添加剂 food additives
营养素补充剂 nutrient supplements
保健食品的辅料 health food accessories

复习思考题

1.保健食品原料的来源有哪些?
2.保健食品的辅料应遵循的原则有哪些?
3.保健食品原辅料的质量要求有哪些?
4.保健食品的用量要求是什么?
5.保健品原辅料禁止使用的物品有哪些?

（孙会轻　耿雪晴　朱振元）

思维导图

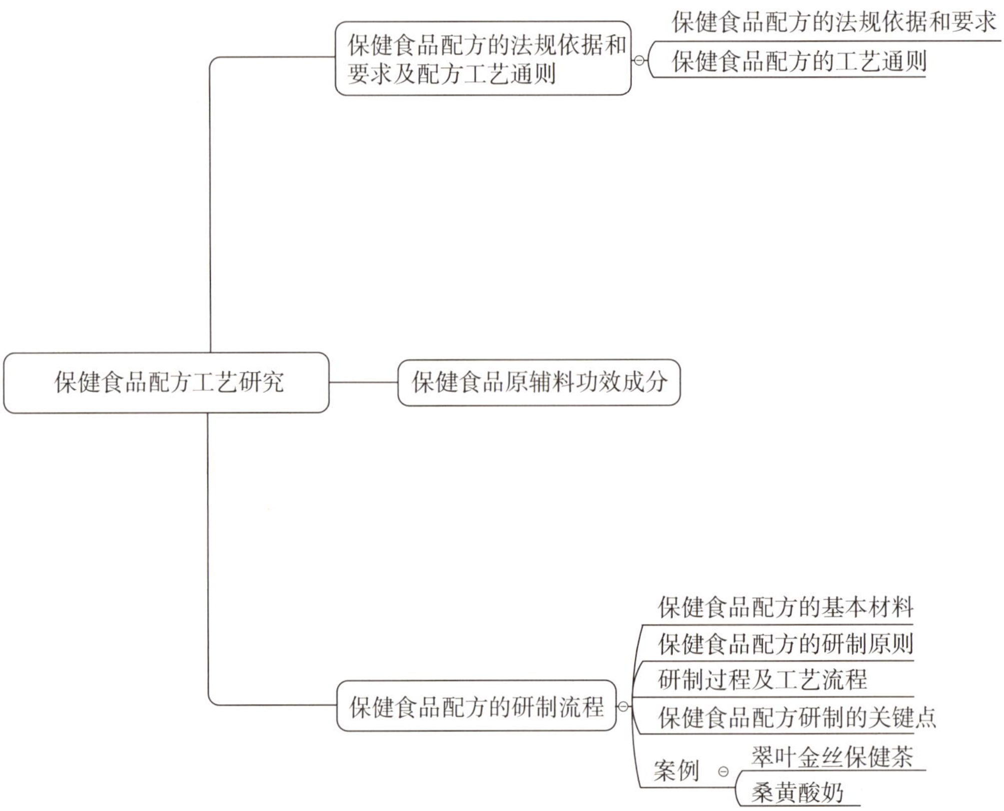

第六章　保健食品配方工艺研究思维导图

第六章

保健食品配方工艺研究

学习目标

1.掌握保健食品配方的法规依据、原则和要求及配方工艺通则。

2.熟悉保健食品配方中的原辅料、功效成分的选择、种类、功效、使用方法和检测指标。

3.了解保健食品配方的研制过程和工艺流程。

保健食品的发展大体经历了三个阶段，也可称之为三代产品。当前的第三代保健食品不仅需要经过人体及动物实验，证明其具有某项生理调节功能，还需确知其具有该项功能的功能因子（或有效成分）的化学结构及其含量，并且要求功能因子在食品中应有稳定的形态，即要求对功能性食品进行全面的功能评价。这表明功能因子不仅可以保留在保健食品中，还可从功能材料中提取出来，根据需要设计配方，采用外加添加功能材料的方法，赋予食品以调整人体生理活动的功能，达到增进健康的目的。功能因子是保健食品中起生理作用的成分，又称为生理活性成分或功效成分。保健食品原料是指与保健食品功能相关的初始物料。保健食品辅料是指生产保健食品时所用的赋形剂及其他附加物料。可作为保健食品的原辅料主要包括：普通食品、既是食品又是药品的物品、可用于保健食品的物品、真菌和益生菌、新食品原料、食品添加剂和营养素补充剂、赋形剂、填充剂。本章首先对保健食品原辅料中功效成分和特征成分进行介绍，再针对不同功能保健食品的配方进行叙述。

第一节　保健食品配方的法规依据和要求及配方工艺通则

一、保健食品配方的法规依据和要求

1.按规定配方表示格式列出原辅料名称及其用量。

2.产品配方（原料和辅料）、配方依据应分别列出，内容应完整。

3.原国家食品药品监督管理局公布的可用于保健食品的、卫生部公布或者批准可以食用的以及生产普通食品所使用的原料和辅料可以作为保健食品的原料和辅料。保健食品原辅料的使用和审批暂按照卫生部发布的《卫生部关于进一步规范保健食品原

料管理的通知》（卫法监发〔2002〕51号）执行。

4.野生动植物类保健食品应符合《野生动植物类保健食品申报与审评规定（试行）》。

5.真菌、益生菌类保健食品应符合《真菌类保健食品申报与审评规定（试行）》和《益生菌类保健食品申报与审评规定（试行）》。

6.核酸类保健食品应符合《核酸类保健食品申报与审评规定（试行）》。

7.氨基酸螯合物、使用微生物发酵直接生产、褪黑素、大豆磷脂、芦荟、蚂蚁、以酒为载体、甲壳素、超氧化物歧化酶（SOD）、动物性原料、红景天、花粉、螺旋藻、石斛应符合《氨基酸螯合物等保健食品申报与审评规定（试行）》。

8.营养素补充剂类保健食品，应标出产品每种营养素的每人每日食用量，并与《中国居民膳食营养素每日参考摄入量》和《维生素、矿物质种类及用量》中相应营养素的每人每日推荐食用量一一对应。应符合《营养素补充剂申报与审评规定（试行）》。

9.缓释制剂保健食品应符合《保健食品申报与审评补充规定（试行）》。

10.保健食品原料与主要辅料相同，涉及不同口味、不同颜色的产品应符合《保食品申报与审评补充规定（试行）》。

11.增补剂型的产品应符合《保健食品申报与审评补充规定（试行）》。

12.不得以肌酸和熊胆粉作为原料申请保健食品，暂不受理和审批金属硫蛋白为原料申请的保健食品。

13.以舌下吸收的剂型、喷雾剂等不得作为保健食品剂型。

二、保健食品配方的工艺通则

保健食品配方的十大工艺通则：开发调研先行、选题思路清晰、配方新颖合理、原料来源合法、有效成分明确、用量安全可靠、依据充足全面、配方工艺协调、原料证明齐全、文献资料充足。

1.开发调研先行　保健食品开发调研先行，首先从情报工作入手，保健食品组方时情报的收集尤为重要，可以通过文献途径、现场考察、市场专访等各种不同的渠道获得，具体可以从以下3个方面展开。

（1）规划决策性调研　一方面调查国内及国际市场保健食品需求情况；另一方面了解国内外政策和制度的变化情况；一方面了解社会、经济以及法律方面的动向，为保健食品企业决策、制定长远目标和发展规划提供依据。

（2）保健食品开发调研　首先通过查新，证实研究课题立项是否新颖，有无专利，前景如何等相关信息。其次，对拟开发保健食品及其相关技术的国内外研制状况进行技术情报跟踪调研，了解国内外是否有企业和机构正在开发或研制，为保健食品研制的开发进展提供参考，作出开发前景和预期效益的预测。实现技术的引进和同类技术的有效开发；制定本身的技术发展规划和企业战略规划；制定针对竞争对手的战略，保持和强化自身优势。

（3）保健食品市场调研　根据本企业的研究开发方向和现行产品，了解国内外保健食品市场的消费情况，为扩大市场提供适用信息。通过分析同类企业专利申请量和授权量的比例，考察其技术研制的成熟程度，判断其经济实力，确定其研究开发的重点和发展方向，从而确定企业自身的发展目标和实施方案。

2.选题思路清晰　利用本地优势丰富的生物资源，根据保健食品的功能范围及保健功能协调作用选题，也可根据原料自身作用的多靶点性选题。

3.配方新颖合理　配方中应有新的亮点原料，配方中各原料的功能作用、成分、作用机制明确，在对各原料功能作用进行阐述的同时，重点对组方配合使用的科学性、合理性进行阐述。

4.原料来源合法　各原料可用于保健食品的依据即是否符合有关文件的规定。例如：《卫生部关于进一步规范保健食品原料管理的通知》《新资源食品卫生管理办法》《食品添加剂卫生管理办法》《卫生部关于印发真菌类和益生菌类保健食品评审规定的通知》《卫生部关于限制以甘草、麻黄草、苁蓉和雪莲及其产品为原料生产保健食品的通知》和《卫生部关于限制以野生动植物及其产品为原料生产保健食品的通知》，以及GB2760《食品安全国家标准 食品添加剂使用标准》和GB14880《食品安全国家标准 食品营养强化剂使用标准》，可用于保健食品的真菌、益生菌类、野生动植物等。

5.有效成分明确　应明确与保健功能有关的功效成分，阐明功效成分的作用剂量与安全食用剂量，并说明功效成分确定的依据。

6.用量安全可靠　确定各原料和辅料用量安全及有效剂量，并阐明用量选择的科学性及合理依据。其主要依据为配方与保健功能食用安全之间的科学文献资料和（或）试验研究资料。产品所用原料必须严格按照国家对保健食品原料的各项规定，确保各原料对人体的安全性。

7.依据充足全面　以我国传统中医保健理论组方的产品，应按中医理论阐明配方的依据，应尽可能地提供现代医学理论和科学文献来支持和说明。以我国传统中医保健理论和现代科研成果相结合组方的产品，应按两个理论范畴同时介绍，并说明两者结合组方的原因。根据不同的医学理论对保健作用机制进行阐述。按照不同的医学理论对各原料配合使用后的功能作用进行论述。提供各原料及用量间的协同、拮抗等相互作用的科学依据。配合使用后有无配伍禁忌、对机体是否产生不良影响。

8.配方工艺协调　配方必须结合工艺来制定，保证配方必须是工艺可行的，应结合现代食品科学研究、药品制备工艺研究等确证配方与工艺的可行性。

9.原料证明齐全　原料证明包括原料生产企业营业执照、卫生许可证、药品生产许可证、GMP证书、检验检疫证、检验报告单、购销合同，新资源原料应提供可食用的依据，如省级证明等。

10.文献资料充足　申报单位提供的相关文献资料，该文献资料应出自国内外正式出版的专业技术书籍和发表的专业期刊（以实验性研究资料为主）。

（1）原料配方及申报功能已被公认为安全、有效的，申报单位提供相关文献资料即可。

（2）申报产品的原料为已经审批的保健食品中未曾使用过，或曾经使用过，但所申报的功能为以往未曾批准过的，应提供不少于5篇的国内外核心期刊正式发表的相关论文。

（3）申报产品以多种动植物物品为原料组成的，申报单位应提供正规出版社出版的专业技术书籍、教科书的相关章节或不少于3篇的国内正式出版的专业期刊所发表的论文。

（4）对所提供的文献资料进行综述。

第二节　保健食品原辅料功效成分和特征成分

我国保健食品原辅料涉及品类众多，其功效成分比较复杂，表6-1为相关保健食品功效成分信息列表。

表6-1　主要保健食品功效成分信息列表

保健食品功能分类	功效成分
增强免疫力功能	总黄酮、番茄红素、原花青素、粗多糖、总皂苷、葛根素、维生素E、腺苷、黄芪甲苷、姜黄素、灵芝三萜、红景天苷、10-羟基-α-癸烯酸、牛磺酸、五味子醇甲、总三萜、大蒜素、β-胡萝卜素、茶多酚、绞股蓝总皂苷、硒、绿原酸、肽、维生素C
辅助降血脂功能	磷脂、二十碳五烯酸（EPA）、二十二碳六烯酸（DHA）、总黄酮、磷脂酰胆碱、洛伐他汀、L-肉碱、总皂苷、粗多糖、α-亚麻酸、γ-亚麻酸、亚油酸、油酸、总蒽醌、β-谷甾醇、原花青素、辅酶Q_{10}、维生素C、维生素E、维生素B_2、吡啶甲酸铬、硒、大蒜素、丹参酮ⅡA、植物甾醇、葛根素、壳聚糖（脱乙酰度≥90%）
辅助降血糖功能	总黄酮、总皂苷、粗多糖、白藜芦醇、铬、锌、维生素E、葡萄皮提取物、烟酸铬、葡萄糖酸锌、植物甾醇酯、红景天苷、水苏糖、茶多酚、吡啶甲酸铬、葛根素、丹参素、膳食纤维、原花青素、硒
抗氧化功能	原花青素、维生素C、辅酶Q_{10}、大豆异黄酮、维生素E、茶多酚、总皂苷、维生素C、β-胡萝卜素、硒、超氧化物歧化酶、丹参素、10-羟基-α-癸烯酸、谷胱甘肽、大豆苷、大豆苷元、染料木苷、染料木素、番茄红素、虾青素、叶酸、N-乙酰-D-氨基葡萄糖、牛磺酸、人参皂苷、叶黄素、淫羊藿苷、蛋白质、丹参酮ⅡA、α-亚麻酸、绞股蓝皂苷、牛磺酸、葡萄糖酸锌（以锌计）、葛根素
辅助改善记忆功能	DHA、磷脂、EPA、牛磺酸、锌、亚油酸、碘、蛋白质、维生素E、牛磺酸、锌、α-亚麻酸、磷脂、总皂苷、磷脂酰胆碱、芹菜甲素、黄酮（以芦丁计）、卵磷脂、角鲨烯、氨基酸态氮、神经酸、黄芪甲苷、多糖、10-羟基-α-癸烯酸、原花青素、总黄酮
缓解视觉疲劳功能	叶黄素、β-胡萝卜素、α-亚麻酸、茶多酚、粗多糖、丹酚酸B、二十二碳六烯酸（DHA）、二十碳五烯酸（EPA）、番茄红素、钙、葛根素、花青苷、花青素、花色苷、绿原酸、牛磺酸、前花青素、维生素A、维生素B、维生素C、维生素E、硒、虾青素、锌、叶黄素、叶黄素酯、玉米黄素、原花青素、总蒽醌、总黄酮、总皂苷
促进排铅功能	硒、铁、钙、维生素B、EDTA铁钠、半胱氨酸、水苏糖、粗多糖（以葡萄糖计）、维生素C、N-葡萄糖基-L-半胱氨酸、氨基葡萄糖、膳食纤维、褐藻酸、谷胱甘肽、锌、海藻酸钠、粗蛋白、L-半胱氨酸、低聚果糖、DHA、赖氨酸、维生素A、蒜素、硫胺素、羧甲基壳聚糖、牛磺酸、总黄酮、β-胡萝卜素、免疫球蛋白、葡萄糖酸锌
清咽功能	总皂苷、绿原酸、总多糖、反丁烯二酸、总黄酮、甘草酸、胆酸、异嗪吡啶、粗多糖（以葡聚糖计）、芦荟多糖、甘草酸、SOD、茶多酚、柚皮苷、牛磺酸、总生物碱、牛蒡苷、人参皂苷、松果菊苷、维生素C、芦荟苷、鞣质、腺苷、甘露醇、甜菊糖苷

续表

保健食品功能分类	功效成分
辅助降血压功能	粗多糖、α-亚麻酸、茶多酚、大豆异黄酮、大黄素、丹参酮ⅡA、丹酚酸B、蒽醌、葛根素、海藻酸钾、钾、灵芝三萜、洛伐他汀、绿原酸、蜜环菌素、牛磺酸、天麻素、铁皮石斛粗多糖、维生素E、亚油酸、原花青素、总蒽醌、茶多酚、总黄酮醇苷、总皂苷
改善睡眠功能	钙、γ-氨基丁酸、阿魏酸、氨基酸、柏子仁、橙皮苷、刺五加总皂苷、粗多糖、大豆苷元、大豆异黄酮、大黄素、丹酚酸B、蛋白质、低聚果糖(以蔗果三糖)、丁香酚、多肽类、多糖、葛根素、红景天苷、黄芪甲苷、精氨酸、灵芝多糖、灵芝三萜、芦荟苷、绿原酸、美拉托宁(Melatonin)、免疫球蛋白Ⅰ、染料木苷、人参皂苷、三萜、芍药苷、水苏糖、酸枣仁皂苷、天麻素、褪黑素、维生素B、维生素C、维生素D、维生素E、五味子甲素、五味子素、五味子乙素、硒、腺苷、锌、亚麻酸、亚油酸、甲酸、异嗪吡啶、淫羊藿苷、油酸、原儿茶醛、原花青素、总蒽醌、总黄酮、总挥发油、总三萜、总异黄酮、总皂苷
提高缺氧耐受力功能	总黄酮、β-胡萝卜素、氨基酸、茶多酚、粗多糖、大豆多肽、丹参素、丹参酮ⅡA、丹酚酸B、低聚糖、二十八烷醇、二十二碳六烯酸(DHA)、葛根素、瓜氨酸、红景天苷、黄芪甲苷、角鲨烯、精氨酸、洛伐他汀、绿豆蛋白多肽、绿原酸、鸟氨酸盐酸盐、牛磺酸、人参皂苷Rb、三七皂苷R、天麻素、铁、维生素B、维生素C、维生素E、五味子醇甲、五味子甲素、硒、腺苷、锌、叶酸、银杏黄酮、淫羊藿苷、原花青素、总三萜、总皂苷
对辐射危害有辅助保护功能	β-胡萝卜素、γ-亚麻酸、茶多酚、粗多糖、大豆异黄酮、大蒜素、蛋白质、番茄红素、柑橘黄酮、红景天苷、类胡萝卜素、亮氨酸、灵芝多糖、灵芝总三萜、芦荟苷、免疫球蛋白、牛磺酸、肽、维生素A、维生素C、维生素E、硒、腺苷、缬氨酸、锌、亚油酸、叶黄素、异亮氨酸、银杏叶黄酮、原花青素、总黄酮、总三萜、总皂苷
缓解体力疲劳功能	10-羟基-α-癸烯酸、D-氨基葡萄糖盐酸盐、EPA、L-肉碱、α-亚麻酸、β-胡萝卜素、γ-亚麻酸、阿魏酸、氨基酸、白蛋白多肽、表没食子基儿茶素没食子酸酯(EC)、丙氨酸、不溶性膳食纤维、茶氨酸、茶多酚、虫草素、虫草酸、刺五加总皂苷、粗多糖、大豆肽、大豆异黄酮、大蒜素、丹参素、丹参酮、蛋白多肽、低聚半乳糖、低聚果糖、低聚肽、多肽、多糖、二十八烷醇、二十二碳六烯酸(DHA)、二十碳五烯酸(EPA)、泛酸、泛酸钙、辅酶Q、钙、甘氨酸、甘露醇、葛根素、瓜氨酸、鲑鱼蛋白肽、红景天苷、黄芪甲苷、黄酮、肌醇、钾、角鲨烯、精氨酸、咖啡因、赖氨酸、亮氨酸、灵芝三萜、芦荟苷、氯化血红素、麦角甾苷、毛蕊花糖苷、镁、锰、免疫球蛋白、牛磺酸、人参皂苷、芍药苷、薯蓣皂苷、松果菊苷、天门冬氨酸、铁、铁皮石斛、维生素B、维生素C、维生素E、五味子甲素、西洋参总皂苷、硒、腺苷、缬氨酸、锌、亚麻酸、亚油酸、烟酸、烟酰胺、叶酸、甲酸、异黄酮、异亮氨酸、淫羊藿苷、油酸、原花青素、紫丁香苷、总氨基酸、总多酚、总蒽醌、总核苷酸、总黄酮、总三萜、总皂苷、左旋肉碱

注：使用方法：《卫生部关于进一步规范保健食品原料管理的通知》(卫法监发[2002]51号)；《野生动植物类保健食品申报与审评规定(试行)》；《真菌类保健食品申报与审评规定(试行)》；《益生菌类保健食品申报与审评规定(试行)》；《核酸类保健食品申报与审评规定(试行)》；《氨基酸螯合物等保健食品申报与审评规定(试行)》；《中国居民膳食营养素每日参考摄入量》；《营养素补充剂申报与审评规定(试行)》；《保健食品申报与审评补充规定(试行)》

检验方法：《中国药典》含量测定项相关内容

第三节　保健食品的研制流程

保健食品配方是指产品生产使用时，并存于终产品中的原料、辅料的品种及用量。在筛选配方过程中，要从原料合法性、用量安全性、用量有效性、保健功能、可行性等方面进行考查，最后筛选出配方。保健食品要以《国家市场监督管理总局 国家卫生健康委员会 国家中医药管理局关于发布辅酶Q_{10}等五种保健食品原料目录的公告》《保健食品原料目录营养素补充剂(2020年版)》《允许保健食品声称的保健功能目录营养素补充剂(2020年版)》，GB14880—2012《食品安全国家标准 食品营养强化剂使用标准》以及《中国药典》为基础进行组方。

一、保健食品配方的基本材料

保健食品配方中的必须材料包括原料和辅料。

例如，对2013～2020年已注册备案的4620种保健食品各功能对应的功效成分进行分类汇总可以得到声称“缓解体力疲劳”的成分有：总皂苷，总黄酮，粗多糖，红景天苷，10-羟基-α-癸烯酸，腺苷，牛磺酸，辅酶Q_{10}，淫羊藿苷，茶多酚，原花青素，L-精氨酸，大蒜素，低聚果糖，低聚肽，咖啡因，肌醇，大豆异黄酮，葛根素，虫草素，阿魏酸，赖氨酸，人参皂苷等。这些都可以被认作声称“缓解体力疲劳”保健食品中的原料。

2020年，国家市场监督管理总局发布《辅酶Q_{10}等五种保健食品原料目录备案产品技术要求(征求意见稿)》，公开征求意见。该意见稿对5种保健食品原料备案产品的可用辅料进行了规定，这5种保健食品原料包括破壁灵芝孢子粉、螺旋藻、鱼油、辅酶Q_{10}、褪黑素。

破壁灵芝孢子粉可用辅料：维生素C、维生素E、羟丙基甲基纤维素、黄原胶、硬脂酸镁、二氧化硅、羧甲基纤维素钠、糊精、微晶纤维素、聚维酮K30、山梨糖醇和山梨糖醇液、明胶、玉米淀粉、马铃薯淀粉、木薯淀粉、小麦淀粉、甘薯淀粉、甘油、纯化水、饮用水、大豆油、蜂蜡、玉米油、橄榄油。

螺旋藻可用辅料：玉米淀粉、马铃薯淀粉、木薯淀粉、小麦淀粉、甘薯淀粉、糊精、麦芽糊精、微晶纤维素、预胶化淀粉、硬脂酸镁、羧甲基纤维素钠、二氧化硅、羧甲基淀粉钠、甘油、羟丙基甲基纤维素、白砂糖、乳糖、蔗糖、乳粉、二氧化钛、维生素E、聚维酮K30、碳酸氢钠、柠檬酸、聚乙二醇、聚乙烯醇、聚氧乙烯山梨醇酐单油酸酯、低聚异麦芽糖、山梨糖醇和山梨糖醇液，以及食用香精、色素。

辅酶Q_{10}可用辅料：蔗糖、甜菊糖苷、天门冬酰苯丙氨酸甲酯(阿斯巴甜)、葡萄糖、柠檬酸、维生素E、抗坏血酸钠、维生素C、聚维酮K30、纽甜、滑石粉、硬脂酸镁、糊精、乳糖、微晶纤维素、β-环状糊精、交联聚维酮、柠檬酸、二氧化硅、低聚果糖、D-甘露糖醇、山梨糖醇和山梨糖醇液、对羟基苯甲酸乙酯及其钠盐、山梨酸及其钾盐、粉末大豆磷脂、浓缩大豆磷脂、大豆磷脂、聚氧乙烯山梨醇酐单油酸酯、蜂蜡、纯化水、饮用水、预胶化淀粉、低取代羟丙纤维素、羟丙基甲基纤维素、二氧化钛、聚乙二醇、羧甲基纤维素钠、玉米淀粉、马铃薯淀粉、木薯淀粉、小麦淀粉、甘薯淀粉、羧甲基淀粉钠、空心胶囊、明胶、甘油、大豆油、玉米油、葵花籽油、橄榄油，以及食用香精、色素。

鱼油可用辅料：大豆磷脂、明胶、甘油、焦糖色、维生素E、纯化水、饮用水、对羟基苯甲酸乙酯及其钠盐。

褪黑素可用辅料：羧甲基纤维素钠、羧甲基淀粉钠、羟丙基甲基纤维素、山梨糖醇和山梨糖醇液、D-甘露糖醇、低聚果糖、羟丙纤维素、糊精、麦芽糊精、玉米淀粉、马铃薯淀粉、木薯淀粉、小麦淀粉、甘薯淀粉、碳酸钙、枸橼酸、微晶纤维素、预胶化淀粉、纯化水、饮用水、硬脂酸镁、二氧化硅、乳糖、蜂蜡、大豆油、明胶、甘油、二氧化钛、聚乙二醇400、粉末大豆磷脂、玉米油、硬脂酸、交联羧甲基纤维素钠、滑石粉、白砂糖、聚氧乙烯山梨醇酐单油酸酯、聚维酮K30、甘油三乙酯、磷酸氢钙，以及食用香精、色素。

二、保健食品配方的研制

（一）保健食品配方的研制原则

保健食品配方的研制方法需要遵循以下原则。

（1）根据保健食品的功能范围。

（2）根据市场需求同时协调功能之间的作用。

（3）根据我国传统中医药养生理论。

（4）结合现代新技术与新理论。

（5）利用我国药食同源的资源优势。

（二）保健食品配方的研制过程及工艺流程

保健食品配方的研制过程及工艺流程分为以下步骤。

（1）保健功能确定。

（2）产品配方设计。

（3）配方用量的设计。

（4）剂型设计。

（5）开展实验室研究。

（6）产品质量研究。

（7）功能论证。

（8）安全性及毒理学研究等工作。

（9）产品中试。

（10）撰写研发审批注册申报材料。

（11）批量生产。

（三）保健食品配方的研制过程及工艺流程的关键点

1.产品功能选择　首先需要明确哪些保健功能需要开展哪些实验，目前的24项保健功能中有7项功能只要求做动物实验，4项功能只需要做人体试食试验，其余保健功能人体试食、动物实验都必须做。所要求试验内容的多少与产品的研发成本直接相关，还直接影响产品的开发周期。

另外，按规定申请2项以上功能声称的产品，保健食品论证报告应包括产品配方配伍具有2项以上功能的科学依据、功能作用机制的内在联系和相关性等内容，因此，为确保所研发产品顺利通过审批，尽量选择单一保健功能进行申报。

2.产品配方设计 根据我国当前关于保健食品的相关规定，保健食品所用的原料范围包括以下内容。

（1）普通食品。

（2）《卫生部关于进一步规范保健食品原料管理的通知》（卫法监发〔2002〕51号）附件1“既是食品又是药品的物品名单”中的物质［2014年国家卫生计生委办公厅发布了征求《按照传统既是食品又是中药材物质目录管理办法》（征求意见稿）意见的函，新增加了包括人参、山银花、玫瑰花、夏枯草等15种原料，总计101种］，以及附件2“可用于保健食品的物品名单”中的物质。

（3）原卫生部批准的食品新资源或新食品原料。

（4）《可用于保健食品的真菌菌种名单》中的菌种。

（5）《可用于保健食品的益生菌菌种名单》中的菌种。

（6）《食品安全国家标准 食品添加剂使用标准》（GB2760—2014）、《食品安全国家标准 食品营养强化剂使用标准》（GB14880—2012）或原卫生部公告名单中的食品添加剂新品种。

（7）《卫生部关于进一步规范保健食品原料管理的通知》之外药典中的其他药材（参照《按照传统既是食品又是中药材的物质目录管理规定》）。

（8）其他有特殊规定可用于保健食品的原料。

因此保健食品配方的原料选择应从以上范围内寻找，但同时要注意，《卫生部关于进一步规范保健食品原料管理的通知》规定：申报保健食品中含有动植物物品（或原料）的，动植物物品（或原料）总个数不得超过14个，如使用附件1之外的动植物物品（或原料），个数不得超过4个；使用附件1和附件2之外的动植物物品（或原料），个数不得超过1个，以普通食品作为原料生产保健食品的，不受本条规定的限制。

3.原料用量设计 保健食品如果有中药材，那么其用量一般规定为药典用量的1/3～1/2，某些药性平和的药材可以按药典的上限剂量添加。反之，一些药物的药性较为强烈则应减少用量或避免使用，某些药材对特殊体质的人群有一定的刺激性或毒性，也应谨慎使用。

4.保健食品配方各方面评价的依据及要求 为确保保健食品的原料合法性、用量安全性、用量有效性、保健功能可行性。保健食品备案产品所用原料需列入《保健食品原料目录 营养素补充剂》，所用辅料需列入《保健食品备案产品可用辅料及其使用规定（2021年版）》，且原辅料的添加量需同时满足法规中的要求。

案例

（一）翠叶金丝保健茶

翠叶金丝保健茶是一种桑黄发酵桑叶后得到的发酵产物。该发酵产物具有比桑黄更好的抗肿瘤活性，具有明显的增强免疫力等保健功能。

1.制备方法　制备方法如图6-1所示。

（1）桑叶的选用及处理　将桑叶冲洗后晾晒干。

（2）一级母种的制备　晾晒干后的桑叶打粉后加入适量的水，配制成含水量50%～90%的桑叶培养基后灭菌，将桑黄菌种接种至培养基中，置于恒温培养箱中培养（桑叶培养基的含水量为75%～85%；灭菌温度为121℃，灭菌时间为2小时；一级母种接种在桑叶上的接种量为2%～8%）。

（3）桑黄发酵桑叶。

a.将晾晒干后的桑叶配制成含水量50%～90%的桑叶培养基后灭菌，将一级母种接种在该桑叶上，置于温室中无光培养（桑叶培养基的含水量为75%～85%）。

b.温室温度、湿度进行梯度控制下发酵。

（4）烘焙后得成品。

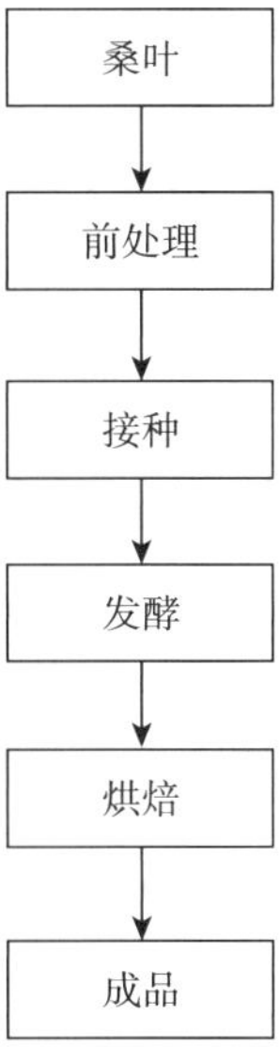

图6-1　翠叶金丝保健茶工艺流程图

2.保健功能　桑黄和桑叶均具有良好的抗肿瘤作用，而且两者在生态上具有天然的联系，利用药用真菌桑黄发酵中药桑叶，以获得更好抗肿瘤活性代谢产物，通过进行药用真菌和中药桑叶的配伍发酵，实现提高药效、降低毒副作用的目的。桑黄发酵桑叶后得到的发酵产物（翠叶金丝保健茶/发酵茶）具有比桑黄更好的抗肿瘤活性，具有比桑叶更好的降糖作用，该发酵产物具有明显的增强免疫力等保健功能。

（二）一种清喉利咽的中药组合物及其应用的制作方法

上呼吸道感染常常会引起咽喉疾病，主要有急慢性扁桃体炎、急慢性咽炎、喉炎、腮腺炎和声带患疾等，并伴随有口干舌燥、声音嘶哑、喉痒咳嗽、咽喉疼痛和吞咽困难等症状，甚至会引起扁桃体化脓和发热。如何开发出合适配方工艺的制剂达到缓解咽喉疾病的症状，甚至调节器官功能治疗或者治愈咽喉疾病是研发的目的。

本案例是通过优选原料和配比提供一种清喉利咽中药组合物及其应用。

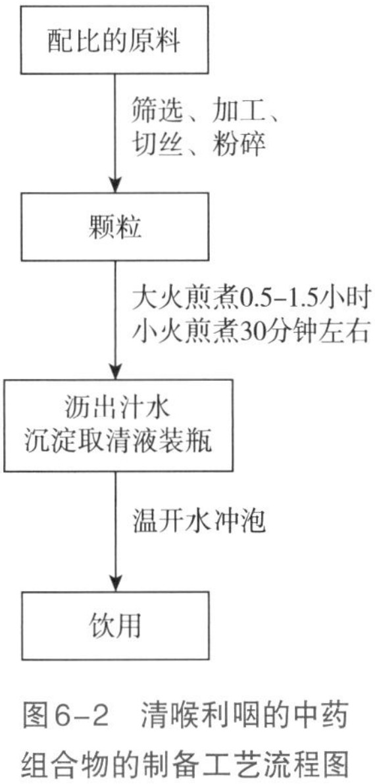

图6-2　清喉利咽的中药组合物的制备工艺流程图

1.原料和制剂情况　包括药食两用的金银花、玄参、麦冬、胖大海、罗汉果、木蝴蝶、白菊花、甘草、桔梗和冰糖，制成颗粒剂、胶囊剂、片剂、合剂或口服液等。

2.中药组合物的配方制剂及配比　其内容配比主要包括：金银花（1份）、玄参（5份）、麦冬（5份）、胖大海（5份）、罗汉果（5份）、木蝴蝶（1份）、白菊花（1份）、甘草（5份）、桔梗（5份）和冰糖（5份）。

3.制备方法　该组合物的制备方法如图6-2所示。

4.保健功能　本配方符合“君臣佐使”配伍治则，其中胖大海为君药，桔梗、罗汉果为臣药，木蝴蝶、玄参、麦冬、金银花、白菊花为佐药，冰糖、甘草调和诸药为使药。优选其配方的重量份配比，发挥协同的清热泻火和润肺利咽之功效。通过临床研究，证明其疗效佳、实用性强。而且作为含有药食两用保健食品的中药制剂，达到预防和治疗的双重作用，药物直接作用于咽喉部和循环系统，可有效缓解咽干、咽痒和咽痛等疾病状况。

（三）桑黄酸奶

这是一种具有桑黄风味的保健型酸奶，桑黄是一种药用真菌，具有抗癌、免疫调节、抗肿瘤、降血糖、抗肺炎、抗氧化和抑菌消炎等方面具有重要作用。

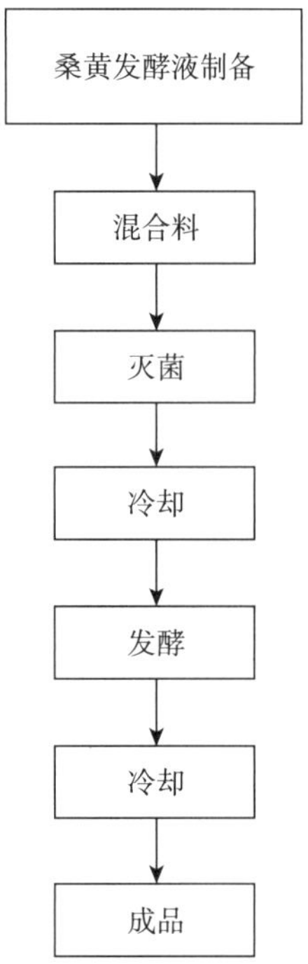

图6-3　桑黄酸奶工艺流程图

1.制备方法　制备方法如图6-3所示。

（1）原料及重量百分比　桑黄发酵液1416%、奶粉1520%、白砂糖68%、β-葡聚糖1.5%～2.5%、海藻酸丙二醇酯（PGA）0.1%～0.2%、发酵菌剂36%，余量为水。

（2）混合料　将桑黄发酵液、奶粉、白砂糖、β-葡聚糖、海藻酸丙二醇酯混合均匀，加水搅拌溶解。

（3）灭菌　将混合料100℃灭菌20分钟。

（4）冷却　将灭菌后的混合料冷却至42℃。

（5）发酵　接入发酵菌剂，在42℃发酵5小时。

（6）冷却　冷却，然后在4℃冷藏18小时，即制备得到桑黄风味酸奶。

2.桑黄发酵液的制备　主要通过菌种活化、种子液的制备和发酵培养获得。

3.发酵菌剂的制备　将保加利亚乳杆菌、嗜热链球菌、乳双歧杆菌的菌粉按重量比1∶1∶1混合，用灭菌的鲜牛乳溶解，并调节总活菌数至10^8 CFU/ml。

4.品质鉴定　根据制备方法制备桑黄酸奶并与不同成分比例的普通酸奶进行品质鉴定，其中包括感官评价、理化指标测定、持水力（WHC）测定、微生物限量和乳酸菌数测定、清除DPPH自由基的活性测定，酸奶感官评价标准。酸奶样品中，大肠埃希菌、金黄色葡萄球菌、沙门氏菌均未检出。结果表明：桑黄酸奶与制备的普通酸奶相比，在感官评分、持水力、乳酸菌数和DPPH自由基清除率等测试指标上取得了显著的进步。

5.保健功能　使用中药桑黄的发酵液加入奶粉中共同发酵，制成具有桑黄口感的桑黄风味酸奶。制备的桑黄风味酸奶色泽鲜亮，凝固均匀无杂质，没有乳清析出；口感细腻爽口，兼有桑黄特有的甘味和牛乳特有的奶香味，酸甜适中，没有异味。与普通酸奶相比，桑黄风味酸奶感官评分更高，乳酸菌数明显增加，酸度、持水力显著提高，脂肪分解更充分，不仅提高了风味，又增加了抗氧化性能力，食用后可以有效调节肠道菌群平衡，抑制肠道内有害菌的侵入和繁殖，促进人体消化吸收，提高免疫力。

本章小结

本章首先阐明保健食品配方的法规依据和要求及配方工艺通则，对保健食品原辅料中功效成分进行介绍，并选取增强机体免疫功能、抗疲劳、抗氧化和有助于消化等保健功能产品的实际配方开发案例说明其研制流程。

关键词

超氧化物歧化酶　super oxide dismutase
牛磺酸　tarurine
低聚糖（寡糖）　oligosaccharide
二十碳五烯酸　eicosapentaenoic acid
萜类化合物　terpenoids
胡萝卜色素　carotene
益生菌　probiotics
谷胱甘肽　glutathione
膳食纤维　dietary fiber
活性多糖　active polysaccharides
多酚　polyphenols
皂苷　saponin
番茄红素　lycopene
维生素　vitamin

复习思考题

1. SOD的生物功能包括什么？
2. 大豆多肽的组成与性质。
3. 谷胱甘肽生物功能是什么？
4. 牛磺酸的生物功能有哪些？
5. 低聚糖的主要生物功能有哪些？
6. 茶多酚的生物学功能有哪些？
7. 请详细论述膳食纤维的生物功能及原因。

（张　焱　朱振元　孙会轻）

思维导图

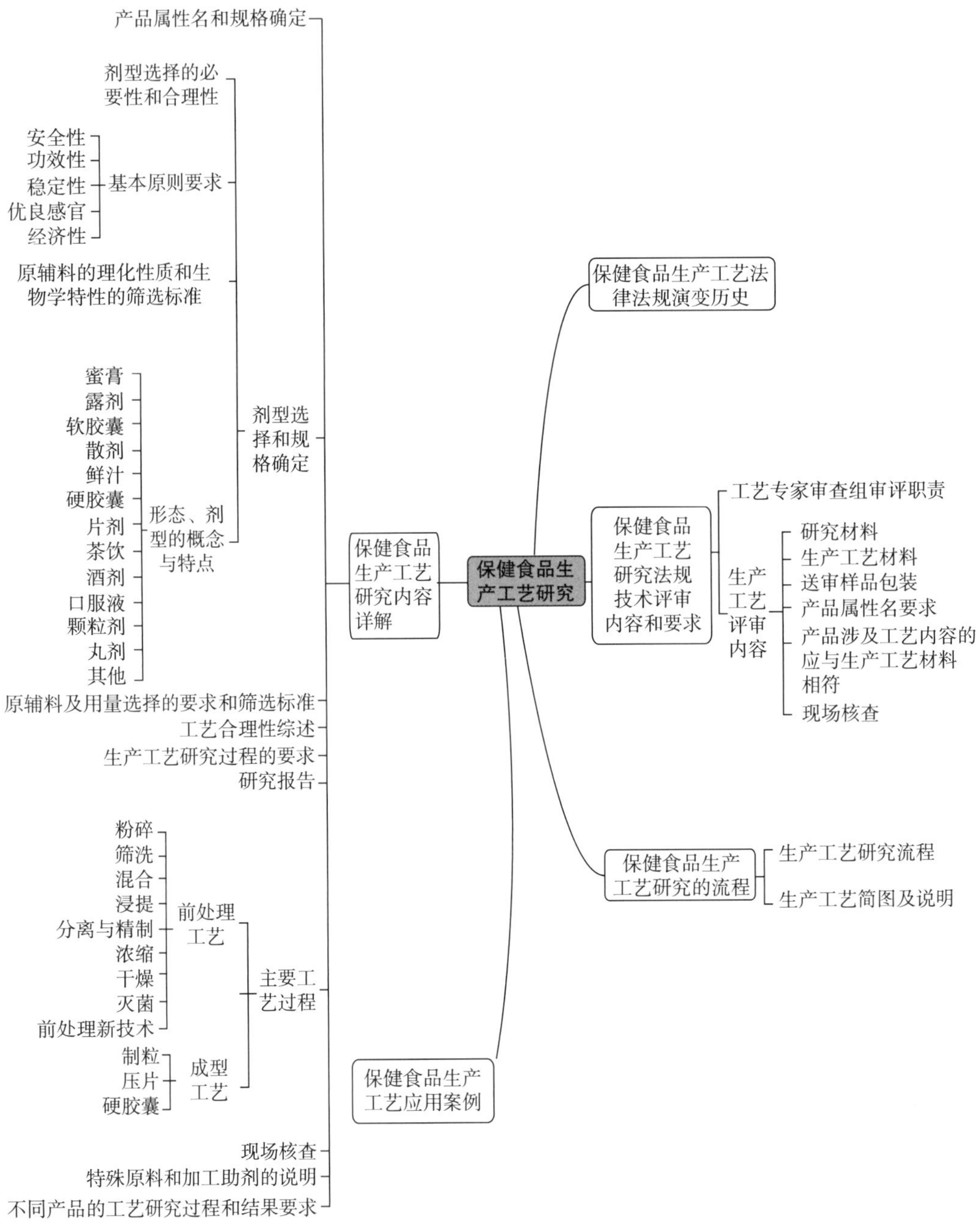

第七章　保健食品的生产工艺研究思维导图

第七章

保健食品的生产工艺研究

学习目标

1. 掌握保健食品生产工艺研究的评审内容及要求，保健食品的剂型选择，保健食品主要前处理和成型工艺的选择，放大试验工艺验证要求。

2. 熟悉保健食品生产工艺研究的流程，生产工艺合理性综述、现场核查的要求。

3. 了解保健食品生产工艺相关法律法规的发展现状。

第一节　保健食品生产工艺研究相关法律法规演变历史

我国保健食品相关的国家标准为GB 16740—2014《食品安全国家标准 保健食品》，主要规定了保健食品的技术要求，包括原料和辅料、感官要求、理化指标、污染物限量、真菌毒素限量、微生物限量、食品添加剂和营养强化剂等要求。国内有关于保健食品生产工艺研究相关法律法规GB17405—1998《保健食品良好生产规范》规定了对生产具有特定保健功能食品企业的人员、设计与设施、原料、生产过程、成品贮存与运输以及品质和卫生管理方面的基本技术要求，有关于保健食品生产工艺相关法律、法规和规章的发展历程详见表7-1。

表7-1　我国保健食品生产工艺相关法律、法规和规章

文号	法律、法规和规章	与保健食品相关内容	实施时间
2021年第7号	市场监管总局关于发布《保健食品备案产品可用辅料及其使用规定（2021年版）》和《保健食品备案产品剂型及技术要求（2021年版）》的公告	列表规定了保健食品备案产品可用辅料及其使用规范。对保健食品备案产品剂型（或食品形态）及主要生产工艺、技术要求列出清单。还补充了保健食品备案剂型凝胶糖果的技术要求（2021年版）和保健食品备案剂型粉剂的技术要求（2021年版）	2021年6月1日
2020年第52号	市场监管总局关于发布《特殊食品注册现场核查工作规程（暂行）》的公告	本规程适用于特殊食品（保健食品、婴幼儿配方乳粉产品配方、特殊医学用途配方食品）注册现场核查。必要时，可对原料、辅料、包装材料的生产环节等开展延伸核查。核查时被核查品种应处于动态生产状态，根据核查工作需要协助寄送抽样检验样品	2020年11月25日

续表

文号	法律、法规和规章	与保健食品相关内容	实施时间
2020年第44号	市场监管总局关于发布《保健食品及其原料安全性毒理学检验与评价技术指导原则（2020年版）》《保健食品原料用菌种安全性检验与评价技术指导原则（2020年版）》《保健食品理化及卫生指标检验与评价技术指导原则（2020年版）》的公告	《保健食品及其原料安全性毒理学检验与评价技术指导原则（2020年版）》依据食品安全国家标准GB 15193系列标准制定，适用于保健食品及其原料的安全性毒理学的检验与评价；《保健食品原料用菌种安全性检验与评价技术指导原则（2020年版）》规定了保健食品原料用细菌、丝状真菌（子实体除外）和酵母的安全性评价中的致病性（毒力）检验与评价程序和方法，适用于保健食品原料用菌种（包括保健食品配方用及原料生产用菌种）的致病性检验与评价，不适用于基因改造微生物菌种和在我国无使用习惯的菌种致病性检验与评价，《保健食品理化及卫生指标检验与评价技术指导原则（2020年版）》规定了保健食品及其原料、辅料理化及卫生指标检验与评价的基本要求、功效成分/标志性成分检验方法、溶剂残留和违禁成分的测定要求，适用于保健食品的注册和备案检验	2020年10月31日
国家食品药品监督管理总局令第22号发布，国家市场监督管理总局令第31号修订	《保健食品注册与备案管理办法》	《食品安全法》明确规定对特殊食品实行严格监督管理。为贯彻落实法律对保健食品市场准入监管工作提出的要求，对保健食品实行注册与备案相结合的分类管理制度。修订版将“国家食品药品监督管理总局”修改为“国家市场监督管理总局”、“食品药品监督管理部门”修改为“市场监督管理部门”	2016年7月1日施行，2020年10月23日修订
2020年第8号	《市场监管总局关于修订公布食品生产许可分类目录的公告》	根据《食品生产许可管理办法》（国家市场监督管理总局令第24号），国家市场监督管理总局对《食品生产许可分类目录》进行修订，现予公布。自2020年3月1日起，《食品生产许可证》中“食品生产许可品种明细表”按照新修订《食品生产许可分类目录》填写。保健食品类别编号为2701～2718	2020年3月1日
国家市场监督管理总局令第24号	《食品生产许可管理办法》	规范保健食品生产许可的申请、受理、审查、决定及其监督检查行为	2020年3月1日
中华人民共和国国务院令第721号	《中华人民共和国食品安全法实施条例》	作为《食品安全法》的配套行政法规，使相关制度进一步深化、细化、实化，提升了法律的制度价值	2019年12月1日
2019年第53号	市场监管总局关于发布《保健食品命名指南（2019年版）》的公告	规范保健食品注册与备案产品名称命名，避免误导消费	2019年11月12日
2018年第32号	《市场监管总局关于进一步加强保健食品生产经营企业电话营销行为管理的公告》	根据工业和信息化部、国家市场监督管理总局等13部门联合印发的《综合整治骚扰电话专项行动方案》（工信部联信管〔2018〕138号），自2018年7月起，在全国范围内组织开展为期一年半的综合整治骚扰电话专项行动。为配合本次行动，就进一步加强保健食品生产经营企业电话营销行为管理有关事项公告保健食品违法违规电话营销行为作出公告	2019年2月16日

续表

文号	法律、法规和规章	与保健食品相关内容	实施时间
2018年第22号	《总局关于保健食品延续注册申请有关事项的公告》	在保健食品注册证书有效期内，保健食品注册人可以申请延续注册；注册证书有效期到期后，未提出延续注册申请的，注销注册证书。2017年7月1日至本公告发布期间，因执行《保健食品注册与备案管理办法》，注册证书有效期届满不足6个月而未受理延续注册申请的，保健食品注册人可以在2018年3月31日前申请延续注册	2018年2月13日
	《使用新原料保健食品注册和首次进口的保健食品（不包含补充维生素、矿物质等营养物质的保健食品）注册审批服务指南》	适用于使用保健食品原料目录以外原料的保健食品注册和首次进口（含港、澳、台）的保健食品（不包括补充维生素、矿物质等营养物质的保健食品）产品注册、变更注册、向境外转让产品注册、再注册申请材料清单和一般要求、具体要求以及办理的基本流程，审批时限和审批结果等	2017年12月1日
食药监特食管〔2017〕37号	《总局关于印发保健食品备案工作指南（试行）的通知》	本指南适用于《保健食品注册与备案管理办法》规定的保健食品备案工作	2017年5月2日
2017年第16号	《总局关于保健食品备案管理有关事项的通告》	自2017年5月1日起，对使用列入《保健食品原料目录（一）》的原料生产和进口保健食品的，国内生产企业和境外生产厂商应当按照《保健食品注册与备案管理办法》及相关规定进行备案。国内生产企业在所在地省级食品药品监督管理部门备案；境外生产厂商在食品药品监督管理总局备案。自本通告发布之日起，国家食品药品监督管理总局不再受理上述保健食品的新产品注册、已批准注册产品的变更注册、转让技术注册和延续注册申请。原注册人持有的保健食品注册证书及其附件载明内容变更或有效期届满的，应当按照备案程序办理；注册证书有效期届满前生产的产品允许销售至保质期结束	2017年1月24日
食药监食监三〔2016〕151号	《保健食品生产许可审查细则》	规范化保健食品生产许可审查，包括书面审查、现场核查等技术审查和行政审批行为	2017年1月1日
2016年第172号	《关于保健食品注册审评审批工作过渡衔接有关事项的通告》	2016年11月15日，国家食品药品监督管理总局印发了《保健食品注册审评审批工作细则》，明确了保健食品注册审评审批的工作程序和要求。为保证保健食品注册审评审批工作平稳有序开展，就《细则》实施前已受理分别属于备案管理和注册管理范围的产品审评审批事项做出公告	2016年12月30日
国家市场监督管理总局食药监特食管（2019年06月24日再次发布）国家食品药品监管总局（2016年第167号）	《保健食品注册申请服务指南》	本指南适用于使用保健食品原料目录以外原料的保健食品和首次进口的保健食品（不包括补充维生素、矿物质等营养物质的保健食品）注册申请	2016年12月19日

续表

文号	法律、法规和规章	与保健食品相关内容	实施时间
食药监食监三〔2016〕139号	《保健食品注册审评审批工作细则》	规范使用保健食品原料目录以外原料的保健食品和首次进口的保健食品（不包括补充维生素、矿物质等营养物质的保健食品）新产品注册、延续注册、转让技术、变更注册、证书补发等的审评审批工作	2016年11月14日
食药监食监一〔2016〕103号	《食品生产许可审查通则》	规范市场监督管理部门组织对申请人的食品（包括保健食品）、食品添加剂生产许可以及许可变更、延续等的审查工作	2016年10月1日
国家食品药品监督管理总局令第22号	《保健食品注册与备案管理办法》	保健食品的注册与备案及其监督管理	2016年7月1日
2016年第103号	《关于实施<保健食品注册与备案管理办法>有关事项的通告》	自2016年7月1日后，国家食品药品监督管理总局行政受理机构统一受理保健食品注册申请，原省级食品药品监督管理部门不再受理注册申请	2016年6月30日
食药监食监三〔2016〕81号	《关于实施<保健食品注册与备案管理办法>有关事项的通知》	自2016年7月1日后，各省级食品药品监督管理部门不再受理保健食品注册申请，不再开展保健食品注册检验样品封样工作；保健食品原料目录发布后，受理保健食品备案申请。2016年7月1日前已受理的保健食品注册申请，总局行政受理机构和各省级食品药品监督管理部门应当按照有关规定在7月21日前将相关材料全部报送总局保健食品审评中心	2016年6月30日
食药监食监一〔2016〕58号	《食品药品监管总局关于印发食品生产经营日常监督检查有关表格的通知》	为指导各地做好保健食品生产经营日常监督检查工作，总局研究制定了《特殊场所和特殊食品检查项目（19项）》、《保健食品生产日常监督检查要点表》重点项（*）34项，一般项55项，共89项、《省（区、市）市县（市、区）食品药品监督管理局食品生产经营日常监督检查结果记录表》（编号由四位年度号+1位要点表序号+六位流水号组成，保健食品生产对应的要点表序号为“4”）	2016年5月6日
国家食品药品监督管理总局令第23号	《食品生产经营日常监督检查管理办法》	适用于市场监督管理部门对食品生产经营者的日常监督检查	2016年5月1日
中华人民共和国国务院令第557号颁布2016年1月13日国务院第119次常务会议修改	《中华人民共和国食品安全法实施条例》	食品药品监督管理部门对声称具有特定保健功能的食品实行严格监管，具体办法由国务院另行制定	2016年2月6日
中华人民共和国主席令第二十一号	《中华人民共和国食品安全法》	国家对保健食品、特殊医学用途配方食品和婴幼儿配方食品等特殊食品实行严格监督管理	2015年10月1日

续表

文号	法律、法规和规章	与保健食品相关内容	实施时间
国食药监许［2011］24号	《保健食品注册申报资料项目要求补充规定》	对保健食品注册申报资料项目要求做出以下方面的补充：感官要求、鉴别、理化指标、功效成分或标志性成分指标值、贮藏等	2011年2月1日
国食药监许［2010］423号	《保健食品产品技术要求规范》	对保健食品产品技术要求文本格式、保健食品产品技术要求编制指南等做出具体规定	2011年2月1日
国食药监许［2010］390号	《保健食品再注册技术审评要点》	规定了再注册定义、技术审评原则、配方技术审评要点、名称技术审评要点、标签、说明书技术审评要点、功能学技术审评要点、毒理学技术审评要点	2010年9月26日
国食药监注［2005］202号	《应用大孔吸附树脂分离纯化工艺生产的保健食品申报与审评规定（试行）》	对应用大孔吸附树脂分离纯化工艺生产的保健食品申报与审评做出规定。具体规定了应用大孔吸附树脂分离纯化工艺生产的保健食品的定义、申请时应提供的资料等	2005年7月1日
国食药监注［2005］202号	《保健食品申报与审评补充规定（试行）》	对保健食品申报与审评做出补充规定。并发布《保健功能及相对应的适宜人群、不适宜人群表》	2005年7月1日
国食药监注［2005］203号	《保健食品注册申报资料项目要求（试行）》	规定了申报资料的一般要求、产品注册申请表要求、国产和进口保健食品注册申请申报资料具体要求、变更申请申报资料具体要求、再注册申报资料具体要求等	2005年7月1日
国食药监注［2005］261号	《保健食品样品试制和试验现场核查规定（试行）》	对国产保健食品现场核查内容和现场核查程序做出具体规定	2005年7月1日
卫法监发［2003］77号	《保健食品良好生产规范审查方法和评价准则》	为更好地贯彻执行《保健食品良好生产规范》，规定了保健食品良好生产规范的审查内容、审查程序、评价准则等	2003年4月2日

第二节　保健食品生产工艺研究的法规技术评审内容和要求

一、工艺专家审查组审评职责

（1）对生产工艺研究材料以及原料和产品生产工艺的合理性、送审样品、产品属性名进行审评。

（2）对生产工艺材料、产品配方中辅料、标签说明书的规格、适宜人群、不适宜人群项以及产品技术要求中生产工艺、直接接触产品的包装材料、原辅料质量要求项中涉及的工艺内容等进行审核确定。

（3）对现场核查提出审评建议。

二、生产工艺审评内容

1. 生产工艺研究材料　研究过程和结果应真实完整，应提供依据对各工序和使用技术的必要性、科学性、可行性进行充分论证。

研究材料应符合以下要求。

（1）应根据配方组成、食用方法、适宜人群食用的依从性、原辅料的理化性质等方面，对产品的剂型和规格的合理性进行审评。崩解、溶散等物质释放方式异于一般片剂、胶囊、颗粒、粉剂、口服液等的特殊剂型，剂型选择的科学依据应充足、合理。

（2）从辅料的安全性、工艺必要性、保持产品稳定、与直接接触产品的包装材料不发生化学变化、不影响产品的检测、制剂成型性和稳定性等方面，对辅料及用量的合理性进行审评。

（3）影响产品安全性、保健功能的主要生产工序和关键工艺参数应合理，其优选试验设计和优选过程应清晰、合理，工艺的必要性应明确。

关键工艺是指产品生产过程中，对产品质量安全或保健功能有直接影响，不随着工艺规模、生产设备等客观变化必须进行参数调整的工艺。

（4）中试生产工艺验证、中试生产工艺流程及工艺修正的研究过程应完整、规范，研究结果应科学合理。

中试样品生产车间和工艺验证车间的生产许可证明文件、委托合同等相关材料应合规、完整。

国产产品应提供至少3批中试及以上规模产品的生产验证数据及自检报告。生产验证相关数据应能验证产品工艺稳定可控。中试产品自检报告应包括产品技术要求全部技术指标，产品质量应符合产品技术要求。

（5）首次进口产品的小试、中试工艺研究资料完整的，应提供至少3批规模化产品生产验证数据及自检报告；小试、中试工艺研究资料缺失或不完整的，应提供国外生产厂商出具的10批次以上规模化产品生产验证报告及自检报告。

（6）无适用的国家标准、地方标准、行业标准的原料，应提供详细的制备工艺、工艺说明及工艺合理性依据。

（7）产品及原料生产过程中使用的加工助剂应符合GB 2760及相关规定。

2.生产工艺材料 生产工艺流程简图及说明，应包括主要工序、关键工艺控制点及关键工艺参数等及其说明，应与生产工艺研究结果相符。

3.送审样品包装 送审样品包装应完整、无破损且在保质期内，应标注样品的生产日期、生产单位，样品质量应符合国家相关标准及产品技术要求的规定，并与申请材料其他内容相符。

4.保健食品的属性名应表明产品的类别或形态 产品属性名有适用的国家标准的，应按照国家标准的产品分类属性名命名；产品属性名无适用的国家标准的，应按照《中国药典》制剂通则规定的属性名命名。

5.产品涉及工艺内容的应与生产工艺相关材料相符 产品配方中辅料、标签说明书的规格、适宜人群、不适宜人群项以及产品技术要求的生产工艺、直接接触产品的包装材料、原辅料质量要求项中涉及的工艺内容等应与生产工艺相关材料相符。

6.现场核查 申请材料符合要求后，应对产品生产工艺的真实性、可行性进行现场核查。

第三节　保健食品生产工艺研究的流程

一、生产工艺研究流程

立项调研时，应对生产工艺在科学水平的成熟度、先进性、特点以及理论依据、加工方法、原料及辅料供应情况、标准可行性、生产场地和条件进行可行性考察。

确认可行后方可进行试制。筛选配方并确定用量后，首先筛选产品剂型。根据功能定位、适宜人群使用习惯、工艺可行性等综合考虑确认产品剂型后，设计产品工艺路线设计，制备功效物质，再制备产品。过程中运用科学方法进行小试，确定主要工艺和关键工艺参数后，再进行中试生产、确定中试工艺参数、中试样品要即时进行质量检测与稳定性试验考察，验证评价产品的质量稳定性。另外，需要注意产品生产成本控制，同时撰写生产工艺研究报告。

二、生产工艺流程简图及说明

生产工艺研究的研究报告需要绘制生产工艺流程简图及说明，包括主要工序、关键工艺控制点及关键工艺参数等说明。非关键工艺的工艺参数可不提供。

（一）生产工艺简图

生产工艺简图应包含从原辅料检验、原辅料预处理直至成型、包装所有工艺路线、环节，标明主要工艺参数，一般生产区与洁净区的划分。具体要求：①应符合工艺简图的格式要求；②按实际生产流程绘制，物料流向衔接明晰，涉及的工艺路线，主要技术参数完整；③洁净厂房的净化级别必须满足生产加工保健食品对空气净化的需要，片剂、胶囊、丸剂以及不能在最后容器中灭菌的口服液等产品应当采用10万级洁净厂房。

（二）生产工艺说明

生产工艺说明应包括产品生产过程的所有工艺步骤、方法及工艺技术参数，主要生产设备、材料（型号、规格），影响产品质量关键环节的详细解释以及半成品（中间体）质量控制方法等。对有些工艺难以在产品制备工艺主线中阐明或步骤比较复杂，且能够独立描述的生产工艺应单独描述，如×××取物的制备。所用原料需要进行提取精制等制备过程的产品，应分别对前处理、提取、精制、浓缩、干燥等工艺过程进行详细描述，包括各环节使用的方法、设备、工艺参数等。

1.原辅料前处理　原辅料来源、品种、规格、质量要求；原辅料投料前按各自质量标准检验，合格者投入使用；说明净制、切制方法，如采用饮片须提供加工方法，采用炮制须提供炮制方法；说明粉碎方法、粒度及设备。

2.提取工艺　提取方法、溶剂（名称、规格、用量）、温度、时间、次数等以及设备名称。

3.浓缩工艺　浓缩方法及技术参数（压力、温度、时间等）、设备；浓缩物含水

（醇）量，相对密度（测定时温度）、溶剂残存情况。

4.精制（或分离、纯化） 根据乙醇沉淀法、离心分离法、超滤法、过滤、色谱分离等的不同，分别提供工艺步骤、方法和必要技术参数，精制产品质量要求［主要成分含量、含水（醇）量、相对密度、溶剂残存情况、其他物质引入情况等］、得率。

5.干燥工艺 根据烘干法、喷雾干燥、冷冻干燥、真空干燥、沸腾干燥、远红外干燥等的不同，分别提供干燥设备名称、干燥物的质量要求［含水（醇）量］、得率等。

6.成型工艺 根据不同的剂型或形态的要求选择适宜的成型工艺，按实际生产过程详细描述，包括成型所用辅料、设备名称与型号、具体操作方法及详细工艺技术参数等。

所用原料加入适当辅料可直接加工成型的产品，同样应针对所选用的剂型或形态，详细描述成型工艺过程各个环节的方法、设备、工艺技术参数等。

7.灭菌与消毒 根据产品品种性质选择适宜灭菌方式，提供灭菌、消毒用设备及技术参数，说明灭菌或消毒方法能否保证产品质量的理由。

第四节 保健食品生产工艺研究的内容详解

一、产品属性名和配方说明

应对产品名称和配方组成的要求详细阐明，产品属性名应符合命名规定。产品配方、标签说明书、产品技术要求等有关内容应与生产工艺材料相符。

二、剂型选择和规格确定

（一）剂型选择的必要性和合理性

应从产品的剂型和规格应科学、合理、安全，支持产品的保健功能等方面展开阐述，表明产品的形态、剂型是将原辅料加工制成适于食用的形式。保健食品剂型的选择应根据配方组成、食用方法、适宜人群等，对原辅料的理化性质、生物学特性、剂型选择的必要性和合理性等进行综合分析论证，并结合生产实际条件综合考虑。由于保健食品具有食品的属性，故应选择通过胃肠道吸收的口服剂型，非口服剂型不宜作为保健食品剂型。崩解、溶散等物质释放方式异于一般片剂、胶囊、颗粒、粉剂、口服液等的特殊剂型，还应提供充足的剂型选择科学依据。以达到食用安全有效、质量稳定、利于贮存运输和携带，且食用方便的目的。

（二）基本原则要求

保健食品的剂型和规格应满足以下5个基本原则要求。

（1）安全性 保健食品的剂型和规格应保障保健食品的安全性，降低刺激性或避免毒副作用。

（2）功效性 保健食品的质量是决定其功效和安全的重要保证，因此保健食品的剂型和规格必须做到质量可控。可控性主要体现在产品质量的可预知性和重现性。

（3）稳定性　保健食品的稳定性包括物理、化学、生物学稳定性。涉及理化、微生物、功效成分等。

（4）优良的感官品质　不同于药品的最低接受程度要求，保健食品属于食品，注重适宜人群食用过程的体验，应当有优良的感官品质，适宜长期食用。

（5）经济性　保健食品需要长期食用，应结合生产成本等综合考虑人群的接受程度和经济效益的平衡。

（三）原辅料的理化性质和生物学特性的筛选标准

产品适宜人群、不适宜人群、食用方法和食用量等相关内容相符，有些原料为难溶性或者某些成分的溶液状态不稳定，则应选择固体剂型；若水溶性好的原料或成分，可选择液体剂型，如口服液、饮料、糖浆剂型等；但是在水中不稳定，如含有易水解、易聚合、易氧化等成分的保健食品，不宜选择口服液等液体剂型。儿童应用的保健食品应注意选择色香味俱佳的剂型。

此外，还应根据生产厂家的技术水平和生产条件选择剂型。剂型不同，采用的工艺路线、生产技术、生产环境、设备及工人素质等都有不同的要求，应尽量选用既能充分发挥保健功能，又能充分利用原有设备，适于工业化生产、工艺简便、成本较低、方便食用、便于携带、运输、储存的剂型。保健食品的产品形态与剂型主要分为三类：第一类是固体，如胶囊剂、片剂（咀嚼片、含片）、颗粒剂、（滴）丸剂、散剂（粉、晶）、茶（剂）、饼干、糖果、糕点等；第二类是半固体，如蜜膏等；第三类是液体，如口服液、饮料、凉茶、果汁、酒剂等。目前保健食品常用剂型有茶剂、颗粒剂、粉（散）剂、胶囊（硬）、软胶囊剂、片剂、糖粒、口服液剂、保健饮料和酒剂等。

（四）形态、剂型的概念与特点

1.茶饮　茶饮是指以含茶叶或不含茶叶的原料（质地轻薄，或具有芳香挥发性成分的原料），用沸水冲泡、温浸而成的一种专供饮用的液体。常用的原料有植物的花、叶、果实、皮、茎枝、细根等。

茶饮的特点在于配料灵活，使用方便，饮用随意，像喝茶一样频频饮服，边饮边兑加沸水，直至味淡为止。

茶饮分为袋泡茶、茶块两大类，其中袋泡茶最受欢迎。袋泡茶的特点是体积小，利于贮藏，便于携带，使用方便。袋泡茶适用于质地较轻、疏松，有效成分易于浸出的原材料，尤其适用于含挥发性成分的原材料。

2.颗粒剂　颗粒剂是指原材料的提取物与适宜辅料或与部分原材料细粉混匀，制成的干燥颗粒状（晶状）剂型。

颗粒剂按照溶解性能和溶解状态一般分为两种类型：可溶性颗粒剂、混悬性颗粒剂。颗粒剂中的原材料全部或大部分经过提取精制，体积缩小，运输、携带、服用方便，味甜适口。

3.散剂　散剂是指一种或数种原料经粉碎、混合而制成的粉末状剂型。散剂的表面积较大，因而具有易分散、奏效快的特点。

4.硬胶囊　硬胶囊是指把一定量的原料提取物或原料粉末直接充填于空心胶囊中，或将几种原料粉末混合均匀分装于空心胶囊中而制成的保健食品。

硬胶囊剂具有以下特点：①外观光洁，美观，可掩盖原料不适当的苦味及臭味，使人易于接受，方便服用。②保健功能因子的生物利用度高，辅料用量少。在制备过程中可以不加黏合剂、不加压，因此在胃肠道中崩解快，一般服后3~10分钟即可崩解释放功能物质，与丸剂、片剂相比，硬胶囊显效快、吸收好。③稳定性好，光敏物质和热敏物质，例如维生素宜装入不透光的硬胶囊中，便于保存。④可延长释放保健功能物质，可先将原料制成颗粒状，然后用不同释放速度的材料包衣，按比例混匀，装入空胶囊中即可达到延效的目的。

5.软胶囊　软胶囊是指把一定量的原料、原料提取物加上适宜的辅料密封于球形、椭圆形或其他形状的软质囊中制成的剂型。

软胶囊的特点有：①软胶囊的可塑性强、弹性大。这是由于软胶囊囊材组成的性质所决定的，取决于明胶、增塑剂和水三者之间的比例。②软胶囊可弥补其他固体剂型的不足，如含油量高或液态物料不易制成丸剂、片剂时，可制成软胶囊。③软胶囊除了上述特点外，还具有与硬胶囊剂相同的特点，如方便、利用率高、稳定性好、可以延效等。

6.片剂　片剂是指原料和适宜的辅料通过制剂技术制成的片状制剂。由原料、填料、吸附剂、黏结剂、润滑剂、分散剂、润湿剂、崩解剂、香料、色料等组成。

片剂的制作方法有颗粒压片法和直接压片法两大类，以颗粒压片法应用较多，颗粒压片法又分为湿颗粒法和干颗粒法两种，前者适用于原料不能直接压片，或遇湿、遇热不起反应的片剂制作。

7.口服液　口服液是将原材料用水或其他溶剂，采用适宜的方法提取，经浓缩制成的内服液体剂型。

口服液的特点是：①能浸出原材料中的多种有效成分。②吸收快，显效迅速。③能大批量生产，免去临用煎药的麻烦，应用方便。④服用量减小，便于携带、保存和服用。⑤多在液体中加入了矫味剂，口感好，易为人们所接受。⑥成品经灭菌处理，密封包装，质量稳定，不易变质。

8.酒剂　传统保健酒，从成分来讲，有“酒”“醴”“醪”之分。“酒”主要含普通原料成分；“醴”除含普通原料成分外，尚有糖的成分；而“醪”除含有糖成分外，尚有酿酒所产生的酒渣成分（即醪糟）。

酒剂只适合能饮酒和无肝肾疾患的人饮用，并应控制用量。

9.丸剂　丸剂系指原料与适宜的辅料制成的球形或类球形固体制剂。

丸剂有以下优点：①丸剂作用迟缓，用于治疗慢性病。②可缓和物料的毒副作用。③可减缓物料挥发性成分的挥散。④某些新型丸剂可用于急救。但丸剂也存在一些不足之处：服用剂量大，小儿服用困难，原料多以原粉入药，易染菌等。

丸剂按制法分，可分为泛制丸、塑制丸和滴制丸。按赋形剂分，可分成水丸、蜜丸、水蜜丸、糊丸、蜡丸、浓缩丸和滴丸。丸剂的赋形剂常根据中医临床的需要及方剂中物料的性质选用。各类丸剂及其常用赋形剂有：水、黄酒、米醋、稀药汁、糖液、蜂蜜、蜜水、米粉、米糊、面糊和蜂蜡等。

浓缩丸系指饮片或部分饮片提取浓缩后，与适宜的辅料或其余饮片细粉，以水、蜂蜜或蜂蜜和水为黏合剂制成的丸剂。浓缩丸中部分或全部饮片经提取处理，服用量小，易于服用和吸收，贮存、携带方便。但若中药饮片提取或制丸处理不当，有效成分会有损失，影响崩解或疗效。

浓缩丸根据所用黏合剂的不同，分为浓缩水丸、浓缩蜜丸和浓缩水蜜丸。浓缩丸可用泛制法和塑制法制备。

滴丸系指固体或液体物料与适宜的基质加热熔融后溶解、乳化或混悬于基质中，再滴入不相混溶、互不作用的冷凝液中，由于表面张力的作用使液滴收缩成球状而制成的制剂。

滴丸的特点：①物料在基质中呈分子、胶体或微粉状态分散，基质为水溶性时，可提高生物利用度，达到高效和速效作用。②工艺简单、生产效率高，质量稳定，剂量准确。③物料与基质熔合后，与空气接触面积减小，不易氧化和挥发，非水性基质不易引起水解，增加物料的稳定性。④使液态物料固体化，在滴制成丸型后包薄膜衣或肠溶衣，达到不同用药目的。⑤适用于耳、鼻、口腔等局部用药。⑥载药量小，服用剂量较大。

10.蜜膏　蜜膏是指原料经过加水煎煮，去渣浓缩后，加入蜂蜜制成的稠厚的、半流体状的剂型。蜜膏又叫煎膏剂。煎膏剂中所用的蜂蜜均指炼蜜，糖大多为冰糖或蔗糖，也有用红糖（如益母草膏），糖也必须经过炼制。

蜜膏的特点是浓度高，体积小，稳定性好，利于保存，携带方便，便于服用，作用和缓、持久。

11.露剂　露剂是用水蒸气蒸馏法制得的一种液体。原料一般带有芳香性，含挥发性成分较多，如花、茎枝、果实等。露剂的特点是芳香宜人、服用方便。

12.鲜汁　鲜汁是指直接从新鲜的水果或蔬菜或其他天然原料用压榨或其他方法取得的汁液。以水果为基料配成的汁称为果汁，以蔬菜为基料配成的汁称为蔬菜汁。

鲜汁的特点有：①营养丰富。含有多种营养成分，如碳水化合物（以蔗糖、葡萄糖和果糖为多）、维生素、矿物质、水分等。②感官性能好。一般鲜汁都具有良好的感官性能，味浓色清，能引起人们饮用的欲望。③清凉爽口。此类食品含汁液多，尤适宜夏天饮用。

13.其他　其他普通食品形态的糖果、糕点、饼干等，也可作为保健食品等剂型形态。随着人们健康意识的逐渐提升，对保健食品的剂型形态也提出更多要求。保健食品的剂型形态趋于多样化、即食化、零食化，如允许备案的剂型就有零食化的凝胶糖果。保健食品注册的剂型更应当与时俱进。

思政教育

同保健食品一起与时俱进

近年来，随着人们健康意识的逐渐提升，步入职场的年轻人逐渐成为购买保健食品的新生力量，更青睐即食化、零食化的保健食品。

2021年，国家市场监督管理总局发布了《保健食品备案产品剂型及技术要求（2021年版）》（以下简称“备案剂型”），正式将粉剂、凝胶糖果纳入保健食品备案剂型，丰富了保健食品备案制的形态。用于保健食品备案的凝胶糖果是以纳入保健食品原料目录的原料，与食糖或糖浆或甜味剂、食用胶等辅料，经相关工艺制成具有弹性和咀嚼性的糖果。

凝胶糖果产品作为一种以软糖载体为参照打造的零食化保健食品，为广大消费者提供了多场景、随时随地皆可养生的便捷可能。在“减脂”“养生”等新消费浪潮的推动下，年轻人的养生意识越来越强，传统食品已经很难满足他们的要求，因此会有越来越多的人选择即食化、零食化的保健食品。

食品形态的保健食品消费需求快速增长，促使保健食品与时俱进地向零食化方向发展，促进了保健食品产业创新，是行业发展的主要方向之一。同时，食品形态的保健食品也有利于促进消费者形成习惯性消费，促使保健食品逐渐成为其日常生活的一部分，促进保健食品市场的长期可持续发展，持续为公众健康服务。

三、原辅料及用量选择的要求和筛选标准

应根据原料特性及辅料的性质和用途，正确选择原料、辅料的品种及复合辅料的配伍应用关系，使用剂量与使用方法，使辅料在工艺中发挥提供造型条件、稳定产品质量，满足保健功能要求的作用，然后，通过试验选用先进的成型设备及成型工艺，提供详细的成型工艺流程及各工序技术条件试验依据等资料。根据原料选择的条件和要求、辅料的安全性、设计和开展辅料筛选试验，并出具辅料筛选试验报告，提取物等原料应提供详细的提取工艺。

四、工艺合理性综述

工艺合理性综述可以简述产品生产工艺筛选过程，以中药药剂学、食品工艺学、营养学、食品化学、食品微生物学、食品工程学等为理论依据进行科学研究，资料调研和小试研究拟定的工艺路线、技术条件，经中试放大验证和偏差纠正，确定最佳工艺路线和工艺参数，研究程序要正确。

提供科学文献依据及技术参数确定的试验数据，结合相关工艺研究文献资料、工艺试验筛选结果，证明设计的工艺路线、各主要工艺步骤及方法合理，加工助剂的使用符合相关规定。还要说明生产环境条件、消毒、灭菌方法等环节的优选过程及依据，阐明影响产品质量的关键环节及质控措施，提供相关数据以说明产品质量的稳定性，

从而证明工艺的合理性。

五、生产工艺研究过程的要求

企业应重视生产工艺研究过程，过程应真实完整。要对工艺的科学、必要性和可行性进行充分的论证。

保健食品生产工艺常存在的主要问题包括生产工艺不合理、申报资料不完整、不一致，生产工艺无法在实际生产中实施，送审样品与生产工艺投料不符等。例如申报资料不完整、不一致方面，保健食品剂型多，工艺需要的辅料及加工助剂也很多，但部分申报资料未全部提供或提供的不符合相关规定，存在一定安全隐患。具体情况如某产品检测出山梨酸，但是工艺中未提及加入山梨酸。

生产工艺应当保持产品稳定。有的保健食品在生产过程中，使用了未采取有效灭菌措施的营养素补充剂、软胶囊及成分不稳定的产品，又未对产品进行原辅料的质量检验等关键控制，导致产品不稳定。

与直接接触产品的包装材料不发生化学变化、不影响产品的检测。一方面，保健食品所用的包装材料本身应该是安全的，按照不同的剂型要求应该达到相应的标准，并且对在贮藏或使用时能损坏或污染保健食品的因素有可预见性。另一方面通过特定生产工艺生产出的保健食品应当包装材料相容，不能发生化学变化，产生不必要的物质甚至是有毒有害物质。

制剂成型性和稳定性。如不少产品中会添加维生素A、B、C、E等不稳定的营养成分，由于生产加工和贮藏过程中温度、光、水分活性、酸碱度、氧气等会干扰发生变化，因此必须在加工过程中严格控制，若一种维生素C的口服液，采用90℃热水溶解并用115℃ 30分钟的条件进行杀菌，其稳定性就缺乏理论和实验依据。

六、主要生产工艺和关键工艺参数的研究报告

在设计生产工艺时应根据配方原理和产品的保健功能，通过文献资料和信息调研，详细分析每种原料所含的成分及其功能作用，再根据有效成分的理化性质及提取原理，选择适宜的工艺和辅料，确定合理的工艺路线，并提供依据。

研究报告应当能出具提取精制、制剂成型、灭菌方法、直接接触产品的包装材料选择等方面的工艺研究试验数据，提供主要生产工艺和关键工艺参数优选过程。

七、主要工艺过程

剂型形态不同，工艺过程不同。不同的生产工艺过程主导着产品的质量，在设计时应根据配方原理和产品的保健功能等目标，运用工艺、工程等相关技术，把握关键环节，要求能对半成品（中间体）等过程进行质量控制。

（一）茶饮的主要工艺过程

含茶叶的饮料，前处理工艺按照茶叶的前处理基本工艺；含有植物花、叶、果实、皮、茎枝、细根等的茶饮，部分前处理与茶叶类似，多数中药类的原料按炮制工艺进行前处理。后续一般有浸提、过滤、调配、过滤、灌装、杀菌、检验等工艺过程。

1.茶叶前处理的基本工艺

（1）绿茶茶叶前处理的基本工艺流程　新鲜茶叶摊放→杀青→揉捻→干燥→筛分→切细→风选→挑剔→复火→车色→匀堆。

（2）红茶茶叶前处理的基本工艺流程　新鲜鲜叶萎凋→揉捻→发酵→干燥→筛分→切断→风选→挑剔→干燥→拼堆成色。

2.灌装茶饮料的一般生产工艺　茶饮料的生产工艺流程基本相同，根据各类型的茶饮料的不同风味品质和包装容器其工艺流程稍有差别。含有植物花、叶、果实、皮、茎枝、细根等提取液的，一般在浸提时一同进行，或调配时加入提取液。

4种典型的茶饮料加工工艺流程如下。

（1）茶抽提液生产工艺流程　水→水处理→去离子水→茶叶→热浸提→过滤→冷却→调配→过滤→加热灌装→杀菌→冷却→检验。

（2）PET瓶装茶饮料工艺流程　去离子水→茶叶→热浸提→茶抽提液→过滤→加热→UHT杀菌→冷却→无菌灌装*（无菌PET瓶）→封口（无菌瓶盖）→冷却→贴标→检验→装箱→成品。

（3）易拉罐纯茶饮料生产工艺流程　离子水→茶叶→热浸提→冷却→过滤→调配→加热→灌装→封口→杀菌→冷却→检验→装箱→成品。

（4）灌装绿茶饮料生产工艺流程　绿茶→热浸提→过滤→维生素C和碳酸氢钠调和→加热（90～95℃）→灌装→冲氮→封口→杀菌→冷却→包装→检验→装箱→成品。

（二）散（粉）剂、颗粒剂、片剂和硬胶囊的主要工艺过程

1.散（粉）剂　散（粉）剂的一般工艺过程包括：挑选→清洗→切割→干燥→粉碎→混合→杀菌→包装→检验→装箱→成品。

2.颗粒剂　颗粒剂的主要工艺过程包括原辅料的处理、制颗粒、干燥、整粒、包装。

原、辅料预处理除挑选、清洗、切割、干燥、粉碎外，因中药的有效成分不同，不同类型颗粒剂对溶解性的要求也不同，还会采用不同的溶剂和方法进行提取和精制。

制颗粒有干法制粒和湿法制粒，常用的湿法制粒涉及制软材，主要工艺过程有配料、加黏合剂、制软材、制粒、干燥、整粒、总混、分装等。

3.片剂的主要工艺过程　片剂的主要工艺一般是在颗粒剂整粒后进行压片制得。

4.硬胶囊的主要工艺过程　硬胶囊一般是在颗粒剂整粒后装填到空心胶囊中，再整理后进行外包装。有的原辅料本身就是细小的颗粒，根据需要可省去制粒过程。

硬胶囊的主要工艺过程包括：制备空囊→原料和辅料混合→胶囊的填充与套合→整理→包装→质检→成品。

（三）软胶囊的主要工艺过程

软胶囊的主要工艺过程一般包括：配料、溶胶、压丸/滴丸、定型、洗丸、干燥、捡丸、铝塑、外包装。

（四）口服液的主要工艺过程

口服液的生产涉及原料预处理、浸提、净化、浓缩、分装、灭菌等主要工艺过程。

原料预处理后一般是按汤剂的煎煮方法进行浸提，由于1次投料量较多，故煎煮时间一般每次为1～2h，取汁留渣，再进行煎煮，如此反复3次，合并汁液，滤过备用。为了减少口服液中的沉淀，需采用净化处理，过去多采用水提醇沉静化处理，目前采用酶处理法较好，可降低成本，提高质量。滤过后的提取液再进行适当浓缩。其浓缩程度，一般以每日服用量在30～60ml为宜。口服液可根据需要选择添加矫味剂和防腐剂。常用的矫味剂有蜂蜜、单糖浆、甘草酸和甜菊苷等；防腐剂有山梨酸、苯甲酸和丙酸等。在分装前，液体中加入了一定剂量的矫味剂、防腐剂，搅拌均匀后，可进行粗滤、精滤，装入无菌、洁净、干燥的指形管或适宜的容器中，密封。分装后，采用多种灭菌法（如煮沸法、蒸汽法、热压法等）进行灭菌。

（五）酒的主要工艺过程

保健食品常见酒一般用浸提法、配制法、酿制法制造。

1.浸提法　浸提法是将预处理过的原料浸泡在基酒中，利用酒精提取原料中的有效成分，此法的优点是工艺简单、成本较低，缺点是原料利用率较低。

2.配制法　配制法是先提取出原料中的有效成分，再与食用酒、调味液配制而成，这种保健酒生产工艺与浸提法相似。

3.酿制法　酿制法是果蔬或中药材等原料经过发酵过程，保留了原料中的大部分有效成分，而且通过微生物代谢作用使发酵后的营养物质更丰富，易被人体吸收。

保健酒的酿造过程包括原料的前处理、糖化、发酵以及酒的过滤等主要工艺过程。工艺流程包括：保健食品可用原料→粉碎→糊化→糖化→接种酵母→发酵→澄清过滤→灌装→灭菌→成品。

在原料的前处理中，利用超声波清洗技术能有效去除植物材料表面的农药残留，使用超微粉碎或冷冻粉碎技术能提高有效成分的溶出量，同时减少有效成分的损失。

在糖化发酵过程中，传统的方法是利用天然的酒曲进行糖化发酵，酶活力较低，容易受到细菌的污染。现代保健酒酿造工艺中，利用酶工程技术提取出一系列酶如纤维素酶、果胶酶、淀粉酶等，不仅可以高效利用原料中的淀粉，而且能将原料中较难利用的纤维素和果胶分解为可发酵性糖，提高原料的糖化率及利用率。现代酿造发酵多为纯种培养的酵母菌，经过多次筛选，具有糖酒转化率高、发酵快、耐酒精、产酸低、香味好、口感好等优点。

在酒的澄清过程中，使用硅藻土过滤、离心分离和膜过滤等多种先进技术，可使酒体更稳定，克服了保健酒质量不稳定、保质期短等缺点，有利于酒的贮存与保管。

八、放大试验工艺验证

根据生产工艺研究结果，应开展不少于3批中试以上生产规模的生产工艺验证，以达到验证工艺稳定可行、对工艺过程及工艺参数进行修正的目的。

一般情况下，中试研究的投料量为配方量（以制成1000个制剂单位计算）的10倍以上。可根据剂型、配方组成、研发用样品需求等具体情况，适当调整中试规模，但均要达到中试放大研究的目的。

国产产品应提供至少3批中试产品的生产验证数据及质量自检报告。中试生产验证数据应包括批号、原辅料投料量、半成品得量得率（浸膏得率、浸膏得量、半成品得量、半成品得率）、理论产量、实际产量、成品率等。中试产品自检报告应包括产品技术要求全部技术指标。从而证实工艺的稳定性和可行性。特别注意配方、预试验、中试验证、试验机构检测的功效成分/标志性成分含量之间的换算是否合理。质量自检报告要注意时间、具体结果、签字、总体完整性。

首次进口产品应提供至少3批规模化产品生产验证数据及自检报告。生产验证报告及自检报告应不得低于国产产品的要求。小试、中试工艺研究资料缺失或不完整的，应提供国外生产厂商出具的10批次以上规模化产品生产验证报告及自检报告。

总之，工艺验证方面，要特别注意以下三点：①工艺验证车间生产许可文件、研究时间、委托合同合规性、资料完整性。②三批中试产品生产验证数据能否说明工艺稳定可控。③三批中试产品质量自检报告能否符合现行规定和技术要求。

九、现场核查

试制产品的工厂和车间重点核查是否符合保健食品良好生产规范、是否符合《保健食品良好生产规范审查方法与评价准则》。

对保健食品生产许可申请人的生产场所进行现场核查时，重点核查动态生产过程，并现场抽取下线试制样品，进行检查。

保健食品生产企业必须具备与生产品种和规模相适应的产品出厂检验能力。

对进口的保健食品、特殊医学用途配方食品、婴幼儿配方乳粉，国务院食品药品监督管理部门可以组织对其生产企业质量管理体系以及保健食品良好生产规范执行情况和备案情况进行现场核查。

十、特殊原料和加工助剂的说明

无适用的国家标准、地方标准、行业标准的特殊原料，应提供详细的制备工艺、工艺说明及工艺合理性依据。

生产过程中使用的加工助剂应符合GB 2760及相关规定，应详细列出产品及原料工艺过程中使用的全部加工助剂的名称、标准号及标准文本，避免遗漏。

十一、不同产品的工艺研究过程和结果要求

（1）国产产品　实验室工艺研究、中试工艺验证、工艺修正。

（2）首次进口产品　实验室工艺研究、规模化工艺生产。

第五节　保健食品的生产工艺应用案例

一、一种具有降血糖作用的山核桃叶总黄酮的制备工艺和应用

山核桃叶是胡桃科山核桃树的叶子，具有清热解毒、杀虫止痒之效，在民间经常被用于治疗脚趾湿痒、皮肤癣证等。研究表明山核桃叶提取物中含有大量的黄酮等抗

氧化活性物质，具有抗肿瘤、抗衰老、抗诱变、抗血管生成等作用。而山核桃树本身是一类多年生落叶乔木，其叶在种植过程中常被丢弃，开发山核桃叶具有很大的经济价值和市场潜力。

制备工艺流程见图7-1。

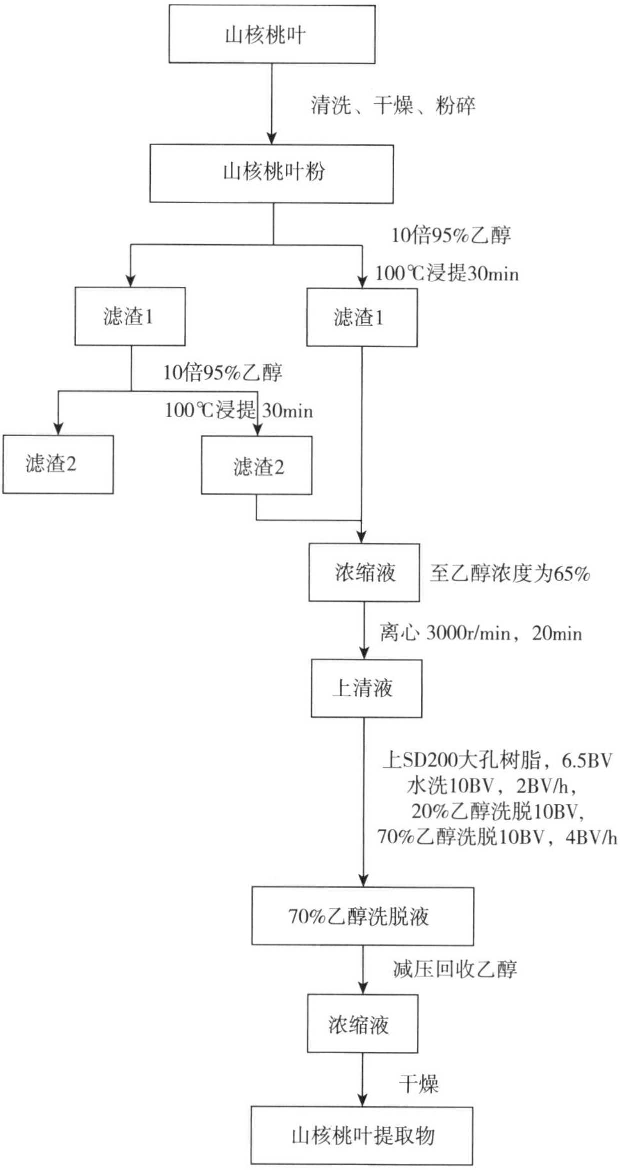

图7-1　山核桃叶总黄酮提取物的制备工艺流程图

利用该法制备山核桃叶总黄酮提取物简单经济，生产成本低，所得总黄酮含量较高，且质量稳定。结合现代制剂技术，利用山核桃叶总黄酮提取物与保健食品可用的辅料可制成以山核桃叶总黄酮为主的胶囊剂、片剂、散剂、口服液、软胶囊、丸剂、凝胶剂、缓释制剂等各种剂型的降低血糖的保健食品。

二、含有三种小浆果籽油的软胶囊制备工艺

不饱和脂肪酸具有非常重要的生理作用，可以保持细胞膜的流动性，维持细胞正常生理功能；调节血脂，降低血液中的胆固醇和甘油三酯，预防心脑血管疾病；调节免疫；提高脑细胞活性，增强记忆力；还是合成人体内前列腺素和凝血恶烷的前体物质。研究发现，树莓、沙棘、白刺等小浆果的种籽油中含有大量丰富的不饱和脂肪酸，具有极高的营养价值和保健价值。

本实例提供了一种树莓、沙棘、白刺复合籽油软胶囊的配方和制备工艺。配方为：树莓籽油20%、沙棘籽油20%、白刺籽油20%、明胶18%、甘油10%、水12%。制备工艺流程见图7-2。

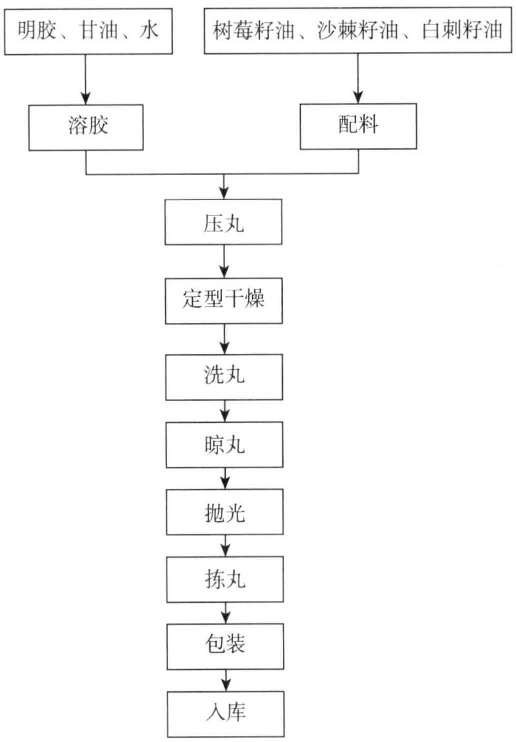

图7-2　小浆果籽油的软胶囊制备工艺流程图

本章小结

本章对保健食品的生产工艺相关法律法规进行了梳理，阐述了演变历史，明确需要根据保健食品生产工艺研究的法规技术评审内容和要求，进行生产工艺相关的研究、注册和申报。

按照生产工艺研究一般程序，阐述了保健食品生产工艺研究的整体流程，明确了生产工艺简图、生产工艺说明的相关要求。再将生产工艺研究涉及的产品属性名和配方说明、剂型选择和规格确定、原辅料及用量选择、工艺合理性、研究过程要求主要生产工艺和关键工艺参数、放大实验工艺验证、现场核查等方面的要求做了详细介绍。

关键词

颗粒剂 granule
片剂 tablet
硬胶囊 hard capsule
软胶囊 soft capsule
粉碎 grinding
超微粉碎 superfine
混合 blend
浸提 extraction
浓缩 concentration
精制 purification
成型 molding
灭菌 sterilization

复习思考题

1. 确定保健食品的生产工艺要结合哪些方面考虑?
2. 保健食品可以用的食品形态有哪些?如何选择?
3. 简述保健食品的生产工艺内容。
4. 保健食品的生产工艺研究过程有哪些重点注意事项?

(左蕾蕾)

思维导图

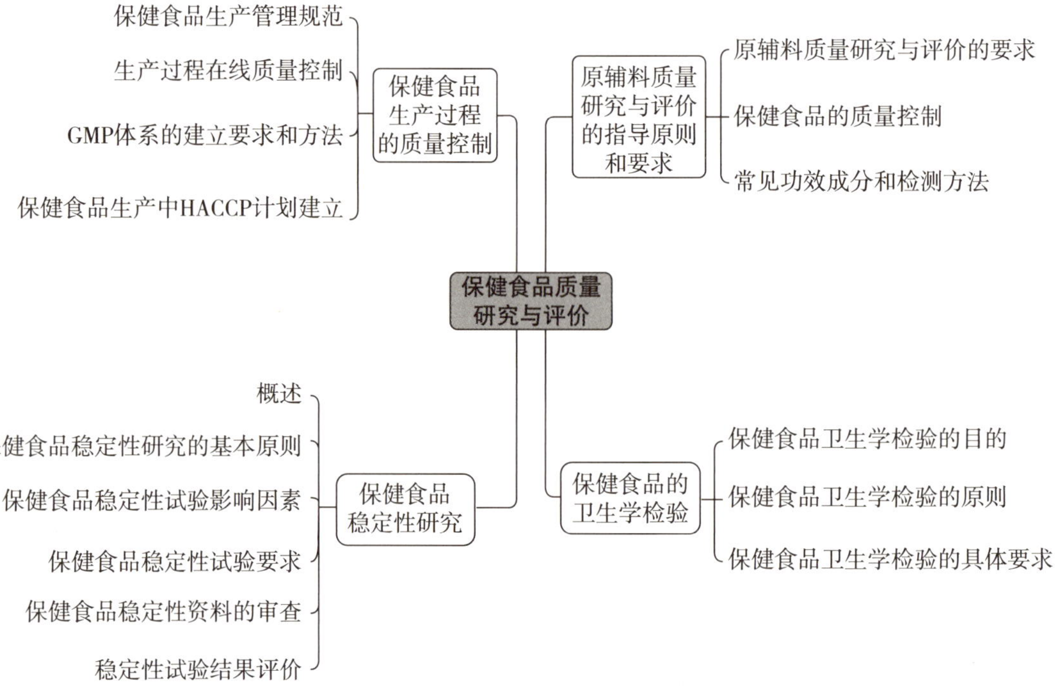

第八章　保健食品质量研究与评价思维导图

第八章

保健食品质量研究与评价

学习目标

1. 掌握保健食品需要进行质量研究的内容，保健食品质量研究与评价的原则和具体要求。

2. 熟悉保健食品生产过程的管理规范和质量控制以及了解HACCP和GMP在保健食品质量控制中的应用。

3. 了解保健食品中主要功效成分的检测方法。

GB 16740—2014《食品安全国家标准 保健食品》中规定保健食品需要进行功效成分的检测和卫生学检验，包括微生物限量、污染物限量、真菌毒素限量以及稳定性实验等。

第一节 原辅料质量研究与评价的指导原则和要求

一、原辅料质量研究与评价的要求

（一）原料和辅料的要求

应符合国家标准和卫生要求，如无国家标准，应当提供行业标准或自行制定的质量标准，并提供与该原料和辅料相关的资料。

应对人体健康安全无毒，在食品中限制使用的物质不得超过国家规定的限量。

生产普通食品使用的原料和辅料，包括卫生行政部门公布或批准的可以食用的原料和辅料以及原国家食品药品监督管理总局（SFDA）公布的可用于保健食品的原料和辅料。

申请注册的保健食品所使用的原料和辅料不在公布范围内的，应按照有关规定提供该原料和辅料相应的毒性安全性评价试验报告及相关的食用安全资料。

国家规定的不可用于保健食品的原料和辅料，禁止使用的物品不得作为保健食品的原料和辅料。

（二）原辅料质量标准制定研究的要求

原辅料的质量标准制定，既要针对不同食品类别考虑评估其有害物质种类并加以控制，同时又注重原辅料的生产过程的风险控制，才能有效确保原辅料质量标准的全面性。

1.首先应考虑符合法律、法规和国家标准、行业标准等要求。

2015年4月24日第十二届全国人民代表大会常务委员会第十四次会议修订的《中华人民共和国食品安全法》中规定：国家对保健食品、特殊医学用途配方食品和婴幼儿配方食品等特殊食品实行严格监督管理。保健食品原料目录和允许保健食品声称的保健功能目录，由国务院食品药品监督管理部门会同国务院卫生行政部门、国家中医药管理部门制定、调整并公布。保健食品原料目录应当包括原料名称、用量及其对应的功效；列入保健食品原料目录的原料只能用于保健食品生产，不得用于其他食品生产。使用保健食品原料目录以外原料的保健食品和首次进口的保健食品应当经国务院食品药品监督管理部门注册。但是，首次进口的保健食品中属于补充维生素、矿物质等营养物质的，应当报国务院食品药品监督管理部门备案。其他保健食品应当报省、自治区、直辖市人民政府食品药品监督管理部门备案。原料和辅料应符合相应食品标准和有关规定。

原辅料的质量标准决不可以凌驾于法规和对应的强制性标准要求之上。应先识别原辅料的法律、法规和国家标准、行业标准等要求，再进一步作为质量标准制定的参考依据。考虑进口原辅料产地国家可能对该类原辅料有相关的规定，如有冲突应以从严原则。国内常用的通用的法律、法规、国家标准、行业标准见表8-1。

表8-1　国内常用的通用的法律、法规、国家标准、行业标准

类别	标准号/法规	标准名称/法规名称
常规食品类	GB 26687	食品安全国家标准 复配食品添加剂通则
	GB 2760	食品安全国家标准 食品添加剂使用标准
	GB 14880	食品安全国家标准 食品营养强化剂使用标准
	GB 2761	食品安全国家标准 食品中真菌毒素限量
	GB 2762	食品安全国家标准 食品中污染物限量
	GB 2763	食品安全国家标准 食品中农药最大残留限量
	-	新资源食品的公告
	-	对应食品原辅料的食品安全标准
药食同源	-	中华人民共和国药典或对应食品原辅料的食品安全标准
保健食品原料	-	原国家食品药品监督管理总局公告：《保健食品原料目录（一）》（2016年第205号）
保健食品原料	-	《卫生部关于进一步规范保健食品原料管理的通知》（卫法监发〔2002〕51号）中规定的既是食品又是药品的名单（87种）

2.应充分考虑评估原辅料本身特性和工艺过程可能带来的质量风险。

不同原辅料本身特性不同，其功效指标不同；制作工艺不同，也直接影响原辅料的质量风险指标。因此，应在原辅料引入阶段，即投入使用，充分收集该类原辅料的物料信息作为评估依据，如原料来源、辅料、加工助剂、添加剂、工艺流程等。同时，对于不同类别原辅料有不同特性，虽然国家标准不一定有强制要求，也应识别、评估其特有的食品安全指标。例如，针对动物性来源的，应充分评估其兽药残留的可能性；

针对植物性(包括植物提取物类)来源的，应充分评估其农药残留的可能性；针对提取物类和化学合成的，其生产工艺若有试剂提取工艺，应评估溶剂残留的可能性；针对乳制品及奶粉类，应充分评估三聚氰胺及黄曲霉毒素M1的指标；针对植物类蛋白，应充分评估三聚氰胺及黄曲霉毒素B1的指标；针对海产品类，应充分评估黄曲霉毒素B1、多氯联苯的指标等。只有应用这些资料进行全面、充分的风险评估，并分析出其特有的物理危害、生物危害和化学危害，再针对一系列可能的危害风险制定相应的指标、检验方法或控制措施，并体现于质量标准中，才能有效保证原辅料的质量。

3.广泛收集行业上曾经发现该类原辅料出现的食品安全事件、掺假违规事件等，充分评估和研究该类原辅料的功能性指标、鉴别方法，特别是存在的中药材掺假问题及部分难以鉴别的原辅料，如蜂胶、大豆异黄酮等。

对于鉴别难度大的原辅料，提倡企业投入资源自主研究或与科研机构合作研究其鉴别指纹图谱。对于原辅料曾经出现的食品安全事件，一方面既要关注生产过程质量控制，另一方面基于风险，质量标准应考虑体现该类指标的入厂检验频次和限值。同时应考虑在质量标准中约定厂家的出厂检验报告体现该指标，及定期提供第三方检测结果，以进一步降低风险。

4.充分考虑评估使用该原辅料的成品工艺、配方需求。

如部分原辅料的使用过程，对粒度可能有所要求，如大豆分离蛋白、乳清蛋白粉对应成品生产工艺，可能有分散性的要求；同时，有些指标需考虑最终产品对应的强制性标准中指标限值制约，进行配方核算分析出对应配方中原辅料的指标限值要求。因此，必须充分考虑符合最终产品生产工艺配方要求的原辅料指标要求，虽然这些指标不一定在强制性标准中有所要求，也有可能比强制性标准更严格，同时也缺少参考资料，只能根据成品工艺、配方需求和试制样品的检测，收集一定数据进行分析评估，才能制定出符合终产品生产要求的指标。

5.与国际标准发展接轨，注重原辅料的生产过程控制的风险评估，以作为质量标准中无法涵盖到指标的补充控制。

生产过程控制的风险评估，可建立供应商准入评估机制和审计机制，在投入使用的原辅料之前充分评估原辅料质量风险；同时进行现场过程的动态审计，以确保生产过程的质量控制符合要求；另外，应有定期审计的方案，如出现重大质量问题、多次出现同类质量问题、行业中出现质量安全事件等情况，应考虑重新现场审计，以有效降低质量风险。

6.质量标准应与供应商进行确认，并作为合同附件、补充协议等形式和供应商约定，有效执行，这样才能有效与供应商一起把握质量控制，达成共识和双赢。

(三)原辅料质量的检测方法

1.功效成分检测方法 基于保健食品功效成分的多样性，欲保证保健食品的质量，首先要有一套完整的质量检测体系以控制其内在质量。对功效成分清楚的产品，建立其定性、定量的方法，方法特异性强的可直接定量，无特异性的定量方法，应有特异的定性方法，起到鉴别真伪，确定有效成分的作用。对功效成分不清楚的产品，建立其主原料的定性、定量方法，以确定产品中药材的存在及含量。对无特异性测定方法的产品可用共性成分的测定方法，充分利用现代科学的分析方法，如薄层色谱法、气相色谱法、高效液相色谱法、质谱法等。

色谱技术实质上是一种物理化学分离方法，即当两相做相对运动时，由于不同的物质在两相（固定相和流动相）中具配系数（或吸附系数）不同，通过不断分配（即组分在两相之间进行反复多次的溶解、挥发或吸附、脱附过程）从而达到分离的目的。色谱技术已经发展成熟，具有检测灵敏度高、分离效能高、选择性高、检出限低、样品用量少、方便快捷的特点，被广泛应用于食品工业的安全检测中。色谱中常用的方法有气相色谱法、高效液相色谱法、薄层色谱法和免疫亲和气相色谱法，能够准确、灵敏地进行快速定性与定量分析，在食品安全检测中广泛地应用于天然毒素、农药、食品添加剂等的检测。薄层色谱法是20世纪30年代发展起来的一种分离和分析方法。仪器操作简单、方便、应用广泛，但灵敏度不高。薄层色谱在定性、半定量以及定量分析中发挥着重要作用。质谱分析是一种测量离子荷质比的分析法，质谱作为理想的色谱检测器，不仅特异性强，而且具有极高的检测灵敏度。色谱与质谱联用技术的优点，成为分析化学的研究热点。其中，气相色谱-质谱联用技术（GC-MS）与液相色谱-质谱技术（LC-MS）应用于有机物的定性定量分析，后者通常用于极性较大，热稳定性强、难挥发的样品分析。

薄层色谱法由于影响方法精密度的因素较多，定性多于定量。保健食品中苷类、黄酮类以及少部分碳水化合物、维生素的定性鉴别多用薄层色谱法。

光谱分析法是利用物质发射、吸收电磁辐射以及物质与电磁辐射的相互作用而建立起来的一种方法，通过辐射能与结构之间的内在联系及表现形式，以光谱测量为基础形成的方法。光谱分析是一种无损的快速检测技术，分析成本低。其中，拉曼光谱、红外光谱、近红外光谱以及荧光光谱等在食品安全检测中应用较为广泛。

近红外光谱（NIR）分析技术通过建立校正模型对样品进行定性或者定量分析。近红外光谱技术具有速度快、无需制备样品以及成本低的特点，已经广泛应用于食品安全检测分析方面。拉曼光谱技术是一门基于键的延伸和弯曲的振动模式，利用散射光的强度与拉曼位移获取信息。在食品安全检测分析中，可以定性分析待测物质，也可以定量检测食品成分含量的多少。高光谱图像是20世纪80年代发展起来的新技术，集图像信息与光谱信息于一身，在农畜产品、食品的品质与安全性检测中有着广泛的应用。

生物检测技术近年来飞速发展，且在食品检测中备受关注。由于食品多数来源于动植物等自然界生物，因此自身天然存在辨别物质和反应能力。利用生物材料与食品中化学物质反应，从而达到检测目的的生物技术，在食品检验中显示出巨大应用潜力，具有特异性生物识别功能、选择性高、结果精确、灵敏、专一、微量和快速等优点。应用较广泛的方法有酶联免疫吸附技术、PCR技术、生物传感器技术以及生物芯片技术等。酶联免疫吸附技术是建立在免疫酶学基础上，将抗原抗体反应的高度特异性和酶的高效催化作用相结合而发展建立的分析方法。基本原理是利用酶标记的抗原或酶标记的抗体作为主要试剂，通过复合物中的酶催化底物呈色反应来对待测物质进行定性或定量分析，在农药和兽药残留、违法添加物质、生物毒素、病原微生物、转基因食品等食品安全检测方面应用广泛。PCR技术，即聚合酶链式反应技术，是一种体外酶促合成DNA片段的方法，是调查食品源疾病爆发及鉴定响应病原菌的有用工具，以其特异性强、灵敏度高以及准确快速等优点在检测领域广泛应用。生物传感器是一种将生物识别元素与目标物质结合的物理传感器，具有高特异性和强灵敏度、反应速度快、成本低等特点，成为食品检测中的重要工具。生物芯片法是一项综合分子生物技术、微加工技术、免疫学、计算机等技术的全新微量分析技术，将分析过程集成在芯片上完成，实现样品检测的连续化、集成化、微型化和信息化。在食品安全检测中可应用于食源性微生物、病毒、药物、真菌毒素以及转基因食品等项目的检测分析。

2.重金属的检测方法　重金属的测定分析方法包括比色法、原子吸收光谱法、极谱法等，但最常用的是原子吸收光谱法，它具有选择性强和灵敏度高的特点。

原子吸收光谱法（atomic absorption spectroscopy，AAS），又称原子吸收分光光度法，是一种根据特定物质基态原子蒸气对特征辐射的吸收来对元素进行定量分析的方法。

原子吸收光谱仪主要由锐线光源、原子化器（与试液相连）、分光系统、检测系统和电源同步调制系统组成。在测定特定元素含量时，用该元素的锐线光源发射出特征辐射，试液在原子化器中发生雾化并解离为气态基态原子，它通过吸收该区的元素特征辐射使后者得到减弱，经过色散系统和检测系统后测得吸光度，最后根据吸光度与被测定元素浓度之间的线性关系，进行该元素的定量分析。最常用的分析方法为标准曲线法，即配制一系列不同浓度的标准溶液，在相同测定条件下用空白溶液调整零吸收，根据标准溶液浓度和吸光度绘制吸光度-浓度标准曲线、测定试样溶液的吸光度，并用内插法在标准曲线上求得试样中被测定元素的含量。

3.农药残留和真菌毒素的检测方法　保健食品中的农药残留主要包括有机磷类和有机氯类，根据农药的化学特性和毒理学性质，有机氯类主要用色谱法检测，有机磷类测定方法有色谱法和酶抑制法（EIM）。

酶抑制法是由于有机磷农药能抑制乙酰胆碱酶（AChE）的活性，使其分解乙酰胆碱的速度减慢或停止，再利用一些特定的颜色反应来反映被抑制程度，用目测颜色的变化或分光光度计测定吸光度值，计算出抑制率，就可以判断出样品中农药残留的情况。

保健食品中存在的真菌毒素绝大部分为黄曲霉毒素，其检测方法有薄层色谱法、微柱筛选法、高效液相色谱法。柱筛选法是指将试样提取液通过由氧化铝与硅镁吸附剂组成的微柱层析管，杂质被氧化铝吸附，黄曲霉毒素被硅镁吸附剂吸附，在365nm紫外线下呈蓝紫色荧光，其荧光强度在一定范围内与黄曲霉毒素的含量成正比，以此可测定黄曲霉毒素的总含量。

4.食品添加剂的检测方法 为改善保健食品的色、香、味以及防腐和加工的需要，常在保健食品中加入一些化学合成物或天然物质，即食品添加剂。常见的添加剂有防腐剂、甜味剂、抗氧剂、着色剂，例如山梨酸、苯甲酸等。一般检测方法为添加剂与特定试剂在一定条件下发生颜色或沉淀反应以及重量法以判断其有无，用色谱法判断其含量。

5.其他检测方法 其他方法如滴定法、盐析法、水解法也可用于保健食品的质量控制，根据其与化学试剂及在化学仪器中发生的色反应、盐析、水解等不同反应结果来分析保健食品的质量。

知识拓展

生物素该如何合理应用?

生物素是一种水溶性B族维生素，参与细胞的代谢及维持正常的细胞功能，被广泛添加于各种复合维生素和市售营养补充剂中。随着人们对保健及美容意识的逐年上升，为了达到增强体质、防治脱发、美容等各种目的，服用外源性生物素保健品的人群也越来越多。由于保健品成分的复杂性和名称的多样性，很多人并未意识到自己服用了生物素。生物素OTC保健品推荐剂量多为5～10mg，有研究显示每日摄入生物素10mg，持续7天，在循环血液中检测到的生物素浓度可超过3000pg/ml，这个浓度可影响多项实验室检测。肌钙蛋白作为心肌损伤的重要标志物及临床依据，在急性心肌梗死诊断中扮演重要的角色。已有报道由于生物素干扰而导致肌钙蛋白测定不准确引起患者死亡的报告，因此在测定方法制定时应重视生物素的干扰。

二、保健食品的质量控制

保健食品的质量控制主要包括两个方面：保健食品功能性成分的质量控制和保健食品中常用的质量控制方法。

（一）保健食品功能性成分的质量控制

保健食品功能性成分的质量控制包括从原料的采集到加工处理各个过程的质量控制。

（二）保健食品中常用的质量控制方法

基于保健食品功效成分的多样性，欲保证保健食品的质量，首先要有一套完整的功效成分质量检测体系，以控制其内在质量。

1.对功效成分清楚的产品，建立其定性、定量的方法。方法特异性强的可直接定量，若无特异性的定量方法，应有特异的定性方法，从而起到鉴别真伪、确定有效成分的作用。

2.对功效成分不清楚的产品，建立其主原料的定性、定量方法，以确定产品中药材的存在及含量。

3.对无特异性测定方法的产品可用共性成分的测定方法作为过渡方法，充分利用现代科学的分析方法，如薄层色谱法、气相色谱法、高效液相色谱法、质谱法等。

三、常见功效成分和检测方法

保健食品的功效成分主要分为碳水化合物、蛋白质、酶及氨基酸、脂肪和脂肪酸、维生素、皂苷类、黄酮类以及微量元素。其中碳水化合物主要包括糖类和纤维素。其功效成分的质量直接影响保健食品的质量。此外，保健食品的原料在生长、采集、贮存等过程中，由于环境条件等各个方面因素的影响，易存在农药残留及毒素，影响保健食品质量，且在其加工处理过程中易出现微生物、重金属或食品添加剂等含量不符合规定的情况，所以还需对其进行卫生质量分析。其中微生物的检验一般是选用特定进行培养基培养再经生化试验进行鉴定。

国家市场监督管理总局于2019年发布了《保健食品卫生学理化检验规范（征求意见稿）》，其中规定了二十五种功效成分和标志性成分检验方法，适用于保健食品的注册、复核和备案检验、监督抽验、风险监测及常规检验项目的确定和方法的选择。

（一）多糖

1. 多糖测定的相关标准和方法

（1）行业标准–商品检验：SN/T 4260—2015《出口植物源食品中粗多糖的测定 苯酚–硫酸法》

（2）NY/T 4311—2023《动物骨中多糖含量的测定 液相色谱法》

（3）《中国药典》四部（2020年版）生物测定法，3421，b型流感嗜血杆菌结合疫苗多糖含量测定法

（4）《中国药典》四部（2020年版）生物测定法，3420，伤寒Vi多糖分子大小测定法

（5）《中国药典》四部（2020年版）生物测定法，3419，A群脑膜炎球菌多糖分子大小测定法

（6）NY/T 1676—2008《食用菌中粗多糖含量的测定》

（7）T/GZCX 019—2022《刺梨及其制品中多糖含量的测定》

（8）T/FDCA 007—2022《化妆品舒缓功效评价 体外NO炎症介质含量测定 脂多糖诱导巨噬细胞RAW264.7测试方法》

（9）T/NAIA 0121—2022《枸杞中枸杞多糖含量的测定 高效液相色谱法》

（10）T/CFIAS 6001—2022《天然植物饲料原料及其提取物中多糖的测定 分光光度法》

（11）T/SHRH 034—2021《化妆品舒缓功效测试 – 体外TNF-α炎症因子含量测定 脂多糖诱导巨噬细胞RAW264.7测试方法》

（12）T/SFABA 3—2018《银耳多糖产品中多糖含量的测定》

（13）DB45/T 2143—2020《甘蔗叶中多糖的测定 苯酚–硫酸法》

（14）DB12/T 884—2019《百合鳞茎中多糖的含量测定 紫外/可见分光光度法》

（15）SC/T 3049—2015《刺参及其制品中海参多糖的测定 高效液相色谱法》

（16）DB22/T 2274—2015《金针菇中多糖的测定 苯酚 硫酸法》

（17）DB22/T 1812—2013《人参中人参多糖的无损快速测定 近红外光谱法》

（18）DB22/T 1685—2012《人参中人参多糖的测定 分光光度法》

（19）GB/T 35818—2018《林业生物质原料分析方法 多糖及木质素含量的测定》

2.常用方法及要点

（1）苯酚-硫酸法　多糖先经过乙醇进行醇沉分离，排除其他可溶性糖及杂质的干扰，再与浓硫酸相互作用，其先水解成单糖，并迅速脱水生成糖醛或糖醛衍生物，与苯酚反应生成橙黄色化合物，在一定浓度范围内其颜色强度与多糖的含量成正比，在490nm处应用紫外-可见分光光度计与标准系列比色定量测定。

（2）碱性酒石酸铜滴定法　经过处理的样品多糖沉淀物经酸解后，全部转成单糖，单糖具还原性，在加热条件下直接滴定标定过的碱性酒石酸铜液，以亚甲蓝作指示剂，根据样品液消耗的体积计算还原糖含量，再乘以换算系数0.9计算多糖含量。计算结果表示到小数点后一位。

试样中还原糖的含量（以某种还原糖计）按式8-1进行计算。

$$X=\frac{V_g \times c \times V_1 \times V_3}{m \times V_2 \times V_4 \times 1000} \times 0.9 \times 100 \qquad （式8-1）$$

式中：

X—样品中粗多糖的含量［g/100 g（ml）］;

V_g—标定10ml碱性酒石酸铜液（甲、乙各5ml）消耗标准葡萄糖溶液的体积（ml）;

c—标准葡萄糖溶液的浓度（mg/ml）;

V_1—样品最初提取液总体积（ml）;

V_2—沉淀粗多糖所用样品提取液体积（ml）;

V_3—酸解液中和后定容的体积（ml）;

V_4—测定时平均消耗样品溶液体积（ml）;

m—样品质量（g或ml）;

1000—mg换算成g的换算系数;

0.9—还原糖换算成多糖的换算系数。

若样品含糖量少或水解后溶液颜色太深，影响终点观察误差较大时，可采用回滴法，步骤同（5），但将“加蒸馏水10ml及标准葡萄糖溶液9.0ml”改为“加样品水解液20ml”，然后用标准葡萄糖溶液滴定至终点（预试），正式实验时可先加比预试少1ml的标准葡萄糖溶液于锥形瓶中，如上法测定，记录标准葡萄糖溶液的总耗量（V_g）。

（3）蒽酮比色法　多糖经乙醇沉淀分离后，去除其他可溶性糖及杂质的干扰，糖与硫酸在沸水浴中加热脱水生成羟甲基呋喃甲醛（羟甲基糖醛），再与蒽酮缩合成蓝绿色化合物，其呈色强度与溶液中糖的浓度成正比，应用紫外-可见分光光度计在620nm波长下比色定量。

计算公式如式8-2所示。

$$X=\frac{m_1\times V_1\times V_3}{m_2\times V_2\times V_4}\times 0.9\times 100 \quad （式8-2）$$

式中：

X—样品中粗多糖含量［mg/100 g（ml）］；

m_1—样品测定液中葡萄糖的质量（mg）；

m_2—样品质量（g或ml）；

V_1—样品提取液总体积（ml）；

V_2—沉淀粗多糖所用样品提取液体积（ml）；

V_3—粗多糖溶液体积（ml）；

V_4—测定用样品液体积（ml）；

0.9—葡萄糖换算为粗多糖的系数。

（4）葡聚糖的分光光度测定法　此方法适用于各类食品中以葡聚糖为主要结构，相对分子质量1×10^4以上的水溶性粗多糖的测定，本方法最低检出浓度为5.0 mg/L。食品中相对分子质量$>1\times 10^4$的高分子物质在80%乙醇溶液中沉淀，与水溶液中单糖和低聚糖分离，用碱性二价铜试剂选择性地从其他高分子物质中沉淀具有葡聚糖结构的多糖，用苯酚-硫酸反应以碳水化合物形式比色测定其含量，其显色强度与粗多糖中葡聚糖的含量成正比，以此计算食品中粗多糖含量。

结果计算公式如式8-3所示：

$$X=\frac{(m_1-m_2)\times V_1\times V_3\times V_5}{m_3\times V_2\times V_4\times V_6}\times 0.9\times 100 \quad （式8-3）$$

式中：

X—样品中粗多糖含量（以葡聚糖计）（mg/g）；

m_1—样品测定液中葡聚糖的质量（mg）；

m_2—样品空白液中葡聚糖质量（mg）；

m_3—样品质量（g）；

V_1—样品提取液总体积（ml）；

V_2—沉淀粗多糖所用样品提取液体积（ml）；

V_3—粗多糖溶液体积（ml）；

V_4—沉淀葡聚糖所用粗多糖溶液体积（ml）；

V_5—样品测定液总体积（ml）；

V_6—测定用样品测定溶液体积（ml）。

（5）低聚糖　低聚果糖和异麦芽低聚糖的高效液相色谱测定法　低聚糖各组分用高效液相色谱法分离并定量测定。以乙腈、水作流动相，在碳水化合物分析柱上糖的分离顺序是先单糖后双糖，先低聚后多聚。以示差折射检测器检测。低聚糖的检测有外标法和内标法，但由于保健食品般只需报告低聚糖的总量，故可用厂家提供的基料作对照样，在相同的分离条件下以面积比值法求出样品中低聚糖含量。

低聚糖占总糖的百分含量：因为各组分均为同系物，所以可用面积归一法计算低聚糖各组分总面积值及各组分占固形物（总糖）的百分含量。

低聚果糖占总糖的含量（%）计算如式8-4所示：

$$=\frac{S_3+S_4+\cdots\cdots+S_7}{S_1+S_2+S_3+S_4+\cdots\cdots S_7}\times 100 \qquad (式8-4)$$

式中：

S1—果糖+葡萄糖的峰面积；

S2—蔗糖的峰面积；

S3+……S7—蔗果三糖（GF）……蔗果七糖（GF6）的峰面积。

异麦芽低聚糖占总糖的含量（%）计算如式8-5所示：

$$=\frac{S_3+S_4+\cdots\cdots+S_7}{S_1+S_2+S_3+S_4+\cdots\cdots S_7}\times 100 \qquad (式8-5)$$

式中：

S1—葡萄糖的峰面积；

S2—麦芽糖的峰面积；

S3+……S7—异麦芽糖、潘糖、异麦芽三糖、异麦芽四糖、异麦芽四糖以上的峰面积。

注：以上数值均可在积分仪中直接读出。

（6）硫酸软骨素的分光光度测定法　该方法参考《间苯三酚分光光度法测定硫酸软骨素的研究》。本方法适用于以硫酸软骨素为功效成分的保健胶囊食品中硫酸软骨素的测定。本方法硫酸软骨素的检出限为0.01mg/L。

方法原理为硫酸软骨素在含有盐酸和醋酸的间苯三酚溶液中水解，产物半乳糖醛酸与间苯三酚发生缩聚反应，生成多环的二芳基甲烷呈深粉红色，产物稳定且在558nm处有最大吸收。由于硫酸软骨素水解产物显色后，在一定浓度范围内线性关系良好。

实验所需试剂有硫酸软骨素样品、硫酸软骨素、间苯三酚、盐酸、乙醇、冰醋酸，均为分析纯。硫酸软骨素标准溶液和间苯三酚溶液。实验所需仪器有分析天平、MV-260紫外分光光度计、恒温水浴箱。测定步骤为样品处理、吸收光谱测定、标准曲线的制作和样品测定。

（7）硫酸软骨素的高效液相色谱测定法　该方法参考GB/T 20365—2006《硫酸软骨素和盐酸氨基葡萄糖含量的测定 液相色谱法》。本方法适用于保健食品中硫酸软骨素的测定，硫酸软骨素的检出限为100ng。

实验所需的试剂有硫酸软骨素标准品、乙腈（色谱纯）、戊烷磺酸钠（离子对试剂）、蒸馏水。实验所需的仪器有高效液相色谱仪（安捷伦1260，紫外检测器）、超声波清洗器（EQ-500）、Diamonsil C18色谱柱（250mm×4.6mm，5.0μm，Dikma）。实验步骤为样品处理、标准系列溶液的配制、色谱条件分离、色谱测定和结果分析。

（二）皂苷类化合物

1.测定的相关标准和方法

（1）GB/T 41726—2022《人参单体皂苷鉴定及检测方法》

（2）DB13/T 2818—2018《芦笋汁（粉）中芦笋皂苷检测方法 分光光度法》

（3）MSZ 3227/13.lap—1967《羊毛质量检测水洗羊毛石灰皂含量检测》

（4）T/AHFIA004—2018《食品中总皂苷含量的测定分光光度法》

2.常用方法及要点

（1）绞股蓝总皂苷的分光光度测定法　参考T/AHFIA004—2018《食品中总皂苷含量的测定分光光度法》，皂苷在强氧化性酸的作用下脱氢，再与香草醛加成显色，形成特征的紫红色化合物。在一定浓度范围内，吸光度与皂苷类化合物的含量成正比。该方法绞股蓝总皂苷的检出限为8μg。

（2）红景天苷的高效液相色谱测定法　参考《保健食品中红景天甙的提取和测定方法研究》和《保健食品中红景天甙含量测定及其稳定性研究》。该方法适用保健食品中红景天苷的测定，红景天苷用一定浓度的甲醇提取后，经高效液相色谱分离，与标准品的保留时间比较定性，用峰面积外标法定量。该方法红景天苷的最低检出量为0.5μg/ml。

（三）黄酮类化合物

1.测定的相关标准和方法

（1）SN/T 4592—2016《出口食品中总黄酮的测定》

（2）NY/T 3112—2017《植物油中异黄酮的测定 液相色谱-串联质谱法》

（3）DB43/T 476—2009《植物源性食品中总黄酮的测定》

（4）GB/T 23788—2009《保健食品中大豆异黄酮的测定 高效液相色谱法》

（5）GB/T 20574—2006《蜂胶中总黄酮含量的测定 分光光度比色法》

（6）GB/T 26625—2011《粮油检验 大豆异黄酮含量测定 高效液相色谱法》

（7）NY/T 1295—2007《荞麦及其制品中总黄酮含量的测定》

（8）NY/T 1252—2006《大豆异黄酮》

（9）NY/T 2010—2011《柑桔类水果及制品中总黄酮含量的测定》

（10）NY/T 2741—2015《仁果类水果中类黄酮的测定 液相色谱法》

（11）NY/T 1740—2009《大豆中异黄酮含量的测定 高效液相色谱法》

（12）NY/T 2336—2013《柑橘及制品中多甲氧基黄酮含量的测定 高效液相色谱法》

（13）DB37/T 3123—2018《梧桐花黄酮的提取及其生物活性评价技术规范》

（14）DB22/T 420—2005《保健食品中大豆异黄酮液相色谱测定》

2.常用方法及要点

（1）分光光度法对总黄酮的测定　黄酮类化合物（flavonoids）是具有苯骈吡喃环结构的一类天然化合物的总称，一般都具有C_4位羧基，呈现黄色。黄酮类化合物中的3-羟基、4-羟基或5-羟基、4-羧基或邻二位酚羟基，与铝盐进行络合反应，在碱性条件下生成红色的络合物。本方法对样品（至少设置三个平行样品）中黄酮类化合物进行提取纯化后，用分光光度法于510nm波长下测定其吸光度，与芦丁标准品比较，进行待测物中总黄酮的定量测定。

（2）芦丁的高效液相色谱测定法　本方法适用于植物类食品中芦丁的测定，本方法芦丁的检出限为20ng。芦丁为黄酮类化合物的一种，结构为槲皮素-3-*O*-芸香糖，植物类样品用石油醚脱脂后，经甲醇加热回流提取芦丁，以反相高效液相色谱法分离，在紫外检测器350nm条件下，芦丁浓度一定范围内呈直线关系，以最小二乘法计算，以回归方程对样品（至少设置三个平行样品）中保留峰面积定量。

（3）大豆异黄酮的高效液相色谱测定法　本标准规定了保健食品中大豆异黄酮的测定方法，适用于以大豆异黄酮为主要功能成分的保健食品（片、胶囊、口服液、饮料），也可用于保健食品原料中大豆异黄酮的测定。以大豆苷、大豆黄苷和染料木苷、大豆素、大豆黄素和染料木素混合标准品溶液在色谱条件下进行测定，绘制以峰面积为纵坐标、混合标准使用溶液浓度为横坐标的标准曲线。将制备的样品溶液注入高效液相色谱仪中，保证样品溶液中大豆苷、大豆黄苷、染料木苷、大豆素、大豆黄素和染料木素的响应值均在工作曲线的线性范围内，由标准曲线查得样品溶液（至少设置三个平行样品）中大豆苷、大豆黄苷、染料木苷、大豆素、大豆黄素和染料木素的浓度。

（四）褪黑素

1.测定的相关标准和方法

（1）GB/T 5009.170—2003《保健食品中褪黑素含量的测定》

（2）T/BDAS 002—2023《血清中褪黑素含量的测定 液相色谱-串联质谱法》

（3）T/BDAS 001—2023《牛奶中褪黑素含量的测定 液相色谱-串联质谱法》

2.常用方法及要点　保健食品中褪黑素片剂的测定，非添加褪黑素的天然食品可参照褪黑素的高效液相色谱测定法，本方法褪黑素的检出限为25ng。样品中的褪黑素用甲醇提取后，经高效液相色谱分离，在紫外检测器上检测，波长为260nm，用褪黑素标准液外标法定量，根据峰面积值计算样品中褪黑素的含量。

（五）植物甾醇类

1.测定的相关标准和方法

（1）NY/T 3111—2017《植物油中甾醇含量的测定 气相色谱—质谱法》

（2）GB/T 25223—2010《动植物油脂 甾醇组成和甾醇总量的测定 气相色谱法》

2.常用方法及要点　应用NY/T 3111—2017《植物油中甾醇含量的测定 气相色谱—质谱法》谷甾醇和豆甾醇的检出限为0.02μg。本方法线性范围为0.1～0.5mg/ml。试样中的谷甾醇和豆甾醇经提取后在高效反相色谱C18柱分离，用紫外检测器检测，以谷甾醇和豆甾醇混合标准溶液外标法定量谷甾醇和豆甾醇的含量。

（六）胆固醇

1.测定的相关标准和方法　食品安全国家标准GB 5009.128—2016规定了食品中胆固醇的测定方法。

2.常用方法及要点　样品经无水乙醇-氢氧化钾溶液皂化，石油醚和无水乙醚混合提取，提取液浓缩至干，无水乙醇溶解定容后，采用高效液相色谱仪检测，以胆固醇标准品外标法定量。

（七）脂肪酸（烯酸）类化合物（10-羟基-α-癸烯酸）

1.测定的相关标准和方法 该方法参考《HPLC法测定蜂王浆制剂中的10-HDA及防腐剂的含量》。

2.常用方法及要点 本方法适用于以蜂王浆为主要原料的保健食品中10-羟基-α-癸烯酸测定，本方法中蜂王浆的10-羟基-α-癸烯酸的检出限为0.2μg/ml。蜂王浆制品中10-羟基-α-癸烯酸（10-HDA）用甲醇或二氯甲烷提取，于高效液相色谱仪中反相分离后或者采用分光光度测定法，紫外检测器检测，以10-羟基-α-癸烯酸的标准品外标法定量。

（八）维生素类

1.测定的相关标准和方法

（1）GB/T 5009.82—2003《食品中维生素A和维生素E的测定》

（2）GB 5009.84—2016《食品安全国家标准 食品中维生素B_1的测定》

（3）GB 5009.158—2016《食品安全国家标准 食品中维生素K_1的测定》

（4）GB 5009.154—2016《食品安全国家标准 食品中维生素B_6的测定》

（5）GB 5009.85—2016《食品安全国家标准 食品中维生素B_2的测定》

（6）GB 5009.82—2016《食品安全国家标准 食品中维生素A、D、E的测定》

（7）GB 5413.14—2010《食品安全国家标准 婴幼儿食品和乳品中维生素B_{12}的测定》

（8）GB 5413.18—2010《食品安全国家标准 婴幼儿食品和乳品中维生素C的测定》

2.常用方法及要点 保健食品和营养补充剂中的维生素B_1、B_2、B_6、B_{12}、维生素C、烟酸和叶酸在0.05 mol/L盐酸环境下150 kPa水解，37 ℃保温酶解，样液经C18反相柱分离，在波长为290 nm和260 nm处检测，以混合标准品溶液用外标法对样品中的各种维生素定量。

（九）氨基酸的检测方法

邓自西在《高效液相色谱-二极管阵列检测法测定酵母浸膏中水解和游离色氨酸的含量》中介绍了色氨酸的高效液相色谱测定法，方法主要是试样的游离色氨酸经处理后，在高效反相色谱C18柱上分离，用紫外检测器或二极管阵列检测器检测，以氨基酸标准品溶液为参照外标法定量游离色氨酸的含量。

知识拓展

保健食品与运动员

维生素主要以辅酶或辅基的形式参与机体代谢。运动员在训练或比赛过程中，体内维生素含量出现不同程度的减少，需要从维生素营养补充剂中获取。维生素缺乏或过量都会对机体造成一定的影响，因此有必要检测保健食品中的维生素含量，以确保摄入适量。摄入量应该根据运动员的运动强度、运动项目、竞赛阶段适量补充。维生素建议摄入量见表8-2。

表8-2　维生素建议摄入量（mg/d）

	正常人	小强度运动员	中强度运动员	高强度运动员
维生素A	0.8	2～3	2～3	3～6
维生素B_1	1.2～2.1	2.5～5.0	2.5～5.0	2.5～5.0
维生素C	50～100	100～140	140～200	200～400
维生素E	7～10	14～20	24～30	30～50

注：孙宁.维生素营养补充剂对运动员运动能力的影响［J］.食品研究与开发，2021，42（10）：225-226.

第二节　保健食品的卫生学检验

一、保健食品卫生学检验的目的

对保健食品的检测离不开检测设备的开发，所以检测设备及方法也是影响卫生指标检验的因素。

保健食品的卫生学检验其目的是检查食品中是否含有或被污染有毒、有害物质，判定是否符合卫生标准的要求，从而保证食用的安全性。2018年开始国家食品药品监督管理部门对于保健食品的监管由国家市场监督管理部门履行。

二、保健食品卫生学检验的原则

保健食品作为食品的一个种类，确定卫生学检验项目的原则有以下三方面。

1.产品应符合GB 16740—2014《食品安全国家标准　保健食品》的各项卫生指标要求：砷、铅、汞、菌落总数、大肠菌群、霉菌和酵母、金黄色葡萄球菌、沙门氏菌提出了限量指标，所有的保健食品的检验指标都应符合这个标准。

2.检验保健食品的食品原料是否符合卫生标准要求：相当一部分保健食品是在正常食品中（如奶粉、酒类）加入一些特殊成分后构成的，这些正常的食品应符合相应的卫生标准要求。

3.保健食品的功效成分应对人体不构成危害：保健食品与普通食品的最大区别在于前者含有的特殊功效成分，这些成分往往是外来加入的非正常食用物质，其中含有或可能含有对人体构成危害的有毒、有害物质。

三、保健食品卫生学检验的具体要求

1.原料要求　原料质量应符合有关标准要求。

2.感官指标　见表8-3。

3.理化指标　理化指标应符合相应类属食品的食品安全国家标准的规定，按GB 5009系列标准执行。

表8-3　感官指标

项目	要求	检验方法
色泽	内容物、包衣或囊衣具有该产品应有的色泽	取适量试样与50ml烧杯或者瓷盘中，在自然光下观察色泽和状态。嗅其气味，用温开水漱口，品其滋味
滋味、气味	具有产品应有的滋味和气体，无异味	
状态	内容物具有产品应有的状态，无正常视力可见外来异物	

4.污染物限量　污染物限量应符合GB2762中相应类属食品的规定，无相应类属食品的应符合表8-4的规定。

表8-4　污染物限量

项目	指标	检验方法
铅[a]（Pb）（mg/kg）	2.0	GB 5009.12
总砷[b]（As）（mg/kg）	1.0	GB/T 5009.11
总汞[c]（Hg）（mg/kg）	0.3	GB/T 5009.17

[a]袋泡茶剂的铅≤5.0mg/kg；液态产品的铅≤0.5mg/kg；婴幼儿固态或者半固态保健食品的铅≤0.3mg/kg；婴幼儿液态保健食品的铅≤0.2mg/kg

[b]液态产品的总砷≤0.3mg/kg；婴幼儿保健食品的总砷≤0.3mg/kg

[c]液态产品（婴幼儿保健食品除外）不测总汞；婴幼儿保健食品的总汞≤0.02mg/kg

5.真菌毒素限量　真菌毒素限量应符合GB2761中相应类属食品的规定和（或）有关规定。

6.微生物限量　微生物限量应符合GB29921中相应类属食品的规定和相应类属食品的食品安全国家标准的规定，无相应类属食品规定的应符合表8-5的规定。

表8-5　微生物限量

项目	采样方案[a]及限量		检验方法
	液态产品	固态或半固态产品	
菌落总数[b]（CFU/g或ml）≤	103	3×10^4	GB 4789.2
大肠菌群（MPN/g或ml）≤	0.43	0.92	GB 4789.3 MPN计数法
霉菌和酵母（CFU/g或ml）≤	50		GB 4789.15
金黄色葡萄球菌≤	0/25g（ml）		GB 4789.10
沙门氏菌≤	0/25g（ml）		GB 4789.4

[a]样品的采样及处理按GB 4789.1执行

[b]不适用于终产品含有活性菌种（好氧和兼性厌氧益生菌）的产品

7.食品添加剂和营养强化剂　食品添加剂应符合GB 2760的相关规定；营养强化剂的使用应符合GB14880和（或）有关规定。

8.保健功能要求

（1）产品的保健功能应与卫生部指定实验室的功能评价结果相一致。

（2）已确定功能成分及其含量的保健食品，产品的功能成分及其含量应与其评价结果相一致。

9.标识要求　应符合《保健食品标识规定》和《保健食品注册与备案管理办法》（国家食品药品监督管理总局令第22号）的要求。

第三节　保健食品生产过程的质量控制

一、保健食品生产管理规范

为规范保健食品生产质量管理，根据《中华人民共和国食品安全法》及其实施条例，制定了GB 17405—1998《保健食品良好生产规范》（现行有效），对保健食品生产企业的机构与人员、厂房与设施、设备、物料与成品、生产管理、质量管理和文件管理等方面的基本要求做了规定。企业应当严格执行本规范，坚持诚实守信，禁止任何虚假、欺骗行为，确保产品质量安全。

（一）生产管理

企业应当根据保健食品注册批准的内容，制定生产工艺规程及岗位操作规程，以确保生产的保健食品达到规定的质量标准，并符合注册批准的要求。按照生产工艺规程和岗位操作规程进行生产，并有相关记录。

1.建立编制生产批号和确定生产日期的规程。每批保健食品均应当编制唯一的生产批号。生产日期不得迟于产品成型或灌装（封）前经最后混合的操作日期。每批产品均应当有相应的批生产记录，可追溯该批产品的生产与质量相关的情况。批生产记录的内容至少应当包括：生产指令、各工序生产记录、工艺参数、生产过程控制记录、清场记录、质量控制点监控记录及偏差处理等特殊问题记录生产指令的内容至少应当包括：产品名称、规格、批号、生产数量，主要原辅料及包装材料理论消耗量、签发人和签发日期。

生产记录的内容至少应当包括：操作前准备情况记录、操作过程中生产设备状态记录、具体操作的参数记录、生产操作者及复核者的签名。

2.生产前应当按规定对生产场所进行确认和清洁，确认生产场所没有上批生产的留物品和与本次生产无关的物品，生产车间、设备、管道、工具和容器经清洁、消毒达到本次生产的卫生要求。确认和清洁应当按要求填写记录并按规定进行复核合格后方可进行生产。每批产品生产应当按生产指令要求领用原辅料和包装材料，并进行严格复核，确认其品名、规格、数量和批号（编号）与生产指令一致，并确认没有霉变、生虫、混有异物或其他感官性状异常、超过保质期等情形。

物料应当经过物料通道进入车间。进入洁净室（区）的必须除去外包装或进行清洁消毒。配料、称量和打印批号等工序应当经二人复核无误后方可进行生产，操作人和复核人应当在记录上签名。

3.生产过程应当按工艺规程和岗位操作规程控制各工艺参数，及时填写生产记录。

中间产品应当进行产品质量控制和复核。中间产品必须制定储存期限和条件，并在规定的时间内完成生产。

4.不同品种、规格的产品的生产操作应当采取隔离或其他有效防止混淆的措施。为防止污染，生产操作间、生产设备和容器应当有清洁状态标识，标明其是否经过清洁以及清洁的有效期限。

5.每批产品应当进行物料平衡检查。如有显著差异，必须查明原因，在得出合理解释，确认无潜在质量隐患后，方可按正常产品处理。

生产过程中出现偏差时，应当按规定程序进行偏差处理，并如实填写偏差处理记录。批产品生产结束应当按规定程序进行清场，剩余原辅料和包装材料应当及时包装退库，废弃物品应当按规定程序清理出车间并及时销毁，工具、容器应当经清洁消毒后按定置管理要求放入规定位置，并做好清场记录。

6.批生产记录应当按批号归档，保存至产品保质期后一年，不得少于两年。

7.生产用水必须符合国家生活饮用水要求，工艺用水应当根据工艺规程需要制备，并定期检验，检验应当有记录。

（二）质量管理

生产企业应建立有效的质量保证体系，质量保证体系应当涵盖实施本规范和控制产品质量要求的所有要素。应当建立完整的程序来规范质量管理体系的运行，并监控其运行的有效性。

1.制定完善的质量管理制度的内容应当至少包括部门和关键岗位的质量管理职责：物料、中间产品和成品放行制度；物料供应商管理制度：物料、中间产品和成品质量标准和检验规范；取样管理度；留样观察和稳定性考察制度；生产过程关键质量控制点的监控制度和监控标准；清场管理制度；验证管理制度；生产和检验记录管理制度；不合格品管理制度；质量体系自查管理制度；文件管理制度；质量档案管理制度等；实验室管理制度；上市产品安全性监测及召回制度等。

2.制定企业内控标准包括原辅料、包装材料、中间产品和成品的内控质量标准其不低于国家有关规定。按质量标准的要求对原辅料、中间体、成品进行逐批检验，检验项目应当包括功效成分或标志性成分，合格后方可出厂，定期对产品进行安全性监测和稳定性考察。每批产品的检验记录应当包括中间产品和成品的质量检验记录，可追溯该批产品所有相关的质量检验情况。

3.根据所生产的品种和工艺确定生产过程的关键工艺参数和关键的质量控制点，对关键工艺参数和质量控制点应当进行监控并如实记录。制定和执行偏差处理程序，重大偏差应当有调查报告。

4.质量管理部门应当独立行使物料、中间产品和成品的放行权。放行前应当审核相关的生产和检验记录。审核内容包括：物料、中间产品和成品的检验记录、配料及复核记录、关键工艺参数和质量控制点监控记录、清场记录、偏差处理记录和物料平衡等。应当对不合格品的处理结果进行审核，监督不合格品的销毁。不合格品的处理和销毁应当如实记录。

5.定期对洁净车间的洁净度、生产用水进行监控，对监测中发现的异常和不良趋势应当及时采取措施。监测和处理应当有记录。

6.应当制定计量器具和检测仪器检定制度，定期对生产和检验中使用的计量器具和检测仪器进行校验。

7.每批产品均应当有留样。留样的包装形式应当与市售的产品相同：留样数量应当至少满足对该产品按质量标准进行三次全检的需要，或至少4个独立包装产品留样应当存放于专设的留样库（或区）内，按品种、批号分类存放，并有明显标志；应当按标示的储存条件至少保存至产品保质期后一年。

8.应当定期对产品进行安全性和稳定性考察。应当建立完善的企业产品质量档案，质量档案内容包括：产品申报资料和注册批准文件、生产工艺和质量标准、原辅料来源及变更情况。

9.至少每年组织一次质量体系自查。按照预定的程序，对人员、厂房设施、设备、文件、生产管理、质量管理、产品销售、用户投诉和产品召回等项目进行全面检查，证实与本规范的一致性。对检查中发现的问题及时进行整改。自查和整改应当形成完整记录。

二、生产过程在线质量控制

保健食品质量是在生产过程中形成的，与生产过程中每个环节的影响因素密切相关，除对终级产品要按照质量标准进行严格分析、检验、把关外，更有必要建立从原料（包括辅料）到产品生产全过程的（包括在线的）质量控制体系和分析技术标准，对其生产全过程进行实时监测和自动化质量控制。从而真正确保质量均一、稳定。

随着科学技术的发展，特别是各种传感器和计算机技术的发展，过程分析（progress analysis technology，PAT）在许多工业生产领域（包括制药）中得到了广泛的应用。美国食品药品管理局（FDA）于2004年9月颁布了《PAT工业指南》，将PAT定义为一种可以通过测定关键性的过程参数和指标来设计、分析、控制药品生产过程中的机制和手段。其技术的核心是及时获取生产过程中间体的关键质量数据和工艺过程的各项数据，掌握中间体或物料质量，跟踪工艺过程的状态，并对工艺过程进行监控，使产品质量向预期的方向发展，以此降低由生产过程造成的产品质量差异。美国FDA认为，通过在药品生产过程中使用PAT 技术可以提高对工艺设计、生产过程和产品各阶段的重视及质量保证。PAT与常规药品质量分析的主要区别在于过程分析的基础是在线、动态的质量控制，即通过检测找到引起产品质量变动的影响因素，再通过对所使用的原材料、工艺参数、环境和其他条件设立一定的范围，使药物产品的质量属性能够得到精确、可靠的预测，从而达到控制生产过程的目的。这对于在中药生产行业中引入新技术，降低生产成本和损耗、降低生产风险、减少生产中的人为因素、减少污染、节省能源、提高管理效率、保证生产安全等都具有重要意义。同时还可以加深员工对生产过程和产品的理解，提高设备利用率。

PTA技术是一个多学科参与的综合化技术，包括化学、物理学、生物学、微生物学过程的分析、数学与统计学数据的分析、风险分析等。目前国际上通常使用的PTA工具包括：过程分析仪器、多变量分析工具、过程控制工具、持续改善/知识管理/信息管理系统等。

（一）保健食品过程分析系统与模式

保健食品生产过程是一个多环节的复杂工艺体系。从工程分析的角度，其质量控制的主要对象包括两部分：一是工艺过程，如温度、压力、溶剂比等确保工艺过程重现的工艺参数；二是质量指标，包括生产过程原辅料、中间体及成品的各项理化指标如pH值、密度、重量差异、水分、药物成分含量等药物品质指标。质量控制模式亦包括生产设备自有控制系统和分析仪器植入生产线控制。

保健食品生产过程质量分析是采用各种传感器检测被控参数的数值，将其与工艺设定的数值对比，并根据偏差进行调控，使其维持在设定的范围内，以保证生产工艺遵循设定的路线进行。工艺过程参数的控制技术已非常成熟，并在其他工业生产过程中广泛应用。对于质量指标的控制，根据操作程序的不同，可分为离线分析法（off-line）和在线分析法（on-line）两种模式。离线分析是对原辅料或工艺环节完成后的中间体进行质量指标检测，其方法为常规的实验室分析法；在线分析是在工艺环节进行过程中对中间体的质量指标进行在线检测，包括在线质量控制指标的选择、在线检测，在线质量评价模型的建立、质量控制模型的建立等程序。

（二）保健食品生产过程分析特点

1.分析对象的复杂性　由于保健食品生产工艺的复性，决定其分析对象的复杂性，从整个过程看，包括提取、分离、干粉、制剂、包装、清洁等过程；从待测物聚集状态看，包括气态、固态、液态等。不同的对象所选用的分析方法和要求亦各不相同，但总原则应具有快速、简便、重现性好等特点。

2.采样与样品处理的特殊性　由于制药工业生产物料量大，组成有时不均匀，故采样点是关键，必须注意代表性。样品自动和在线采集及预处理是过程分析的发展趋势。

3.分析方法的时效性　制药过程分析方法是建立在对药品生产过深刻理解的基础上的。样品采集于生产线，要求在较短时间内迅速获取分析结果信息，并及时反馈，以便监测生产环节，调节生产参数，控制生产过程，减小生产风险，从而达到控制生产过程质量的目的，因此，过程分析与一般药物分析要求不同，其时效性是第一要求，而准确度则可以根据实际情况在允许制度内适当放宽。

如物料混合均匀度、混合终点的确定，可选择近红外光法、激光诱导荧光法、热扩散法等；制粒的含量均匀度、颗粒粒径和密度的测定可选用近红外光谱法、拉曼光谱法、聚焦光束反射测量法、声学发射法等；颗粒粒径分布可采用激光衍射法、成像分析方法等；水分的测定可采用近红外光谱法；压片和装胶囊的效价、含量均匀度、硬度、孔隙率及重量差异等可选用近红外光谱法、激光诱导荧光法；包衣厚度和均匀度、包衣终点、喷枪与片床距离等测定可选用近红外光谱法，光反射法等。

4.应用化学计量学建模的重要性　过程分析化学计量学（chemometric）是过程检测和过程控制的软件系统，是PAT建立和发展的重要基础，其主要作用是：①检测信号的提取和解析；②过程建模；③过程控制。在制药过程控制中常用的方法包括主成分分析、主成分回归、多变量统计过程控制、偏最小二乘法、聚类分析和人工神经元网络等。

5.过程分析仪器的匹配性　离线分析方法和所用仪器要与一般常规分析方法相同。在线分析仪器应具备对试样的化学成分、性质及含量进行在线自动测量的特点：①具有自动取样和式样预处理系统；②具有全自动化控制系统；③稳定性好，使用寿命长、易维护，能耐受高温、高湿、腐蚀、振动、噪声等工作环境，结构简单，测量精度可以适当放宽。

（三）保健食品生产过程在线质量控制方法与技术简介

1.紫外可见分光光度法　用于过程分析的紫外可见分光光度计的光源、色散元件、光检测器与普通仪器相同，只是将样品池改为流通池。

其测定原理依据于label-Ber定律、若需进行显色反应，则在取样器和分光光度计之间增加一个反应池。一般用自动采样器从生产工艺流程中取样，同时进行过滤、稀释、定容等预处理，然后进入反应池依法加入相应试剂，如显色剂等，反应后流入比色池测量。本法适用于在紫外可见区有吸收或能产生显色反应，且无其他干扰的液体样品。

2.近红外光谱分析法　近红外（near infrared，NIR）谱区是波长范围为780～2500nm（或12800～4000nm）的电磁波近红外吸收光谱主要由分子中C-H、N-H、O-H和S-H等基团基频振动的倍频吸收与合吸收产生。NIR号频率比MR高，易于获取和处理；信息丰富，但吸收强度较弱，谱峰宽易重叠，因此必须对所采集的NIR数据经验证的数学方法处理后，才能对被测物质进行定性定量分析。

在线NHR分析系统由硬件、软件和模型三部分组成。硬件包括近红外分光光度计，以及取样、样品预处理、测样、防爆等装置。其中近红外分光光度计是核心部分，由光源、分光系统、检测系统、数据处理及评价系统等组成。

3.拉曼光谱法　当按一定方向传播的光子与样品相互作用时，会有一部分光子改变传播方向，向不同角度传播的现象称为光散射。如果光子与物质分子发生非弹性碰撞，相互作用时有能量交换，结果是光子从分子处获得能量或将一部分能量给予分子，散射频率发生变化，这时将产生与入射光波长不同的散射光，相当于分子振动转动能级能量差，这一现象称为拉曼效应，这种散射光称为拉曼散射光。拉曼光谱法是建立在拉曼散射基础上的光谱分析法，主要用于物质鉴别、分子结构及定量分析。

4.过程色谱分析法　用于工业生产过程分析的色谱，一般称为工业色谱或过程色谱，与常规实验室分析不同，在过程色谱中，从样本采集、预处理至分析、检测、记录、显示等操作环节都是自动化的。但一般的过程色谱不能进行连续分析，而是间歇、循环式分析。通常循环周期为几分钟到几十分钟。

过程色谱主要由取样与样品处理系统、分析系统和程序控制系统等组成。过程色谱在发酵过程、反应废液分析、易挥发性成分分析、分离纯化等方面都有较好的应用。

5.光纤传感器技术　传感器是一种检测装置，能接收被测定信息，并将其按照一定规律转换成电信号或其他可识别的信息输出。通常分为物理传感器和化学传感器。前者如药物生产过程监控中的温度、压力传感器等；后者主要是由分子识别原件（感受器）和转换部分（换能器）组成。感受器用来识别被测对象，并通过引起某些光、热、化学变化等物理或化学变化以及直接诱导产生电信号，然后再利用电学测量方法进行检测和控制。

光纤传感器具有以下特点：①可以同时获得多元多维信息，并通过波长、相位、衰减分布、偏振和强度调制、时间分辨、收集时信息等加以区分，实现多通道光谱分析和复合传感器阵列的设计，达到对复杂混合物中目标物的检测；②光线的长距离传输还可实现生产过程的快速在线遥测或多点同时检测。如近红外光谱仪器可以在线检测10m以外（400~1030nm）的样品；③其灵活性易于制成便携式仪器，通过光纤探头，可直接插入生产装置的非正直、狭小的空间中，进行原位、实时、无损定位分析。同时也可以在困难或危险环境中采样分析。

（四）生产中自动化质量控制

自动控制是指在没有人直接参与的情况下.利用外加的设备或装置（称作控制器）使机器、设备或生产过程（称作被控对象）的某个工作状态自动地按照预定的参数（即被控量）运行。

自动控制可以解决人工控制的局限性与生产要求复杂性之间的矛盾。生产实行自动控制可以提高产品质量，提高劳动生产率，降低生产成本，节约能源消耗，减轻体力劳动，减少环境污染等优越性。自20世纪中叶以来，自动控制系统及自动控制技术得到了飞速的发展，制剂生产中利用自动控制越来越广泛。例如，物料的加热、灭菌温度的自动测量、记录和控制；洁净车间中空调系统的温度、湿度及新风比的自动调节；多效注射用水机中对所产注射用水的温度、电导率的检测的控制。注射剂生产中所使用的脉动真空蒸汽灭菌柜对灭菌温度、灭菌时间的自动控制和程序控制等。

1.固体制剂不合格品应去除　在制剂生产过程中，需要连续对产品进行检测，以控制和保证产品质量或检测生产状况。在粉针剂生产流水线中，为便于对分装、轧盖、灯检等工序进行考核和计算收率，可在各工序后的输送带上设置光电计数器，通过计数器全面掌握各工序生产状况。片剂生产中，片重差异是片剂的重要质量指标之一。影响片重差异大小的因素很多，不可能对每片进行称量、难以保证不合格的片子不进入合格产品中。而自动剔除片重不合格片剂的压片机，其基本原理为：压片中对冲头采用液压传动，所施加的压力已确定，当片重小于或大于合格范围后，冲头所发生的压力也将小于或大于设定值，通过压力传感器将信号传送给压力控制器、通过微机与输入的设定值比较后，将超出设定范围的信号转换成剔除废片的信号，启动剔除废片执行机构，将废片剔除。

2.灌装制剂不合格品剔除　在制剂生产过程中，需对某一方面进行自动保护，否则将可能影响产品质量或产生其他不利影响。例如粉针剂生产中的螺杆式分装机，其自动保护原理如下。

螺杆式分装机的自动保护主要为防金属微粒的保护：分装机的分装头主要由电螺杆和粉盒组成，螺杆和粉盒锥底均由不锈钢制成，螺杆与锥底的出粉口的间隙很小。为防止螺杆与出粉口摩擦造成金属微粒进入药粉中，在分装头上增设防金属微粒保护装置。当螺杆与出粉口相接触，电路即接通，螺杆将停止转动，并报警。

三、GMP体系的建立要求和方法

GMP是英文Good Manufacturing Practice的缩写，中文意思是良好作业规范，或是优良制造标准，是一种特别注重制造过程中产品质量与卫生安全的自主性管理控制制度。实行GMP可以有效地协助保证产品是在一个洁净的环境下生产、包装、处理的，并且它可以有效地帮助确认产品是否符合出厂要求。

（一）人员管理

1.生产和品质管理人员要求

（1）有与生产保健食品相适应的具有医药学（或生物学、食品科学）等相关专业知识的技术人员、管理人员，技术人员的比例应不低于职工总数的5%。

（2）主管技术的企业负责人必须具有大专以上或相应的学历，并具有保健食品生产及质量卫生管理2年以上的经验。

（3）生产和品质管理部门的负责人能够按GMP的要求对保健食品生产和品质管理中出现的问题做出正确的处理。

（4）保健食品生产企业必须有专职的质检人员，质检人员必须具有中专以上学历。

（5）采购人员应掌握鉴别原料质量、卫生等知识和技能。

2.健康检查及培训要求

（1）从业人员上岗前必须经过卫生法规、卫生知识培训，并建立培训及考核档案。

（2）企业负责人及生产品质管理部门负责人应接受省级以上卫生监督部门有关保健食品的专业培训，并取得合格证书。

（3）从业人员必须每年进行一次健康检查，取得健康证后方可上岗。

3.从业人员个人卫生要求

（1）进车间必须洗手消毒，穿戴整洁的工作服、帽、靴、鞋。不准穿工作服进厕所。

（2）生产车间不得带入个人生活用品，如衣物、食品、烟酒、药品、化妆品等。

（3）直接与原料、半成品和成品接触的人员不准戴环、戒指、手镯、手表，不准浓艳化妆、染指甲、喷洒香水进入车间。

（4）工作时不准吸烟、饮酒、吃食物以及做其他有碍食品卫生的活动。

（二）卫生管理

1.除虫灭蝇的管理

（1）建立必要的管理制度（除虫灭害、杀虫剂领取、使用等）。

（2）建立相应的记录。

（3）建立必需的除虫蝇害设施。

2.有毒有害物品的管理

（1）建立必要的管理制度和相应的记录。

（2）符合国家标准要求。

3.饲养动物的管理

（1）副产品的管理　建立必要的管理制度和相应的记录；建立专用的副产品处理设施。

（2）环境卫生管理　厂区道路通畅，路面硬化，裸露地面绿化。

（三）原料

1.保健食品原料的购入、使用等应有验收、贮存、使用、检验等相关制度及记录，并由专人负责。

2.原料的品种、来源、规格、质量应与批准的配方及产品企业标准相一致。

3.除维生素、矿物质等营养物质外，纳入保健食品原料目录的原料应当符合下列要求。

（1）具有国内外食用历史，原料安全性确切，在批准注册的保健食品中已经使用。

（2）原料对应的功效已经纳入现行的保健功能目录。

（3）原料及其用量范围、对应的功效、生产工艺、检测方法等产品技术要求可以实现标准化管理，确保依据目录备案的产品质量一致性。

4.有下列情形之一的，不得列入保健食品原料目录。

（1）存在食用安全风险以及原料安全性不确切的。

（2）无法制定技术要求进行标准化管理和不具备工业化大生产条件的。

（3）法律法规以及国务院有关部门禁止食用，或者不符合生态环境和资源法律法规要求等其他禁止纳入的情形。

5.运输原料的工具应根据原料特点，配备相应的保温、冷藏、保鲜、防雨防尘等设施，运输过程不得与有毒、有害物品同车或同器混装，符合卫生要求。

6.原料存放要有专用库。原料应按待检、合格、不合格分区，离地离墙、分批次存放，并有明确标志；同一库内不得储存相互影响风味的原料。

（四）成品贮存与运输

1.成品、包装材料分别使用专用仓库，地面干整，便于通风换气，有防鼠、防虫设施，容量与生产能力相适应，产品离地离墙存放。

2.运输工具专用，符合卫生要求。

3.成品仓库有收、发货检查制度和入、出库记录。

4.成品出厂执行“先进先出”的原则。

（五）厂房与设施

1.厂房

（1）厂房的选址必须符合保健食品生产的要求。厂区周围不得有粉尘、有害气体、放射性物质、垃圾处理场和其他扩散性污染源，不得有昆虫大量孳生的潜在场所，避免危及产品安全。

（2）保健食品生产企业必须有整洁的生产环境。生产、行政、生活和辅助区的总体布局应当合理，不得互相妨碍。生产过程产生的废水、废气、废弃物不得对产品造成污染，其处理必须符合国家有关规定。

（3）厂房建筑结构应当完整，并能满足生产工艺和质量、卫生及安全生产要求，并应当考虑使用时便于进行清洁工作。

（4）厂房应当有防止昆虫和其他动物进入的设施。

（5）厂房应按工艺流程及所需洁净级别进行合理布局，功能分区合理，总体布局应（考虑远近）与远期规划相结合，留有发展余地。

（6）必须按生产工艺和卫生、质量要求，划分洁净级别（洁净区，非洁净区），经检测各项指标合格。

（7）应当根据保健食品品种、生产操作要求及外部环境状况配置空气净化系统，使生产区有效通风，并有温度控制、必要的湿度控制和空气净化过滤，保证保健食品的生产环境。

2.空气净化等级　按GB 17405—1998《保健食品良好生产规范》（现行有效）要求，划分洁净级别，原则分为：一般生产区、30万级和10万级区。

洁净区空气洁净度划分为四个级别。

ISO 5：这是最高洁净度的级别，允许的空气悬浮粒子数非常低。一般用于一些对空气洁净度要求极高的应用，如微电子制造和纳米技术研究。

ISO 6：此级别允许的空气悬浮粒子数略高于ISO 5级别。常用于精密制造、光学设备制造等行业。

ISO 7：这一级别的洁净度适用于一些对空气质量有一定要求，但不需要最高级别洁净度的应用，如制药行业和生物技术行业。

ISO 8：这是最低的洁净度级别，允许的空气悬浮粒子数较高，但仍远低于普通环境中的空气悬浮粒子数。适用于一些对洁净度有较低要求的制造和包装过程。

3.洁净厂的设计及安装要求

（1）洁净室（区）与室外大气的静压差应当大于10Pa，并应当有压差指示的装置。空气洁净度规定保持相对负压的相邻房间（区域）之间的静压差应当符合规定，应当有指示压差的装置，并记录压差。

（2）厂房必要时应当有防尘及捕尘设施。空气洁净度等级相同的区域内，产尘量大的操作室应当保持相对负压。产尘量大的洁净室（区）经捕尘处理不能避免交叉污染的，其空气净化系统不得利用回风。

（3）洁净室（区）的温度和相对湿度应当与生产工艺要求相适应，无特殊要求时，温度应当控制在18～26℃，相对湿度控制在45%～65%。

（4）排水设施应当大小适宜，并安装防止倒灌的装置。洁净室（区）内安装的水池、地漏应当符合相应洁净要求，不得对物料、中间产品和成品产生污染。

（5）空气净化级别必须满足生产保健食品净化需要。

4.设备

（1）应当具有与生产品种和规模相适应的生产设备，设备设置应当根据工艺要求合理布局，避免引起交叉污染；上、下工序应当衔接紧密，操作方便。设备选型应当符合生产和卫生要求，易于清洗、消毒或灭菌，便于生产操作和保养维修，并能防止差错和污染。应当建立设备档案，保存设备采购、安装、确认和验证、使用的文件和记录。

（2）与物料、中间产品直接或间接接触的所有设备与用具，应当使用安全、无毒、无臭味或异味、防吸收、耐腐蚀、不易脱落且可承受反复清洗和消毒的材料制造。

（3）产品接触面的材质应当符合食品相关产品的有关标准，应当使用表面光滑、易于清洗和消毒、不易吸水、不易脱落的材料。设备所用的润滑剂、冷却剂等不得对保健食品或容器造成污染。

（4）管道的设计和安装应当避免死角和盲管。确实无法避免的死角和盲管，应当便于拆装清洁，并建立相应的拆装清洁记录；清洁工序应当有相应的验证文件；与设备连接的主要固定管道应当标明管内物料名称和流向。

（5）应当建立设备清洁、保养和维修的规程，定期进行保养和维修，并保存相应的操作记录。

（六）生产管理

1.应当根据保健食品注册批准的内容，制定生产工艺规程及岗位操作规程，以确保生产的保健食品达到规定的质量标准，并符合注册批准的要求。按照生产工艺规程和岗位操作规程进行生产，并有相关记录。

2.应当建立产品划分生产批次的规定，生产批次的划分应当能确保同一批次产品质量和特性的均一性。

3.应当建立编制生产批号和确定生产日期的规程。每批保健食品均应编制唯一的生产批号。生产日期不得迟于产品成型或灌装（封）前经最后混合的操作日期。每批产品均应当有相应的批生产记录，可追溯该批产品的生产与质量相关的情况。

4.批生产记录的内容至少应当包括：生产指令、各工序生产记录、工艺参数、生产过程控制记录、清场记录、质量控制点监控记录及偏差处理等特殊问题记录。

5.生产前应当按规定对生产场所进行确认和清洁，确认生产场所没有上批生产的遗留物品和与本次生产无关的物品，生产车间、设备、管道、工具和容器经清洁、消毒达到本次生产的卫生要求。确认和清洁应当按要求填写记录并按规定进行复核，合格后方可进行生产。

6.每批产品生产应当按生产指令要求领用原辅料和包装材料，并进行严格复核，确认其品名、规格、数量和批号（编号）与生产指令一致，并确认没有霉变、生虫、混有异物或其他感官性状异常、超过保质期等情形。

7.物料应当经过物料通道进入车间。进入洁净室（区）的必须除去外包装或进行清洁消毒。

8.为防止污染，生产操作间、生产设备和容器应当有清洁状态标识，标明其是否经过清洁以及清洁的有效期限。为防止混淆和差错，生产期间所有使用的物料、中间产品均应当有标识，标明名称、批号和数量，中间产品还应当标明储存期限。

9.每批产品生产结束应当按规定程序进行清场，剩余原辅料和包装材料应当及时包装退库，废弃物品应当按规定程序清理出车间并及时销毁，工具、容器应当经清洁消毒后按定置管理要求放入规定位置，并做好清场记录。

10.批生产记录应当按批号归档，保存至产品保质期后一年，不得少于两年。

11.生产用水必须符合国家生活饮用水要求，工艺用水应当根据工艺规程需要制备，并定期检验，检验应当有记录。

（七）品质管理

1.机构设置要求　设置独立并与生产能力相适应的品质管理部门。车间设专职质检员，各班组设兼职质检员，建立企业质量管理图。

2.品质管理制度　企业应建立完善的原辅料、中间产品、成品和不合格品管理制度及记录。

3.检验技术规程　制定原辅料、中间产品、成品的检验技术规程，主要包括质量标准、取样方法、检验方法等

4.实验室管理制度　检验是企业进行产品质量控制的重要手段，也是判定产品是否合格的重要保证。

5.留样观察制度　批次产品留样观察，保留记录，样品保存至保健食品有效期后半年以上。建立工艺操作核查（工艺查证）制度。审核各工艺操作是否符合规定要求。

6.清场管理制度　生产结束应进行清场。清场操作每次应保留记录，保证清场合格。

7.生产记录管理制度　应建立批生产记录管理制度。对各种原始的生产记录和检验记录进行汇总，检查和归档。

8.质量档案管理制度　建立完善的产品质量管理档案，并设有档案柜和档案管理人员。各种记录分类归档，保存2～3年备查。

9.质量标准　质量标准包括：①成品的企业标准；②半成品（中间产品）的质量标准；③原辅料、包装材料的质量标准；④工艺用水质量标准。

10.质量检验

（1）企业必须设置与生产能力相适应的检验室，具备对原料、半成品和成品进行检验所需的仪器、设备，并建立健全的检验制度和检验方法。

（2）仪器定期检查，保证处于良好状态。

（3）质检人员所学专业与检验相关。

11.加工过程的品质管理　制定加工过程中的质量、卫生关键控制点。具备对生产环境进行监测的能力（包括人员和仪器设备等）。定期对关键工艺环境的温度、湿度、空气净化度等指标进行监测，并提供具体报告。

具备对生产用水的监测能力，定期监测，并出具体报告。

12.成品的品质管理　企业必须对成品进行感官、卫生及质量指标检验，不合格者不得出厂。具备对产品主要功效因子或功效成分进行监测的能力，不合格者不得出厂。建立原料、半成品、成品抽样方法。采取投诉与不良反应处理管理。建立用户对保健食品质量的投诉和食用中出现的不良反应记录。同时建立内部质量审核管理，定期对生产和质量进行全面检查，对生产和管理中的各项操作规程、岗位责任进行验证。

四、保健食品生产中HACCP计划建立

食品生产加工企业建立和实施HACCP计划的前提条件至少包括：①满足良好操作规范GMP的要求；②建立并有效实施卫生标准操作程序SSOP；③建立并有效实施产品的标识、追溯和回收计划；④建立并有效实施加工设备与设施的预防性维护保养程序；⑤建立并有效实施教育与培训计划；⑥其他的前提条件包括实验室管理、文件资料的控制、加工工艺控制、产品品质控制等程序。

保健品生产HACCP体系的建立首先要建立和实施前提条件，为HACCP计划的有效实施做准备。因此，保健食品生产过程采用HACCP是提高保健食品质量的法宝。HACCP由危害分析（HA）和关键控制点（CCP）两部分组成。

（一）保健食品的危害分析

为便于危害分析从保健食品原料、加工过程、从业人员的个人卫生和建筑设计与设施、设备到产品，应对每个步骤描述流程图进行评价。

1.原料的危害分析　保健食品的原料主要来自于动物、植物，还有辅料，如水、添加剂等。在对原料作危害分析时，首先要清楚使用的是什么原料或主要成分；这些原料表面和原料中是否可能存在有关的微生物，如果有，是什么微生物；原料是否有毒性或含有毒性物质，如果有，可能是什么毒性物质。具体应根据原料的品种、来源、规格、质量指标等情况作具体分析，一般从细菌性（菌落总数、大肠菌群和相关的致病菌等）、化学性（农药、杀虫剂、抗生素、洗消剂、激素、化学污染物等）和物理性（玻璃碎片、小石子、金属碎片等杂质）方面进行危害分析。此外，企业对生产所用的水和辅料的卫生状况也应加以危害分析。保健食品企业对投料生产的保健食品原料进行危害分析是确保最终产品安全的重要环节。

2.加工过程的危害分析　保健食品在制作、加工和贮藏过程中污染物是否能接触食品。在加热或消毒过程中，有关微生物或毒性物质是否能被消灭；经加热或消毒后是否会被有关的微生物或毒素进一步污染；如果使用防腐剂，防腐剂浓度是否足以能防止有关的微生物生长。在制作和贮藏过程中，有哪些有害微生物会存在，是否有繁殖和产生毒素的可能性；每次制作，加工和贮存过程需要多少时间，这些时间是否有利于微生物的生长繁殖和产生毒素。为产品需要而加入的有关成分（如硒、铬、亚硝酸钠等）是否超过规定限量。产品的水分活度是否有助于微生物的生长；产品的pH值是否能防止微生物生长或灭活特殊致病菌。产品的包装材料、包装方式能否防止微生物污染、细菌侵袭及毒素物质形成（有氧或无氧包装）。产品的贮存方式及环境条件是否会给某些微生物的生长、繁殖创造条件。含有生物活性物质的产品是否会受到微生

物的污染；生产工艺是否能确保最终产品的功效成分不损失、不破坏、不转化和不产生有害中间体。产品的运输条件和运输过程是否有利于微生物生长、繁殖。上述有害成分是否可能在流通、贮藏时形成对人体健康不安全的因素。

3.从业人员的危害分析　在操作过程中，从业人员是否明确自己的健康和个人卫生会影响加工产品安全的重要性；自己是否患有妨碍食品卫生的疾病［痢疾、伤寒、病毒性肝炎等消化道传染病（包括病原携带者），活动性肺结核，化脓性或渗出性皮肤病以及其他有碍食品卫生的疾病］；是否有感染病灶（如咽喉部、鼻腔部金黄色葡萄球菌携带者）。是否经常洗头、洗澡、剪指甲、换衣服；工作服是否保持每天清洁；是否穿上清洁的工作服、帽、鞋后才上岗；暂时离开与自己工作岗位无关的场所（会议室、食堂、盥洗室等）是否脱掉工作服；是否能做到在任何时候都会洗净双手上岗，接触直接入口的食品是否洗净并消毒双手；消毒水的浓度是否保持一直有效；双手的消毒是否能达到要求；从业人员是否清楚如果不按要求操作可能会出现的各种危害及严重后果。

4.设计、设备与设施的危害分析　厂房设计、设备与设施的配置是否符合GB 14881—2014《食品生产通用卫生规范》的要求；工艺流程布置是否将原材料与成品分开；人流与物流是否有交叉污染存在；产品是否按照生产工艺和卫生、质量要求，划分洁净级别；洁净级别是否能满足生产加工保健食品对空气净化的需要；生产片剂、胶囊、丸剂以及不能在最后容器中灭菌的口服液等产品是否采用十万级洁净厂房；十万级洁净区是否安装了具有过滤装置的相应的净化空调设备；洁净厂房的温度和相对湿度是否与生产工艺要求相适应；下水道、洗手间及其他卫生清洁设施是否会对保健食品的生产带来污染。此外，生产过程是否会产生不安全因素，如玻璃容器的破碎、维修机械设备时落下的碎金属和机油渗漏等；设备清洗消毒是否符合要求；洗涤剂、消毒剂是否会产生不安全因素；包装区域是否具备正压条件，设备及各种仪器仪表（如温度、时间）运行是否稳定。

（二）保健食品的关键控制点

关键控制点是针对一个或多个因素采取某项控制措施（工艺流程、加工操作或位置等），以消除、避免或降低危害。保健食品加工制造过程的CCP包括产品配方、有效成分提取、消毒灭菌方法和防止操作过程交叉污染、从业人员及生产环境卫生状况等。保健食品的关键控制点应根据危害分析后确定，从而采取相应的措施对生物性、化学性和物理性危害进行控制，其中重点应放在对生物性危害的控制。

1.生物性危害的控制　细菌性危害是一种重要的生物性危害，通常情况下，细菌性危害占80 %以上。控制细菌性危害的关键是：充分认识其危害性，防止食品受到细菌污染；控制环境条件，抑制有害细菌繁殖和产生毒素；采用合适的灭菌措施杀灭保健食品原料、贮运、加工和贮藏过程中的有害细菌和破坏其产生的毒素。保健食品所用的各种原料必须符合国家相应的卫生要求及有关规定。生产过程中，尽量采用机械化、管道化和密闭化，保持生产环境洁净无尘，通风良好，温度不应过高，防霉、防虫（鼠），防尘设施符合要求。生产工用具、设备设计合理，表面光洁，不存在积垢和无法清除的死角，便于清洗和消毒。原料、半成品、成品严格分开，防止食品原料对产品的污染，控制食品贮运过程的温度，不得与其他货物同车运输，防止交叉污染。食品生产经营人员每年必须进行健康检查，取得健康证明后方可参加工作；进入生产车间必须穿戴清洁的工作服、帽、鞋，并做好手的清洗与消毒工作。作为保健食品技术人员应掌握抑制各种致病菌生长、繁殖的最小水分活度（aw）、最低pH值、最高pH值、最大盐浓度、最低温度、最高温度、氧的需求等技术参数，根据危害分析结果，制定相应的措施，控制与细菌生长繁殖为密切的技术参数，这对预防和控制细菌性危害十分关键。例如在干燥工艺过程中科学地把水分活度制定为0.85或以下，可有效地阻止成品中致病菌（包括金黄色葡萄球菌）的生长和毒素的形成。

2.化学性危害的控制　人们常常对生物危害极为重视，因为生物性危害可造成疾病的流行暴发。殊不知，化学性危害也会引起食源性疾病（如日本的森永奶粉事件，由于使用了工业级食品添加剂，造成工厂砷化物污染引起的食物中毒）。我国的甲醇、亚硝酸盐引起的食物中毒等均对人体造成严重的危害；农药、化肥等也是保健食品中最重要的化学危害。因此，对化学性危害的控制不可忽视。可以从以下三方面进行控制：①控制保健食品原料中存在天然的有毒物质，要求供应商提供原料的合格检验报告、质量保证书等有关的证明材料，包括原料的品种、规格、质量指标等。如果是从动物、植物中提取的单一有效物质或以生物，化学合成物为原料的，应索取该物质的理化性质及含量的检测报告；含有兴奋剂或激素的原料，应索取其含量检测报告，按照《食品卫生法》的规定，不得收购和采用有毒有害的原料。②控制保健食品生产过程的污染：对配方中必须要加入的有害化学物质应掌握每种原料成分的详细规格，核实原料有毒有害的测试报告；加工中直接或间接使用的食品添加剂必须是经国家批准的，使用量和使用范围都符合有关要求，并保存检测记录。生产所用的用具、容器、生产管道、包装材料必须符合国家有关的规定；使用的清洁剂和消毒剂必须是卫生行政部门批准的产品。使用后残留量不得超出国家规定。为设备与设施维修和保养的润滑剂、涂料必须是食用级的，不得使用非食用级原料。产品贮运过程中也应防止化学性物质的污染，特别是贮藏过程中的温度和时间应加以控制，例如卫生部食品卫生监督检验所对330件进口鱼油进行稳定性试验保温3个月后，其中6件产品的过氧化值比未保温试验的产品平均高出1倍多，最高的甚至达到2.4倍。③最终产品（包括产品标签）应按照国标要求和产品企业标准的规定项目经检验合格后方可出厂，必要时可对产品进行农药、激素、兴奋剂等的检测，以确保控制化学性危害。

3.物理性危害的控制　物理性危害主要包括各种外来物质对食品的污染。为控制物理性危害，在保健食品生产过程中，需要安装辅助设备以保证最终产品的安全性，根据具体情况，可设金属探测器、吸铁石和过滤器，防止物理性危害对食品消费者的安全造成危害。

SSOP是卫生标准操作程序（Sanitation Standard Operation Procedures）的简称，是食品企业为了满足食品安全的要求，在卫生环境和加工过程等方面所需实施的具体程序，是实施HACCP的前提条件。

与产品或其加工过程中某个加工步骤有关的危害由HACCP实施，与加工环境或人员有关的危害由SSOP控制。有了SSOP和HACCP就会更有效，因为它可以更好地把重点集中在与食品加工有关的危害上，所以SSOP是HACCP的基石。企业卫生管理面临的困难之一就是，经常会有经过培训的员工流失，新补充的员工又未能及时培训。解决这一问题的方法之一就是制定详细的SSOP文件，并实行制度上墙，以保证任何一个新员工根据SSOP指示都能正确进行符合卫生要求的操作。

HACCP体系并不是一个零风险的体系，一个完整食品安全管理体系在生产实践中需要基础的GMP和SSOP等制度的支撑，同时HACCP作为最高层次在预防性食品安全控制体系起着关键性的作用。所以建立完整的基于HACCP的食品安全管理体系是从工厂设计到日常的运行质量控制都要具备的一个良好的基础。结合保健品生产的实际情况对产品进行描述，并绘制产品的工艺流程图，按照工艺流程图进行危害分析。在对工艺流程图进行危害分析的基础上，确定产品的关键控制点。针对关键控制点确定了关键限值，建立了保健品生产加工的HACCP计划。通过在实际工作中对CCP控制点的验证，证明HACCP计划的实际效果。

第四节　保健食品稳定性研究

稳定性试验研究是保健食品质量控制研究的重要内容之一。也是保健食品注册、监管工作的重要依据之一。保健食品注册申请人应按照法律、法规、规章及国家相关标准等的有关要求，应根据产品具体情况。合理地进行稳定性试验设计和研究。原国家食品药品监督管理总局办公厅印发了《保健食品稳定性试验指导原则》，自2014年1月1日起施行。保健食品注册检验机构应按照国家相关规定和标准等要求，根据样品具体情况，合理地进行稳定性试验设计和研究。

一、概述

保健食品的稳定性试验的目的是确定产品保质期：在既定的保质期内，保健食品的各项指标符合该产品的标准要求。保健食品的保质期根据《保健食品管理办法》规定，一般为1.5～2年，一些特殊品种根据试验的结果，另制定产品保质期。

（一）稳定性试验的方法

1.根据产品要求的保存条件，存放产品一年半以上至二年内，进行保存前后的检验，或与近期以相同技术方法、相同配方生产的产品进行检验比较分析，制订该产品的保质期。这种方法的优点是客观地、真实地反映产品的质量变化情况，适合于成分比较稳定的保健食品。

2.人工模拟条件，进行试验，即把产品保存在温度37～38℃，相对湿度70%～80%。并分别在开始保存后的0天、30天、60天、90天对产品进行检验分析，制定保质期。完全通过90天试验的产品的保质期可定为2年。这种方法的特点是试验周期矩，全部试验可在3个月完成，但这种方法由于条件单一，不能完全反映产品的质量变化情况。稳定性试验无论用哪种方法进行，都至少要用三个批号的产品。

（二）确定稳定性试验检验指标的原则

1.保健食品的功效成分应作为稳定性试验的必检指标　保健食品之所以具有保健作用，是由于它含有的功效成分所起的作用。检验功效成分含量的变化情况，是制定保质期主要依据。在保质期内的功效成分不应发生较大幅度的变化，符合产品的标准要求。需要指出的是，一部分保健食品的功效成分不能通过稳定性试验，主要有以下4个原因。

（1）生产工艺技术不过关使功效成分发生大的变化。以“加入”形式构成的保健食品，如果不能混匀在检验中很容易变化。

（2）对功效成分的理化及生物学特点不了解，采取措施不当。双歧杆菌是一种有调节胃肠道菌群作用的厌氧菌，加入这种菌构成的保健食品，如不是真空包装，会影响试验结果。

（3）检验技术和方法的问题，由于对很多功效成分尚无规范性的检验方法，对检验所用方法缺少深入的研究，可能会影响结果。

（4）产品的包装类型和密封程度影响结果的准确性。

2.有卫生学意义的指标，是稳定性试验的内容之一　卫生指标在产品的保质期内绝对不能超出所制定的卫生标准。稳定性试验的卫生指标应包括菌落总数、大肠菌群致病菌、霉菌、酵母菌及与产品类型有关的指标，如含脂类多的应检测酸价、过氧化值等。

3.与产品质量相关的指标，作为试验的内容　主要包括对产品外部的感官检验和产品质量标准中规定指标的检验，如水分、酸度等。

二、保健食品稳定性研究的基本原则

参考《保健食品稳定性试验指导原则》、全国高等中医药教育教材《保健食品研发与应用》《中药、天然药物稳定性研究技术指导原则》，保健食品稳定性研究的基本原则包括以下内容。

（一）保健食品稳定性试验是指保健食品通过一定程序和方法的试验，考察样品的感官、化学、物理及生物学的变化情况。

（二）通过稳定性试验，考察样品在不同环境条件下（如温度、相对湿度等）的感官、化学、物理及生物学随时间增加其变化程度和规律，从而判断样品包装、贮存条件和保质期内的稳定性。

（三）根据样品特性不同，稳定性试验可采取短期试验、长期试验或加速试验。

长期试验是在接近样品的实际贮存条件下进行的稳定性试验，为制订样品的有效期提供依据。加速试验是在加速条件下进行的稳定性试验，其目的是在较短的时间内，了解原料或制剂的化学、物理和生物学方面的变化，为制剂设计、质量评价和包装、运输、贮存条件等提供试验依据，并初步预测样品的稳定性。

1.短期试验　该类样品保质期一般在6个月以内（含6个月），在常温或说明书规定的贮存条件下考察其稳定性。

2.长期试验　该类样品一般保质期为6个月以上，在说明书规定的条件下考察样品稳定性。

3.加速试验　该类样品一般保质期为2年，为缩短考察时间，可在加速条件下进行稳定性试验，在加速条件下考察样品的感官、化学、物理及生物学方面的变化。

三、保健食品稳定性试验影响因素

（一）保健食品的形态及成分

保健食品多以传统中草药、食品强化剂等调配制成。产品形态既有传统食品属性，例如，酒、饮料、蜜饯；也有新的食品属性，例如，胶囊、片剂、颗粒剂、粉末、袋泡茶、冲剂、口服液等。

（二）内在质量的影响

酒类产品由于乙醇的特殊杀菌作用，口服液类产品经高温灭菌和防腐剂的加工处理后产品经3个月的稳定性试验，微生物很难繁殖，且功效成分变化不大。其他形态的保健食品由于内容物多为干品，若工艺中水分含量过高，在保温箱中放置一个月后，微生物很快繁殖，会影响其他有效成分的含量。

（三）外包装的影响

产品外包装材料的优劣也是稳定性试验影响因素之一。玻璃材质和铝箔等材料包装，因其物理性质，在温度高、湿度大、放置时间长的条件下其内装食品质量不易改变，产品水分变化不大。塑料袋、塑料瓶、塑封胶囊等材料，由于封口不严，瓶盖密封不好、透气，加之湿气浸润，而造成塑封开胶，胶囊吸水，使产品水分含量升高，其他指标亦受影响，影响稳定性试验结果。

（四）检验设备的影响

产品稳定性试验的设备，在长时期的高温、高湿条件下，易造成内环境异常，微生物大量繁殖、污染产品，直接影响稳定性试验结果。

（五）产品存放状态的影响

产品稳定性试验时，放入保温箱的样品应该是最小包装，不能将外包装尤其是纸盒包装直接放入。纸盒板在制作中加入了淀粉类物质，在高温、高湿条件下存放时，吸收大量水分，使纸盒板变形，大量霉菌繁殖，是影响试验结果的一个不可忽略的因素。

四、保健食品稳定性试验要求

参考《保健食品稳定性试验指导原则》和全国高等中医药教育教材《保健食品研发与应用》，保健食品稳定性试验要求包括以下内容。

（一）样品分类

产品类别不同的产品，其剂型、原辅料、成分等不同，对稳定性试验的要求、方法、判定标准也不同。

1.普通样品　对贮存条件没有特殊要求的样品，可在常温条件下贮存，如固体类样品（片剂、胶囊剂、颗粒剂、粉剂等）；液体类样品（口服液、饮料、酒剂等）。

2.特殊样品　对贮存条件有特殊要求的样品，如益生菌类、鲜蜂王浆类等。

（二）样品批次、取样和用量

应符合现行法规，满足稳定性试验的要求。目前采用三批样品进行稳定性试验，用量应满足稳定性试验的要求。

（三）样品包装及试验放置条件

稳定性试验的样品所用包装材料、规格和封装条件应与产品质量标准、说明书中的要求一致。

1.普通样品　加速试验应置于温度（37±2）℃、相对湿度RH（75±5）%、避免光线直射的条件下贮存3个月。短期试验、长期试验应在说明书规定的储存条件下贮存，贮存时间根据产品质量标准及说明书声称的保质期而定。

2.特殊样品　特殊样品应在说明书规定的贮存条件下贮存。

（四）试验时间

稳定性试验中应设置多个考察时间点，其考察时间点应根据对样品的性质（感官、理化、生物学）了解及其变化的趋势设定。

1.普通样品　长期试验一般考察时间应与样品保质期一致，如保质期定为2年的样品，则应对0、3、6、9、12、18、24个月样品进行检验。0月数据可以使用同批次样品卫生学试验结果。

加速试验一般考察时间为3个月，即对放置0、1、2、3个月样品进行考察。0月的数据可以使用同批次样品卫生学试验结果。

2.特殊样品　在说明书规定的贮存条件下进行考察。保质期在3个月之内的，应在贮存0、终月（天）进行检测；保质期大于3个月的，应按每3个月检测一次（包括贮存0、终月）的原则进行考察。

五、保健食品稳定性资料的审查

稳定性试验考察指标选择原则一般应按照国家有关部门颁布的产品质量标准规定的方法或者企业提供的检验方法，对申请人送检样品的卫生学及其与产品质量有关的指标在保质期内的变化情况进行检测。

（1）产品的稳定性是其质量的重要评价指标之一，是核定产品保质期的主要依据。

（2）申请《保健食品批准证书》或《进口保健食品批准证书》时，申请者须提交产品的稳定性资料。

（3）稳定性试验是将定型包装的产品置于温度37～40℃和相对湿度75%的条件下，选择能代表产品内在质量的指标，每月检测一次，连续3个月，如指标稳定，则相当于样品可保存两年。有条件的申请者，还可选择常温条件下进行稳定性试验，周期一年半，此法较前者更可靠。

（4）产品的稳定性试验，至少应对三批样品进行观察，所有代表产品内在质量的指标均应监测，并应注意直接与产品接触的包装材料对产品稳定性的影响。

（5）有明确功效成分的产品，必须提供功效成分的稳定性资料。

（6）稳定性试验报送的资料，应包括试验方法、数据、结论等有关资料。

六、稳定性试验结果评价

保健食品稳定性试验结果评价是对试验结果进行系统分析和判断，检测结果应符合产品质量标准规定。

（一）贮存条件的确定

应参照稳定性试验研究结果，并结合保健食品在生产、流通过程中可能遇到的情况，同时参考同类已上市产品的贮存条件，进行综合分析，确定适宜的产品贮存条件。

（二）直接接触保健食品的包装材料、容器等的确定

一般应根据保健食品具体情况，结合稳定性研究结果，确定适宜的包装材料。

（三）保质期的确定

保健食品保质期应根据产品具体情况和稳定性考察结果综合确定。采用短期试验或长期试验考察产品质量稳定性的样品，总体考察时间应涵盖所预期的保质期，应以与0月数据相比无明显改变的最长时间点为参考，根据试验结果及产品具体情况，综合确定保质期；采用加速试验考察产品质量稳定性的样品，根据加速试验结果，保质期一般定为2年；同时进行了加速试验和长期试验的样品，其保质期一般主要参考长期试验结果确定。

知识拓展

益生菌类保健食品稳定性试验

近些年，益生菌类产品受到市场关注和追捧。益生菌类保健食品成为各营养健康食品企业研发热点。目前，我国市场上有保健食品批文的益生菌类产品大约100多个。我国益生菌类保健食品有专项申报与审评规定，采取较为严格的市场准入制度。按照申报审批要求，益生菌产品必须提交货架期长期稳定性试验报告。

七、益生菌稳定性试验需要考虑的因素

1.对菌株稳定性的考虑　菌株的稳定性会受到最终包装和形式以及制造方式的影响。使用两种不同的介质和加工条件产生的同一菌株会导致不同的稳定性。反之，如果产品注册了特定菌株并由特定制造商生产，若换成其他菌株，则无法确定产品的稳定性相同。

2.生产条件的影响　冷冻干燥的益生菌粉往往具有吸湿性。一般建议加工环境条件不超过25℃且相对湿度低于35%，以防止在加工过程中吸收水分。如果产品的水活

度与先前的样品研究相似，则其稳定性能有望相似。

3.加速试验　暂无明确试验证明加速测试与益生菌长期稳定性结果之间的强相关性。

本章小结

本章针对保健食品的功效成分以及原辅料的质量进行了研究与评价。随后介绍了保健食品的卫生学检验的相关要求。保健食品生产过程的质量控制包括四个方面，第一是保健食品的生产管理规范；第二是生产过程在线质量控制；第三是建立良好生产规范GMP体系，其中，实行GMP可以有效地协助保证产品是在一个洁净的环境下生产、包装、处理的，并且它可以有效地帮助确认产品是否符合出厂要求；第四是保健食品生产过程中HACCP计划建立。最后，保健食品稳定性研究也是保健食品质量控制研究的重要内容之一，也是保健食品注册、监管工作的重要依据之一。

关键词

卫生检验　hygienic inspection　　质量标准　quality standard
功效指标　efficacy index　　生产管理规范　production management practice
生产记录　production record　　质量保证体系　quality assurance system
质量控制　quality control　　过程分析　progress analysis technology，PAT
自动控制　automatic control　　良好生产规范　Good Manufacturing Practice GMP
危害分析和关键控制点　hazard analysis and critical control point，HACCP
卫生标准操作程序　sanitation standard operation procedures，SSOP

复习思考题

1.简述检测多糖的方法。
2.维生素B检测时为什么要避光？
3.从哪些方面开展保健食品的质量研究与评价？
4.为什么部分保健食品的功效成分不能通过稳定性试验？
5.益生菌稳定性试验需要考虑的因素？

（张晓维　朱振元　宋家乐）

思维导图

- 保健食品毒理学与安全性评价
  - 动物实验的GLP法规和相关要求
    - GLP的诞生及发展
    - 国内GLP的修订历史和发展情况
    - GLP的改进以及总结
  - 毒性及功能检验评价依据和目的
    - 毒理学评价法规和技术依据的历史修订
    - 毒性分级
    - 安全毒理学评价的目的
    - 安全毒理学评价的依据和实例
  - 保健食品毒理学试验的研究和基本原则
    - 毒理学评价
    - 毒理学试验的基本原则
    - 需进行毒理学试验的原料或成分
    - 保健食品新原料及安全性毒理学试验项目的选择
  - 实验动物的选择及给样量
    - 实验动物的品种
    - 实验动物管理条例
    - 实验动物选择的原则
    - 受试物的要求
  - 样品的预处理原则
  - 毒理学试验内容介绍
    - 急性经口毒性试验，鼠伤寒沙门氏菌（Ames）试验，骨髓细胞微核试验，哺乳动物体外TK基因突变试验，哺乳动物骨髓细胞染色体畸变试验，小鼠精子畸形试验，小鼠睾丸染色体畸变试验，遗传毒性试验组合，30天，90天喂养试验，繁殖试验，慢性毒性试验（包括致癌试验）
  - 毒理学安全性评价时应考虑的问题
  - 保健食品安全性毒理学试验的结果评定和审评结论的判定

第九章　保健食品毒理学与安全性评价思维导图

第九章

保健食品毒理学与安全性评价

学习目标

1. 掌握保健食品毒理学试验的原则和基本内容，并进行结论判定。
2. 熟悉安全性评价时动物的选择、给药量、给药方式和影响试验结果的因素。
3. 了解GLP的发展历程。

第一节　动物实验的GLP法规和相关要求

实验动物在生物与医药领域应用的一个重要方面是药物（也包括兽药、农药）的安全性评价研究。与此同时实验动物也在食品与保健食品的安全性评价中起到不可或缺的作用。由于安全性评价的重要性和群众对其真实性的需求，能进行动物实验的实验室或可进行药物非临床研究的实验室必须由行政当局进行监管，由此诞生了GLP法规。新版的《药物非临床研究质量管理规范》已于2017年6月20日经国家食品药品监督管理总局局务会议审议通过，自2017年9月1日起施行。

一、GLP的诞生及发展

知识拓展

“反应停（酞胺哌啶酮或沙利度胺）”是药物毒理学发展史中最严重的不良反应事件，更是促进人类对药物安全评价进行沉重反思的重要事件。反应停于1953年由德国制药公司格兰泰合成，1956年进入临床并在市场试销，主要用于治疗早孕期的孕吐反应，起初未见明显毒副作用，因此相继在51个国家获准销售，以提高怀孕女性的生活质量。1959年12月，儿科医生Weidenbach首先报告了一例女婴的罕见畸形，表现在没有臂和腿、手和脚直接连在身体上，很像海豹的肢体，故称“海豹肢畸形儿”及“海豹胎”。后经医学研究表明，“海豹胎”的病因是妇女在怀孕初期服用“反应停”所致。从1956年反应停进入市场至1962年撤药，全世界30多个国家和地区共报告1万余例“海豹胎”，且各个国家畸形儿的发生率与同期反应停的销售量呈正相关。反应停的悲剧推动了全世界药物致畸研究的进程，此后相继发现一定数量的药物有不同程度的致畸作用。

从实验角度来说，药物致畸实验并不复杂，且当时已具备开展此类实验的医学条件和科学环境，但由于当时药企乃至整个社会质量管理意识淡薄，因此并未展开针对“反应停”的致畸评价实验。相较而言，美国官方对“反应停”新药的态度则相当谨慎，拒绝引进，因此在美国仅有数例因自行带入服用导致的畸胎病例。在这样的时代背景下，美国食品药品管理局（FDA）于1967年在其内部开始设立科学调查处，对药品研究环节进行监督管理。20世纪70年代，美国FDA工作人员在审评一家大型制药公司提交的安全性研究报告时，发现报告数据前后不一致，而且有实验作弊的迹象，于是美国FDA对各研究机构提供的产品安全性研究报告的可靠性产生强烈怀疑，从而开始对全国研究机构展开调查。经检查发现临床前的实验数据的可靠性存在问题，原因是各个企业、研究机构或学校中的安全性实验设计、进行和报告过程中存在缺陷，从而导致报告的可信性严重降低。

为改善当时时代背景下药物非临床实验监管缺失的局面，美国FDA于1976年颁布了GLP法规草案，强制规定不符合GLP标准的实验室出具的药物非临床安全性研究资料不予承认。此项法规标志着现代GLP的出现，同时通过强化药物非临床安全研究的质量管理，大幅度改善了药物在临床实验前的安全性评估质量。在美国的带动下，英国、日本、法国、瑞典等国家也先后发布了与本国相适应的GLP法规。图9-1为美国GLP形成历程。

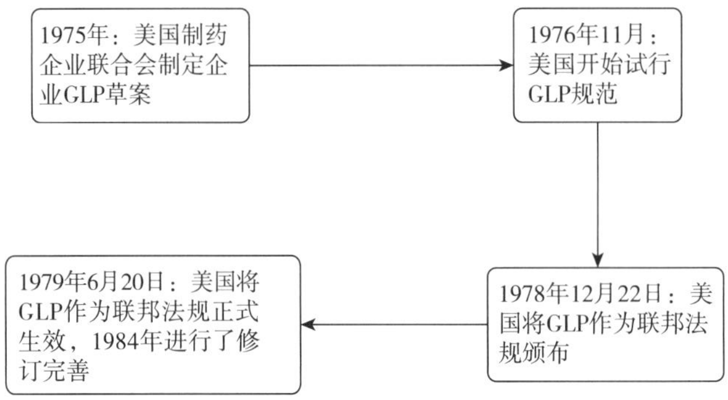

图9-1　美国GLP形成历程

国际组织间的国际合作也在很大程度上推动了GLP的发展。经济合作与发展组织（Organization for Economic Co-operation and Development），简称经合组织（OECD），其宗旨为共同应对全球化带来的经济、社会和政府治理等方面的挑战，并把握全球化带来的机遇。OECD成立于1961年，总部设在巴黎，现成员国总数38个，具体国家如表9-1所示。OECD成员国内部GLP准则起源于1981年，1988年OECD为了促进其成员国化学物质的相互贸易，制定了OECD的GLP原则，成为目前国际广泛接受的GLP。并于1997年通过内部会议讨论通过了最新版本的GLP法规，在成员国内部全面推行此项质量管理措施。由此GLP也逐渐成为国际上通行的确保药品非临床安全性研究质量的管理规范。

表9-1 OECD成员国构成

20个创始成员国	18个后加入成员国（括号内为加入年份）
美国、英国、法国、德国、意大利、加拿大、爱尔兰、荷兰、比利时、卢森堡、奥地利、瑞士、挪威、冰岛、丹麦、瑞典、西班牙、葡萄牙、希腊、土耳其	日本（1964年）、芬兰（1969年）、澳大利亚（1971年）、新西兰（1973年）、墨西哥（1994年）、捷克（1995年）、匈牙利（1996年）、波兰（1996年）、韩国（1996年）、斯洛伐克（2000年）、智利（2010年）、斯洛文尼亚（2010年）、爱沙尼亚（2010年）、以色列（2010年）、拉脱维亚（2016年）、立陶宛（2018年）、哥伦比亚（2020年）、哥斯达黎加（2020年）

此外，从1991年始，由日、美、欧三方发起的国际人用药品注册技术协调会议（ICH），对GLP的适用范围和药品非临床安全性研究的技术要求进行了协调，为药品注册数据的相互承认奠定了基础。

二、国内GLP的修订历史和发展情况

20世纪90年代初期中华人民共和国国家科学技术委员会（以下简称“国家科委”）启动了“1035”工程，资助和扶持了部分GLP实验室的建设。我国从1991年开始起草GLP，于1993年9月整理出我国GLP规范修改稿。1993年12月国家科委发布了《药品非临床研究质量管理规定（试行）》，次年1月1日开始试行。1996年8月6日国家科委又发布了《药品非临床研究质量管理规定（试行）》实施指南（试行）和《执行情况验收检查指南（试行）》。遗憾的是由于各种原因原国家科委制定的GLP规范并未正式执行，但其在我国GLP的早期推广和普及中起到了十分重要的推动作用。

1998年新成立的国家药品监督管理局组织GLP专家在原有的GLP基础上重新修订了GLP法规，并于1999年10月14日发布了《药品非临床研究质量管理规范（试行）》。2003年5月，国家食品药品监督管理局下发了药物非临床研究质量管理规范试点检查结果公告，认定中国药品生物制品检定所等4家药物非临床安全性评价研究机构的实验项目基本符合GLP的要求。这项公告也标志着我国第一次拥有了法律意义上的GLP实验室。2003年8月国家食品药品监督管理局再次修订和发布了《药物非临床研究质量管理规范》，同年9月1日正式施行，同年8月13日印发了《药物非临床研究质量管理规范检查办法（试行）》，正式开始对实施GLP的实验室进行检查。2007年1月1日起，国家食品药品监督管理局规定未在国内上市销售的化学原料药及其制剂、生物制品，未在国内上市销售的从植物、动物、矿物等物质中提取的有效成分、有效部位及其制剂和从中药、天然药物中提取的有效成分及其制剂以及中药注射剂等的新药非临床安全性评价研究必须在经过GLP认证、符合GLP要求的实验室进行，这标志着我国从GLP试行迈入到强制性实施。2017年9月1日起，最新版的《药物非临床研究质量管理规范》已经正式生效，这部新法规结合实际情况对原有法规进行了更新修订，指明了我国未来10年甚至更长时间内在临床前研究领域法规的发展方向。表9-2汇总了《药物非临床研究质量管理规范》的变化。

表9-2 《药物非临床研究质量管理规范》的变化

通过日期	施行日期	名称	内容组成
1993年12月11日	1994年1月1日	《药品非临床研究质量管理规定（试行）》	共九章，40条
1999年9月17日	1999年11月1日	《药品非临床研究质量管理规范（试行）》	共九章，37条
2003年6月4日	2003年9月1日	《药物非临床研究质量管理规范》	共九章，45条
2017年6月20日	2017年9月1日	《药物非临床研究质量管理规范》	共十二章，50条

三、GLP的改进以及总结

“以铜为镜，可以正衣冠；以史为镜，可以正兴衰。”食品毒理学安全性检验和评价就是食品安全的“镜子”。尽管近20年来，我国在食品安全性毒理学检验和评价方面出台了一系列法规、标准，在食品安全性的检验和评价以及保障食品安全方面作出了贡献，但当前我国在食品安全性毒理学检验和评价领域仍有许多不足，比如GB 15193.1—2014《食品安全国家标准 食品安全性毒理学评价程序》尚未与国际完全接轨，亟需对现有标准进行修订，并建立与国际接轨的食品安全性毒理学评价程序和方法。此外GLP是国际上公认的进行毒理学安全性检验的管理规范，虽然我国对药品的毒理学安全性评价检验机构已推行GLP管理，农业部也已颁布了行业标准NY/T 718—2003《农药毒理学安全性评价良好实验室规范》，但食品毒理学领域良好实验室规范仍需落实。因此为进一步提高我国食品安全性毒理学检验的规范性及检验结果的国际认可度，建立与国际接轨的食品安全性毒理学评价方法体系以及GLP管理规范下的质量保证体系已迫在眉睫。

如何有针对性地建立既具有中国特色，又能进行实时更新的GLP数据上传和监管体系，可借鉴其他国家化学品GLP监管经验，如表9-3所示

表9-3 借鉴其他国家化学品GLP提出的建议

	化学品	食品及保健品
确保测试数据质量	加强化学品专项立法，明确化学品GLP监管的法律授权	加强食品相关专项立法，明确食品和保健品GLP监管的法律授权
为开展数据互认奠定基础	加快推进GLP监管体系技术支持文件的研究制订。梳理现阶段化学品GLP监管环节，查漏补缺，逐渐完善化学品GLP监管体系	推进GLP监管体系技术支持文件的研究确定。梳理现阶段食品及保健品GLP监管环节，查漏补缺，逐渐完善其GLP监管体系
逐步提升国内GLP监管人员和专家能力	加强化学品GLP监管专业人才建设培养	加强食品及保健品GLP监管专业人才建设培养，如组织GLP检查员培训、以观察员身份参加GLP工作组会和邀请外方GLP专家来华授课等形式
提高GLP监管效率和执行力度	建设化学品GLP监管信息化平台。充分利用信息化科技手段，建设集样品管理、试验项目管理、检查专家管理、现场核查和结果公示等多模块协同的化学品GLP监管信息化平台	建设食品及保健品GLP监管信息化平台。利用现代信息化科技手段，建设集样品管理、试验项目管理、检查专家管理、现场核查和结果公示等多模块协同的GLP监管信息化平台，实现GLP事中事后监管

续表

	化学品	食品及保健品
逐步提高国内 GLP 检查人员水平和能力	积极拓展与国际相关领域的合作交流	积极拓展与国际相关领域的合作交流。加强与国外食品及保健品GLP 监管机构间的交流与合作，采取互相参与 GLP 现场检查实践、人员短期交流互访等合作形式

GLP的诞生和发展具有历史必然性，同时也与非临床安全性研究密切相关，故而具有客观必然性。对于任何食品或保健品无论我们声称其无害或是具备某些功能特性，需要认证和一定的认可机制。GLP就是政府相关部门为了确保非临床安全性评价即毒理学实验的质量而设计的科研管理法规，所以GLP的发展要与时俱进，与国际接轨，与食品、保健品的科技发展接轨。

四、GLP 认证基本程序

（一）GLP认证的概念

GLP认证是指国家药品监督管理局（NMPA）对药物非临床安全性评价研究机构的组织管理体系、人员、实验设施、仪器设备、实验项目的运行与管理等进行检查，并对其是否符合GLP作出评定（图9-2）。

（二）GLP认证的环节和流程

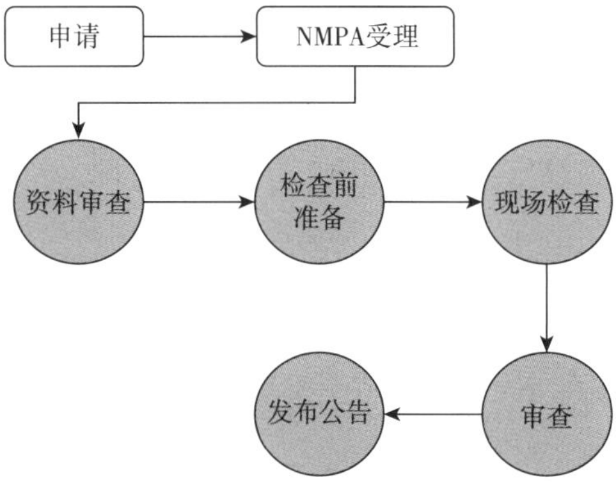

图9-2　GLP认证基本程序

GLP认证分为申请与受理、资料审查与现场检查以及审核与公告三大环节。

申请机构在按照规定提交申请资料后，经资料审查符合要求的，接受现场检查。GLP认证的现场检查时间一般为3～4天，检查员为3～5人，机构的质量保证部门负责人应陪同检查组进行检查，负责检查组与机构间的沟通，能够回答或联系相关人员回答检查组提出的有关问题。GLP现场检查的方式包括实地查看实验设施设备，包括对研究人员GLP等相关非临床试验知识和实验技能的考核，对SOP等文件系统的审查，以及对所承担试验项目是否遵循GLP的检查等。

检查组严格按照《药物非临床研究质量管理规范认证标准》进行检查，该标准共有280项检查项目，并根据问题的重要程度分为关键项目、重点项目和一般项目，其中关键项目6项，重点项目30项，一般项目244项。检查组对现场检查中发现的不符合GLP要求的问题进行评定，形成检查意见。经过分析汇总之后，由国家药品监督管理局作出通过、不通过或整改的审批决定。

为积极配合现场检查，申请机构应预先了解现场检查的程序和要求，熟悉现场检查方案，将检查所需的材料准备齐全，并尽量由专人统一保管。准备检查的一个有效方法是在检查前由质量保证人员对机构进行模拟检查，可以使相关人员了解检查的流程，发现存在的不足，提高解决问题的能力。某些机构在现场检查时，由于不能提供需要的材料，或者相关被检察人员不能到场，延误了检查的顺利进行。除此之外，由于部分研究人员过分紧张，导致表现失常，无法完成实验技术考核项目等问题可以通过精心的准备和反复的练习得到解决。

知识拓展

一系列的“药害事件”和“食品安全事件”使得许多国家政府与机构开始重视食品、药品、农药等的安全性问题，并意识到进行非临床研究十分必要且需要受到严格监管。我国于2003年颁布《药物非临床研究质量管理规范》开始，药物安全性评价开始进入法律轨道。截止到2021年3月2日，全国已有GLP机构73家。越来越多的物质，如药品、药材、保健食品、医疗器械、化学品、化妆品等的安全评价研究在很大程度上依赖于动物实验，动物实验的结果直接关系到这些物质的安全性研究评价。

随着中国与世界的接轨，我国的GLP检验机构也要获得来自其他国家或组织的资质认可，检测数据才具备可信度，才可将商品畅通无阻地销售出去。截止到2020年8月，中国境内获得OECD认证的GLP实验室有27家，其中14家实验室同时具备中国农药登记实验单位资质。

第二节　毒性及安全毒理学评价依据和目的

一、我国安全毒理学评价法律法规和技术标准等依据的历史修订发展情况

（一）历史修订情况

表9-4总结了我国《安全毒理学评价》相关法规的历史修订情况。

表9-4　我国《安全毒理学评价》相关法规的历史修订

	发布时间	实施时间	标准名称	主要内容
首次发布	1994-08-10	1994-08-10	GB 15193.1—1994 食品安全性毒理学评价程序	本标准规定了食品安全性毒理学评价的程序。本标准适用于评价食品生产、加工、保藏、运输和销售过程中使用的化学和生物物质以及在这些过程中产生和污染的有害物质、食物新资源及其成分和新资源食品。也适用于食品中其他有害物质

续表

	发布时间	实施时间	标准名称	主要内容
第一次修订	2003-09-24	2004-05-01	GB 15193.1—2003 食品安全性毒理学评价程序	本标准代替GB 15193.1—1994 食品安全性毒理学评价程序。该标准的实施对评价食品、食品添加剂、食品相关产品等的安全性发挥了重要作用。本标准适用于评价食品生产、加工、保藏、运输和销售过程中所涉及的可能对健康造成危害的化学、生物和物理因素的安全性，评价对象包括食品添加剂（含营养强化剂）、食品新资源及其成分、新资源食品、辐照食品、食品容器与包装材料、食品工具、设备、洗涤剂、消毒剂、农药残留、兽药残留、食品工业用微生物等
第二次修订	2014-12-24	2015-05-01	GB 15193.1—2014 食品安全国家标准 食品安全性毒理学评价程序	本标准代替GB 15193.1—2003 食品安全性毒理学评价程序。本标准适用于评价食品生产、加工、保藏、运输和销售过程中所涉及的可能对健康造成危害的化学、生物和物理因素的安全性，检验对象包括食品及其原料、食品添加剂、新食品原料、辐照食品、食品相关产品（用于食品的包装材料、容器、洗涤剂、消毒剂和用于食品生产经营的工具、设备）以及食品污染物

（二）主要变化情况

1. GB 15193.1—1994 食品安全性毒理学评价程序　该标准规定了受试物的要求、食品安全性毒理学评价试验的四个阶段和内容及选用原则、食品安全性毒理学评价试验的目的和结果判定、进行食品安全性评价时需要考虑的因素以及检验单位。

2. GB 15193.1—2003食品安全性毒理学评价程序　本标准与GB 15193.1—1994相比主要修改如下。

（1）在"范围"中增加了受试物的具体内容，例如食品生产、加工、保藏、运输和销售过程中所涉及的可能对健康造成危害的化学、生物和物理因素的安全性，评价对象包括食品添加剂（含营养强化剂）、食品新资源及其成分、新资源食品、辐照食品、食品容器与包装材料、食品工具、设备、洗涤剂、消毒剂、农药残留、兽药残留、食品工业用微生物等。

（2）在"受试物的要求"中增加了"对于配方产品，应提供受试物的配方，必要时应提供受试物各组成成分的物理、化学性质（包括化学名称、结构、纯度、稳定性、溶解度等）及检测报告等有关资料；提供原料来源、生产工艺、人的可能摄入量等有关资料"。

（3）在"食品安全性毒理学试验的四个阶段和内容"中，第二阶段的遗传毒性试验增加"TK基因突变试验"。V79/HGPRT基因突变试验从备选试验改为与Ames试验并列的基因突变试验的必选项目。原备选试验由4项改为3项；在"对不同受试物选择毒性试验的原则"中：增加了"食品容器和包装材料""农药残留"。对香料的选择原则，删去了"急性毒性实验"，其他食品添加剂中"一项致突变试验"改成两项"致突变试验"，首选Ames试验或小鼠骨髓微核试验改成"首选Ames试验和小鼠骨髓微核试验"（1994版序号为3.2.4.2.2.1，本版为6.4.1.2.1）；增加食品容器与包装材料毒性试验选择原则。

（4）在“各项毒理学试验结果的判定”中遗传毒性试验的结果判定全部改写，并由原来的4条改为3条。增加“致癌试验结果判定原则”。同时修改了新资源食品的内容：超过5%时应补充蛋白质与对照组相当的含量，添加的受试物原则上最高不超过饲料的10%。

（5）在“进行食品安全性评价时需要考虑的因素”中增加考虑“试验指标的统计学意义和生物学意义”“生理作用与毒性作用”“人的可能摄入量较大的受试物”和“时间–毒性效应关系”因素；在综合评价中，增加“在进行最后评价时，必须综合考虑受试物的理化性质、毒性大小、代谢特点、蓄积性、接触的人群范围，食品中的使用量与使用范围、人的可能摄入量等因素。”

（6）删除“检验单位”的内容。

3. GB 15193.1—2014 食品安全国家标准 食品安全性毒理学评价程序　本标准与GB 15193.1—2003相比，主要修改如下。

（1）标准名称修改为“食品安全国家标准 食品安全性毒理学评价程序”。

（2）修改了范围，新增检验对象，食品及其原料；新资源食品更改为新食品原料；将食品容器与包装材料、食品工具、设备、洗涤剂、消毒剂等合并为食品相关产品；农药残留、兽药残留、食品工业用微生物替换为食品污染物。

（3）删除了术语和定义。

（4）修改了受试物的要求，新增了受试物的一般要求“应提供受试物的名称、批号、含量、保存条件、原料来源、生产工艺、质量规格标准、性状、人体推荐（可能）摄入量等有关资料”，此外还新增了对于酶制剂的要求。

（5）修改了食品安全性毒理学评价试验的内容，取消了阶段试验的概念，新增了遗传毒性试验组合，30天喂养试验名称更改为28天经口毒性试验，90天喂养试验更改为90天经口毒性试验，新增生殖毒性试验和生殖发育毒性试验，代谢试验更改为毒物动力学试验。

（6）修改了对不同受试物选择毒性试验的原则，放宽了对WHO、FEMA、COE、IOFI四个国际组织中两个或两个以上允许使用的添加剂的评价条件，从“参照国外资料或规定进行评价”修改为“一般不需要进行试验”，新增了酶制剂的评价原则，对于毒理学资料比较完整、多个国家批准使用的“其他食品添加剂”的毒性评价取消了首选Ames试验的约束条件；新增新食品原料的评价规定。

（7）修改了毒理学试验的目的，急性毒性试验目的由毒性分级更改为急性毒性剂量分级，遗传毒性试验目的新增细胞致突变性，细化了28天经口毒性试验的目的，致畸试验目的新增发育毒性，新增了生殖毒性试验和生殖发育毒性试验的目的。

（8）修改了各项毒理学试验结果的判定，遗传毒性试验标准更加严格，遗传毒性试验组合中两项以上试验阳性即放弃用于食品，如果一项为阳性，再选的两项中一项为阳性也放弃用于食品（旧版为经专家讨论可进行下一步毒性试验），90天经口毒性试验、致畸试验、生殖毒性试验和生殖发育毒性试验判定标准单独体现。

（9）修改了进行食品安全性评价时需要考虑的因素，新增试验指标的毒理学意义，新增特殊人群和易感人群，安全系数更改为不确定系数。

二、安全毒理学评价的目的

1.急性毒性试验　确定急性毒性强度、性质和可能靶器官，为下一步试验剂量和毒性指标选择提供依据。可得到LD_{50}，并进行急性毒性剂量分级，表9-5展示了常用的急性毒性剂量分级标准。

表9-5　化学物质急性毒性分级标准（以LD_{50}值为据）

毒性分级	经口LD_{50}（mg/kg）	经皮LD_{50}（mg/kg）	吸入LD_{50}（mg/m^3→2h）
剧毒	＜5	＜20	＜20
高毒	5～50	20～200	20～200
中等毒	50～500	200～2000	200～2000
低毒	500～5000	2000～5000	2000～5000
微毒	＞5000	＞5000	＞5000

2.遗传毒性试验　了解受试物的遗传毒性，筛查潜在致癌作用和细胞致突变性。

3. 28天经口毒性试验　在急性毒性试验的基础上，了解受试物的毒性作用性质、剂量反应关系和可能的靶器官，得到28天经口未观察到有害作用的剂量，初步评价安全性，并为下一步较长期毒性和慢性毒性试验剂量、观察指标和毒性终点的选择提供依据。

4. 90天经口毒性试验　了解受试物较长期的毒性性质、剂量反应关系和靶器官，得到90天经口未观察到有害作用的剂量，为慢性毒性试验剂量的选择和初步制定人群安全接触限量标准提供科学依据。

5.致畸试验　了解受试物的致畸作用和发育毒性，并得到致畸作用和发育毒性的未观察到有害作用剂量。

6.生殖毒性试验和生殖发育毒性试验　了解受试物对实验动物繁殖及对子代的发育毒性，得到受试物的未观察到有害作用剂量水平，为初步制定人群安全接触限量标准提供科学依据。

7.毒物动力学试验　了解受试物在体内的吸收、分布、排泄速度等相关信息，为选择慢性毒性试验的合适实验动物种系提供依据。

8.慢性毒性试验和致癌试验　了解受试物长期接触的毒性作用及致癌作用，确定未观察到有害作用剂量，为受试物能否应用于食品的最终评价和制定健康指导值提供依据。

三、目前实施的安全毒理学评价的指导原则和应用范围

（一）指导原则

对保健食品的毒理学评价是确保人群食用安全的前提，该评价应严格按照以下法规标准及原则。

1. GB 15193.1—2014《食品安全国家标准 食品安全性毒理学评价程序》适用于评价食品生产、加工、保藏、运输和销售过程中所涉及的可能对健康造成危害的化学、生物和物理因素的安全性，检验对象包括食品及其原料、食品添加剂、新食品原料、辐照食品、食品相关产品（用于食品的包装材料、容器、洗涤剂、消毒剂和用于食品生产经营的工具、设备）以及食品污染物。对于保健食品受试物为保健食品或保健食品原料，必须进行毒理学试验。

2. 国家市场监督管理总局发布的《保健食品及其原料安全性毒理学检验与评价技术指导原则（2020年版）》。

（二）应用范围

国家市场监督管理总局根据《中华人民共和国食品安全法》，经与国家卫生健康委协商一致，制定了《保健食品及其原料安全性毒理学检验与评价技术指导原则（2020年版）》，该准则自2020年10月16日开始实施。因此针对保健食品及其原料的安全性毒理学的检验与评价要以《保健食品及其原料安全性毒理学检验与评价技术指导原则（2020年版）》为准，该指导原则依照食品安全国家标准 GB 15193系列标准制定，其涵盖范围包括保健食品和保健食品原料。

四、安全毒理学评价审评的基本要求

（一）保健食品的原料

根据《保健食品及其原料安全性毒理学检验与评价技术指导原则（2020年版）》，需要开展安全性毒理学检验与评价的保健食品原料，应提供动物和植物类原料的产地和食用部位、微生物类原料的分类学地位和生物学特征、食用条件和方式、食用历史、食用人群等基本信息，以及其他有助于开展安全性评估的相关资料。其试验的选择应参照新食品原料毒理学评价有关要求进行。

（二）毒理学研究的要求

1. 保健食品一般应进行急性经口毒性试验、三项遗传毒性试验和28天经口毒性试验。根据实验结果和目标人群决定是否增加90天经口毒性试验、致畸试验和生殖毒性试验、慢性毒性和致癌试验及毒物动力学试验。

2. 以普通食品为原料，仅采用物理粉碎或水提等传统工艺生产、食用方法与传统食用方法相同，且原料推荐食用量为常规用量或符合国家相关食品用量规定的保健食品，原则上可不开展毒性试验。

3. 采用导致物质基础发生重大改变等非传统工艺生产的保健食品，应进行急性经口毒性试验、三项遗传毒性试验、90天经口毒性试验和致畸试验，必要时开展其他毒性试验。

（三）检测保健食品原料的信息

对保健食品及其原料进行检测时，通常需要以下基本信息。

1. 应提供受试物的名称、性状、规格、批号、生产日期、保质期、保存条件、申请单位名称、生产企业名称、配方、生产工艺、质量标准、保健功能以及推荐摄入量等信息。

2.若原料为从动物、植物、微生物中分离的成分时，还需提供该成分的含量、理化特性和化学结构等资料。

3.提供受试物的主要成分、功效成分/标志性成分及可能含有的有害成分的分析报告。

（四）针对受试物的特殊要求

保健食品应提供包装完整的定型产品进行检测。毒理学试验所用样品批号应与功能学试验所用样品批号一致，并且为卫生学试验所用三批样品之一（益生菌、奶制品等产品保质期短于整个试验周期的产品除外）。根据技术审评意见要求补做试验的，若原批号样品已过保质期，可使用新批号的样品开展试验，但应提供新批号样品按产品技术要求检验的全项目检验报告。

由于推荐量较大等原因不适合直接以定型产品进行试验时，可以对送检样品适当处理，如浓缩等。为满足安全倍数要求，可去除部分至全部辅料，如去除辅料后仍未达到安全倍数要求，可部分去除已知安全的食品成分等。但要提供受试样品处理过程的说明和相应的证明文件，处理过程应与原保健食品的主要生产工艺步骤保持一致。

第三节　保健食品毒理学试验的研究和基本原则

一、毒理学试验的主要项目

GB 15193.1—2014《食品毒理学评价程序》和《保健食品及其原料安全性毒理学检验与评价技术指导原则（2020年版）》中规定的毒理学试验包括急性经口毒性试验、遗传毒性试验、28天经口毒性试验、致畸试验、90天经口毒性试验、生殖毒性试验、毒物动力学试验、慢性毒性试验、致癌试验、慢性毒性和致癌合并试验。

二、基本原则

一般无需进行毒性试验的原料或成分属于普通食品和卫生部规定的药食同源的物质具体包括以下内容。

（1）采用传统的工艺及食用方式。

（2）水提取物，常规服用量，无不安全性报道。

（3）来源、工艺和质量符合国家要求的营养强化剂或营养素补充剂。

三、新原料安全性毒理学试验项目的选择

保健食品新原料（以下简称新原料）是指不在国家药品监督管理局公布的可用于保健食品、卫生部公布或批准可以食用以及生产普通食品的范围内，拟用于保健食品的原料。进行新原料安全性毒理学试验，需要考虑的内容有很多，要根据不同的情况进行不同项目的选择。

第四节　保健食品毒理学试验的相关要求

一、实验动物的品种

常用的实验动物包括小鼠、大鼠、豚鼠、地鼠、兔、犬、小型猪、鸡、斑马鱼等，其中小鼠、大鼠、豚鼠和地鼠属于啮齿类实验动物，在毒理学试验中应用较多，近交系优于封闭群。

常用的近交系小鼠有BALB/c、DBA/1、DBA/2、C57BL/6、C3H/He、A/He等，封闭群小鼠有ICR、CD-1、KM、CFW、LACA、NIH等。小鼠因为个体小，饲养管理方便，易于控制，生产繁殖快，因此在各种实验研究中用量最大。

常用的近交系大鼠有ACI、AGUS、BN、SHR、F344等，封闭群大鼠有Wistar、SD、CD、Long-Evans、Brown-Norway等。大鼠的应用仅次于小鼠。

豚鼠品种来源有4个，分别为英国种、秘鲁种、阿比尼西亚种和安哥拉种，其中后三种抵抗力差，不推荐用于实验动物。近交系豚鼠目前有10多种，常用于科研的近交品系有纯系2号和13号。封闭群豚鼠已有30多种，使用最广泛的是Hartley品系，由英国种豚鼠繁育而来。豚鼠具有组织或器官特异性，诸如免疫系统、血管系统等，此外豚鼠常用于构建维生素C缺乏导致的坏血病、急性肺水肿模型和结核菌感染的确诊等。

中国地鼠有4个近交系，包括A/GY系、8Aa/GY系、B/GY系、C/GY系。地鼠主要用于肿瘤、传染病、组织移植、组织培养、糖尿病和营养学研究。

中国常用的兔品种包括大耳白兔、新西兰兔、青紫蓝兔、中国本兔等，世界其他国家常用的品种包括弗莱密希兔、波兰兔、荷兰兔和喜马拉雅兔。兔常用于免疫学、皮肤反应实验、眼科研究、生殖生理、胆固醇代谢和动脉粥样硬化、心血管和冠心病研究等。

犬的品种较多、个体差异也很大，根据成年体重可将犬分为袖珍型（3 kg以下）、小型（3～10kg）、中型（10～25kg）、大型（25kg以上）四类。根据犬的神经类型可将其分为多血质、黏液质、胆汁质、忧郁质。目前犬类在基础医学研究中应用较多。

国内小型猪品系主要有西双版纳近交系小耳猪、贵州小型香猪、广西巴马小型猪、五指山小型猪等。小型猪在毒理学中应用较少，常用于外科皮肤烧伤、肿瘤学、免疫学、心血管系统、外科手术、器官移植等研究。

斑马鱼具有繁殖能力强、个体小、易养殖等特点，经过30多年的研究应用和系统发展，已有约20个斑马鱼品系，是毒理或药理学试验中应用非常广泛的鱼类品种。

二、《实验动物管理条例》

《实验动物管理条例》经国务院批准于1988年11月14日发布。这是我国政府颁布的第一部实验动物管理法规，是全国实验动物工作的法律依据和管理准则。《实验动物管理条例》由总则、实验动物的饲育管理、实验动物的检疫和传染病控制、实验动物的应用、实验动物的进口与出口管理、从事实验动物工作的人员、奖励与惩罚、附则组成。根据《国务院关于废止和修改部分行政法规的决定》先后于2011年1月8日、2013年7月18日和2017年3月1日进行三次修订。2021年8月4日，科技部向社会发布《中华人民共和国实验动物管理条例（修订草案征求意见稿）》，由总则、生产管理、使用管理、安全管理、福利伦理管理、单位与从业人员管理、法律责任、附则组成，可见章节的内容和排列均发生了明显变化，其中最显著的变化是将“安全管理”和“福利伦理管理”作为单独章列出，必将对我国生物科技的创新发展和伦理治理等产生重要影响。

继《实验动物管理条例》后，国家科学技术部联合各相关职能部门先后颁布了其他有关实验动物的法律法规。1997年12月11日国家科学技术委员会、国家技术监督局联合颁发了《实验动物质量管理办法》。2001年12月5日国家科学技术部、国家卫生部、国家教育部、国家农业部、国家质量监督检验检疫总局、国家中医药管理局、中国人民解放军总后勤部卫生部联合颁布《实验动物许可证管理办法（试行）》。2006年9月30日国家科学技术部颁布《关于善待实验动物的指导性意见》。这些实验动物管理法规的颁布对保障实验动物福利改善、促进实验动物科学研究的规范化管理和伦理治理等都产生了积极影响。

按照微生物学等级，我国的实验动物可以分为普通级、清洁级、无特定病原体、无菌级；实验用小鼠和大鼠可分为清洁级、SPF级、无菌级；实验用豚鼠、地鼠、兔可分为普通级、清洁级、SPF级、无菌级；实验用犬、猴可分为普通级、SPF级。按照《实验动物许可证管理办法（试行）》第七条规定，申请实验动物生产或使用许可证的组织和个人向其所在的省、自治区、直辖市科技厅（科委、局）提交实验动物生产许可证申请或实验动物使用许可证申请书，并附上由省级实验动物质量检测机构出具的检测报告及相关材料。

三、实验动物选择的原则

1.实验动物物种的选择的基本原则

（1）受试物应是在代谢、生化和毒理学特征等方面与人最接近的物种；

（2）选择生理、解剖特点符合实验目的和要求的实验动物；

（3）根据不同品种品系特点选择动物；

（4）选择标准化实验动物；

（5）选择经济并易于获得的物种；

（6）符合实验动物的一般原则。

2.选择实验动物的一般原则　常规选择物种的方式是利用两个物种，一种是啮齿类，另一种是非啮齿类。系统毒性研究最常用到的啮齿类是大鼠和小鼠，常用的非啮齿类物种是狗。常用大鼠和小鼠，品系不限，推荐使用近交系。动物的性别、年龄依据实验需求进行选择。实验动物的数量要求为小鼠每组10～15只（单一性别），大鼠每组8～12只（单一性别）。试验用动物应符合《实验动物管理条例》的有关规定，必须使用清洁级或清洁级以上的大鼠小鼠。试验报告中应注明实验动物生产许可证及实验动物使用许可证及饲料的生产许可证号，实验动物用房的使用许可证号等信息，表9-6为对于具体试验所用动物物种的一些常规选择。

表9-6 对于具体试验所用动物物种的一些常规选择

试验名称	所选用动物物种名称
急性毒性试验	大鼠、小鼠、狗
亚慢性、慢性毒性试验	大鼠、狗
皮肤刺激试验和致敏性试验	豚鼠
皮肤刺激试验和眼刺激试验	兔
遗传毒理学试验	小鼠
致畸试验	大鼠、小鼠、兔
致癌试验	大鼠、小鼠
迟发性神经毒性试验	母鸡

知识拓展

实验动物学是怎么一回事?

实验动物学是多个学科和领域交叉形成的一个学科，包括实验动物品种、模式动物疾病模型等实验动物资源的开发、研制、质保，实验动物供应、分析技术、法律法规和管理体系建设等。实验动物学是生命科学、医学创新研究的重要组成部分和可持续发展的重要支撑，是“创新型国家”的战略资源之一，对保障人类健康、食品安全、生物安全等也都具有重要的战略意义。

中国实验动物学经过三十年的发展，建立了包括实验动物法律法规、标准等在内的管理体系，初步形成了科学研究、生产供应、质量保障和人才培养体系，建成了十余个国际水平的实验动物技术平台。年产超百万只实验动物的机构有五家，一些药物安全评价机构和实验动物研究机构的实验动物分析专业化和集成化初具规模，实验动物相关产品和动物实验与临床前评价已经实现了产业化。从业人员已达30万人，拥有实验动物品种30多种、品系2000多个，成为生产和使用大国。

四、受试物的要求

1.给样剂量的要求 各种动物实验至少应设3个剂量组，另设阴性对照组，必要时可设阳性对照组或空白对照组。剂量选择应合理，尽可能找出最低有效剂量。在3个剂量组中，其中一个剂量应相当于人体推荐摄入量（折算为每公斤体重的剂量）的5倍（大鼠）或10倍（小鼠）且最高剂量不得超过人体推荐摄入量的30倍（特殊情况除外）受试样品的功能实验剂量必须在毒理学评价确定的安全剂量范围之内。

2.最大容量的要求 实验动物给药途径包括灌胃、皮下、腹腔、皮内、肌内和静脉，不同途径给药量不同，相同给药途径的不同动物品种对药物的耐受量也不同。常见的不同种类的实验动物一次给药能耐受的最大容量如表9-7所示。

表9-7 不同种类的实验动物经不同途径一次给药的最大耐受量（ml）

动物名称	灌胃	皮下	静脉	腹腔	皮内	肌内
小鼠	0.8	1.5	0.8	1	0.1	0.2
大鼠	5.0	5.0	4.0	2	0.1	0.5
兔	200.0	10.0	10.0	5.0	0.2	2.0
猴	300.0	50.0	20.0	10.0	0.3	3.0
犬	500.0	100.0	100.0	—	0.3	4.0

注：小鼠20g，大鼠200g，兔2.5kg，猴3.5kg，犬10kg。

3.对受试样品处理的要求

（1）受试样品超过实验动物的灌胃量、掺入饲料的承受量等情况时，可适当减少受试样品中的非功效成分的含量。

（2）对于含乙醇的受试样品，原则上应使用其定型的产品进行功能实验，且乙醇含量与定型产品相同。如受试样品的推荐量较大，超过动物最大灌胃量时，允许将其进行浓缩，但最终的浓缩液体应恢复原乙醇含量。如乙醇含量超过15%，允许将其含量降至15%。调整受试样品乙醇含量应使用原产品的酒基。

（3）液体受试样品需要浓缩时，应尽可能选择不破坏其功效成分的方法。一般可选择60～70℃减压进行浓缩。浓缩的倍数依具体实验要求而定。

（4）对于以冲泡形式饮用的受试样品（如袋泡剂），可使用该受试样品的水提取物进行功能实验，提取的方式应与产品推荐饮用的方式相同。如产品无特殊推荐饮用方式，则采用下述提取的条件：常压，温度80～90℃，时间30～60min，水量为受试样品体积的10倍以上，提取2次，将其合并浓缩至所需浓度。

4.对受试样品给药方式的要求　首选灌胃的给药途径以模拟人类进食途径。如无法灌胃则加入饮水或掺入饲料中，但需重新计算受试样品的给予量。

5.对合理设置对照组的要求　以载体和功效成分（或原料）组成的受试样品，当载体本身可能具有相同功能时，应将该载体作为对照。

五、样品的预处理原则

（一）介质的选择

应选择适合于受试动物的溶剂、乳化剂、助悬剂，要求无毒、与受试物不发生反应、稳定性好。常用的介质有：蒸馏水、食用植物油、淀粉、明胶及羧甲基纤维素等。

1.液体类　受试物浓缩倍数应符合试验要求，按工艺要求。浓缩方法不应破坏其有效成分，常用的有60～70℃减压或常压蒸发、冷冻干燥。

2.袋泡茶类　处理方法与产品推荐饮用方法相同，推荐用：80～90℃常压用水浸泡30min，水量为受试物的10倍，提取2次，2次提取液合并浓缩至所需浓度，标明该浓缩液与受试物的比例。

3.含乙醇类

（1）不需浓缩的受试物　乙醇浓度＜15%直接进行试验；乙醇浓度＞15%乙醇浓度应调至15%。

（2）需浓缩的受试物　乙醇浓度＜15%浓缩后调至原乙醇浓度；乙醇浓度＞15%浓缩后调至15%乙醇浓度；在进行乙醇浓度调整时必须用原酒基。

（二）膨胀系数较高的受试物

膨胀系数较高的受试物应选择可溶性介质；给受试物的方法为灌胃；其最高浓度最大灌胃量时达不到人体推荐量的100倍，按实际达到的倍数；标明受试物的膨胀系数。

（三）益生菌等微生物类保健食品

在进行 Ames试验或体外细胞试验时需将受试物灭活；需浓缩的应采用低温干燥法或由企业提供所需浓度的受试物（同时另附方法、技术参数）。

（四）以食品为载体的受试物

1.有营养价值：按设计量进行饲料的营养成分调整，提供详细的说明；

2.大豆蛋白、乳清蛋白，如质量、工艺等符合食品标准和安全要求，允许去除。如仅以该原料生产的，可申请免做毒理学试验。

知识拓展

张作人：动物细胞学及实验原生动物学的创始人与开拓者

张作人（1900—1991），我国原生动物细胞学及实验原生动物学的创始人与开拓者。1921年毕业于北京高等师范学校博物部。1927~1932年留学欧洲，先后获比利时布鲁塞尔大学动物研究所科学博士、法国斯特拉斯堡大学生物研究所自然科学博士学位。回国后任中山大学教授兼系生物系主任、同济大学教授兼动物系主任。

1952年，张作人来到华东师范大学任教。先后担任生物系（今华东师范大学生命科学学院）主任、名誉系主任，直至退休。1954年主持创建上海市动物学会，担任理事长。1956年，被评为二级教授。1981年当选中国原生动物学会理事长。著有《动物学》《草履虫》《变形虫》《生物哲学》等。

张作人长期从事生物学教学和原生动物学研究，建立了一套原生动物细胞学的实验技术，在国际上首次用人工手术方法获得能正常遗传的双体原生动物，为我国培养了许多生物学人才。

第五节　保健食品的毒理学试验内容及结果评定

根据《保健食品及其原料安全性毒理学检验与评价技术指导原则(2020年版）》，在申报保健食品注册时，需要根据该技术指导原则开展保健食品的毒理学试验和检验，评估保健食品的安全性，从而确保保健食品实际应用的有效性。

第四章概述保健食品需要开展毒理学试验的类型，并列举12种常见的毒理学试验内容，并根据试验现象、结果评估、判断出试验结果可能引致的结论。明确保健食品在使用过程中的潜在的毒性作用和有害影响。

根据GB 15193—2014/2015系列法规文件，在图9-3中展示12种常见的毒理学试验及其结果的判定方法。

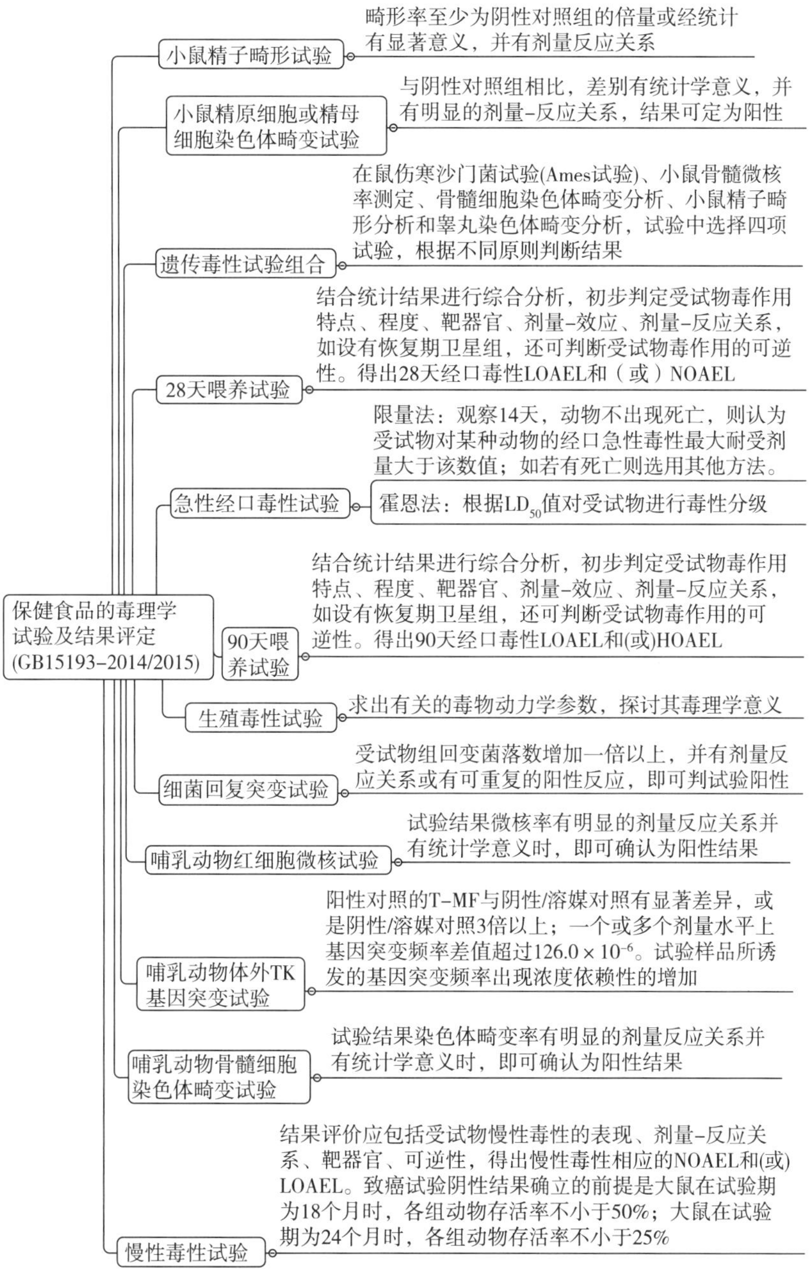

图9-3　常见的毒理学试验及其结果的判定

一、急性经口毒性试验

1. 分类　主要有限量法和霍恩法（GB 15193.3—2014）。

2. 结果判定

（1）限量法　观察14天，动物不出现死亡，则认为受试物对某种动物的经口急性毒性最大耐受剂量大于该数值；如若有死亡则选用其他方法。

（2）霍恩法（常用）　根据LD_{50}值对受试物进行毒性分级。

二、细菌回复突变试验

1. 定义　细菌回复突变试验包括鼠伤寒沙门氏菌（Ames）回复突变试验和大肠埃希菌细菌回复突变试验，本书只介绍Ames试验（GB 15193.4—2014）。

Ames试验，全称污染物致突变性检测，也称为鼠伤寒沙门氏菌回复突变试验。它是一种利用微生物进行基因突变的体外致突变评估法。利用突变型微生物菌株与被检测化学物质接触，如果该化学物具有致突变性，则可使突变型微生物发生回复突变，重新成为野生型微生物。该法适用于测试多种污染物的综合效应，是应用最广泛的检测基因突变的体外试验。

2. 结果评价（掺入法）　受试物组回变菌落数增加一倍以上（即回变菌落数≥2×未处理对照组数），并有剂量反应关系或有可重复的阳性反应，即可判试验阳性。

三、哺乳动物红细胞微核试验

微核与染色体损伤有关，是染色体或染色单体的无着丝点断片或纺锤丝受损而丢失的整个染色体，在细胞分裂后期遗留在细胞质中，末期之后，单独形成一个或几个规则的次核，包含在子细胞的胞质内，因比主核小，故称微核。在细胞质中微核来源如下：①断片或无着丝粒染色体在细胞分裂后期不能定向移动，而遗留在细胞质中；②有丝分裂毒物的作用使个别染色体或带着丝粒的染色体和断片在细胞分裂后期被留在细胞质中。微核试验主要可检测出DNA断裂剂和非整倍体诱变剂（GB 15193.5—2014）。

一般采用卡方检验、泊松分布或双侧t检验等统计方法进行数据处理，并按动物性别分别统计。试验组与对照组相比，试验结果微核率有明显的剂量反应关系并有统计学意义时，即可确认为阳性结果。若统计学上差异有显著性，但无剂量反应关系时，则须进行重复试验。结果能重复者可确定为阳性。

同时保存微核试验骨髓片标本。

四、哺乳动物体外TK基因突变试验

1. 原理　TK基因属于常染色体基因，其编码的胸苷激酶负责催化从脱氧胸苷生成胸苷酸（TMP）的反应。如在细胞培养过程中加入胸苷类似物，即三氟胸苷（TFT），TFT在胸苷激酶的作用下可生成三氟胸苷酸，进而掺入DNA，造成致死性突变，故细胞不能存活。若TK基因发生突变，导致胸苷激酶缺陷，则TFT不能磷酸化，三氟胸苷酸不能合成，亦不能掺入DNA，所以突变细胞在含有TFT的培养基中能正常存活，即表现出对TFT的抗性。根据突变集落形成数计算突变频率（GB 15193.20—2014）。

2. 数据处理及结果判定

（1）数据处理　平板效率（PE0、PE2）、相对存活率（RS）、相对悬浮生长（RSG）每日细胞增长率（DGG）、相对悬浮生长（RSG）、相对总生长（relative total growth，RTG）、突变频率（MF）、小集落突变百分率。

（2）结果判定　试验所用L5178Y细胞的自发突变频率应在（50～200）$\times 10^{-6}$之间；TK6细胞的自发突变频率应在（1.5～5.5）$\times 10^{-6}$之间，同时自发突变频率应在本实验室历史记录范围内。阴性/溶媒对照组的PE0在60%～140%之间，PE2/PE3的值在70%～130%之间。阳性对照组的T-MF与阴性/溶媒对照组相比有显著差异，或是阴性/溶媒对照 的3倍以上。与阴性对照组相比较，在所有染毒条件下，一个或多个剂量水平上基因突变频率差值超过126.0 $\times 10^{-6}$（总评价因子，GEF）。试验样品所诱发的基因突变频率出现浓度依赖性的增加。结果同时满足上述标准，判定为阳性结果；否则，判定为阴性结果。

五、哺乳动物骨髓细胞染色体畸变试验

1. 原理　染色体畸变的产生与微核的形成原理相同，但观察终点不同，染色体畸变只能在细胞分裂的中期进行观察和分析。为收集足够的中期细胞相，在收获细胞前，用秋水仙碱或乙酰甲基秋水仙碱处理，以阻断微管蛋白的聚合，抑制细胞分裂时纺锤体的形成，使分裂间期和前期的细胞停留在中期相。低渗处理细胞，使染色体均匀散开，然后固定、染色，可在油镜下观察（GB 15193.6—2014）。

2. 结果判定　试验组与对照组相比，试验结果的染色体畸变率有明显的剂量反应关系并有统计学意义时，即可确认为阳性结果。若统计学上差异有显著性，但无剂量反应关系时，则须进行重复试验。结果能重复者可确定为阳性。同时保存骨髓细胞微核试验标本。

六、小鼠精子畸形试验

1. 原理　小鼠精子畸形受基因控制，具有高度遗传性，许多常染色体及X、Y性染色体基因直接或间接地决定精子形态。精子的畸形主要是指形态的异常，精子的畸形是精子基因发生突变的结果，因此形态的改变提示有关基因及其蛋白产物的改变。小鼠精子畸形试验可检测环境因素对精子生成、发育的影响，而且精子对已知的生殖细胞致突变物有高度敏感性，故本试验可用作检测环境因素在体内对生殖细胞的致突变作用（GB 15193.7—2003）。

2. 结果判定　评价精子畸形阳性的标准是，畸形率至少为阴性对照组的倍量或经统计有显著意义，并有剂量反应关系。一般阴性对照组的精子异常率为0.8%～3.4%。同时保存小鼠精子畸形试验标本。

七、小鼠精原细胞或精母细胞染色体畸变试验

1. 原理　不同周期的雄性生殖细胞对化学物质的敏感性不同，多数情况下诱变剂诱发染色体畸变必须经过DNA复制期，故在动物处死前，用细胞分裂中期阻断剂处理，处死后取出两侧睾丸，经低渗、固定软化及染色后制备精原细胞或精母细胞标本，在显微镜下观察中期分裂相细胞，分析精原细胞或精母细胞染色体畸变（GB 15193.8—2014）。

2. 结果判定　受试剂量组染色体畸变率或畸变细胞率与阴性对照组相比，差别有统计学意义，并有明显的剂量—反应关系，结果可定为阳性。在一个受试剂量组中出现染色体畸变率或畸变细胞率差异有统计学意义，但无剂量—反应关系，则需进行重复试验，结果可重复者定为阳性。同时保存样本标本。

八、遗传毒性试验组合

根据受试物的化学结构、理化性质以及对遗传物质作用终点的不同，并兼顾体外和体内试验以及体细胞和生殖细胞的原则，在鼠伤寒沙门菌试验（Ames试验）、小鼠骨髓微核率测定、骨髓细胞染色体畸变分析、小鼠精子畸形分析和睾丸染色体畸变分析试验中选择四项试验，根据以下原则对结果进行判断（GB 16886.3—2019）。

如其中三项致突变试验（在Ames试验或V79/HGPRT基因突变试验，骨髓细胞微核试验或哺乳动物骨髓细胞染色体畸变试验，TK基因突变试验或小鼠精子畸形分析或睾丸染色体畸变试验中选择）试验为阳性，则表示该受试物很可能具有遗传毒性作用和致癌作用，一般应放弃该受试物应用于保健食品，无需进行其他项目的毒理学试验。如三项试验均为阴性，则可继续进行下一步的毒性试验。

如其中两项试验为阳性，而且短期喂养试验显示该受试物具有显著的毒性作用，一般应放弃该受试物用于食品；如短期喂养试验显示有可疑的毒性作用，则经初步评价后，根据受试物的重要性和可能摄入量等，综合权衡利弊再作出决定。

如其中一项试验为阳性，则再选择V79/HGPRT基因突变试验、显性致死试验果蝇伴性隐性致死试验，程序外DNA修复合成（UDS）试验中的两项遗传毒性试验。如再选的两项试验均为阳性，则无论短期喂养试验和传统致畸试验是否显示有毒性与致畸作用，均应放弃该受试物用于食品；如有一项为阳性，而在短期喂养试验和传统致畸试验中未见有明显毒性与致畸作用，则可进入第三阶段毒性试验。如四项试验均为阴性，则可进入第三阶段毒性试验。

知识拓展

布鲁斯·艾姆斯（B.N.Ames）：
艾姆斯试验（Ame Test）创始人

布鲁斯·艾姆斯（B.N.Ames）是美国生物化学家和遗传学家，是环境化学物致突变、致癌性快速检测系统——艾姆斯试验（Ame Test）的创始人。当前，环境污染与人类肿瘤的关系受到普遍重视，要确定一个化学物对人类是否有潜在致癌性，是一个重要而复杂的问题。艾姆斯试验是当前快速检测化学物致突变性、致癌性较简便方法之一，目前被世界上2千多个实验室所采用。

九、28天喂养试验

1. 原理　确定在28天内经口连续接触受试物后引起的毒性效应，了解受试物剂量-反应关系和毒作用靶器官，确定28天经口最小观察到有害作用剂量（LOAEL）和未观察到有害作用剂量（NOAEL），初步评价受试物经口的安全性,并为下一步较长期毒性和慢性毒性试验剂量、观察指标、毒性终点的选择提供依据（GB15193.22—2014）。

2. 结果评价　将临床观察、生长发育情况、血液学检查、血生化检查、大体解剖、脏器重量和脏体比值、病理组织学检查等各项结果，结合统计结果进行综合分析,初步判定受试物毒作用特点、程度、靶器官、剂量—效应、剂量—反应关系，如设有恢复期卫星组，还可判断受试物毒作用的可逆性。在综合分析的基础得出28天经口毒性LOAEL和（或）NOAEL。初步评价受试物经口的安全性，并为进一步的毒性试验提供依据。

十、90 天喂养试验

1. 原理　确定在90天内经口重复接触受试物引起的毒性效应，了解受试物剂量—反应关系、毒作用靶器官和可逆性，得出90天经口最小观察到有害作用剂量（LOAEL）和未观察到有害作用剂量（NOAEL），初步确定受试物的经口安全性，并为慢性毒性试验剂量、观察指标、毒性终点的选择以及获得“暂定的人体健康指导值”提供依据。实验动物的选择与28天经口毒性试验一致（GB 15193.13—2015）。

2. 结果评价　应将临床观察、生长发育情况、血液学检查、尿液检查、血生化检查、心电图、大体解剖、脏器重量和脏/体比值和（或）脏/脑比值、病理组织学检查等各项结果结合并进行综合分析，判断受试物毒作用特点、程度、靶器官，剂量—效应、剂量—反应关系，如设有恢复期卫星组，还可判断受试物毒作用的可逆性。在综合分析的基础上得出 90天经口毒性的 LOAEL和（或）NOAEL，为慢性毒性试验的剂量、观察指标的选择提供依据。

十一、生殖毒性试验

生殖毒性试验，凡受试物能引起生殖功能障碍，干扰配子的形成或使生殖细胞受损，其结果除可影响受精卵及其着床而导致不孕外，尚可影响胚胎的发生及发育，如胚胎死亡导致自然流产、胎仔发育迟缓以及胎仔畸形。如果对母体造成不良影响会出现妊娠、分娩和乳汁分泌的异常，也可出现胎仔出生后发育异常（GB 15193.15—2015）。

一代生殖毒性试验方法如图9-4所示。

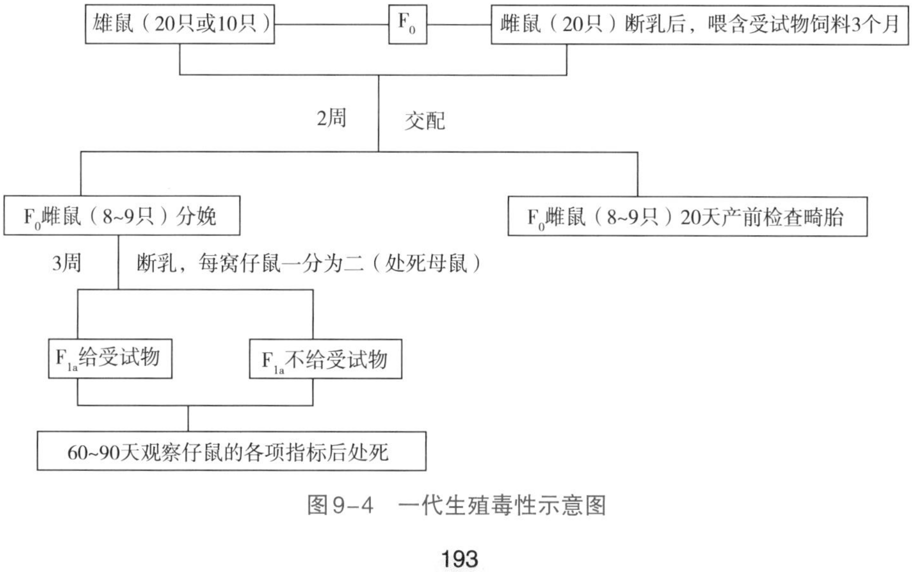

图9-4　一代生殖毒性示意图

二代生殖毒性实验方法如图9-5所示。

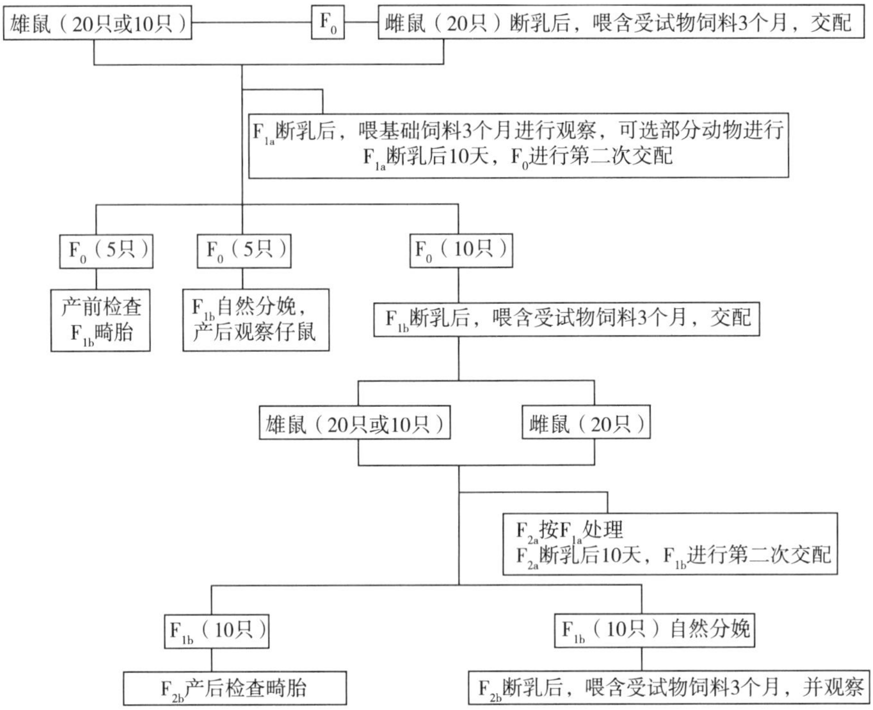

图9-5　二代生殖毒性试验示意图

十二、慢性毒性试验（包括致癌试验）

1. 简介　确定在实验动物的大部分生命期间，经口重复给予受试物引起的慢性毒性和致癌效应，了解受试物慢性毒性剂量—反应关系、肿瘤发生率、靶器官、肿瘤性质、肿瘤发生时间和每只动物肿瘤发生数，确定慢性毒性的未观察到有害作用剂量（NOAEL）和最小观察到有害作用剂量（LOAEL），为预测人群接触该受试物的慢性毒性和致癌作用以及最终评定该受试物能否应用于食品提供依据（GB 15193.17—2015）。

2. 试验要求　慢性毒性试验试验期限至少12个月，卫星组监测由受试物引起的任何毒性改变的可逆性、持续性或延迟性作用，停止给受试物后观察期限不少于28天，不多于试验期限的1/3。致癌试验试验期限为24个月，个别生命期较长和自发性肿瘤率较低的动物可适当延长。试验期间，当最低剂量组或对照组存活的动物数仅为开始时的25%时（雌、雄性动物分别计算），可及时终止试验。高剂量组动物因明显的受试物毒性作用出现早期死亡，不应终止试验。

3. 试验内容　试验期间至少每天观察1次动物的一般临床表现，并记录动物出现中毒的体征、程度和持续时间及死亡情况。观察内容包括被毛、皮肤、眼、黏膜、分泌物、排泄物、呼吸系统、神经系统、自主活动（如：流泪、竖毛反应、瞳孔大小、异常呼吸）及行为表现（如步态、姿势、对处理的反应、有无强直性或阵挛性活动、刻板反应、反常行为等）。应特别注意肿瘤的发生，记录肿瘤发生时间、发生部位、大小、形状和发展等情况。对濒死和死亡动物应及时解剖并尽量准确记录死亡时间。

试验期间前13周每周记录动物体重、摄食量或饮水量（当受试物经饮水给予时），之后每4周1次。试验结束时，计算动物体重增长量、总摄食量、食物利用率（前3个月）、受试物总摄入量。

4. 结果评价　慢性毒性试验结果评价应包括受试物慢性毒性的表现、剂量—反应关系、靶器官、可逆性，得出慢性毒性相应的NOAEL和（或）LOAEL。致癌试验阴性结果确立的前提是大鼠在试验期为18个月时，各组动物存活率不小于50%；大鼠在试验期为24个月时，各组动物存活率不小于25%。

致癌试验阳性结果的判断采用世界卫生组织（WHO）提出的标准［*WHO（1969），Principles for the testing and evaluation of drug for carcinogenicity.WHO Technical Report Series 426*］，符合以下任何一条，即可判定受试物为对大鼠的致癌物。

a. 肿瘤只发生在试验组动物，对照组中无肿瘤发生。

b. 试验组与对照组动物均发生肿瘤，但试验组发生率高。

c. 试验组动物中多发性肿瘤明显，对照组中无多发性肿瘤，或只是少数动物有多发性肿瘤。

d. 试验组与对照组动物肿瘤发生率虽无明显差异，但试验组中发生时间较早。

不同保健食品类型需要按照要求开展相应的毒理学试验，包括体内外实验单独或者相结合的试验方法和内容，为保健食品毒理学和安全性的评价提供全面的基础研究资料和信息。

知识拓展

毒理学研究方法的优缺点见表9-8。

表9-8　毒理学研究方法的优缺点

研究方法	优点	缺点
流行病学研究	真实的暴露条件 在各化学物之间发生相互作用 测定在人群的作用 表示全部的人敏感性	耗资、耗时多 无健康保护 难以确定暴露，有混杂暴露问题 可检测的危险性增加必须达到2倍以上 测定指标较粗
受控的临床研究	规定的限定暴露条件 在人群中测定反应 对某组人群（如哮喘）的研究是有力的 能测定效应的强度	耗资多 较低浓度和较短时间的暴露 限于较少量的人群（一般＜50） 限于暂时、微小、可逆的效应 一般不适于研究最敏感的人群
体内试验	易于控制暴露条件 能测定多种效应 能评价宿主特征的作用 能评价机制	动物暴露与人暴露相关的不确定性 受控的饲养条件与人的实际情况不一致 暴露的浓度和时间的模式显著地不同于人群的暴露
体外试验	影响因素少，易于控制 可进行某些深入的研究 人力物力花费较少	不能全面反映毒性作用 不能作为毒性评价和危险性评价的最后依据 难以观察慢性毒作用

第六节　毒理学安全性评价时应考虑的问题

一、试验指标的统计学意义和生物学意义

在分析试验组与对照组指标统计学的显著性时，应根据其有无剂量反应关系及与本实验室的历史性对照值范围比较的原则，来综合考虑指标差异有无生物学意义。并进一步判断是否具有毒理学意义。

此外，如在受试物组发现某种在对照组没有发生的肿瘤，即使与对照组比较无统计学意义，发现某种肿瘤发生率增高，即使在统计学上与对照组比较差异无显著性，仍要给予关注。统计学意义在于可以通过这个数据进行一定的统计，然后可以总结出一定的规律。另外生物学意义在于可以通过这个数据模型，构建出足够的规律，这对将来的研究发展有比较大的帮助。一般来说，统计学意义是具有生物学意义的必要条件之一，正确地利用统计学假设检验的结果有助于确定实验结果的生物学关联（表9-9）。

表9-9　试验指标的统计学意义和生物学意义

生物学意义	统计学意义	
	无	有
无	Ⅰ	Ⅲ
有	Ⅱ	Ⅳ

第Ⅰ和第Ⅳ种情况最为常见。

· 统计学意义→生物学意义→损害效应/非损害效应。

· 第Ⅲ种情况是有统计学意义但无生物学意义，此种情况相当见。

· 在判断实验结果的生物学意义时，有无剂量-反应关系是关键。

· 有统计学意义但无生物学意义的情况，更常见的原因是因为实验设计不良所致。

· 第Ⅱ种情况是具有生物学意义但无统计学意义，这可能是因为该事件的发生是极端罕见的。

· 在评价毒理学试验结果时，要综合评价实验结果的统计学意义和生物学意义。

· 一般来说，具有统计学意义是具有生物学意义的必要条件之一。

· 正确地利用统计学假设检验的结果有助于确定实验结果的生物学关联。

判断生物学意义的步骤包括以下内容。

（1）纵向比较，此参数的改变有无剂量-反应关系。

（2）横向比较，此参数的改变是否伴有其他相关参数的改变。

（3）与历史性对照比较，同时进行的阴性对照应在历史性对照的均数 ± 3SD范围之内，否则应重新试验。观察值与对照组比较，差别具有统计学显著性（$P<0.05$）其数值不在正常参考值范围之内属于有害作用。

·应重视在染毒早期可能出现一过性改变，如有剂量-反应关系可能为机体的适应，应分析其是损害作用。否则，可能无生物学意义。

· 如体重改变与对照组比较差别有显著性，但改变不超过10%，则无生物学意义。

· 脏器重和脏体比同时有统计学意义时，才认为有生物学意义。

· 有统计学意义但无生物学意义的参数过多（如10%以上），可能该实验的质量保证不佳。

其他的考虑包括以下3点。

· 同时对照组的标准差过小，CV低于历史性对照CV的1/2。

· 如处理组与同时对照组两组均数之差值应超过检测误差的两倍以上。

· 某些血液生化指标（如AST、ALT等）的测定值升高才有生物学意义。

二、生理作用与毒性作用

对实验中某些指标的异常改变，在结果分析时要注意区分是生理学表现还是受试物的毒性作用。毒性作用是指外来化合物或其代谢物在作用部位达到一定数量并与组织大分子成分互相作用的结果。又可称为毒性效应，是外来化合物对机体所致的不良或有害的生物学改变。包括不良效应和有害效应。

探讨外源性化学物质对机体作用的机制是毒理学的重要理论基础，又称机制毒理学，涉及到许多基础学科如生理学、生物化学、药理学、免疫学、病理学和分子生物学等。

中毒机制是目前毒理学研究的热点之一，因为研究毒性作用机制对阐明毒物的作用部位、作用过程乃至探讨早期中毒诊断指标、中毒防治和发展新的检测技术等都有很大的理论意义和实际价值。

（一）可从两个方面研究中毒机制

1.确定生物大分子靶点　即何种生物大分子是外源性化学物质的靶点。

2.分离活性代谢产物　活性代谢产物分类包括以下三类。

a.亲电子反应物　按亲电子反应物与谷胱甘肽（GSH）结合情况可分为2类：

· 易与GSH结合，使体内GSH浓度明显下降，当降低到一定水平时即出现毒性；

· 不易与GSH结合，因而染毒前耗竭动物体内的GSH，对该种外源性化学物质的毒性影响甚小 。

b.自由基。

c.活性氧：超氧化阴离子自由基、单线态氧、羟自由基、过氧化氢。

（二）从不同层次解释中毒机制

1.从脏器水平解释中毒机理　许多外源性化学物质能特异性地损伤某一脏器，具有器官特异性或亲和性。如：3-甲基呋喃、百草枯和丁基羟基甲苯特异性损伤肺组织；三氟氯乙烯、P-氨基苯酚特异性损伤肾脏；乌嘌呤特异性损伤胰腺细胞；四氯化碳、醋氨酚特异性损伤肝脏。

若脏器特异性的机制尚不十分明确，与下列因素有关。

（1）与外源性化学物质在体内的分布和蓄积有关　甲基汞能通过血脑屏障，对神经系统有毒性，百草枯在肺脏大量蓄积，造成肺脏损伤。

（2）与器官的敏感性有关　神经元和心肌不能进行无氧代谢，对缺氧状态特别敏感。

（3）与生物转化有关　多种有机氟在体内代谢后游离出氟离子对肾脏有毒。

（4）与某些酶，特别是与解毒有关的酶的脏器分布有关　人类眼中缺少将甲醛变为甲酸的酶，眼睛对甲醛的毒性敏感。

（5）其他因素　毒物的器官特异性可能是因为缺少必需的修复机制。

2.从细胞水平解释中毒机制

（1）细胞内酶系或某些化学组分的差异　同一脏器的同一类型细胞对同一种外源性化学物质的反应也有很大的差异。

（2）细胞间隙交流抑制　细胞间隙是细胞间进行交流的一种方式，由蛋白质构成。许多致癌物质如巴豆油提炼物（TPA）、杀虫剂中的DDT等都能抑制细胞间交流，从而影响细胞生长与发育的调控的作用，使肿瘤启动细胞能表达为肿瘤表达型。

（3）细胞内态失调学说　钙离子是机体的第二信使之一。在细胞外液的浓度远远高于细胞内浓度。细胞内钙离子主要分布于细胞液、线粒体合微粒体。在细胞质膜内、线粒体内和微粒体内都存在钙转运系统。具有氧化性应激作用的毒物，如t-丁基过氧化物与甲萘酚等，首先引起细胞蛋白巯基与非蛋白巯基的衰竭，钙泵受抑制，导致胞液钙浓度升高，从而继发多种功能紊乱。

3.从亚细胞水平解释中毒机制　采用电镜技术观察细胞器损伤是研究中毒机制的重要手段。如CCl_4中毒后半小时就可出现微粒体受损，十几小时后才观察到肝细胞微粒体的损伤，表现为线粒体肿胀。

4.从分子水平解释中毒机制　从分子水平解释中毒机制可以为解释不同外源性化学物质的中毒机制提供某些共同规律，而其他水平解释几乎是各有各的中毒机制；该理论着眼于解释毒物的启动作用，而其他只是解释现象；为研究解毒药物提供了有效的方法。

三、时间-毒性效应关系

对由受试物引起的毒性效应进行分析评价时，要考虑在同一剂量水平下毒性效应随时间的变化情况。

毒物对机体的毒性作用不仅仅是剂量反应关系，还与毒物引起机体出现某种反应的时间有关，即时间反应关系。一般情况下，机体接触毒物后迅速产生毒性作用，表明其吸收和分布快，作用直接；反之，则说明吸收或分布缓慢，或在产生毒性作用前需经代谢活化。中毒后恢复迅速，则表明毒物能很快被代谢解毒或排出体外；反之，说明解毒或排泄的速率很低，或者是已在体内产生了生理或生化方面的损害作用并难以恢复。

时间-毒性效应是用时间生物学的方法来阐明化学毒物对于机体的影响。因为机体对于化学毒物具有处理能力，即生物转运和生物转化的能力。在此过程中，化学毒物的数量始终随时间的进程而发生变化。这种时–量之间的密切关系可以直接影响到毒性作用的性质、强度以及发生时间，从而决定了化学毒物的毒性特点。从另一方面来看，化学毒物与机体的接触时间长短也直接影响其毒性作用。在一般情况下，连续接触所需的剂量要远小于间断接触所需要的剂量；而在接触剂量相同的情况下，连续接触所致的损害强度要远大于间断接触时的强度。

四、特殊人群和敏感人群

对孕妇、乳母或儿童食用的保健食品，应特别注意其胚胎毒性或生殖、发育毒性、神经毒性和免疫毒性。

胚胎毒性：通常是指外源性理化因素造成的孕体着床前后直到器官形成期结束的所有的毒性。生殖毒性：是指对雄性和雌性生殖功能的损害和对后代的影响。故包括对父母双方和对胚胎/胎儿、新生儿的损害。发育毒性：指出生前经父体和（或）母体接触外源性理化因素引起的在子代到达成体之前出现的有害作用。神经毒性：外来化学物引起神经系统结构或功能的损害。可发生于生命周期中各阶段，其对神经系统的作用有多种表现，可随年龄有所不同。发育中的神经系统对某些类型的损害非常敏感，而某些早期损害其后果可能在神经系统发育成熟以后或成年后才能表现出来。不仅能表现为短期急性效应，也可表现为长期慢性效应。免疫毒性：是机体对自身组织成分或细胞抗原失去免疫耐受性，导致自身免疫效应细胞和自身抗体，对自身组织进行病理性免疫应答，引起组织结构的损伤。

孕妇不能吃芦荟，也不可以服用含有芦荟成分的保健品。服用芦荟可能引起消化道不良反应，如恶心呕吐、腹痛腹泻甚至出现便血，严重者还可能引起肾脏功能损伤；芦荟还能使女性骨盆内脏器充血，促进子宫的运动，孕妇或女性月经期间服用容易引起腹痛，出血量增多甚至导致流产。另外，芦荟是苦寒类药物，体质虚弱者和小儿要慎用。

营养学家认为孩子不应滥用保健食品，可以适当服用一些补充维生素和矿物质的营养品，其他营养品尤其是成人营养品和成分、功能不明确的营养品最好不给孩子服用。给孩子滥用保健食品会产生一系列的副作用，这种情况一旦发生常常造成无法挽回的后果。比如：有一名九岁男孩，服用某种含有生长激素的营养液后，体毛变重，声音变粗，喉结突出，产生性早熟。这名男孩成人后的身高、性功能都将受到影响。另一名八岁女孩的症状更具典型性，她因服用过多的保健液，导致内分泌紊乱，引起过度肥胖，这对她的心脏和其脏器的发育都将造成伤害。

如果保健药品或保健食品中含有以下成分，如人参、蜂王浆、燕窝、鹿茸、生长激素、性激素以及其他具有补肾作用的中药，不要给孩子服用。

从严格意义上来说，保健食品虽然不是药，但是哺乳期女性服用后，会将保健食品含有的成分通过乳汁传递给宝宝，然而，这些成分并不为宝宝所接受，所以哺乳期应该谨慎服用保健食品，在保证三餐饮食均衡的前提下，甚至可以不用服用保健食品。

哺乳期应谨慎吃保健食品，是因为保健食品具有一般食品的共性，能调节人体的功能，适用于特定人群食用，但不以治疗疾病为目的。保健食品的原料相对比较复杂，其中的某些成分可能不适合哺乳期的女性恢复身体或者会对其乳汁质量造成影响，故哺乳期女性应该慎用保健食品，当保健食品中含有可可碱和咖啡因等物质时就不适合食用了。

针对少年儿童、孕妇和哺乳期女性等特殊人群的特定保健功能食品，其食用安全性和保健功能必须具有充足的科学理论、文献和试验依据作为支持。注册检验应当符合现行的有关规定，并充分考虑试验项目、试食人群、剂量设计的特殊性、科学性和合理性。涉及人体试食试验的，开展试验前应当完成必要的安全性毒理学试验、卫生学试验，并出具书面证明和取得试验机构伦理委员会的伦理审查批件。安全性毒理学试验、卫生学试验不合格的样品不得进行功能学人体试食试验。

五、人的可能摄入量较大的保健食品

一方面，若受试物掺入饲料的最大加入量（原则上最高不超过饲料的10%）或液体受试物经浓缩后仍达不到未观察到有害作用剂量为人体推荐（可能）摄入量的规定倍数时，综合其他毒性试验结果和实际人体食用或饮用量进行安全性评价。另一方面，应考虑给予受试物量过大时，可能影响营养素摄入量及其生物利用率，从而导致某些毒理学表现，而非受试物本身的毒性作用所致。

对人的可能摄入量较大和其他一些特殊原料的保健食品，按最大耐受量法给予最大剂量动物未出现死亡，也可进入下一阶段毒理学试验。

功效性成分及其含量的合格性是保健食品满足其设定功能和效果的决定性条件。功效成分一般按大于或等于标示值标示，如总氨基酸、粗多糖、总黄酮等；对于需要制定范围值的功效成分，应明确标示值的允许浓度偏差范围，比如维生素含量范围为标示值的80%～180%，矿物质含量范围应为标示值的75%～125%，且应符合《保健食品原料目录》规定的产品适宜人群对应的每日摄入量；对于每日摄入量需要严格控制的功效成分，如褪黑素等，其指标值的标示范围应以每日用量为依据，上限不得超过允许摄入量。

装量或重量差异指标（净含量及允许负偏差指标）应符合相应剂型的规定，控制装量差异的意义主要在于保证功效成分的适量摄入。以保健功能为补充钙、铁、锌的口服液产品（10ml规格）为例，用于4～6岁人群时，按照《保健食品原料目录（一）》要求，其功效成分钙的摄入范围为每日150～700mg，铁的摄入范围每日2.0～8.0mg，锌的摄入范围为每日1.0～5.0mg。若该产品的功效成分及含量为每支含：钙102mg、铁2.0mg、锌1.25mg，按照说明书中规定的每日2次，每次1支的方法食用时，符合装量或装量差异指标要求的保健食品，可以保障每日功效成分摄入量在安全有效限度范围内。

六、含乙醇的保健食品

对实验中出现的某些指标的异常改变，在结果分析评价时应注意区分是乙醇本身还是其他成分的作用。

推荐量较大的含乙醇的受试物，在按其推荐量设计试验剂量时，如超过动物最大灌胃容量，可以进行浓缩。乙醇浓度低于15%（V/V）的受试物，浓缩后应将乙醇恢复至受试物定型产品原来的浓度。乙醇浓度高于15%的受试物，浓缩后应将乙醇浓度调整至15%，并将各剂量组的乙醇浓度调整一致。不需要浓缩的受试物，其乙醇浓度高于15%时，应将各剂量组的乙醇浓度调整至15%。在调整受试物的乙醇浓度时，原则上应使用生产该受试物的酒基。无法达到定型产品的浓度时，可用食用酒精。进行果蝇试验时应将乙醇去除。

七、动物年龄对试验结果的影响

对某些功能类型的保健食品进行安全性评价时，对实验中出现的某些指标的异常改变，要考虑是否因为动物年龄选择不当所致而非受试物的毒性作用，因为幼年动物和老年动物可能对受试物更为敏感。年龄是一个重要的生物量，动物的解剖生理特征和反应性随年龄而有明显的变化。一般情况幼年动物比成年动物为敏感。如用断奶鼠或仔鼠作实验其敏感性比成年鼠要高。这可能与抗体发育不健全，解毒排泄的酶系尚未完善有关。然而，有时由于敏感而与成年动物的试验结果不一，一般认为不能完全取代成年动物的试验。老年动物的代谢由于功能低下，反应不灵敏，不是特别需要一般不选用。因此，一般动物实验设计应选成年动物进行实验。一些慢性实验，观察时间较长，可选择年幼、体重较小的动物作实验。研究性激素对机体影响的实验，一定要用幼年的或新生的动物。制备Alloxan糖尿病模型和进行一些老年医学的研究应选用老年动物。10～28月龄小鼠用了氯丙嗪后出现血糖升高，而老年的小鼠则是血糖降低。吩噻嗪类药物产生锥体外系症状随年龄增加而增加。咖啡碱对老年大鼠的毒性较大，对幼年大鼠毒性较小。

有人将大鼠、小鼠按年龄分成幼年、成年和老年3组，观察年龄对乙醇、汽油、戊烷、苯和二氯乙烷等急性毒性的影响。小鼠以6～8周，14～18周和18～24周，大鼠以1～1.5个月，8～10个月和18～24个月分成相应的3组。按LD_{50}及麻醉浓度来看，敏感性基本上显示幼年＞老年＞成年。

对毒物反应的年龄差异，可能与解毒酶活性有关。胎儿时因缺乏这些酶，故对毒物很敏感。新生儿约在出生后8周内解毒酶才达到成人水平。大鼠的葡萄糖醛酸转换酶，约在出生后30天才达到成年大鼠的水平。兔出生2周后，肝脏开始有解毒活性，3周后活性更高，4周后与成年兔接近。

八、安全系数

将动物毒性试验结果外推到人时，鉴于动物与人的物种和个体之间的生物学差异，一般采用安全系数的方法，以确保对人的安全性。安全系数通常为100倍，但可根据受试物的原料来源、理化性质、毒性大小、代谢特点、蓄积性、接触的人群范围、保健食品及其原料中的使用量和人的可能摄入量、使用范围及功能等因素来综合确定（确定改为增大或减小）安全系数的大小。

安全系数又称不确定系数（uncertain coefficient）是指在毒理学研究中根据动物实验得到的阈剂量或未观察到作用剂量推论人暴露容许限值时，鉴于动物、人的种属和个体之间的生物学差异，需要缩小一定的倍数，以确保对人的安全性，此缩小的倍数即安全系数。

安全系数一般采用100，据认为安全系数100是物种间差异（10）和个体间差异（10）两个安全系数的乘积。

伦理道德不允许用人来做毒理学、生物学试验，只能用动物做体内和体外试验，不仅费时，而且由于种属不同，反应差异和不确定性必然存在。在现行的残留标准值和每日容许摄入量（ADI）的确定程序中，由动物毒性试验结果推论到人时，考虑到动物和人的生物学差异，一般采用值为100的安全系数。安全系数如此之大，一方面是为了确保安全，另一方面食品毒理学的许多关键问题和实验技术方法还没有研究透彻，不确定性很大。

九、人体资料

由于存在着动物与人之间的物种差异，在评价保健食品及其原料的安全性时，应尽可能收集人群接触受试物后的反应资料，如职业性接触和意外事故接触等。在确保安全的条件下，可以考虑遵照有关规定进行人体试食实验，并且志愿受试者的毒物动力学或代谢资料对于将动物实验结果推论到人具有很重要的意义。

1.人体试食实验对受试者的要求　选择受试者必须严格遵照自愿的原则，根据所需判定功能的要求进行选择。

确定受试对象后要进行谈话，使受试者充分了解试食试验的目的、内容、安排及有关事项，解答受试者提出的与试验有关的问题，消除可能产生的疑虑。

受试者必须有可靠的病史，以排除可能干扰试验目的的各种因素。

志愿受试者应填写参加试验的知情同意书，并接受知情同意书上确定的陈述“我已获得有关试食试验食物的功能及安全性等有关资料，并了解了试验目的、要求和安排，自愿参加试验，遵守试验的要求和纪律，积极主动配合，如实反映试验过程中的反应，逐日记录活动和生理的重要事件，接受规定的检查。”志愿受试者和主要研究者在知情同意书上签字。志愿者填写知情同意书后应经试食试验负责单位批准。

试食试验期限原则上不得少于30天（特殊情况除外），必要时可以适当延长。

2.试验观察指标的确定　根据受试样品的性质和作用确定观察的指标，一般应包括以下内容。

在被确定为志愿受试者之前应进行系统的常规体检（进行心电图、胸透和腹部B超检查），试验结束后根据情况决定是否重复心电图、胸透和腹部B超检查。

在受试期间应取得下列资料。

（1）主观感觉（体力和精神的）。

（2）进食状况。

（3）生理指标（血压、心率等），症状和体征。

（4）常规的血液学指标（血红蛋白、红细胞和白细胞计数，必要时做白细胞分类），生化指标（氨基转移酶、血清蛋白质、白蛋白/球蛋白比值，尿素、肌酐、血脂、血糖等）。

（5）功效性指标，即与保健作用有关的指标，如抗氧化功能、减肥功能等方面的指标。

人体试食试验资料对于毒理学最终评价是最重要的，但是伦理道德的限制使人体资料十分不易获得，生物学标志物在人体试食试验中的研究与应用已成为当前研究的前沿方向。此外，食品毒理学在体外试验方法发展迅速，虽然它不能代替体内试验，但对化学物的毒性筛选具有很大的优越性。在食品毒理学的研究中，如何把从动物所获得的资料用于人，把体外资料用于体内，以及如何提高检测的敏感性等是今后发展的重要课题。转基因技术为解决这些问题提供了崭新的手段。在代谢途径上，通过基因转移能人为控制某一化学物的代谢；在整体水平上，可以人为控制某一基因的表达水平，从而阐明该基因在化学物致毒过程中的作用。通过转基因动物的建立，将大大促进食品毒理实验方法的发展。

十、综合评价

在对保健食品进行最后评价时，必须综合考虑受试物的原料来源、理化性质、毒性大小、代谢特点、蓄积性、接触的人群范围、食品中的使用范围、人的可能摄入量及保健功能等因素，确保其对人体健康的安全性。

对于已在食品中应用了相当长时间的物质，对接触人群进行流行病学调查具有重大意义，但往往难以获得剂量-反应关系方面的可靠资料；对于新的受试物质，则只能依靠动物实验和其他试验研究资料。然而，即使有了完整和详尽的动物实验资料和一部分人类接触者的流行病学研究资料，由于人类的种族和个体差异，也很难做出保证每个人都安全的评价。即绝对的安全实际上是不存在的。在受试物可能对人体造成的危害以及其可能的有益作用之间进行权衡，以食用安全为前提。

安全性评价要求以普通食品、卫生部规定的药食同源物质和允许用作保健食品的物质以外的动植物或动植物提取物、微生物、化学合成物为原料生产的保健食品，应对该原料和用该原料生产的保健食品分别进行安全性评价。

十一、保健食品安全性的重新评价

早期的毒性评价可能因为当时科学水平和技术条件的限制，现已不适用需重新评价。

若受试物掺入饲料的最大加入量（10%）或液体受试物经浓缩后仍达不到最大观察到有害作用剂量为人的可能摄入量的规定倍数时，如何综合其他的毒性试验结果进行安全性评价。

一方面，若受试物掺入饲料的最大加入量（原则上最高不超过饲料的10%）或液体受试物经浓缩后仍达不到未观察到有害作用剂量为人体推荐（可能）摄入量的规定倍数时，综合其他的毒性试验结果和实际食用或饮用量进行安全性评价。另一方面，应考虑给予受试物量过大时，可能通过影响营养素摄入量及其生物利用率、从而导致某些与受试物无关的毒理学表现。

安全性评价的依据不仅仅是安全性毒理学试验的结果，而且与当时的科学水平、技术条件以及社会经济、文化因素有关。因此，随着时间的推移，社会经济的发展、科学的进步，有必要对已通过评价的受试物进行重新评价。根据实验资料，进行最终评价时，应全面权衡做出结论。

知识拓展

哪些产品可以免做毒理学试验?

1.普通食品和卫生部关于进一步规范保健食品原料管理的通知(卫法监发〔2002〕51号)规定的即是食品又是药品的物品为原料生产的保健食品，符合以下要求的可免做毒理学试验：①以传统工艺生产且食用方式与传统食用方式相同；②原料进行水提取的，如服用量为原料的常规用量，且有关资料未提示该水取物具不安全性，一般不要求进行毒性试验。如：以大豆蛋白、乳清蛋白为原料生产的保健食品。

2.营养素补充剂类保健食品，使用《营养素补充剂申报与审评规定(试行)》表2以内的物品，其生产原料、工艺和质量标准符合国家有关规定的，不要求进行毒理学安全性试验。

第七节　审评结论的判定

一、认可毒理学试验

试验设计合理，操作规范，试验结果能够证明受试物的安全性。

二、属以下几种情况之一，补充资料后建议批准

1.检验报告格式不规范，需要重新出具检验报告毒理学试验报告。

2.数据偏离历史对照较大，需检验机构做出解释。

3.未提供某些试验数据，需要补充提供。

三、重做试验，大会再审情况

1.由于实验操作不规范，根据提供的检验报告无法评价产品的安全性，需要做除28天/90天喂养试验以外的毒理学试验。

2.已有数据提示可能存在安全性问题，但难以下结论，需要重复试验。

四、对产品的安全性不予认可的情况

1.毒理学评价的结果表明产品在推荐剂量下对人体具有一定的毒性，存在安全性问题。

2.产品的原料、配方存在明显的安全性问题，如配方含有“可用于保健食品的原料”名单以外的原料，且未进行新资源食品安全性毒理学评价。

3.选择安全性毒理学试验不符合程序规定，未完成相应的毒理学试验。

4.毒理、功能、兴奋剂与卫生学、稳定性试验样品的批号不一致。

5.未按规定提供安全性毒理学评价资料的。

6.28天/90天喂养试验剂量设计不合理或某些指标异常，结果不可信。

思政教育

食品毒理学评价程序、指南及管理法规的更新和完善

“民以食为天，食以安为先”，食品安全状况与人的身体健康和生命安全息息相关。随着社会经济的发展，食品安全问题日益受到人们的关注。食品毒理学是研究食品中有毒有害物质的性质、来源及其对人体损害的作用与机制，评价其安全性并确定这些物质的安全限量以及提出预防管理措施的一门科学，是保障食品安全的重要基础学科。目前食品毒理学已形成了具有自身特点和系统的概念、理论和方法体系。随着毒理学实验方法和技术的快速发展，食品毒理学的发展将以毒理基因组学为先导，整体迈入分子毒理学时代，并将呈现由被动毒理学向主动毒理学发展，由高剂量测试向低剂量测试发展，实验动物由单一性模型向特征性模型发展、由低通量测试向高通量测试发展，由单一用途向多用途和多领域发展的趋势。

随着毒理学的发展，与食品相关的毒理学评价程序和指南得到不断更新和补充，国际组织和一些发达国家都出版了食品毒理学安全评价原则和指南，例如JECFA（Joint FAO/WHO Expert Committee on Food Additives，FAO/WHO食品添加剂联合专家委员会）发布的ECH70，即《食品中添加剂和污染物的毒理学安全性评价原则》；JMPR（Joint FAO/WHO Meeting on Pesticide Residues，FAO/WHO农药残留联合会议）的EHC104，即《食品中农药残留的毒理学安全性评价原则》；OECD（Organization for Economic Cooperation and Development，经济合作与发展组织）的《化学品测试准则》；美国FDA的《食物成分毒理学安全性评价原则》等。我国参照国际相关标准规范，近年也制定和修订完善了新资源食品、保健食品、食品添加剂、转基因食品的相关管理法规，目前已制定了《新资源食品安全性评价规程》《转基因植物及其产品食用安全检测·大鼠90天喂养试验》《实验室质量控制规范食品毒理学检测》等20多项食品安全性毒理学评价的标准和技术规范。2001年国务院颁布了《农业转基因生物安全管理条例》，对转基因食品实行上市前安全性评价和审批管理制度；农业部也于2002年起相继出台了《农业转基因生物安全评价管理办法》等一系列相关法规，无论是进口还是国产转基因食品均应完成上市前食用安全性评价工作，向农业部提出申请。2006年4月29日全国人大常委会通过了《中华人民共和国农产品质量安全法》，确立了农产品质量安全风险评估的法律地位。2009年2月28日全国人大常委会通过了《中华人民共和国食品安全法》，使我国食品安全风险分析及预警的法律基本原则和制度得以确认。随着国际毒理学技术的发展和新的食品安全性问题的出现，卫生部组织专家对《食品安全性毒理学评价程序》（GB15193.1—2003）进行修订，拓展安全性评价范围，目前标准的立项和起草工作正在进行中。总之，我国食品相关的管理法规和技术规范的不断完善，使我国食品毒理检测机构得到规范化和标准化管理，整体安全性评价水平无论从检验设备、人员素质，还是检验的技术水平等均有显著的提高。

本章小结

安全性评价指利用规定的毒理学程序和方法评价化学物对机体产生有害效应（损伤、疾病或死亡），并外推和评价规定条件下化学物暴露对人体和人群的健康是否安全；对化学物安全性评价的一般程序包括毒理学试验前有关资料收集、化学物毒理学试验程序（四个阶段）和人群暴露资料研究。

安全性评价的依据不仅仅是安全性毒理学试验的结果，而且与当时的科学水平、技术条件以及社会经济、文化因素有关。因此，随着时间的推移，社会经济的发展、科学技术的进步，当对原料或产品的安全性研究有新的科学认识时，应结合产品上市后人群食用过程中发现的安全问题以及管理机构采取的与安全有关的管理措施，对产品的安全性进行重新评价。

本章从动物实验的GLP法规和相关要求、毒性及功能检验评价依据和目的、保健食品毒理学试验的研究和基本原则、实验动物的选择及给样量、样品的预处理原则、毒理学试验内容介绍、毒理学安全性评价时应考虑的问题以及审评结论的判定等方面综合进行了保健食品安全性毒理学评价，对已经发生或可能发生的保健食品的毒理危害做出评价和科学预测，为控制这些不良影响，将其减少到最小程度提供科学依据，在食品与保健食品的安全性评价中起到不可或缺的作用。

总之，保健食品安全性毒理学评价通过动物实验和对人群的观察来阐明待评物质的毒性及潜在的危害，这决定着其能否进入市场或阐明安全使用的条件，从而最大限度地减小其危害作用，达到保护人民身体健康的目的。

关键词

毒性　toxicity　　毒理学　toxicology

安全系数　uncertain coefficient　　鼠伤寒沙门氏菌　salmonella typhimurium

药物非临床研究质量管理规范　Good Laboratory Practice（GLP）

美国食品药品管理局　Food and Drug Administration（FDA）

经济发展与合作组织　Organization for Economic Co-operation and Development（OECD）

复习思考题

1. 为了衡量不同化学物的毒性大小，许多国家和国际组织制订并正在努力完善各种毒性分级标准，什么是急性毒性分级标准依据？
2. 保健食品安全性毒理学的评审标准主要是从哪四个方面进行的？请简述。
3. 请详述毒理学试验的四大基本原则。
4. 毒理学试验对样品的预处理原则有哪些？
5. 请简述一个毒理学试验项目流程？

（张玉静　刘　曼　张晓维　姜晓东　田　俊）

思维导图

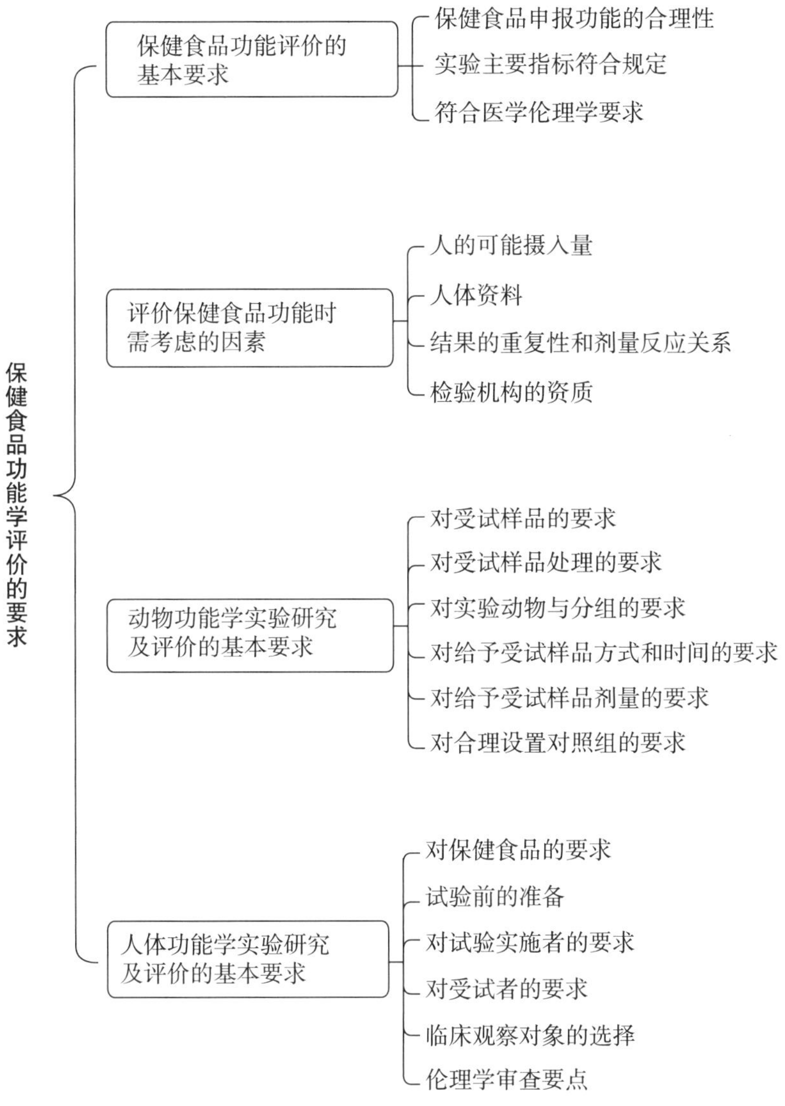

第十章　保健食品功能学研究与评价思维导图

第十章 保健食品功能学研究与评价

学习目标

1. 掌握保健食品功能评价的基本要求，评价保健食品功能时需要考虑的因素。
2. 熟悉保健食品的功效成分，功能学实验研究与评价方法。
3. 了解常见的保健功能评价实验内容和结果判定方法。

第一节 保健食品的功能评价的基本要求

一、保健食品申报功能的合理性

2003年2月卫生部发布《保健食品检验与评价技术规范》(2003年版)，其中包括保健食品功能学评价程序与检验方法规范。2020年11月24日，国家市场监督管理总局发布“关于公开征求《允许保健食品声称的保健功能目录非营养素补充剂(2020年版)(征求意见稿)》意见的公告”，意见稿将保健食品功能进行了修订，拟将促进泌乳功能、改善生长发育功能、改善皮肤油分功能删除，调整为24种保健功能，并对保健功能做了释义，详细内容见第一章。

二、实验主要指标符合规定

(一)对受试样品的要求

(1)应提供受试物的名称、性状、规格、批号、生产日期、保质期、保存条件、申请单位名称、生产企业名称、配方、生产工艺、质量标准、保健功能以及推荐摄入量等信息。

(2)受试样品应是规格化的定型产品，即符合既定的配方、生产工艺及质量标准。

(3)提供受试样品的安全性毒理学评价的资料以及卫生学检验报告，受试样品必须是已经过食品安全性毒理学评价确认为安全的食品。功能学评价的样品与安全性毒理学评价、卫生学检验、违禁物质检测的样品应为同一批次。对于因试验周期无法使用同一批次样品的，应确保违禁物质检测样品同人体试食试验样品为同一批次样品，并提供不同批次的相关说明及确保不同批次之间产品质量一致性的相关证明。

(4)应提供受试物的主要成分、功效成分/标志性成分及可能的有害成分的分析报告。

（5）如需提供受试样品兴奋剂、违禁药物等违禁物质检测报告时，应提交与功能学评价同一批次样品的兴奋剂、违禁药物等违禁物质检测报告。

（二）对受试样品处理的要求

（1）受试样品推荐量较大，超过实验动物的灌胃量、掺入饲料的承受量等情况时，可适当减少受试样品中的非功效成分的含量，对某些推荐用量极大（如饮料等）的受试样品，还可去除部分无安全问题的功效成分（如糖等），以满足保健食品功能评价的需要。以非定型产品进行试验时，应当说明理由，并提供受试样品处理过程的详细说明和相应的证明文件，处理过程应与原保健食品产品的主要生产工艺步骤保持一致。

（2）对于含乙醇的受试样品，原则上应使用其定型的产品进行功能实验，其3个剂量组的乙醇含量与定型产品相同。如受试样品的推荐量较大，超过动物最大灌胃量时，允许将其进行浓缩，但最终的浓缩液体应恢复原乙醇含量。如乙醇含量超过15%，允许将其含量降至15%。调整受试样品乙醇含量原则上应使用原产品的酒基。

（3）液体受试样品需要浓缩时，应尽可能选择不破坏其功效成分的方法。一般可选择60～70℃减压，或常压蒸发浓缩、冷冻干燥等进行浓缩。浓缩的倍数依具体实验要求而定。

（4）对于以冲泡形式饮用的受试样品（如袋泡剂），可使用其水提取物进行功能实验，提取的方式应与产品推荐饮用的方式相同。如产品无特殊推荐饮用方式，则采用下述提取条件：常压，温度80～90℃，时间30～60min，水量为受试样品体积的10倍以上，提取2次，将其合并后浓缩至所需浓度，并标明该浓缩液与原料的比例关系。

（三）对合理设置对照组的要求

保健食品功能评价的各种动物实验至少应设3个剂量组，另设阴性对照组，必要时可设阳性对照组或空白对照组。以载体和功效成分（或原料）组成的受试样品，当载体本身可能具有相同功能时，在动物实验中应将该载体作为对照。以酒为载体生产加工的保健食品，应当以酒基作为对照。

保健食品人体试食对照物品可以用安慰剂，也可以用具有验证保健功能作用的阳性物。

（四）对给予受试样品时间的要求

动物实验给予受试样品以及人体试食的时间应根据具体实验而定，原则上为1~3个月，具体实验时间参照各功能的实验方法。如给予受试样品时间与推荐的时间不一致，需详细说明理由。

三、符合医学伦理学要求

保健食品人体试食试验需要符合医学伦理要求，必须经有关专家论证，并经伦理委员会批准。

第二节　评价保健食品功能时需要考虑的因素

一、人的可能摄入量

除去一般人群的摄入量外，还应考虑特殊的和敏感的人群（如儿童、孕妇及高摄入量人群）。

二、人体资料

由于存在着动物与人之间的种属差异，在将动物实验结果外推到人时，应尽可能收集人群服用受试样品后的效应资料，若体外或体内动物实验未观察到或不易观察到食品的保健作用或观察到不同效应，而有大量资料提示对人有保健作用时，在保证安全的前提下，应进行必要的人体试食试验。保健食品人体试食试验评价的基本原则包括以下内容：原则上受试样品已经通过动物实验证实（没有适宜动物实验评价方法的除外），确定其具有需验证的某种特定的保健功能；原则上人体试食试验应在动物功能学实验有效的前提下进行。人体试食试验受试样品必需经过动物毒理学安全性评价，并确认为安全的食品。

三、实验的阳性结果

当将实验的阳性结果用于评价食品的保健作用时，应考虑结果的重复性和剂量反应关系，并由此找出其最小有作用剂量。

四、检测及评价

食品保健功能的检测及评价应由具备资质的检验机构承担。

知识拓展

实验动物与动物实验

动物实验是生命科学研究的重要组成部分。实验动物加速了人类探索生命奥秘，揭示疾病机制的进程。

相关数据表明，人类大约有25000个基因在其他哺乳动物中存在，如小鼠；人类大约有一半的基因和无脊椎动物相似，如蠕虫、果蝇。

此外，每一种新药在被批准做人体临床研究之前，必须先通过在实验动物（啮齿动物、犬、猴）身上的安全性评价，探究药物的毒副作用，包括致癌、致畸、致突变等，在安全的情况下再应用到人类身上。而实验课的教学演示也同样离不开实验动物。

动物实验在医学研究、药品研发、生命科学的探索和应用等诸多领域起着非常重要的作用。在人类历史的长河中，经典的动物实验案例不胜枚举。

从路易斯·巴斯德（1822~1895年）用绵羊和炭疽证明细菌是有害的，进而发展了巴氏杀菌法，到埃米尔·阿道夫·冯·贝林（1854~1917年）用小鼠来测试白喉的理论，为人类创造了免疫。

从埃德加·道格拉斯·阿德里安（1889~1977年）用青蛙证明了大脑发送通信信号的方式，到弗雷德里克·格兰特·班廷（1891~1941年）用狗和牛对胰腺和胰岛素进行实验，以开发糖尿病的治疗方法。

如果没有实验动物，我们人类的平均寿命将无法从35岁延长至70岁；如果没有实验动物，我们将无法提升对病理诊断的精确度；如果没有实验动物，我们不能更科学地对许多疾病做出预防、调养与控制等。

第三节　动物功能学实验研究及评价

动物功能学实验研究及评价主要涉及多个方面，包括协调运动能力、肌力、耐力、协调能力、自发活动能力等，通过一系列的行为学实验方法进行评估。这些实验方法不仅为神经科学、运动生理学和药理学等领域的研究提供了重要工具，还直接反映了脊髓修复与再生水平，以及外周行为功能的改善情况。

在保健食品研发注册中，在申报部分功能时必须开展动物功能学试验研究，比如有助于增强免疫力功能、有助于改善睡眠功能、缓解体力疲劳功能、有助于改善骨密度、对电离辐射危害有辅助保护作用、提高缺氧耐受力功能和对化学性肝损伤有辅助保护功能，通过各种功能学试验和指标的实验方法，全面评估保健食品应用过程中对于人体或者动物的各项功能指标的作用和影响，为保健食品的申报注册提供了重要的研究和应用数据支持。

图10-1详细展示了在进行动物功能学试验时所需要进行的实验及其结果判定。

知识拓展

3R原则

1979年，英国反活体解剖协会发出倡议，将每年的4月24日定为世界实验动物日。旨在向大众宣传维护实验动物福利和伦理的观念，倡导科学、人道地开展动物实验，严格遵守《动物伦理学》3R原则——Replacement（代替）、Reduce（减少）、Refinement（优化），积极宣传使用动物实验的替代办法，最终完全取消动物实验。

1.替代（Replacement）　当我们进行动物实验时，应尽可能使用低等级动物代替高等级动物，或不使用动物而采用其他方法达到与动物实验相同的目的。

2.减少（Reduction）　我们应尽可能减少实验动物的使用数量。

3.优化（Refinement）　对必须使用的动物，应减低非人道方法的使用频率或危害程度。

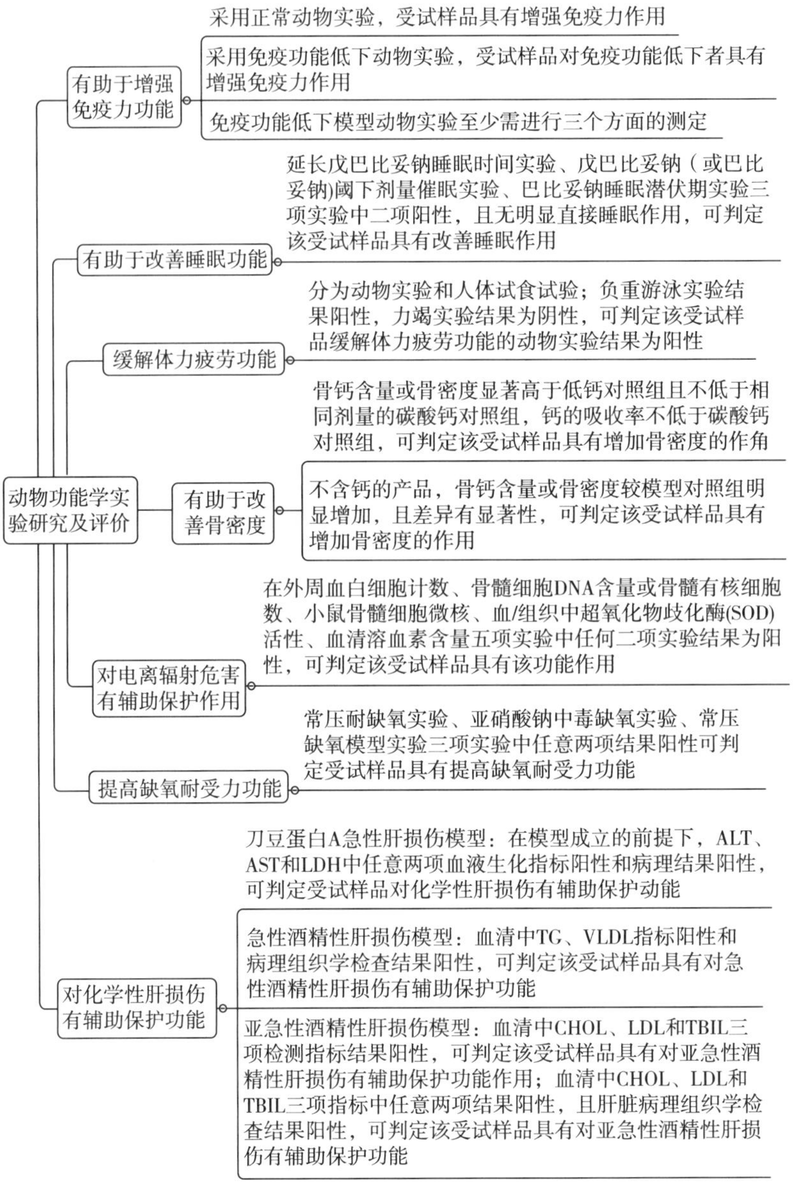

图10-1 动物功能学实验研究及结果评判

在人类社会发展的过程中，虽然目前我们仍然离不开实验动物，但是应该尽量满足其身心需要，为其营造良好的生存环境。在实验过程中想方设法减少使用频率、减轻为其带来的痛苦，并不断通过技术的改良，研发动物实验的替代方式。“落其实者思其树，饮其流者怀其源”。人类的科学研究、药物测试等与生活息息相关的领域都离不开实验动物。这些伟大的生灵，以无私奉献的荣耀之光照亮了人类生命科学进步的道路，驱动了生命品质的大幅提升。我们应对这些为了人类的健康而奉献的动物们表示致敬与感恩。

案例

专利：益母草碱在制备痤疮治疗药物中的用途

公开号：××××

保健功能：有助于改善痤疮。

功效成分/标志性成分含量：益母草总生物碱。

主要原料：益母草。

实验对象：具有痤疮的动物或患者。

给药方式及给药量：通过琼脂稀释法检测益母草碱的体外抗菌活性。

实验结果：益母草碱能够抑制痤疮丙酸杆菌的增殖；通过痤疮丙酸杆菌诱导的痤疮体外炎症模型检测益母草碱的抗炎作用，益母草碱能抑制炎症介质的表达，抑制TLR2的表达，抑制NLRP3炎症小体及其相关分子的表达；益母草碱对痤疮丙酸杆菌具有抑制作用，对痤疮丙酸杆菌诱导的炎症反应具有抑制作用，可用于制备痤疮治疗药物。

第四节　人体功能学试验研究及评价

人体功能学试验研究及评价涵盖了多个方面，包括体适能测定、健康评估、运动能力评估等，旨在全面、准确地评估个体的健康状况和运动表现。在保健食品申报注册中，常见需要做人体功能性试验，研究的功能包括缓解视觉疲劳、有助于改善痤疮、有助于改善黄褐斑和有助于改善皮肤水分状况，都是与人体各个部位和器官息息相关的，通过合理的多种试验方法和技术开展指标性的试验检测过程和分析，全面、准确地评估所申报注册的保健食品对于人体健康状况、运动表现和技术指标的全面影响和定量，为研发保健食品的有效应用提供科学的依据。

图10-2展示了缓解视觉疲劳、有助于改善痤疮、有助于改善黄褐斑和有助于改善皮肤水分状况进行实验研究的结果评判。

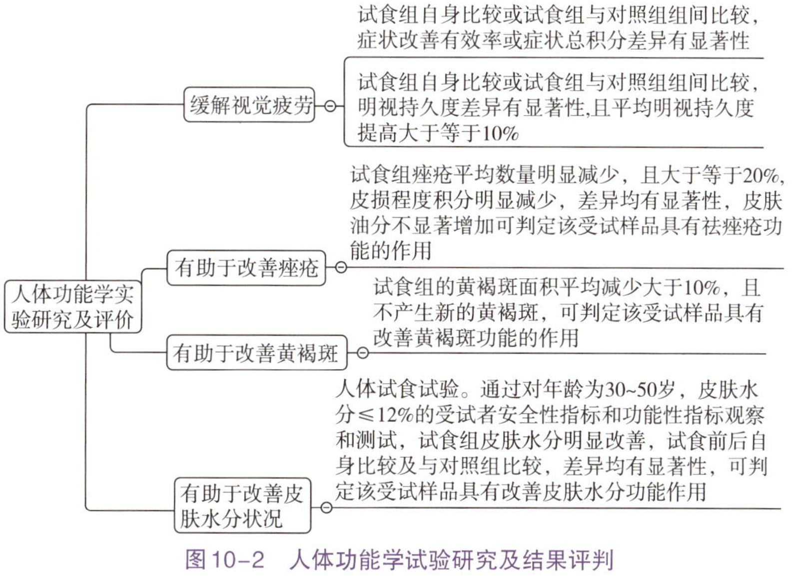

图10-2　人体功能学试验研究及结果评判

第五节 动物实验和人体试食试验研究与评价

在保健食品的申报注册时，部分保健食品的功能必须通过动物和人体两者的功能学试验研究才能验证其功能及其给予评价，比如图10-3中的12种保健功能，通过合理的试验方法设计和严谨的试验过程和技术指标、现象观察和结果判定，才能分析和判断所研究申报的保健食品是否符合和具有相应的功能。

根据保健食品功能检验与评价技术指导原则（2023年版），对研究申报的保健食品的动物和人体功能学实验研究情况开展分析，与保健食品的安全性毒理评价试验、功效成分试验、卫生学试验、稳定性试验等检测结果和分析相配合，由此充分验证保健食品全方面的研发指标和安全有效性的功能，能更高效地开展应用研究申报的保健食品。

通过以下相关案例的介绍，可进一步了解保健食品功能检验的关键内容。

专利1：一种具有降血脂作用的决明子提取物

公开号：××××

保健功能：降血脂作用

功效成分/标志性成分含量：决明子提取物

主要原料：决明子，来源于决明植物的种子

实验对象：有高脂血症（hyperlipidemia，HLP）SD大鼠

给药方式及给药量：每天灌胃给药（$0.32\text{ml}\cdot\text{kg}^{-1}$），决明子提取物中剂量组（$0.16\text{ml}\cdot\text{kg}^{-1}$）、决明子提取物低剂量组（$0.08\text{ml}\cdot\text{kg}^{-1}$），连续给药8周。

实验结果：决明子提取物对血清胆固醇（TC）有一定降低作用，提示其对老年性高胆固醇血症可能有一定疗效。

专利2：一种银杏功能性饮料的制备方法

公开号：××××

保健功能：免疫调节、抗炎

功效成分/标志性成分含量：银杏多糖

主要原料：银杏

制备方法：通过水提醇沉法，利用70%乙醇沉淀所述提取液中的多糖，并洗涤、干燥沉淀得到粗多糖：将粗多糖复溶后加入Sevag试剂除去蛋白，再次加入70%乙醇沉淀、离心、洗涤、晾干，经冷冻处理后放入冷冻干燥机中冻干成粉，得到所需的银杏多糖。取0.25%的银杏多糖、4%的蜂蜜、3.5%的白砂糖、0.05%的柠檬酸、0.10%的B-环状糊精、0.03%的抗坏血酸以及0.05%~0.2%的稳定剂加入水中得到均质的混合液，将所述混合液杀菌、冷却后灌装得到银杏功能性饮料。

专利3：一种具有降血糖作用的铁皮石斛根提取物及其用途

公开号：××××

保健功能：降血糖

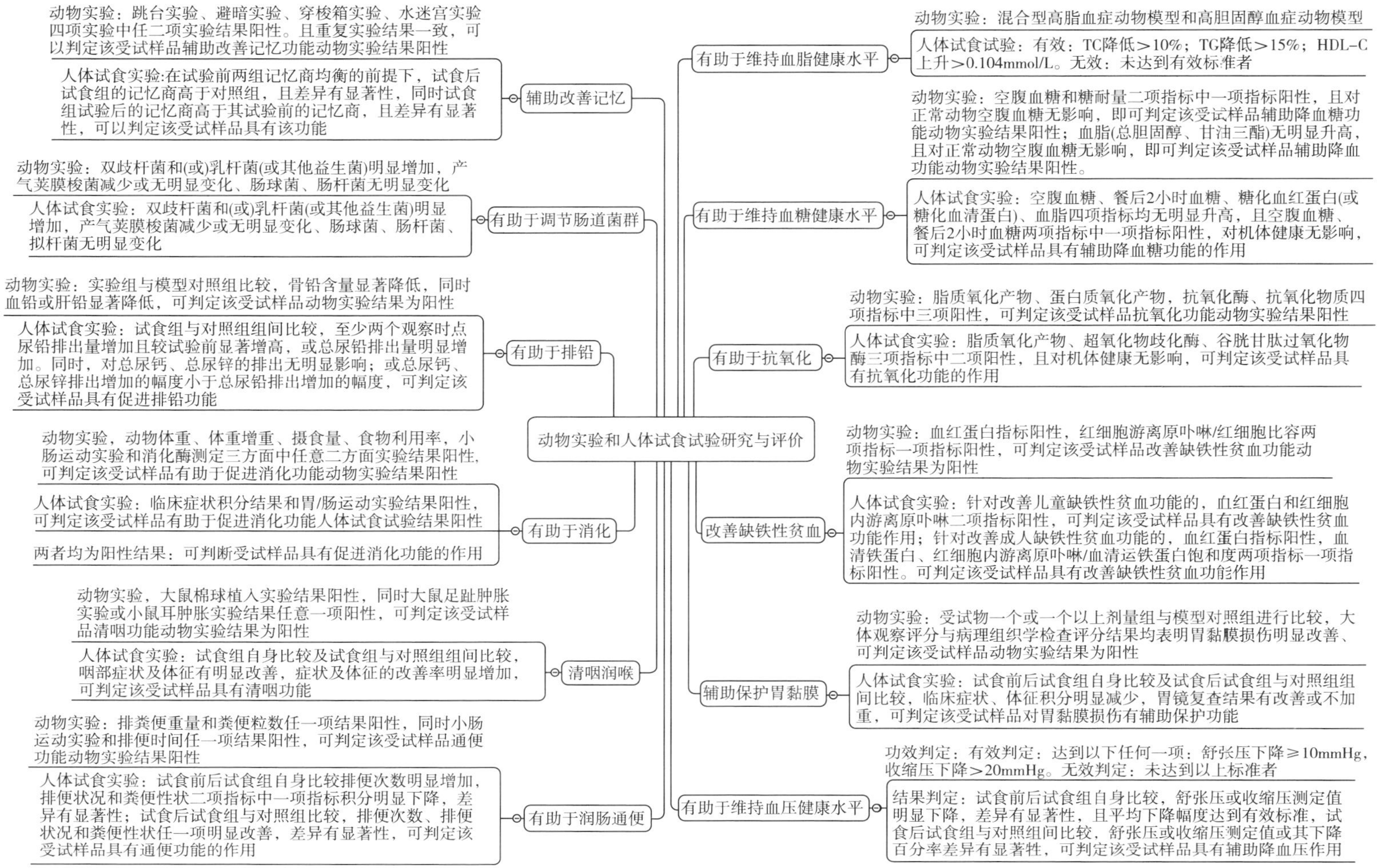

图10-3 动物和人体功能学实验研究及结果评判

功效成分/标志性成分含量：铁皮石斛根提取物。

主要原料：铁皮石斛根，来自于植物铁皮石斛。

实验对象：糖尿病小鼠。

给药方法及用量：铁皮石斛根85%乙醇提取物按10.0g/（kg·d）给药。

给药时间：10周。

实验结果：与正常组相比，模型小鼠空腹血糖均明显升高（$P<0.01$）；与模型组比较，给药6周后，铁皮石斛根85%乙醇提取物能明显降低模型小鼠的空腹血糖（$P<0.05$）；且降糖效果平稳持续。

专利4：3′-香叶基柑橘查尔酮及组合物在制备治疗脂肪肝的产品方面中的应用

公开号：××××

保健功能：有助于降血脂作用

功效成分/标志性成分含量：3′-香叶基柑橘查尔酮

主要原料：金丝皇菊，3′-香叶基柑橘查尔酮0.5~5份，金丝皇菊水提物1~15份和(或)金丝皇菊醇提物1~15份

实验对象：脂肪肝小鼠或患者

给药方式及给药量：小鼠腹腔注射泰洛沙泊500mg/kg，同时灌胃给药进行药物干预。3′-香叶基柑橘查尔酮组给予100mg/kg；3′-香叶基柑橘查尔酮组合物1组给予3′-香叶基柑橘查尔酮50mg/kg+金丝皇菊水提物250mg/kg；3′-香叶基柑橘查尔酮组合物2组给予3′-香叶基柑橘查尔酮50mg/kg+金丝皇菊醇提物250mg/kg；3′-香叶基柑橘查尔酮组合物3组给予3′-香叶基柑橘查尔酮50mg/kg+金丝皇菊水提物125mg/kg+金丝皇菊醇提物125mg/kg；阳性对照组分别给予100mg/kg非诺贝特和100mg/kg阿卡地新灌胃；模型组给予溶剂。

实验结果：3′-香叶基柑橘查尔酮及其组合物能够明显改善肝指数，缓解了肝细胞脂质堆积以及部分肝细胞的肿胀和变性的组织病理学形态，对肝脏内一系列生化指标也有明显改善。体外细胞水平评价结果也表明，3′-香叶基柑橘查尔酮及其组合物均具有缓解肝细胞脂质堆积、线粒体含量降低、线粒体膜电位下降等活性。因此，3′-香叶基柑橘查尔酮及其组合物可以用于有助于改善脂肪肝的功能性食品、保健食品或药物。

专利5：甘薯渣膳食纤维的提取方法及其在调节肠道菌群中的应用

公开号：××××

保健功能：调节肠道菌群。

功效成分/标志性成分含量：膳食纤维。

主要原料：甘薯渣膳食纤维，来自薯蓣科薯蓣属植物甘薯。

实验对象：雄性Wistar大鼠。

给药方式及给药量：喂养添加不同含量的甘薯渣膳食纤维日粮分别为低剂量3%、高剂量15%，连续饲喂4周。

实验结果：甘薯渣膳食纤维显著增加有益肠道菌数量，增加小肠绒毛高度和隐窝深度的比值（V/F），显著提升小肠消化和吸收功能。

本章小结

本章介绍了保健食品功能学研究与评价的方法，首先是保健食品的分类、主要功效成分及质量控制要求，然后叙述了保健食品功能评价中受试样品处理、合理设置实验组及医学伦理要求等，对各种类型的功能学实验研究及评价情况做了介绍，结合案例可以加深对本章内容的理解。

关键词

戊巴比妥钠　pentobarbital sodium
巴比妥钠　barbital sodium
丙二醛　malondialdehyde, MDA
亚硝酸钠　sodium nitrite
碳酸钙　calcium carbonate
甘油三酯　triglyceride, TG
胆固醇　cholesterol，CHOL
胆红素　totalbilirubin，TBIL
脂/体比　body fat ratio，BFR
吲哚美辛　indometacin
糖化血红蛋白　glycated hemoglobin, HbA1c
脂质氧化产物　lipid oxidation products
8-表氢氧异前列腺素　8-isoprostane
高铁血红蛋白含量　methemoglobin, MetHb
超氧化物歧化酶　superoxide dismutase, SOD
谷丙氨基转移酶　glutamate alanine aminotransferase，ALT
谷草氨基转移酶　aspartate aminotransferase, AST
乳酸脱氢酶　lactate dehydrogenase, LDH
极低密度脂蛋白　very low density lipoprotein，VLDL
低密度脂蛋白胆固醇　low density lipoprotein，LDL
谷胱甘肽过氧化物酶　glutathione peroxidase，GSH-Px

复习思考题

1.进行保健食品的人体试食试验应该遵循哪些原则？
2.观察实验样品对免疫功能的影响可做哪些动物实验？
3.对胃黏膜有辅助保护功能的动物实验原理是什么？

（蒋立勤　朱振元　张晓维　张玉静　王立强　姜晓东）

思维导图

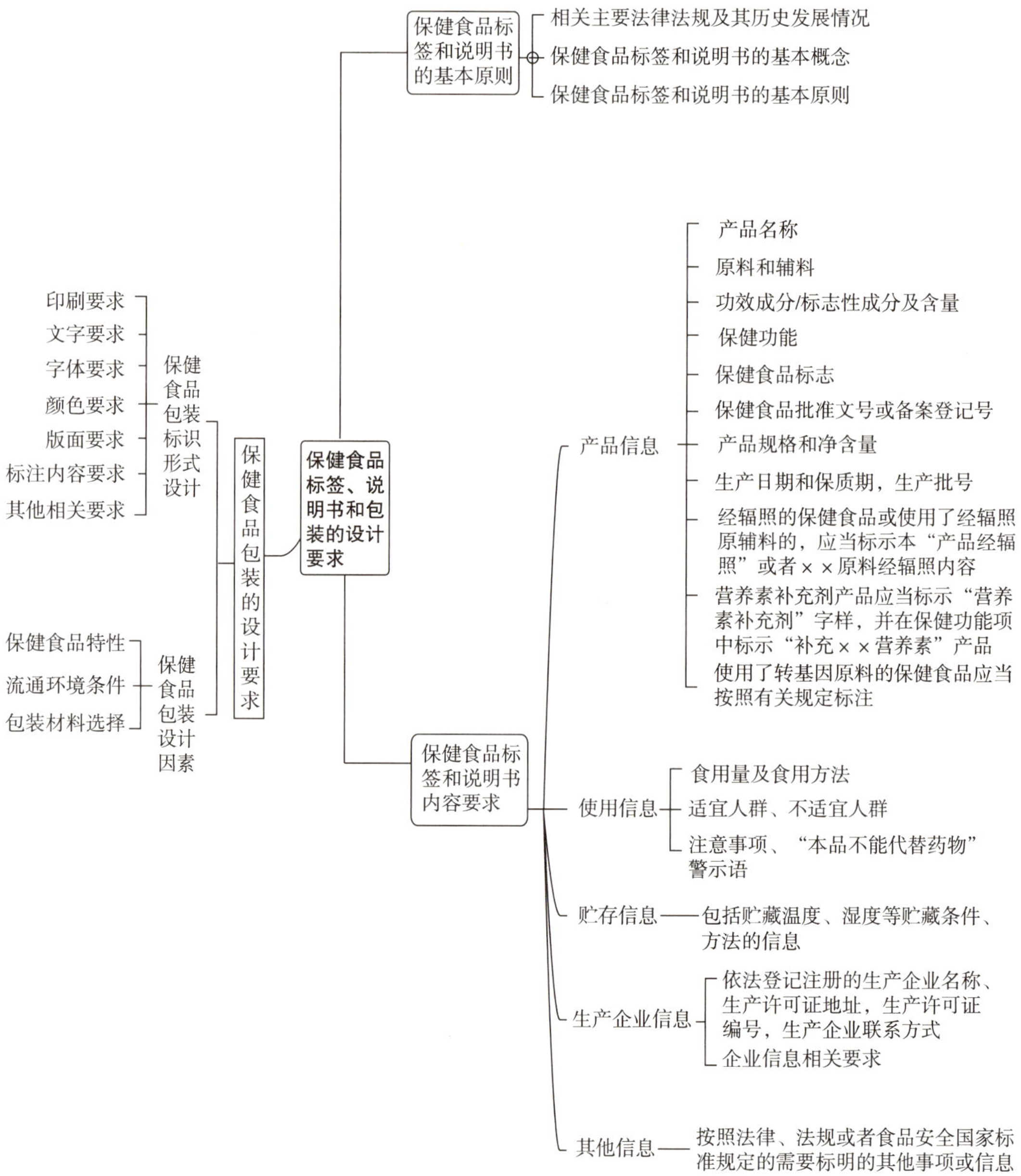

第十一章　保健食品标签、说明书和包装的设计要求思维导图

保健食品标签、说明书和包装的设计要求

学习目标

1. 掌握保健食品标签和说明书内容要求。
2. 熟悉保健食品包装的设计要求。
3. 了解保健食品标签和说明书的基本原则。

第一节　保健食品标签和说明书的基本原则

产品标签标识是指用于识别产品及其质量、数量、特征、特性和使用方法所做的各种表示的统称。完善的产品标签可以帮助消费者了解产品的质量状况，便于用户、消费者选购、使用产品。同时，产品标签也是企业及其产品形象的重要体现，是企业和客户沟通的重要渠道。产品标签上的说明成为生产者或销售者和消费者之间合同的组成部分。显然，保健食品标识是产品属性和内在质量的表述，是消费者了解产品保健功能、指导消费者合理选购和科学食用的重要载体。保健食品标识不准确，会伤及品牌企业的生产积极性，更重要的会误导消费者滥用保健食品，严重危害消费者身体健康。

一、相关主要法律法规及其历史发展情况

保健食品标签、说明书等标识十分重要，必须准确，符合国家相关法律法规及标准规范的规定。无论是监管者、生产者还是消费者，都应清楚保健食品标识相关法律法规。

我国保健食品标识相关主要法律法规及其发展历程见表11–1。

表11–1　我国保健食品标识相关主要法律法规及其发展历程

名称	制订/修订时间	实施时间	颁发部门	与标识相关条款
《中华人民共和国食品卫生法》	1995–10–30	1995–10–30	全国人民代表大会常务委员会	“第二十二条　表明具有特定保健功能的食品，其产品及说明书必须报国务院卫生行政部门审查批准，其卫生标准和生产经营管理办法，由国务院卫生行政部门制定。”首次明确将保健食品纳入管理范畴。该法规于2009年6月1日废止。取而代之的是《中华人民共和国食品安全法》
《保健食品管理办法》	1996–03–15	1996–06–01	卫生部	制定了保健食品严格的审批、生产经营、保健品标签、说明书、广告宣传以及监督管理的条款

续表

名称	制订/修订时间	实施时间	颁发部门	与标识相关条款
《保健食品标识规定》	1996-07-18	1996-07-18	卫生部	对保健食品标识和产品说明书的内容作了详细的说明，包括保健食品的名称、保健食品的标识与保健食品批准文号、净含量、配料、功效成分、保健作用、保健食品生产企业名称与地址等。这是中国关于保健食品标签标识的重要法规
《保健（功能）食品通用标准》（GB 16740—1997）	1997-02-28	1997-05-01	国家技术监督局	此标准规定了保健（功能）食品标签要求。该要求是根据GB 7718—94《食品标签通用标准》和GB 13432—92《特殊营养食品标签》，并参考了国务院卫生行政部门颁布的《保健食品标识与产品说明书的标示内容及其标示要求》，针对保健（功能）食品的特性，增加了部分标注内容
《卫生部关于委托生产加工食品问题的批复》	2004-12-01	2004-12-01	卫生部	此文件要求委托生产的保健食品，其产品的最小销售包装必须在标签和说明书的同一展示版面上，分别标注委托方和受委托方双方的单位名称、地址和卫生许可证文号等内容
《食品安全国家标准 预包装食品标签通则》（GB 7718—2011）	2011-04-20	2012-04-20	卫生部	代替GB 7718—2004
《保健食品广告审查暂行规定》	2005-05-24	2005-07-01	国家食品药品监督管理局	保健食品广告中有关保健功能、产品功效成分/标志性成分及含量、适宜人群、食用量等的宣传，应当以国务院食品药品监督管理部门批准的说明书内容为准，不得任意改变。发布保健食品广告须先向所在地的省级食品药品监督管理部门提出申请。此外，保健食品不得与其他保健仪器或药品进行功效对比
《食品标识管理规定》	2007-08-27	2008-09-01	国家质量监督检验检疫总局	全文包括总则、食品标识的标注内容、食品标识的标注形式、法律责任、附则共五章四十二条，加强对食品标识的监督管理，规范食品标识的标注，防止质量欺诈，保护企业和消费者合法权益而制定的。但它未能对保健食品的标签做具体规定

续表

名称	制订/修订时间	实施时间	颁发部门	与标识相关条款
《中华人民共和国食品安全法》	2009-02-28	2009-06-01	全国人民代表大会常务委员会	第五十一条　国家对声称具有特定保健功能的食品实行严格监管。有关监督管理部门应当依法履职，承担责任。具体管理办法由国务院规定。 声称具有特定保健功能的食品不得对人体产生急性、亚急性或者慢性危害，其标签、说明书不得涉及疾病预防、治疗功能，内容必须真实，应当载明适宜人群、不适宜人群、功效成分或者标志性成分及其含量等；产品的功能和成分必须与标签、说明书相一致
《食品安全国家标准 保健食品》（GB 16740—2014）	2014-12-24	2015-05-24	中华人民共和国国家卫生和计划生育委员会	取代了《保健（功能）食品通用标准》（GB 16740—1997），修改了保健食品的范围、产品分类、标签标识、技术要求等标准
《国家食品药品监督管理总局关于进一步规范保健食品命名的有关事项的公告》	2015-08-25	2015-10-01	国家食品药品监督管理总局	国家食品药品监督管理总局不再批准以含有表述产品功能相关文字命名的保健食品；对于已注册的名称中含有表述产品功能相关文字的保健食品，申请人应当于2015年12月31日前按照有关规定申请变更该保健食品名称。自2016年5月1日起，不得生产名称中含有表述产品功能相关文字的保健食品，此前已经生产的产品允许销售至保质期结束，避免误导消费者
《食品、保健食品欺诈和虚假宣传整治方案》	2017-07-07	2017-07-07	国务院食品安全委员会办公室等9部门	整治方案针对的事项包括未经许可生产食品和保健食品、经营食品和保健食品、进口食品和保健食品行为
《总局关于规范保健食品功能声称标识的公告》	2018-02-13	2018-02-13	国家食品药品监督管理总局	明确了保健食品功能声称标识的有关事项。一是未经人群食用评价的保健食品，其标签说明书载明的保健功能声称前增加“本品经动物实验评价”的字样；二是此前批准上市的保健食品生产企业，应当在其重新印制标签说明书时，按上述要求修改标签说明书。至2020年底前，所有保健食品标签说明书均需按此要求修改；三是自2021年1月1日起，未按上述要求修改标签说明书的，按《中华人民共和国食品安全法》有关规定查处
《中华人民共和国食品安全法》	2018-12-29	2018-12-29	全国人民代表大会常务委员会	此次修正食品安全法，涉及“保健食品”内容共13项条款，对入市前的许可管理、生产管理、市场监督、广告管理、违法处罚均予以规定。新法首次提出对于保健食品的注册实行备案制和注册制并行，备案监管部门会对产品的生产、销售等过程作备案，以便全面监控

续表

名称	制订/修订时间	实施时间	颁发部门	与标识相关条款
《保健食品标注警示用语指南》	2019-06-10	2020-01-01	国家市场监督管理总局	让保健食品标签带上警示语，有利于强化企业主体责任，约束商家营销行为，利于保护消费者知情权，让消费选择更加理性
《中华人民共和国食品安全法》	2021-04-29	2021-04-29	全国人民代表大会常务委员会	此次修正食品安全法，第四节特殊食品中第七十四条至第八十三条，明确了国家对保健食品、特殊医学用途配方食品和婴幼儿配方食品等特殊食品实行严格监督管理。其中第七十八条对保健食品的标签、说明书明确具体要求

二、基本概念

保健食品标识主要由保健食品标签、保健食品说明书及保健食品标志等构成。

保健食品标签，是指依附于产品销售包装上的用于识别保健食品特征、功能以及安全警示等信息的文字、图形、符号及一切说明物。

保健食品说明书，是指由保健食品注册人或备案人制作的单独存在的、进一步解释说明产品信息的材料。

保健食品标志，是指统一的依附于产品并足以与其他食品相区分的符号。

三、保健食品标签和说明书基本要求

保健食品标签和说明书，应当符合国家有关法律法规及标准规范的规定。保健食品生产经营者对其保健食品标签和说明书的合法性和真实性负责。进口保健食品生产经营者对其进口的保健食品标签和说明书的合法性和真实性负责。

（一）保健食品说明书和标签的基本要求

1.应当清晰、醒目、持久、真实准确、通俗易懂、易于辨认和识读，科学合法，字体和背景、底色应采用对比色。

2.保健食品说明书和标签的标注涉及保健食品批准证书内容的，应当与保健食品批准证书的内容相一致。

3.除注册商标外，应当使用规范的汉字，进口保健食品应当有中文说明书和标签。

4.计量单位应当采用国家法定的计量单位。

5.不得以直接或以暗示性的语言、图形、符号，导致消费者将购买的保健食品或保健食品的某一性质与另一产品混淆，不得以字号大小和色差误导消费者。

6.标签不得与包装物（容器）分离。

7.标签中与生产日期、保质期相关项目不得以粘贴、剪切、涂改等方式进行修改或者补充。

（二）保健食品标签和说明书中不得标注的内容

1.明示或者暗示具有预防、治疗疾病作用的内容。

2.虚拟、夸大、使消费者误解或者欺骗性的文字或者图形。

3.“××监制”“××合作”“××委托”“××推荐”“××授权”等非生产经营企业信息内容。

4.未经注册的商标和未经批准的保健食品名称。

5.具有欺骗性、夸大宣传的描述以及违反广告法、商标法的内容。

6.虚假夸大标注原辅料、功效成分/标志性成分及含量、保健功能的。

7.伪造、冒用他人名称、地址的。

8.封建迷信、色情、违背科学常识的内容。

9.法律法规和标准禁止标注的内容。

思政教育

保健食品标识必须真实——弘扬“诚信”社会主义核心价值观

诚信是做人的根本，是立身处世的前提。先有“诚”，才有“信”，由诚生信。“诚”一字最早可追溯到战国时期。《管子》一书中有大量论述诚信的内容，且以不同的角度在不同的篇章中论述了诚信的重要性。“诚信者，天下之结也”出自《管子·枢言》，是管子从巩固国家统治、治理国家的角度指出守诚信，是天下行为准则的关键。《管子·乘马》中又提到“非诚贾不得食于贾，非诚工不得食于工，非诚农不得食于农，非信士不得立于朝。”强调各行各业的人都要诚实，不然就没法立业。《中庸》里讲到：“诚者，天之道也；诚之者，人之道也。”这句话的意思就是说“诚”即真实，是自然万物存在的基础，也是为人处世的道理和原则。“思诚者，人之道也。”出自《孟子》，意思是追求“诚”是做人的根本要求。《说文解字》中讲到：“信，诚也，从人从言。”说明“诚”和“信”本义一致，都可表示真实、不欺。

保健食品标签、说明书等标识十分重要，必须准确、真实，在设计时必须诚信，不能“挂羊头卖狗肉”，“挂羊头卖狗肉”是一则来源于历史故事的成语，成语有关典故最早见于《晏子春秋·内篇杂下第六》。原作“悬牛首卖马肉”，意为名不副实表里不一。

第二节　保健食品标签和说明书内容要求

一、保健食品标签和说明书具体要求

保健食品标签应当标注产品信息、使用信息、贮存信息、生产企业信息以及法律法规规定的其他信息等。说明书内容应当包括产品名称、原料和辅料、功效成分/标志性成分及含量、保健功能、适宜人群、不适宜人群、食用量与食用方法、规格、保质期、贮藏方法和注意事项等。

（一）产品信息

1.产品名称　保健食品的名称由商标名、通用名和属性名组成。商标名应当是产

品独有的、表明产品区别于其他同类产品的名称。通用名应当采用主要功能性原料命名或其他方式命名。属性名应当采用产品剂型或食品属性命名。

保健食品商标名、通用名不得含有下列内容。

（1）虚假、夸大或绝对化的词语。

（2）明示或者暗示疾病预防、治疗功能的词语。

（3）庸俗或者带有封建迷信色彩的词语。

（4）人体组织、器官、细胞等词语。

（5）人名、特定人群等词语。

（6）地名词语。

（7）与产品特性没有关联，消费者不易理解的词语及地方方言。

（8）字母及数字，但注册商标作为商标名、通用名中含有维生素及符合国家规定的含字母及数字的原料除外。

（9）保健功能名称或与表述产品保健功能相关（近似、谐音、暗示、形似等）的文字。

（10）除“R”之外的符号。

（11）其他误导消费者的词语。

保健食品通用名不得含有下列内容。

（1）已经注册的药品通用名，但以原料名称命名或者保健食品注册批准在先的除外。

（2）保健功能名称或者明示、暗示保健功能的文字。

（3）易产生误导的原料简写名称。

（4）法律法规规定禁止使用的其他词语。

2.原料和辅料　应当按照批准或备案内容与顺序分别列出全部原料和辅料名称。原批准证书内容未包括全部原辅料名称的，应当根据实际生产情况按照加入量的递减顺序分别列出原料和辅料。注意的是，保健食品的原料和辅料要满足相应的法律、法规要求。

3.功效成分/标志性成分及含量　应当按照批准内容标注功效成分/标志性成分名称、规定单位质量或体积产品中的功效成分/标志性成分含量。该成分确定为功效成分的，则应标明为“功效成分及其含量”；该成分不能确定为功效成分的，则应注明为标志性成分及其含量。

每100g（或100ml）含功效成分/标志性成分或者标志性成分含量，其应有唯一确定值。

4.保健功能　应当采用规范的功能名称，且该保健功能要与申请表中填写的保健功能一致。此外，还需要符合保健食品功能声称标识规范，即符合下列要求。

（1）只经动物实验评价，未经人群食用评价的保健食品（营养素补充剂产品除外），应在标签、说明书“保健功能”项下保健功能声称前增加“本品经动物实验评价”的字样。标注为“[保健功能] 本品经动物实验评价，具有×××的保健功能”。

（2）保健食品的保健功能若只经人体试食功能试验，未经动物实验，则注明“经人体试食功能试验证明，具有×××保健功能”；若既进行了动物实验评价又进行了人体试食功能试验，则注明“经动物实验评价和人体试食功能试验证明，具有×××保健功能”。

涉及多项保健功能声称的保健食品，应根据动物实验评价及人群食用评价情况，按上述要求分别进行标注。例如，保健功能“A”，仅经动物实验评价；保健功能“B”，仅经人群食用评价；保健功能“C”，经动物实验及人群食用评价。标注为“［保健功能］经动物实验评价，具有A的保健功能……”依此类推。

（3）营养素补充剂产品不涉及动物实验和人群食用评价，保健功能声称标识不变，标注为“［保健功能］补充×××”。

5.保健食品标志　保健食品标志应按照国家食品药品监督管理规定的图案标注，具体要求见第一章。

6.保健食品批准文号或备案登记号　应当为《保健食品注册证书》上载明的批准文号或备案时获得的登记号，并且，保健食品批准文号应当在保健食品标志下方，并与保健食品标志紧密相连，清晰易识别。

根据“卫生部关于在保健食品标签上标注卫生许可证文号有关问题的批复”，2003年7月1日始，生产的保健食品必须标注卫生许可证文号。但是，2007年前全国没有统一的编码格式，各个省份都有所不同，格式不下十种，例如北京采用（京药）健食健字［××××］S××××；上海采用（××××）沪食字第××××号；内蒙古采用内卫监字［××××］第×××号；而广东则为GD·FDA健证字［××××］第××××S××××号。格式的不同影响大众辨别保健食品的真伪。自2007年，食品卫生许可证开始执行新的编号格式，即“（省、自治区、直辖市简称）卫食证字〔发证年份〕第××××××-AAYYYY号（其中××××××指行政区域代码，各市县具体代码可在国家统计局查得；AA指生产经营方式代码，其中保健食品生产为06；YYYY指本年度、本行政区域卫生许可证发证顺序编号）”。以前的格式被逐步取代。

7.产品规格和净含量　产品规格为最小制剂单位的净含量，净含量为销售包装中所含产品质量或者体积。

液态保健食品，可用×ml/瓶（或支）表示。

固态或半固态食品，以×g/片（或袋）表示。

胶囊（软胶囊）保健食品，以×g/粒（或袋）表示，而标明的质量不包含胶囊壳的质量。

8.生产日期和保质期，生产批号　保健食品在产品最小销售包装（容器）外明显位置清晰标注生产日期和保质期。如果日期标注采用“见包装物某部位”的形式，应当准确标注所在包装物的具体部位。

（1）日期标注应当与所在位置的背景色形成鲜明对比，易于识别，采用激光蚀刻方式进行标注的除外。日期标注不得另外加贴、补印或者篡改。

（2）多层包装的单件保健食品采用与食品直接接触的内包装的完成时间为生产日期。

（3）当同一预包装内含有多个单件食品时，外包装上标注各单件食品的生产日期和保质期。

（4）按年、月、日的顺序标注日期。日期中年、月、日可用空格、斜线、连字符、句点等符号分隔，或者不用分隔符。年代号应当使用4位数字标注，月、日应当分别使用2位数字标注。

（5）保质期的标注使用“保质期至××××年××月××”的方式描述。

9.经辐照的保健食品或使用了经辐照原辅料的　应当标示本“产品经辐照”或者××原料经辐照内容。

10.营养素补充剂产品　应当标示“营养素补充剂”字样，并在保健功能项中标示“补充××营养素”。

11.使用了转基因原料的保健食品　应当按照有关规定标注。

（二）使用信息

1.食用量及食用方法　每日×次，每次×片（粒/袋/瓶/ml/滴），口服（口嚼或其他服用方法）。注意：必须注明服用方法。

2.适宜人群、不适宜人群　依据产品配方及声称的保健功能确定，参照《保健功能及相对应的适宜人群、不适宜人群表》的要求确定适宜人群和不适宜人群；一个保健食品具有两个以上保健功能的，综合确定产品的适宜人群和不适宜人群。

产品中使用的某种原料不适宜特定人群食用的，产品的不适宜人群应增加该特定人群。

3.注意事项　应注明：本品不能代替药物；还应根据申报保健食品的特殊要求注明其他注意事项。

（三）贮藏信息

标识的贮存信息应当包括贮藏温度、湿度等贮藏条件、方法的信息。通常密闭，置阴凉干燥处。需特殊条件下保存的，应详细列出贮藏条件。

（四）企业信息

1.标识企业信息主要内容　保健食品标识的企业信息应包括依法登记注册的生产企业名称、生产许可证地址，生产许可证编号，生产企业联系方式。

2.企业信息相关要求

（1）委托生产的保健食品，应当分别标注委托企业及联系方式、受委托企业的名称和地址以及受委托企业的生产许可证编号；应注意委托生产厂家是否具有保健食品生产资质。凡是不具有保健食品生产资质的厂家所生产的保健食品均属不合法的保健食品。

（2）联系方式除标注地址外，还应当标注以下至少一项内容：电话、传真、网络联系方式等。

（3）进口保健食品标签还应当标注原产地，以及境内代理商的名称、地址和联系方式。

（五）其他信息

保健食品标识还应当标注按照法律、法规或者食品安全国家标准规定需要标明的其他事项或信息。

（六）保健食品标签和说明书内容常见问题及注意事项

1.常见问题

（1）主要原料项下未列出全部原辅料。

（2）保健功能书写不规范。

（3）标签上“本品不能代替药物”声明标注的位置和大小不符合具体规定，标注在不显眼的位置，字体也很小，很难引起消费者的注意。

（4）功效成分含量未按规定的单位含量表示，或未使用国际单位表示。

（5）营养素补充剂类保健食品未列出规定的每日推荐食用量范围值。

（6）标签上的保质期“找不到”“看不清”“难计算”。“找不到”，就是保质期标注的位置不明显，有的标注在犄角旮旯，有的标注在瓶底，有的标注在封口处；“看不清”，就是保质期的字体小、色差小，难以辨识；“难计算”，就是保质期的标注形式不直观。

（7）未注明食用方法（如口嚼片不注明为口嚼食用）。

（8）规格标注混乱。

（9）保健食品标签上没有标注投诉服务电话、服务时段等信息。

2.注意事项

（1）保健食品标签和说明书内容应当真实准确、容易理解。

（2）保健食品说明书和标签对应的内容应当一致，涉及保健食品批准证书内容的，应与批准内容一致。

（3）保健食品生产经营企业应当加强上市后保健食品的安全性、保健功能的监测，需要对保健食品说明书标签等标识内容进行修改的，应当及时按照规定进行变更。

（4）根据科学研究的进展、新出现的食品安全情况、技术标准规范的改变，国家市场监督管理总局也可以要求企业修改保健食品标识内容。企业应当按照国家市场监督管理总局有关要求办理标识内容变更的注册或备案。

二、保健食品和营养素补充剂的标签和说明书实例

以产品标签和说明书为例，说明保健食品标签和说明书内容要求。

（一）保健食品标签主（正面）展示版面标注内容

1.左上角为保健食品标识（标识为天蓝色，紧接其下方或右侧标注批准文号，信息面表面积大于100平方厘米时标识长度不得小于2厘米）。

2.右上角为注册商标。

3.中间为产品名称。

4.右下角为净含量。

5.正下方为产品拥有企业名称。

注意，改版后包装按2019年8月20日国家市场监督总局发布的《保健食品标注警示用语指南》，将“保健食品不是药物，不能代替药物治疗疾病”声明标注在包装盒正面显眼的位置，字体也够大，容易引起消费者的注意；此外，如果产品经辐照在产品名称附近标明辐照食品。

（二）保健食品标签侧面/背面版面及说明书标注内容

保健食品标签侧面/背面版面及说明书标注内容应包括以下内容：①保健作用短语；②配料表；③功效成分及含量；④保健作用；⑤适宜人群；⑥食用方法；⑦储藏方法；⑧执行标准；⑨食品卫生许可证号；⑩注意事项；⑪生产日期或批号；⑫保质期；⑬生产厂名；⑭生产厂址；⑮委托方厂名；⑯委托方厂址；⑰电话、邮编等。这些内容必须真实，不得夸大或减少内容。

（三）保健食品–营养补充剂标签和说明书实例

在前文介绍中已知申请保健食品的营养素补充剂，其标签标识要满足保健食品标签标识相关要求，此外，还应当标示“营养素补充剂”字样，另外，营养素补充剂产品不涉及动物实验和人群食用评价，保健功能声称项要保留，且标注为“[保健功能] 补充 × × 营养素”。

知识拓展

保健食品标签标识与食品标签标识不同之处

保健食品标识除具备食品标识制度规定内容外，不仅需要在外包装上标出天蓝色形如“蓝帽子”的保健食品专用标志，下方还需标注批准文号，如“国食健字”或“卫食健字”，而食品无需标注文号。保健食品标签及说明书上的功能声称必须在明文规定可申报的24种功能范围之内，否则为法律所禁止。保健食品标签及说明书不得涉及疾病预防、治疗功能，并且内容应与申请注册或备案时提供的材料一致。还有重要一点，保健食品标签及说明书必须声明“本品不能替代药物”。通过标识制度，有利于保证消费者实现知情权，同时对保健食品生产者具有督促的作用。

2020年1月1日正式实施的《保健食品标注警示用语指南》（简称《指南》）在警示用语中变动最大的，就是在展示版面标识“保健食品不是药物，不能代替药物治疗疾病”字样提醒，并对字体大小进行了明显规定。

此外，《指南》还针对经营场地消费提醒进行约束，要求“保健食品经营者在经营保健食品的场所、网络平台等显要位置标注‘保健食品不是药物，不能代替药物治疗疾病’等消费提示信息，引导消费者理性消费”。

按照要求，提醒内容主要包括以下4点。

1.保健食品是食品，不是药物，不能代替药物治疗疾病。

2.选购保健食品要认清、认准产品包装上的保健食品标志及保健食品批准文号，依据其功能和适宜人群科学选用并按标签、说明书的要求食用。保健食品产品注册信息可在国家市场监督管理总局网站查询。

3.选购保健食品要到正规的商场、超市、药店等经营单位购买，并索要发票或销售凭据。

4.消费者如对所购买的保健食品质量安全有质疑，或发现存在虚假宣传等违法行为，请及时向当地市场监管部门举报，也可拨打投诉举报电话：12315。

第三节　保健食品包装的设计要求

一、保健食品包装设计基本要求

（一）保健食品包装设计总要求

1.应符合《食品安全法》等国家相关法律法规及标准的要求。

2.应保证内装保健食品的性能在流通过程中满足质量要求。

3.应采用适当的包装材料，减少对环境和人身产生危害。

4.应节省资源，合理控制包装成本，提高经济效益。

5.必要时，应按相关的要求分等级包装。

6.保健食品标识醒目、容易识别，不易混淆。

7.尽量做到包装紧凑，科学合理。

（二）保健食品包装标识形式设计要求

1.印刷要求　保健食品标识内容应当清晰、醒目、持久、易于辨认和识读。

2.文字要求　保健食品标识内容应当使用国家语言工作委员会公布的规范化汉字，需要同时使用汉语拼音、少数民族文字或者外文的，应当与汉字内容有直接对应关系，且书写准确。

3.字体要求　标识的文字、符号、数字的字体应当符合以下要求。

（1）字体高度不得小于1.8毫米。

（2）汉语拼音、少数民族文字或者外文，字体应当小于或等于相应的汉字字体。

（3）标识使用除产品名称以外商标的，字体以单字面积计算不得大于产品名称字体的二分之一。

（4）不适宜人群、贮藏方法、注意事项、“本品不能代替药物”以及备案产品“本品未经食品药品监督管理部门评价”的声明，应当显著标注，字体大于“适宜人群”字体。

4.颜色要求　标识的颜色应当符合以下要求。

（1）字体、背景和底色应当采用对比色，并且亮度对比应当在70%以上。

（2）产品名称中通用名、属性名字体的颜色应当一致。

（3）“本品不能代替药物”、备案产品“本品未经食品药品监督管理部门评价”的声明内容应当采用与周围文字不同、效果更为突出的颜色。

5.版面要求　保健食品标识版面形式应当符合以下要求。

（1）保健食品标志、产品名称和批准文号应当标注在保健食品包装物（容器）主要展示版面，方便观察。

（2）保健食品标志，应当按照国家市场监督管理总局规定的图案等比例标注在版面的左上方，清晰易识别。当版面的表面积大于100平方厘米时，保健食品标志最宽处的宽度不得小于2厘米。当版面的表面积小于等于100平方厘米时，保健食品标志最宽处的宽度不得小于1厘米。保健食品批准文号应当标注在保健食品标志下方，并与保健食品标志相连，清晰易识别。

（3）在展示版面标识“保健食品不是药物，不能代替药物治疗疾病”字样提醒。当主要展示版面的表面积大于或等于100平方厘米时，字体高度不小于6.0毫米。当主要展示版面的表面积小于100平方厘米时，警示用语字体最小高度按照上述规定等比例变化。

（4）产品净含量及规格应当在主要展示版面标注，且应当与主要展示版面的底线相平行。

（5）营养素补充剂产品，应当在主要展示版面的产品名称附近标注“营养素补充剂”。

（6）经辐照保健食品，应当在主要展示版面的产品名称附近标注“本品经辐照”。

6.标注内容　要求标识标注的内容应当符合以下要求。

（1）销售包装最大表面面积小于10平方厘米的，应当至少标注保健食品标志、产品名称、批准文号、规格、保质期、注意事项、贮存条件、生产企业、生产许可证编号、产品标准、生产日期、生产批号。

（2）非单独销售的包装至少应当标注保健食品名称、净含量、生产日期、生产企业名称。

（3）一个销售单元包装中含有不同产品、多个独立包装可单独销售的产品，每件独立包装的标识应当分别标注。

（4）若外包装易于开启识别或透过外包装能清晰识别内包装物上标注内容的，可不在外包装物上重复标注相应内容。

（5）销售包装内含有多个独立可单独销售产品包装时，在标注净含量的同时还应当标注单独小包装规格。当单件小包装产品标注的生产日期及保质期不同时，外包装上标注的保质期应当按最早到期的单件小包装产品计算；外包装上标注的生产日期应当为最早生产的单件小包装的生产日期。

（6）功效成分或者标志性成分及含量，以每100g或100ml或最小制剂单位的产品标示其含量。

（7）产品规格应当按照最小制剂单位标注，如：g/片、g/粒、ml/瓶。

（8）生产日期和保质期应当按年、月、日或者年、月的顺序标注日期，如果不按此顺序标注，应注明日期标注顺序。保质期可标示为“××个月”。

7.其他相关要求

（1）供消费者免费使用的保健食品，其标识规定与生产销售的产品一致。

（2）计量单位应当采用国家法定计量单位。

（3）版面面积和包装表面积按照国家有关规定计算。

二、保健食品包装设计因素

（一）保健食品特性

1.形态　根据保健食品的形态（液态、固态及半固态），选择相应的包装方式或包装方法，应考虑采用容器的种类及内部的物理保护（如：密封、缓冲、固定等技术措施通过分解或组合，达到稳定和体积最小）。

2.质量及尺寸　应根据保健食品质量和尺寸确定包装单元，要考虑到运输、装卸及仓储等。在考虑保护保健食品本身的同时，要具备有利于装卸方便及安全的外包装形态，要对来自上部的载荷及冲击进行防护。

3.温度适应性　掌握保健食品适宜储存温度及选定能保持适宜温度的容器及材料（如：耐寒容器或保湿容器等）。耐温度包装要考虑运输期间流通环境的影响因素、运输路线及运输方式。运输方式包括铁路、公路、水路、空运。

4.防水、防潮、防腐蚀及防霉性　对于易受水影响的保健食品，可采用防水容器或防水包装等；易受潮气影响的保健食品，可采用防潮或防水材料进行防潮包装；对于具腐蚀性保健食品，要考虑流通环境条件，采取防锈处理及防水或防潮包装；对于易发霉及易受霉影响的保健食品，根据流通环境中的气象条件采用防霉剂、防潮包装等。

（二）流通环境条件

进行保健食品包装设计时，要考虑装卸作业条件、运输环境条件、贮存保管条件以及气象条件，保证保健食品及其包装件的完好，不仅要遵守各运输、仓储等部门所规定的包装条件，还要遵守有关法律法规所规定的限制条件，如：质量限制、尺寸限制、性质限制、地区限制等。

（三）包装材料选择

保健食品包装材料主要参照预包装食品及药品包装材料的技术要求执行，其中与药品剂型一致的保健食品一般采用直接接触药品的包装材料和容器。应符合的技术要求包括以下内容。

1.安全性能　保健食品包装材料本身毒性低、无腐蚀性，并具有防虫、防蛀、防鼠、抑制微生物等性能，以保护保健食品安全。

2.阻隔性能　根据保健食品对包装的不同要求，包装材料应对水分、水蒸气、气体、光线、芳香气、异味、热量等具有一定阻挡。

3.机械性能　保健食品包装材料应能有效地保护保健食品，因此具有一定的强度、韧性和弹性等，以适应压力、冲击、振动等静力和动力因素的影响。

4.加工性能　保健食品包装材料应宜于加工，易于制成各种包装容器且应易于包装作业的机械化、自动化，以适应大规模工业生产。应适于印刷，便于印刷包装标志。

5. 经济性能 保健食品包装材料应来源广泛、取材方便、成本低廉，使用后的包装材料和包装容器应易于处理、不污染环境，以免造成公害。

知识拓展

保健食品相关协会和监管单位

1.（国家）食品行业生产力促进中心 食品行业生产力促进中心（简称CFIPPC）是经国家科学技术部批准成立的行业性科技服务机构，是我国推动食品行业交流和科技成果转化，提升食品产业生产力水平，引导行业可持续健康发展的公益性组织。2008年通过了科技部评审被确定为国家级示范生产力促进中心。中心服务领域包括指导企业保健食品申报。中心隶属于中国食品工业（集团）有限公司（China National Food Industry Company）。

2. 中国保健协会 2003年11月4日，经卫生部、民政部审核并报国务院批准，中国保健科技学会正式更名为中国保健协会（China Health Care Association，CHCA）。中国保健协会是由中国健康产业内具有代表性的大中型企业为核心组成的行业机构，是真正由企业自己当家作主维护行业自身权益的组织。中国保健协会将坚持“服务政府、服务企业、服务消费者”的宗旨，致力于健康产业的发展和科技的进步，在法律规范、产品研发、市场管理、行业自律及标准化建设等各个方面为中国的健康产业提供全方位的服务，成为代表行业公信力的权威机构。

3. 国家市场监督管理总局食品审评中心（中保委） 国家市场监督管理总局食品审评中心（中保委）（Center for Food Evaluation，State Administration for Market Regulation / National Committee on the Assessment of the Protected Traditional Chinese Medicinal Products）承担特殊食品和中药品种保护注册、备案的受理、技术审评以及进口保健食品备案等工作。组织开展保健食品原料目录保健功能目录研究和上市后技术评价、特殊食品境内外注册现场核查以及食品生产企业检查相关工作。承担特殊食品注册备案专业档案及品种档案的建立和管理工作。受总局委托，承担国家级食品检查队伍、注册现场核查队伍以及技术审评、食品许可等业务相关专家队伍的建设管理工作。组织开展业务相关的技术培训、咨询服务、国际交流合作等。

本章小结

保健食品标识是产品属性和内在质量的表述，是消费者了解产品保健功能、指导消费者合理选购和科学食用的重要载体。保健食品标签和说明书，应当符合国家有关法律法规及标准规范的规定。保健食品标签应当标注产品信息、使用信息、贮存信息、生产企业信息以及法律法规规定的其他信息等。说明书内容应当包括产品名称、原料和辅料、功效成分/标志性成分及含量、保健功能、适宜人群、不适宜人群、食用量与食用方法、规格、保质期、贮藏方法和注意事项等。

保健食品包装设计应符合《食品安全法》等国家相关法律法规及标准的要求；应保证内装保健食品的性能在流通过程中满足质量要求；应采用适当的包装材料，减少对环境和人身产生危害，应节省资源，合理控制包装成本，提高经济效益；必要时，应按相关的要求分等级包装；保健食品标识醒目、容易识别，不易混淆；尽量做到包装紧凑，科学合理。

关键词

产品标签　label of product
保健食品标识　logo of functional food
保健食品标签　label of functional food
保健食品说明书　instructions of functional food
产品名称　product name
保健功能　health function
保质期　shelf life
贮藏方法　storage method
规格　specification
净含量　net content
非法添加　illegal addition
企业信息　enterprise information
包装设计　package design
注册备案　registration and filing
保健食品市场　market of functional food
保健食品政策　policy of functional food
国家市场监督管理总局　State Administration for Market Regulation

复习思考题

1.保健食品标识的目的与意义？
2.如何认读保健食品标签与说明书？
3.保健食品标签与说明书的核心内容及格式要求？
4.保健食品标签与说明书应符合哪些标准规定？
5.设计保健食品包装时，主要注意事项有哪些？

（李文钊）

思维导图

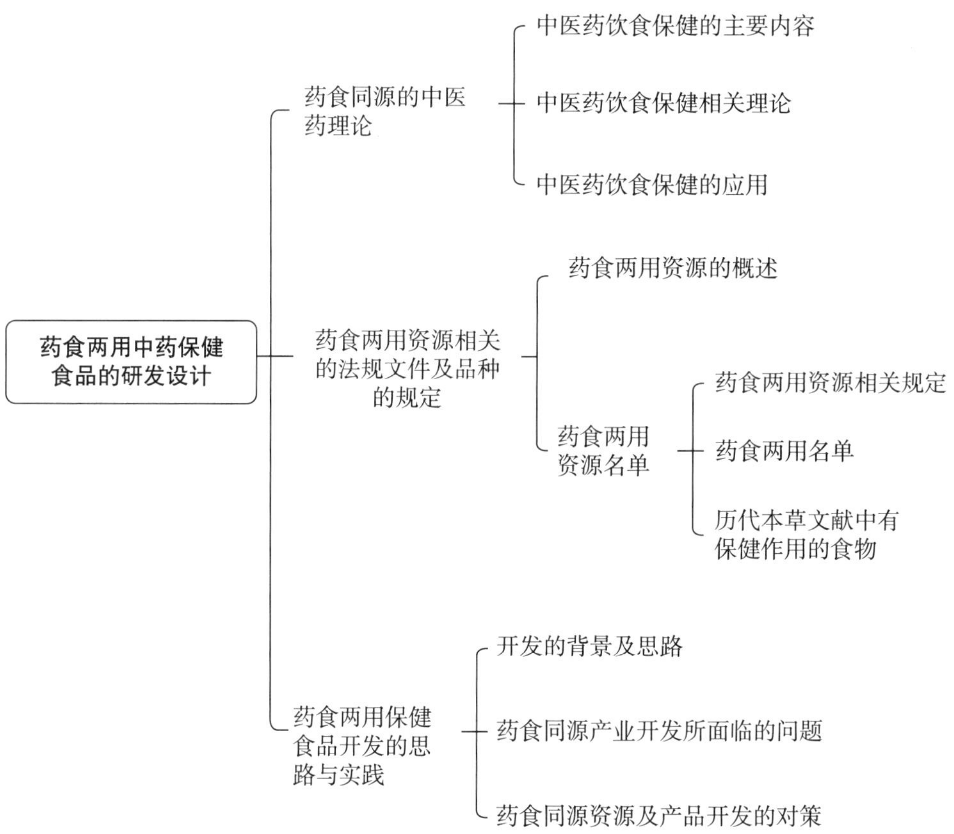

第十二章　药食两用中药保健食品的研发设计思维导图

第十二章

药食两用中药保健食品的研发设计

学习目标

1. 掌握药食两用资源相关的法规文件和药食两用保健产品开发的思路与实践。

2. 熟悉食养与食疗的基本法则，中医药饮食保健相关理论和饮食保健应用。

3. 了解中医药饮食保健的主要内容。

第一节　药食同源的中医药理论

中医药是中华民族原创的医学体系，是中华文明的杰出代表，数千年来为本民族的繁衍昌盛做出了重要贡献，同时也对世界文明进步产生了积极影响。中医药体系有“药食同源”之说，食物也具有“四气五味”的性质。在中医理论指导下，应用食物来保健强身，预防和治疗疾病，或促进机体康复以及延缓衰老。从某种意义上讲，我国的“药食同源”理论与实践在健康教育、健康管理、预防医学、康复医学和老年医学等领域中均占有重要地位。《中医养生学》《中医食疗学》《中医药膳学》等现代学科均涵盖饮食保健领域，相关进展在提高公众健康水平方面发挥着重要作用。

一、中医药饮食保健的主要内容

保健，是指保养身体，增进健康，防治疾病以及为此所采取的综合性措施。在传统中医药学中，保养身体，增进健康又常称之为“养生、摄生或摄养”。保健按照所选用的方法可分为饮食保健、体育保健、精神保健、休闲保健、药物保健、针灸推拿保健等。

中医药饮食保健是在中医药理论指导下，从“药食同源”的思想出发，研究饮食与保持和增进人体健康以及防治疾病关系的理论和方法，并以此指导饮食保健活动。中医药饮食保健产生于中国古代，经数千年的认识、实践和理论总结，为增进中华民族的健康与繁衍昌盛做出了重要贡献，是我国优秀传统文化的重要组成部分。同时，也极大地丰富了世界营养科学的内容和理论学说，是对世界营养科学的一大贡献。

中医药饮食保健包括“食养”“食疗”“食补”“食忌”四个方面。

（一）食养

即饮食养生，主要是研究正常人体的饮食营养和养生，包括各个生理阶段人群

（如婴幼儿、孕产妇、老年）和各种不同职业人群的饮食营养和养生，以及病后体虚者的饮食营养和养生。通过研究相应的饮食规律，使生命活动的营养物质基础得到保证，能量消耗得到合理补充，最终使各类人群的饮食都能达到防病强身、增强体质的目的。

在众多的养生方法中，饮食养生尤显重要。《素问·上古天真论篇第一》载明："知道者，法于阴阳，和于术数，食饮有节，起居有常，不妄作劳，故能形与神俱，而尽终其天年"。孙思邈《备急千金要方》有"安身之本，必资于食……不知食宜者，不足以存生也"的记载。

（二）食疗

又称食治，即饮食治疗，主要是指针对各个病体的各个不同疾病或在各个病程中的饮食营养和饮食治疗。中医食疗学认为，各个不同的病体，即使患同一种疾病，甚至在同一病程，所表现出来的病理状态也不尽相同，因此也就需要各种不同的饮食营养。中医食疗学研究患者饮食的目的，就在于使患者的饮食能有利于祛除病邪，恢复人体正常生理功能。饮食疗法历来也是中医治病的重要手段。正如《备急千金要方》所述："食能排邪而安脏腑……若能用食平疴，释情遣疾者，当为良工……夫为医者，当须先洞晓病源，知其所犯，以食治之，食疗不愈，然后命药"。

（三）食补

利用饮食对人体的补益作用，来达到扶助正气、增强体质、延年益寿的目的。一般用于人体的虚弱之症，包括正常人的体质虚弱，特殊生理阶段对营养物质的某种特殊需要，病后的正气不足或虚弱性病症等，即补虚扶正。

（四）食忌

亦称饮食禁忌，俗称忌口、禁口、食禁，是指根据养生或治疗需要，避免或禁止食用某些食物。主要包括以下内容。

1.病因禁忌　如某些食物为某些疾病的病因或诱因。

2.病理禁忌　如某些食物可以加重病理状态。

3.服药禁忌　如某些食物与药物相配会产生毒副作用。

4.食物相忌　如某些食物之间相配会产生毒副作用。

此外，还有体质禁忌、妊娠禁忌、时令禁忌等。

二、中医药饮食保健相关理论

（一）中医药饮食保健的理论体系

中医药饮食保健以中医药学理论为指导，形成了自身独特的理论体系。

1.整体饮食保健观　中医学认为，人体是以五脏为中心的有机整体以及人与自然界相统一的整体。作为整体生命活动的组成部分，脏与脏之间、脏与腑之间、脏与五官之间，在生理上是相互联系的，在病理情况下是相互影响的。从而以此指导饮食养生。如补肝以明目，补肾以壮骨、乌发，养心以安神等。同时，自然界的各种变化又在不同程度上直接或间接地影响人体的生理或病理变化，如四时气候的变化、地域环境的差别等。这种强调人与自然界的密切关系，强调人的功能活动受自然环境影响的理论，又称之为“天人相应”。中医学认为，人应该充分认识这种关系，并积极主动地适应环境，以此指导饮食保健，提高健康水平。《素问·四气调神大论篇第二》指出：“夫阴阳四时者，万物之始终也，死生之本也，逆之则灾害生，从之则苛疾不起，是谓得道”。根据四时变化和地域环境差别等采用相应的食养或食疗即构成了饮食保健的基本法则，在饮食保健上也就有了“四时食养”和“区域食养”。如冬季阴气偏盛，养生宜于温补，可服用人参；夏季阳气偏盛，养生宜于清补，则可选用西洋参。又如北方寒冷干燥，养生宜温补和滋润；南方炎热多雨，多湿热，养生宜清热利湿等。

2.辨体与辨证施膳饮食观　辨体与辨证施膳是中医药辨证施治这一基本原则在饮食保健中的体现，也是中医药饮食保健的基本原则，即在食养上以辨别个体的体质为前提，在食疗上以辨别疾病的证候为前提，在辨体和辨证的基础上，确定相应的食养食疗方案、选择相应的食物和配方。如胃下垂、子宫下垂、久痢脱肛等，虽属不同疾病，但如果都为中气下陷证，施膳上就都可以采用同一种食疗方法。

3.脾胃为本饮食保健观　《素问·灵兰秘典论篇第八》载明：“脾胃者，仓廪之官，五味出焉”。中医学认为，“脾主运化水谷”“胃主受纳和腐熟水谷”。合理膳食必须依赖于脾胃的运化功能，才能将食物转化为人体可以直接利用的精微物质，并进一步转化为精、气、血、津液。中医药饮食保健十分重视脾胃在饮食保健中的作用，认为脾胃为饮食营养之本，并由此产生了“脾胃为后天之本”的观点，因此，饮食保健应首先重视调理脾胃。

（二）食物的性能

食物的性能，古代又简称为食性、食气、食味等，是指食物具有的性质和功能，是认识和使用食物的重要依据。各种食物由于所含成分及其含量多少的不同，对人体的保健作用也不同。食物的性能理论是前人在漫长的医疗保健实践中对各种食物的保健作用的总结，并通过反复实践不断充实和发展，逐渐形成的一整套独特的理论体系。受“药食同源”思想观念的影响，其性能理论在许多方面又与中药药性理论相一致。食物性能理论也主要包括四气、五味、升降浮沉、归经、以脏补脏等。

1.性味　四气和五味，通常简称为气味或性味。性味是构成食物性能理论的主要内容，历代有关饮食保健的文献在论述每一种食物的效用时，都要首先标明其性味，以便于对食物养生保健作用的认识和应用。

四气又称四性，是指食物所具有的寒、热、温、凉四种不同的性质和作用。五味是指食物所具有的辛、甘、酸、苦、咸的性质和作用。五味中还包括淡味和涩味。食物性能理论中味的概念与烹调中味的概念有所不同。随着人们对食物性能认识的不断深入，已由最初的口感之味逐步发展成为一种对食物发展和作用进行高度概括的抽象概念，即性能之味，以味来代表食物的性能和作用。其中辛味食物具有发散、行气、行血、健胃等作用，多用于表证，如生姜、胡荽、陈皮、薤白等；甘味食物具有滋养、补脾、缓急、润燥等作用，多用于体质虚弱或虚证，如山药、大枣、粳米、饴糖、甘草等；酸味食物具有收敛、固涩和生津的作用，多用于虚汗、久泻、遗精、带下等由于体虚所引起的体液或精液外泄等病证，如乌梅等；苦味食物具有清热、泄降、燥湿、健胃等作用，多用于热性体质或热性病证，如苦瓜等；咸味食物具有软坚、润下、补肾、养血等作用，多用于瘰疬、痰核、瘿瘤等病证，如海带、海蜇、海参等；淡味食物具有渗湿、利尿等作用，多用于水肿、小便不利等病证，如茯苓、薏苡仁、冬瓜等；涩味食物亦具有收敛作用，如莲子。五味之外尚有芳香嗅味，芳香性食物大多具有醒脾、开胃、行气、化湿、化浊、醒神等作用。

性和味是从两个方面来说明食物性能的，每一种食物都具有性和味，各自体现食物的部分性能和作用。因此，对于食物的性和味必须综合起来考虑，才能全面而准确地认识和使用各种食物。

2.食物的升降浮沉　升降浮沉是指食物所具有的四种作用趋向，在正常情况下，人体的功能活动有升有降，有浮有沉，相互协调平衡就构成了机体的正常生理过程。反之，相互失调和不平衡就导致了机体的病理变化。如当升不升，则表现为泄泻、脱肛等下陷病证；当降不降，则表现为呕吐、喘咳等气逆病证；当沉不沉，则表现为多汗等向外的病证；当浮不浮，则表现为肌闭、无汗等向内的病证。而能够协调机体升降浮沉生理活动或具有改善、消除升降浮沉失调病证的食物，就分别相对具有升降浮沉的作用。另外，利用食物升降浮沉的作用还可以因势利导有利于祛除邪气。此外，食物升降浮沉的作用趋向还与炮制、加工、烹调有关。如酒炒则升，姜汁炒则散，醋炒则收敛，盐炙则下行等。

3.食物的归经　食物对人体脏腑经络的作用是有一定范围或选择性的。食物归经理论同样是前人在医疗保健实践中，根据食物作用于机体后脏腑经络的反应得出来的。如梨能止咳，故归肺经；山药能止泻，故归脾经。食物的归经与食物的五味理论有关，即五味入五脏，辛能入肺，甘能入脾，酸能入肝，苦能入心，咸能入肾。食物归经理论加强了食物选择的针对性，进一步完善了食物性能理论，对指导养生和食疗都具有重要意义。

4.以脏补脏　是指用动物的脏器来补养人相应的脏腑器官，或治疗人体相应的脏腑器官病变。如以猪心来补养心血，安神定志；以猪肝来补肝明目。

（三）食物的配伍

各种食物都具有其各自的性能，在一起配合使用时会产生一定的综合作用。前人在总结配伍关系时总结出了七情学说。除单行是指用单味食物烹制以外，其余六种都是指配伍关系，是组方配膳的基础。其中相须是指性能作用相类似的两种食物配合使用，可以起到协同作用，增强其效用。如人参与母鸡配伍食用，能明显增强其补益强壮的作用。相使是指两种食物配合使用，以一种食物为主，另一种食物为辅，以提高主要食物的保健作用。如黄芪炖鲤鱼，可以增强鲤鱼利水消肿的功效。相畏（相杀）是指两种食物配伍使用时，一种食物能减轻或消除另一种食物的副作用。如食用螃蟹时配用生姜，可以减轻螃蟹的寒性并可解蟹毒。相恶是两种食物配合使用时，一种食物能降低另一种食物的作用甚至相互抵消。如人参恶萝卜，因萝卜耗气会降低人参补气的作用。相反是指两种食物配伍使用时能产生副作用或配伍反应，属配伍禁忌。

保健食谱的配方是指在食疗保健理论指导下将两种及以上的食物按照一定的原则加以组合，并确定一定的分量比例。各种养生食谱或食疗食谱就是在此基础上经过烹调制作而成的。

三、中医药饮食保健的应用

（一）食养与食疗的基本法则

制定食养与食疗法则，对食养与食疗的应用具有普遍指导意义。其主要内容有扶正祛邪、调整阴阳、调整脏腑功能、调理气血和三因制宜。

1.扶正祛邪　是指辅助正气，祛除邪气。正如《素问·刺法论篇第七十二（遗篇）》所谓："正气存内，邪不可干"。扶正祛邪是指导食养与食疗的一个重要法则，包括：①扶助正气，主要是通过食补来实现的。根据人体气、血、阴、阳的构成不同施以食补，包括补气、补血、补阴、补阳四个方面，亦即食补的四要素。②祛除邪气，使邪去正安。主要是根据邪气的性质和病变部位的不同而采取不同的方法。如表邪宜用汗法，热邪宜用清法，寒邪宜用温法，食积宜用消法等。③正邪兼顾，根据正虚为主、邪实为主或正虚邪实等不同情况，辨清正邪的消长盛衰，或先扶正后祛邪，或先祛邪后扶正，以达到扶正祛邪之目的。

2.调整阴阳　正如《素问·生气通天论篇第三》所谓："阴平阳秘，精神乃治"。人体健康从根本上说，就是阴阳相对平衡的结果。因此，调整阴阳亦是食养与食疗的基本法则。根据阴阳偏盛或偏衰的情况，分别采用泻其偏盛、补其偏衰等方法。

3.调整脏腑功能　人体是以脏腑为核心的有机整体。脏腑功能及其相互关系的协调是人体健康的基础。因此，调整脏腑功能是食养与食疗的重要法则，主要包括调整脏腑自身的功能和调整脏腑间相互关系两个方面。

4.调理气血　正如《素问·至真要大论篇第七十四》所谓："疏其血气，令其调达，而至和平"。气血是构成人体和维持人体生命活动的物质基础。因此，食养与食疗应注意调理气血。调理气血需要在扶正（补气、补血）的基础上进行，主要有行气、活血、止血等方法。

5.三因制宜　由于季节、气候、地理环境对机体生理和病理的影响以及个体的体质、性别、年龄等差异，在饮食保健上亦应区别对待。包括因时制宜、因地制宜、因人制宜。《素问·宝命全形论篇第二十五》载明："人以天地之气生，四时之法成"。自然界四时气候的变化，对人体的生理和病理可产生一定影响，因此，饮食保健上又有春、夏、秋、冬四季（四时）饮食养生。因地制宜就是根据不同区域环境特点，制定适宜的饮食养生方法。我国大体可分为南北两大区域。因人制宜即根据不同性别、年龄、体质等特点，制定适宜的食养食疗方法。主要包括体质饮食养生、老年饮食养生、妇女饮食养生、小儿饮食养生等。

（二）饮食保健应用

1.体质与饮食养生　2009年中华中医药学会颁布了《中医体质分类与判定》标准，

为指导常人饮食保健、健康管理等提供了依据。其在古代体质分类基础上，结合现代人的体质特点，将人的体质分为平和质、气虚质、阳虚质、阴虚质、痰湿质、湿热质、血瘀质、气郁质、特禀质九个类型。除平和质和特禀质，其余七种体质均为偏颇体质。

（1）平和质的饮食养生　平和质是指阴阳气血调和，以体态适中、面色红润、精力充沛等为主要特征。其食养原则为全面协调，均衡配膳。饮食宜清淡平和，突出本味；进食宜定时定量，食物不宜过寒过热，不宜大补骤泻、偏食、偏嗜。

（2）气虚质的饮食养生　气虚质是指元气不足，以疲乏、气短、自汗等气虚表现为主要特征。其食养原则为培补元气，补气健脾。宜温补饮食，不宜苦寒太过，不宜辛烈，不宜过食行气破气类食品。

（3）阳虚质的饮食养生　阳虚质是指阳气不足，以畏寒怕冷、手足不温等虚寒表现为主要特征。其食养原则为温补壮阳。宜温补饮食，不宜寒性、生冷食物。

（4）阴虚质的饮食养生　阴虚质是指阴液亏少，以口燥咽干、手足心热等虚热表现为主要特征。其食养原则为滋补养阴。宜甘寒滋补，不宜辛热香燥煎炸类食物。

（5）痰湿质的饮食养生　痰湿质是指痰湿凝聚，以形体肥胖、腹部肥满、口黏苔腻等痰湿表现为主要特征。其食养原则为健脾化痰，利水渗湿。宜清淡素食，不宜肥甘厚味和滋补饮食。

（6）湿热质的饮食养生　湿热质是指湿热内蕴，以面垢油光、口苦、苔黄腻等湿热表现为主要特征。其食养原则为清热利湿。饮食以清淡为主，可多食绿豆、芹菜、黄瓜、藕等甘寒食物。

（7）血瘀质的饮食养生　血瘀质是指血行不畅，以肤色晦暗、舌质紫暗等血瘀表现为主要特征。其食养原则为行气活血。饮食应以清淡为主，可多食冬瓜等。

（8）气郁质体质的饮食养生　气郁质是指气机郁滞，以神情抑郁、忧虑脆弱等气郁表现为主要特征。其食养原则为行气达郁。饮食宜清淡，不宜过食酸涩，不宜大补。

（9）特禀质体质的饮食养生　特禀质是指先天失常，以生理缺陷、过敏反应等为主要特征。宜少食荞麦、蚕豆等。

2. 四时与区域饮食保健

（1）四时饮食养生保健是因时制宜养生法则的具体体现。其食养原则为：春季养生宜清补养肝，通利肠胃，不宜肥甘厚味、不宜温热及辛辣食品。夏季养生宜清热解暑，益气生津，长夏宜清暑利湿，宜酸甘、清淡易消化的新鲜洁净食物，不宜生冷、肥甘厚味及热性辛散等食物。秋季养生宜生津润燥，滋阴润肺，不宜辛热香燥及熏、炸、烤、煎等食物。冬季养生宜温补助阳，补肾益精，宜食血肉有情之品，宜用炖、焖、煨等烹饪方法，不宜生冷寒性及滑利性食物。

（2）区域饮食保健是因地制宜养生法则的具体体现。根据我国地理环境大致可分为北方、南方两大区域的饮食。北方宜温补阳气，滋润生津，不宜过食寒性、油炸、香燥类食物。南方宜清热利湿，宜清淡饮食，不宜肥甘油腻及过热性食物。

第二节　药食两用资源相关的法规文件及品种的规定

药食两用资源是人类在长期生产、生活实践中逐渐发现的一些既能充饥，又能调节机体状态、预防疾病的天然产物，兼具有药食两用的特点。这一认识与我国古代朴素的哲学思想相互交融，形成了“药食同源”思想，“药食同源”思想及药食两用资源是我国传统医药宝库的重要组成部分，蕴含了丰富的传统医药文化和健康保健知识。在实际运用时，依据辨证施治的中医理论，随人体所处的状态和四季变化进行选择，使人体的不平衡（疾病或亚健康）状态恢复至平衡（健康）状态。当前慢性疾病、职业性疾病以及人口老龄化带来的老年疾病是各国人民身体健康的重大威胁，医疗卫生服务亟需“重心前移”，贯彻“以预防为主”的方针，重视“治未病”。我国的医学模式也逐渐从“治已病”转向“治未病”，充分挖掘药食两用物品，发挥其在调节人体平衡和健康状态的重要潜能，对于维护人民群众的身体健康具有重要意义，药食两用作物作为对慢性病和老年疾病进行预防和干预的重要资源，可为全面推进健康中国战略，造福人类健康提供有力支撑。

一、药食两用资源的概述

药食两用资源包括天然物质和产品，前者主要是指原材料，包括中药材、提取物、单体或组分化合物等；后者则是指用原材料按照一定的加工方法（或不同配伍）制成供人体服用并具有某种效用的制成品。世界各国均有丰富的药食两用资源，东西方各民族都有在饮食中使用草药维持健康的传统，这不仅为国际交流提供了发展空间，也为我国参与全球健康治理提供了重要基础。然而，我国高水平的药食两用产品供给不足，进口注册或备案产品又相对较少，我国原有的药食两用物品名单、法规政策以及科研力量已难以适应国际国内经济双循环新形势的需要，难以满足人民群众日益增长的健康追求。近年来，我国高度重视药食同源大健康产业发展，制定了一系列相关政策文件进行扶持。2016年，国务院印发《中医药发展战略规划纲要（2016—2030年）》，将发展中医药上升为国家战略；“药食同源”产业作为中医药发展不可分割的部分，其产业发展有了法律地位和政府政策保障。2017 年，中央一号文件提出，加强新食品原料、药食同源食品开发和应用，同年，国务院办公厅印发《国民营养计划（2017—2030 年）》明确提出：发展食物营养健康产业，加快营养化转型。大力发展传统食养服务，充分发挥我国传统食养在现代营养学中的作用，引导养成符合我国不同地区饮食特点的食养习惯。2019年，国家卫生健康委员会等 12 部门联合印发《关于深入推进医养结合发展的若干意见》提出，发挥中医药在治未病、慢性病管理、疾病治疗和康复中的独特作用，推广中医药适宜技术产品和服务，增强社区中医药医养结合服务能力。2021年，国家卫生健康委员会颁布《按照传统既是食品又是中药材的物质目录管理规定》，对医疗、保健品和食品等行业及其饮食健康相关专业的发展和规范具有重要意义。2022年，国务院办公厅印发《“十四五”中医药发展规划》指出，要建设优质高效的中医药服务体系，丰富中医药健康产品供给，促进中医药与旅游餐饮融合发展等。

二、药食两用资源名单

（一）药食两用资源相关规定

2021年修订的《中华人民共和国食品安全法》第三十八条规定：“生产经营的食品中不得添加药品，但是可以添加按照传统既是食品又是中药材的物质，按照传统既是食品又是中药材的物质目录由国务院卫生行政部门会同国务院食品药品监督管理部门制定、公布。”2007年，卫生部依据《中华人民共和国食品卫生法》制定公布了《新资源食品管理办法》，并自同年12月1日起施行。2009年6月《中华人民共和国食品安全法》正式实施。为规范新食品原料安全性评估材料审查工作，2013年国家卫生计划生育委员会将《新资源食品管理办法》修订为《新食品原料安全性审查管理办法》，该办法进一步明确了研发新食品原料的目的，并考虑到科学技术发展，修改了新食品原料定义、范围，进一步规范了新食品原料应当具有的食品原料属性和特征，避免那些不具备食品原料特征的物品申报新食品原料。为了更好地保证新食品原料的食用安全性，新增加了申报单位提供由安全性风险评估机构出具的风险性评估意见的要求。2010年，卫生部公布《卫生部关于进一步规范保健食品原料管理的通知》，公布了《可用于保健食品的物品名单》和《保健食品禁用物品名单》。2014年，国家卫生和计划生育委员会对药食两用物质名单进行了修订，并发布了《按照传统既是食品又是中药材物质目录管理办法》（征求意见稿），同时接受作为新食品原料的申报，申报程序应按照《新食品原料安全性审查管理办法》执行。

2021年11月15日，国家卫健委发布了《按照传统既是食品又是中药材的物质目录管理规定》，这是我国第一部针对药食两用中药的法规文件，该法规对“药食同源”大健康产业的发展具有深远的意义，今后“药食同源”品类管理将有据可循，有规可依。该规定明确了药食同源物质的动态调整和管理规范，国家卫健委将会同市场监管总局制定、公布食药物质目录，并对目录实施动态管理。纳入食药物质目录的物质应当符合下列要求：①有传统上作为食品食用的习惯；②已经列入《中国药典》；③安全性评估未发现食品安全问题；④符合中药材资源保护、野生动植物保护、生态保护等相关法律法规规定。与此同时，省级卫生健康行政部门结合当地情况，可以向国家卫健委提出修订或增补食药物质目录的建议，需要提供以下材料：①物质的基本信息（中文名、拉丁学名、所属科名、食用部位等）；②传统作为食品的证明材料（证明已有30年以上作为食品食用的历史）；③加工和食用方法等资料；④安全性评估资料；⑤执行的质量规格和食品安全指标。之后，国家卫健委会对技术机构报送的综合评估意见进行审核，将符合本规定要求的物质纳入食药物质目录，会同市场监管总局予以公布。公布的食药物质目录应包括中文名、拉丁学名、所属科名、可食用部位等信息。除上述情况外，通知规定，当有下列情形之一时，应当研究修订目录：①食品安全风险监测和监督管理中有新的科学证据表明存在食品安全问题；②需要对食药物质的基本信息等进行调整；③其他需要修订的情形。通知再度明确，食品生产经营者使用食药物质应当符合国家法律、法规、食品安全标准和食药物质目录的相关规定，产品标签标识和经营中不得声称具有保健功能、不得涉及疾病预防治疗功能。

（二）药食两用名单

1.药食两用中药

（1）国家卫生健康委员会公布的可用于保健食品的中药114种（2010年） 人参、人参叶、人参果、三七、土茯苓、大蓟、女贞子、山茱萸、川牛膝、川贝母、川芎、马鹿胎、马鹿茸、马鹿骨、丹参、五加皮、五味子、升麻、天门冬、天麻、太子参、巴戟天、木香、木贼、牛蒡子、牛蒡根、车前子、车前草、北沙参、平贝母、玄参、生地黄、生何首乌、白及、白术、白芍、白豆蔻、石决明、石斛、地骨皮、当归、竹茹、红花、红景天、西洋参、吴茱萸、怀牛膝、杜仲、杜仲叶、沙苑子、牡丹皮、芦荟、苍术、补骨脂、诃子、赤芍、远志、麦冬、龟甲、佩兰、侧柏叶、制大黄、制何首乌、刺五加、刺玫果、泽兰、泽泻、玫瑰花、玫瑰茄、知母、罗布麻、苦丁茶、金荞麦、金缨子、青皮、厚朴花、姜黄、枳壳、枳实、柏子仁、珍珠、绞股蓝、葫芦巴、茜草、荜茇、韭菜子、首乌藤、香附、骨碎补、党参、桑白皮、桑枝、浙贝母、益母草、积雪草、淫羊藿、菟丝子、野菊花、银杏叶、黄芪、湖北贝母、番泻叶、蛤蚧、越橘、槐实、蒲黄、蒺藜、蜂胶、酸角、墨旱莲、熟大黄、熟地黄、鳖甲。

（2）国家卫生健康委员会公示的86种（2012年） 丁香、八角茴香、刀豆、小茴香、小蓟、山药、山楂、马齿苋、乌梢蛇、乌梅、木瓜、火麻仁、代代花、玉竹、甘草、白芷、白果、白扁豆、白扁豆花、龙眼肉（桂圆）、决明子、百合、肉豆蔻、肉桂、余甘子、佛手、杏仁、沙棘、芡实、花椒、红小豆、阿胶、鸡内金、麦芽、昆布、枣（大枣、黑枣、酸枣）、罗汉果、郁李仁、金银花、青果、鱼腥草、姜（生姜、干姜）、枳子、枸杞子、栀子、砂仁、胖大海、茯苓、香橼、香薷、桃仁、桑叶、桑葚、桔红、桔梗、益智仁、荷叶、莱菔子、莲子、高良姜、淡竹叶、淡豆豉、菊花、菊苣、黄芥子、黄精、紫苏、紫苏籽、葛根、黑芝麻、黑胡椒、槐米、槐花、蒲公英、蜂蜜、榧子、酸枣仁、鲜白茅根、鲜芦根、蝮蛇、橘皮、薄荷、薏苡仁、薤白、覆盆子、藿香。

（3）新增15种中药材物质（2014年） 人参、山银花、芫荽、玫瑰花、松花粉、粉葛、布渣叶、夏枯草、当归、山柰、西红花、草果、姜黄、荜茇，在限定使用范围和剂量内作为药食两用。

（4）新增9种中药材物质作为按照传统既是食品又是中药材（2018年） 党参、肉苁蓉、铁皮石斛、西洋参、黄芪、灵芝、天麻、山茱萸、杜仲叶，在限定使用范围和剂量内作为药食两用。

2.保健食品中的禁用中药 八角莲、八里麻、千金子、土青木香、山莨菪、川乌、广防己、马桑叶、马钱子、六角莲、天仙子、巴豆、水银、长春花、甘遂、生天南星、生半夏、生白附子、生狼毒、白降丹、石蒜、关木通、农吉痢、夹竹桃、朱砂、米壳（罂粟壳）、红升丹、红豆杉、红茴香、红粉、羊角拗、羊踯躅、丽江山慈姑、京大戟、昆明山海棠、河豚、闹羊花、青娘虫、鱼藤、洋地黄、洋金花、牵牛子、砒石（白砒、红砒、砒霜）、草乌、香加皮（杠柳皮）、骆驼蓬、鬼臼、莽草、铁棒槌、铃兰、雪上一枝蒿、黄花夹竹桃、斑蝥、硫黄、雄黄、雷公藤、颠茄、藜芦、蟾酥。

3.卫健委公告明确不是普通食品的中药 西洋参、鱼肝油、灵芝（赤芝）、紫芝、冬虫夏草、莲子芯、薰衣草、大豆异黄酮、灵芝孢子粉、鹿角、龟甲。

4.卫健委公告明确为普通食品的名单 白毛银露梅、黄明胶、海藻糖、五指毛桃、中链甘油三酯、牛蒡根、低聚果糖、沙棘叶、天贝、冬青科苦丁茶、梨果仙人掌、玉米须、抗性糊精、平卧菊三七、大麦苗、养殖梅花鹿其他副产品（除鹿茸、鹿角、鹿胎、鹿骨外）、木樨科粗壮女贞苦丁茶、水苏糖、玫瑰花、凉粉草、酸角、针叶樱桃果、油菜花粉、玉米花粉、松花粉、向日葵花粉、紫云英花粉、荞麦花粉、芝麻花粉、高粱花粉、魔芋、钝顶螺旋藻、极大螺旋藻、刺梨、玫瑰茄、蚕蛹、耳叶牛皮消。

（三）历代本草文献中保健作用的食物

除了上述名单所列中药品种之外，我国自古就有药食同源、药食两用的丰富文献记载，这是我国传统医药宝库的重要组成部分，亟待进行深入发掘，据此研发出更多的优质产品，为人类健康做出更大贡献。据不完全统计，我国古代本草典籍记载很多食物具有不同的保健功效，比如聪耳明目类、生发润发类、健齿美容类、增智益志类、安神增神类、增力强健类、壮阳种子类等。民间习用中，对于不同内科病症具有调理作用的食品也有不少，比如散风寒类（用于风寒感冒病症）的生姜、葱、芥菜、芫荽；散风热类（用于风热感冒病症）的食物茶叶、豆豉、杨桃；清热泻火类（用于内火病症）的食物：茭白、蕨菜、苦菜、苦瓜、松花蛋、百合、西瓜；清热生津类（用于燥热伤津病症）食物：甘蔗、番茄、柑、柠檬、苹果、甜瓜、甜橙、荸荠；清热燥湿类（用于湿热病症）食物：香椿、荞麦；清热凉血类（用于血热病症）食物：藕、茄子、黑木耳、蕹菜、向日葵子、食盐、芹菜、丝瓜；清热解毒类（用于热毒病症）食物：绿豆、赤小豆、豌豆、苦瓜、马齿苋、荠菜、南瓜等。

第三节　药食两用保健食品开发的思路与实践

一、药食两用保健食品开发的背景及思路

药食同源思想包含中医药学食疗、养生保健和药膳等内容，是人类的文明宝藏，近年来，很多学者都提出“厨房代替药房、食物代替药物”的思路，美国的斯坦福大学和哈佛大学都有关于Food As Medicine的专业课程，目前国际市场上的许多健康产品，如欧美的“健康食品”、日本的“功能食品”以及我国的“药食同源食品”，都是源自“药食同源”理论。我国药食同源产品的安全性经过了几千年的实践检验。中国传统中医药文化和膳食文化，是健康中国建设中自我保健体系不可或缺的部分，对于应对新形势下的各类疾病特点开发出来的药食同源产品，应该建立符合中医理论和现代科技管理的体系，让药食同源成为人们日常生活中的一部分，真正发挥中医药治未病的作用。“药食同源”是我国劳动人民在食物和药物发现中总结的智慧结晶，体现了食物在

保健和治疗方面的功能。“药食同源”思想即是食物保健思想的反映，包含着中医药学中的食疗、养生保健和药膳等内容。“药食同源”产品也是以药食同源理论为依据，利用现代制药技术精制而成，保持了天然药材原始的生物活性，是源于自然高科技的“原生”中药产品。

2013年《国务院关于促进健康服务业发展的若干意见》明确提出“加强药食同用中药材的种植及产品研发与应用，开发适合当地环境和生活习惯的保健养生产品”。《“健康中国2030”规划纲要》提出，推进健康中国建设，要坚持预防为主，推行健康文明的生活方式。“药食同源”成为贯彻实施纲要精神的重要方向，在健康中国的大背景下，“药食同源”的传承与利用，已成为社会与市场普遍关注的热点，利用“药食同源”植物资源，开发出具有防治疾病功能的新型保健食品已成为一种新趋势。“药食同源”食疗产品的安全有效使人们逐步由依赖药物转向食疗随着国家政策持续发力，我国药食同源品种消费需求总量持续上涨，远高于非药食同源品种。预计到2023年我国大健康和药食同源产业规模具有更广阔增长的空间。

随着社会发展、人们生活水平及健康意识的提高，现代社会医疗模式由传统治疗型向预防保健型转变，人们对“药食同源”类食品的需求不断升高。但与此同时，“药食同源”产业仍存在着一定问题，影响着未来的发展趋势。由于其具备的保健属性，“药食同源”产业必须规范化发展。从中药材的种植、加工到新药的研发、生产、销售，都必须制定统一的“药食同源”标准，符合所有药用食品的国家标准。通过完善监督系统，进行标准化建设，通过政府协同相关部门，建立“药食同源”产品质量标准、知识产权保护、数字化市场监督管理三位一体的保障运行机制，建立从良种繁育、栽培、采收、产地加工、仓储、物流到销售的中药材全产业链监管体系，是“药食同源”产业发展的未来方向。其次，“药食同源”产业想要提升自己的品牌化效益，要各企业努力提高科技含量，创新产品研发，延伸产业链价值，发展“药食同源”的新业态、新模式、新体系，推动专利科技成果转化，是产业发展的重要一环。最后，除了国家政策的大力支持，以及产业自身的努力发展外，各地政府想要推动本地药食两用中药材和“药食同源”产业的发展，也要积极营造良好的环境，加强文化建设，丰富文化内涵，打造全民的“健康中国”意识，深入挖掘、创新药食同源文化，开发具有地方特色的药食同源产品。

在《“健康中国 2030”规划纲要》《“十三五”生物产业发展规划》中提出“到2020 年，中药健康服务业的发展基本满足人民群众多层次多样化中医药健康服务需求，成为推动经济社会转型发展的重要力量”，而药食两用中药健康产业的发展自然成为该需求的主要载体。2013 年发布的《国务院关于促进健康服务业发展的若干意见》也明确提出“加强药食同用中药材的种植及产品研发与应用，开发适合当地环境和生活习惯的保健养生产品”。在慢性病和老龄化时代，大健康的核心从治疗转向预防，从依赖药物转向“药食同源”的食疗产品。因此，以“药食同源”产业为切入口，出台相关政策，培育一批具有地域特色的健康食品企业与品牌，是推动中医药产业高质量发展，深度挖掘大健康市场的发展潜力的重要方向。

药食同源产品是指在中医药理论指导下，以药食同源资源为原料，采用现代科学加工技术制成的产品，包括保健用品和保健食品两类。2014 年至 2019 年，我国获得批准的中药保健食品（包括纯中药、含中药或含中药提取物）占比达到46.95%。这些中药保健食品对人体的功效非常广泛，根据功效不同划分种类，增强免疫力、缓解疲劳类数量最多，其次是降三高类中药食品。

我国药食两用产品在防治慢性疾患和抗衰老方面有巨大潜力。此外，通过引导科学膳食，药食同源产品在促进晚得病、少得病以及在优化有限的卫生资源和医保资源、应对社会老龄化进程加快等方面都可以发挥积极作用。

二、药食同源产业开发所面临的问题

目前，我国药食两用大健康事业蓬勃发展，相关产品不断涌现，但同时也存在着以下问题。

（一）产品缺乏中医药特色与优势

目前市场上的药食同源健康产品大多以矿物质、氨基酸、维生素为主，在加工工艺上停留在原料的简单提取。而以中医药理论为指导，以传统中医药选方配伍为基础的保健品种类不多，缺乏从中医养生古方中挖掘保健食品的创新品种。没有充分利用好中医药的特色与传统优势，缺少整体系统之道、辨证施膳之本、平衡调理之要、扶正祛邪之法、食药同理之术。

（二）对药食两用品认识不清，重视程度不够，低水平重复开发

药食两用品是人类在长期生产实践过程中总结得出的精华，具有丰富的思想内涵，但从目前的研究和应用情况来看，尚存在一知半解和误用、滥用现象，缺乏有效传承。对药食同源产品认识上的误区为其科学定位、科学研究和法规管理产生了不良影响。在药食同源资源研发产品中普遍存在着原料重复、功效重复和剂型重复等低水平利用开发的问题。原料选择主要是一些常见的或者广为报道的资源，如枸杞子、西洋参、人参等。近年来开发的产品，主要功效也多围绕在免疫力调节、抗疲劳和降三高等方面，同质化现象严重。

（三）相关法律法规不够完善，制约药食两用物品产业化发展

我国对药食两用物品的专项管理起源于1987年由国家卫生部颁发的《禁止食品加药卫生管理办法》，在经论证修改后，2021年在国家卫生健康委员会颁布的《按照传统既是食品又是中药材的物质目录管理规定》中对“食药物质”做出了明确界定，这为规范管理提供了法律依据。然而，也应清醒地认识到，近20多年来，我国法律法规的管理逐渐规范，保健和医药产品审批流程手续严格，技术要求与国际接轨，由此减缓了产品的上市产业化进程。目前，已公布的食药物质名单中品种数目有限，与我国丰富的药食两用资源极不相称，束缚了对药食两用物品宝库的开发利用，直接导致人民群众和市场的多元化健康需求与有效供给不足之间产生重大矛盾。当前对药食两用相关产品的管理模式，包括从研发思路、功能声称、功能评价方法、审批模式等，主要是按现代科学思维建立的，现行的监管体系与国家倡导发挥中医药在老龄化社会和人

口健康服务方面的优势、减少国家医保负担的要求还存在较大差距，大量的传统确有作用的药食两用物品及其按照中医理论组方的产品难以通过评审，严重阻碍了药食两用产业的发展。

（四）科学研究不深，投入和产出较低，国际竞争力偏弱

虽然我国药食两用物品产业发展起步较早、种类多但是已形成规模的企业较少，产业体量不大、规模效益不强，整体发展存在着结构失调，产品同质化现象严重；产品市场的生存周期短，很多品种供大于求，造成资金资源的巨大浪费；产业链不完善，原料、中间体和成品缺乏完善的标准体系，产品质量不稳定；消费者认知缺乏以及品牌建设滞后等诸多问题，造成能在国际市场有竞争力的企业很少，与美国、日本和欧洲等先进国家和地区还存在较大差距。究其原因，主要与我国药食两用物品的研发投入少、基础研究薄弱有关。

（五）不同文化背景的国家在药食两用物品应用和监管方面存在很大差距，阻碍了相关领域的国际交流

东西方人所处的环境不同、人体体质和环境资源也有区别，生物文化差异显著，因而东西方人在食药习惯及应用方面存在明显分歧，主要体现在：使用的物种不同、同一物种或亲缘相近的物种使用方法和目的不同。为了找出这种差异，研究团队通过邀请西方食药专家对我国既是食品又是中药材的品种进行评估，结果发现，在所调研的101种物品中，仅53种在西方国家或地区作为健康食品、香料或药物使用，而我国常用的木瓜、金银花、百合、砂仁、黄精、黄芪等并未被使用；而在共用的某些品种中，其用法和用途也有不同。如银杏，我国常用其种子，欧洲则常用其叶片及叶片提取物；如山楂，我国常用以促进消化，而欧洲则主要用于心血管系统调理。此外，通过评估美国2020年植物源膳食补充剂畅销榜前40位的物品发现，仅有14种为我国常用的。由此可见，东西方的药食两用知识体系和食药习惯存在明显差异。药食两用物品在其他国家或地区主要以膳食补充剂、功能性食品及其类似品类进行归类管理，同一物品在不同国家或地区的法规和管理中存在较大差异。例如，人参在我国作为保健食品、中药材等进行管理，而在欧美则是按照膳食补充剂进行管理；贯叶金丝桃在欧洲、美国等国家和地区可作为膳食补充剂或注册草药，而在我国仅能作为药材使用。

三、药食同源资源及产品开发的对策

（一）构建药食同源资源全值化利用产业链

在药食同源资源的开发利用过程中，研究构建全值化开发利用产业链，可改变低水平重复开发的现状，增加产品种类、提升产品质量和降低能耗，这对提升我国药食同源资源的开发利用水平具有重要的意义。在药食同源资源的开发利用过程中应当充分把握上游、中游、下游三者之间的紧密联系，形成涵盖初加工、精加工和深加工不同层次的工业体系。同时，在产品的研发上应当符合当前生活质量中人们对于保健食品适用的原则，专注于以传统养生理念为基础，研发适应现代人们生活习惯的健康食品。初次使用天然产品的年轻消费者，对新颖的产品剂型更感兴趣。因此，可以药食同源资源为主要原料，将普通食品为主要形态开发出一系列功能化的零食，如免疫零食、美容零食以及功能饮料，让消费者身心愉悦的同时，还起到预防保健的作用。除此之外，产品的研发还应当基于市场需求。例如，当下慢性压力已经成为全球性问题，长期的慢性压力会影响到人们的情绪、睡眠和工作状态，并最终影响人们的整体健康。市场上定位于睡眠和放松的新产品出现显著增长。最近两年，适应原的概念已经逐渐被人们所认知。适应原草药是一类可以帮助身体适应生理和心理压力，能够很好地调节压力和免疫力两者之间联系的中草药，如人参、红景天等。从目前缓压和助眠产品类需求量不断增加的市场行情来看，适应原草药比较契合当下的市场趋势。因此，以市场为导向，扩大开发以适应原草药为代表的一系列新资源、新方向应用产品十分必要。

（二）结合中医食疗和现代科学理论推动药食同源资源在产品开发中充分应用

中医药对防病养生有着独特的优势，注重通过扶养正气以达到祛邪目的，如益卫气、补元气、养血气来加强机体的抵抗力。这种理念就推动着药食同源资源在免疫健康产品中的创新，使得以食品和饮料为形态的免疫产品陆续出现在市场上。疫情之后，同样还有很多后续问题亟待解决，如焦虑、失眠等健康问题，此类药食同源产品的开发空间很大。除中医药理论外，还可结合生理学、生物化学、营养学中的现代生命科学理论，从微观的角度来深入地阐述食疗配方中的具体功能及其作用机制，从而实现营养定制，达到“精准食疗”目的。

（三）优化药食同源资源原料的培育，产生质量稳定的原料并开发相关的质量检测方法

针对药食同源资源产品的不稳定，在原料环节中，应当大力推进中药材规范化栽培，从而生产出质量稳定的原料。同时，加工过程中，应以从药食同源植物中提取的功效明确、含量较高的有效成分作为中间体，从而有利于产品标准的制定。除此之外，产品标准的制定还可参考国际先进的技术方法构建一套科学的国际化质量标准评价体系，来保证产品质量的稳定和利于产品进入国际市场。当前，药食同源产品质量检测围绕在卫生学检测、稳定性检测、功效或标志性成分试验和安全性评价试验4个方面。在产品质量检测时，应当少采用比色法测定大类物质，而尽量检测其中具体的单体成分。同时可采用LC-MS、HPLC-DAD、IMS等新型检测技术来检测产品当中的非法添加成分，例如有助于控制体内脂肪类产品中的西布曲明、大黄素、番泻苷等，从而保证产品的安全性。

（四）在基础研究、应用基础研究和临床研究等方面加强投入

聚焦药食两用物品在治未病和疾病预防领域的三大功能，包括调节机体代谢、延缓衰老、增强免疫以及相关重要科学问题，开展专项研究，集中攻关，明确其防治慢性疾病、延缓衰老的确切功效及其科学证据。注重中医理论指导下的配伍原则，深入研究药食两用物品调节人体健康的科学内涵，建立与功能声称相对应的功效评价方法。从科学和人文经验结合的角度建立从定性到定量、从经验到证据的开放共享药食两用数据库。对药食两用物品相关名词规范化。延伸药食两用物品的应用领域，开发天然植物添加剂作为抗生素的替代品，降低农药和抗生素残留，提升食物和环境安全水平；

拓宽药食两用物品的生物资源来源，如从丰富的海洋资源中发掘新的药食两用物品。

（五）完善药食两用物品相关的法律法规体系

秉承担当精神，进一步厘清相关部门的权责关系，建立和完善符合药食两用产业发展规律的先进管理模式，不断提高国家对药食两用物品的监管水平和效率。及时修订和完善《中华人民共和国食品安全法》《按照传统既是食品又是中药材的物质目录管理规定》等法律法规，改变当前以药食两用物品为原料研发的产品注册为保健食品时所面临的费时长、费用高的现象，对药食两用物品进入食品领域给予更宽松的政策环境，制定和规范药膳行业管理法规，让企业能够有更大的发展空间。借鉴发达国家的管理办法，对以药食两用物品为原料开发的保健食品功能声称进行分类管理，同时增加以中医药理论为基础的中医术语保健食品功能声称。全面做好药食物质风险监测评估，采用系统毒理学的评价方法，明确药食两用物品原料及产品加工过程中的潜在内源性有害成分和外源性污染物风险，提供可信的安全性证据。加快建立药食两用物品从“原料-提取物-产品”全产业链的标准体系，制定不同于《中国药典》中药用标准的食用标准，构建全程可追溯体系，加强产品上市后安全性再评价研究。

在大力提倡“不治已病治未病”的健康理念推动下，药食两用中药领域的潜力巨大，特别是列入《神农本草经》上品中的品种，绝大多数具有悠久的食用历史，切实把中医药这一祖先留给我们的宝贵财富继承好、发展好、利用好，着力研发这些具有广泛食用习惯的中药品种，对于满足人民群众多层次、多样性的健康需求，提升全民健康素质，推进中医药现代化、国际化，具有重大意义。药食两用物品在防治慢性疾病和延缓衰老方面具有重要潜在价值，并有望成为健康重心下移和疾病防治关口前移的日常物质基础，加强对药食两用物品科学研究的投入，推动药食两用物品在保护人民健康方面发挥更大贡献；完善药食两用物品相关的法律法规体系，提升监管水平和能力，建立符合有中国特色的管理体系和质量标准体系；加强国内外交流和贸易，推动药食两用物品的文化认同和科学合作，积极领导或参与药食两用物品国际标准化建设，建立互认的药食两用物品原料和产品标准规范体系，减少地区间管理差异带来的障碍。积极推动药食两用物品相关产业的发展，鼓励企业以药食两用物品为原料开发各种产品，提高产品精深加工能力，树立更多有影响力的中药大健康产品的民族品牌，为守护人类健康提供中国方案。

第四节　智能化生物动力生姜酒的研制开发实例

一、研发立项资料的调研

（一）姜类植物的来源和功效情况

1. 来源　姜科是单子叶植物纲芭蕉目的一科。多年生（少有一年生）、陆生（少有附生）草本。通常具有芳香、匍匐或块状的根状茎，或有时根的末端膨大呈块状。叶基生或茎生，通常二行排列。花单生或组成穗状、总状或圆锥花序。果为室背开裂或不规则开裂的蒴果。姜科分为2亚科、3族，约49属，1500种，分布于热带、亚热带地区，主产地为热带亚洲。中国有19属，150余种，5变种，产东南部至西南部各省区。

姜科植物中包含有的药材，如砂仁（阳春砂、绿壳砂或海南砂）、益智、草果、草豆蔻、姜、高良姜、姜黄、郁金、莪术等，为驱风、健胃、化瘀、止痛要药或作调味品。此外，还有民间应用的中草药、纤维植物、香料和观赏植物。

2.功效　姜属和山姜属是姜科中两个分布最广的，且分类学最复杂的属，物种用于医药用途；其中，姜是用于驱风、健胃、化瘀、止痛的要药；红豆蔻用于治疗消化不良、发烧、尿失禁，口臭和嗓子声音嘶哑；海南山姜具有止吐和健胃作用；黑果山姜用于治疗支气管炎、胃溃疡、寄生性肠感染；高良姜用于缓解胃痛、治疗感冒、激活循环系统、减少肿胀；益智被广泛用于治疗消化不良、腹泻、腹痛、遗精、肾虚乏力、记忆差。

（二）姜类植物的研究应用情况

1.小黄姜的研究应用　目前市场上应用多的是小黄姜，来自云南、广东、湘西和贵州等地的研发者均对其开展了各个方面的研究，发现姜挥发油中主要化学成分是水芹烯莰烯、香叶醛、龙脑、柠檬烯、香茅醇、β-红没药烯和姜黄烯等芳香挥发性成分。我国各地广为种植，其根茎芳香而辛辣，为传统的调味用辛香料，同时又作驱风散寒、健胃止吐、抑菌等作用。从2000年初至今各地规模化种植繁育黄姜类原料以助产和扶助农工，带动当地经济产业的发展。各地种植的小黄姜，生长于气候温和湿润，土壤呈沙质化的区域，小黄姜块茎外形较小（与白姜相比较），外皮呈淡黄色，肉质鲜黄色，闻起来姜味较白姜重，香气更好，在市场上销售价格也较普通姜高。如图12-1所示。

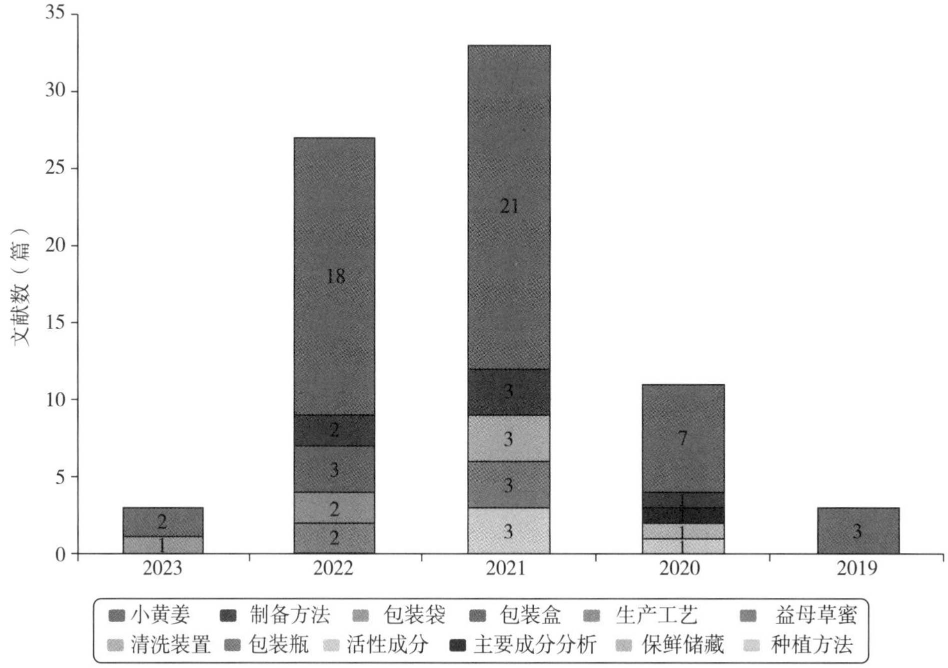

图12-1　小黄姜的国内研究现状（中国知网数据库）

从中国知网数据库来看，小黄姜研究总计67篇参考文献，其中包括小黄姜的研究18篇，从原料来源、种植方法、制备方法、包装、活性成分及分析、生产工艺、各种制剂（比如益母草蜜）、相关装置及保险储藏等方面开展的研究，给予引种繁育小黄姜提供很好的研究借鉴基础。小黄姜的块茎有较高的药用和化工价值，经过加工可提炼皂素、双烯等医药、化工用品，是激素类药物必不可少的成分，被喻为“激素之母”，并广泛应用于化妆、保健、避孕镇痛、麻醉等类药物，是一种市场需求较为稳定的药材。

2.姜类植物研究的专利数据　从中国知网数据库来看，姜类保健品专利有11条结果，主要集中于姜类植物保健酒、保健醋和按摩油的产品制备工艺和生产方法方面，如图12-2所示。

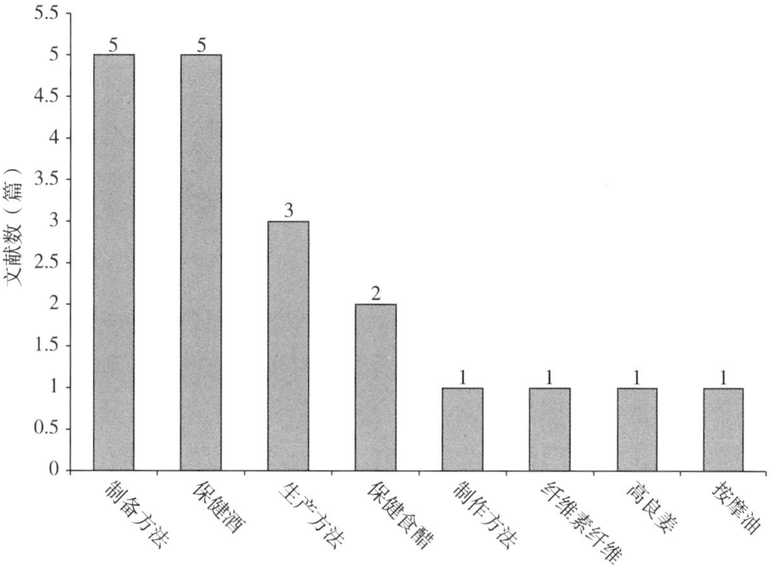

图12-2　姜类植物研究的专利情况

3.已有研究基础的专利情况　此外，基于姜类植物的特殊有效的用途，为了区别和更好地应用开发它们的植物特性及功效价值，研究者发明并公开了鉴定五种山姜属植物的10条分子标记的专利，将其分别用于红豆蔻、海南山姜、黑果山姜、高良姜和益智的鉴定，成功率为100%，如图12-3所示。

4.小黄姜的繁育和种植情况　小黄姜，又名，火头根，为姜科姜属多年生草本植物，原产于中国，很多地方都有栽种，辣味浓郁、纤维细小、姜油丰富、味道鲜美。

小黄姜对生长的温度要求很高，16℃以上才会萌芽，低于15℃就停止生长。而只有在北纬27° 左右的地带，才能长出质量好的小黄姜，且产量较高。采摘必须在短时间内完成，也争取在短时间内销售出去或存放到地窖中。地窖里面的沙子要每年更换；其次，存放的时候要轻拿轻放，因为小黄姜比较嫩，若有损伤很容易烂；存放的地窖要求恒温恒湿，温度保持在13～14℃左右，湿度在85%～90%之间。所以小黄姜的繁育要借助先进和系统化的种植管理技术。

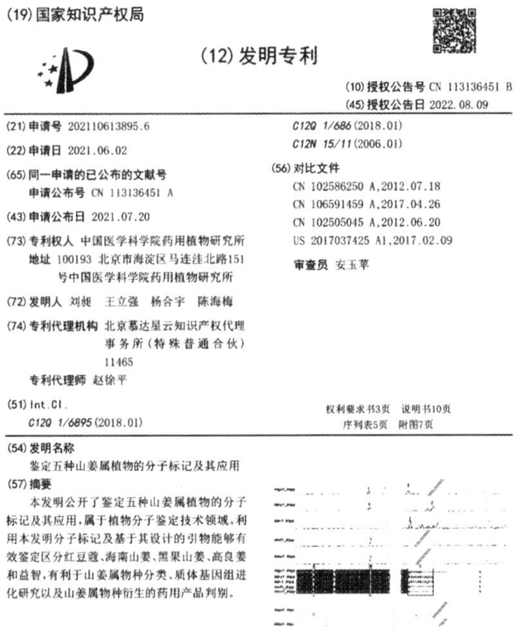

(19)国家知识产权局

(12)发明专利

(10)授权公告号 CN 113136451 B
(45)授权公告日 2022.08.09

(21)申请号 202110613895.6
(22)申请日 2021.06.02
(65)同一申请的已公布的文献号
申请公布号 CN 113136451 A
(43)申请公布日 2021.07.20
(73)专利权人 中国医学科学院药用植物研究所
地址 100193 北京市海淀区马连洼北路151号中国医学科学院药用植物研究所
(72)发明人 刘昶 王立强 杨合宇 陈海梅
(74)专利代理机构 北京慕达星云知识产权代理事务所(特殊普通合伙) 11465
专利代理师 赵徐平
(51)Int.Cl.
C12Q 1/6895(2018.01)
C12Q 1/686(2018.01)
C12N 15/11(2006.01)
(56)对比文件
CN 102586250 A,2012.07.18
CN 106591459 A,2017.04.26
CN 102505045 A,2012.06.20
US 2017037425 A1,2017.02.09
审查员 安玉苹

权利要求书3页 说明书10页 序列表5页 附图7页

(54)发明名称
鉴定五种山姜属植物的分子标记及其应用
(57)摘要
本发明公开了鉴定五种山姜属植物的分子标记及其应用，属于植物分子鉴定技术领域。利用本发明分子标记及基于其设计的引物能够有效鉴定区分红豆蔻、海南山姜、黑果山姜、高良姜和益智，有利于山姜属物种分类、质体基因组进化研究以及山姜属物种衍生的药用产品判别。

图12-3　五种山姜属植物分子标记的发明专利

（三）生姜酒的市场调研

对于目前已经上市的生姜酒保健食品预先开展市场调研，包括生姜酒的行业市场环境调查，生姜酒的行业市场基本状况的调查，市场销售的竞争和可能性调查，生姜酒保健食品在市场上的占有率，扩大销售的可能性和具体途径，还可以对生姜酒的行业消费者及消费需求、企业产品、产品价格、影响销售的社会和自然因素、销售渠道等开展调查，形成可供研发、生产、上市和销售等各个方面可行性报告。

二、某生姜酒的开发应用

（一）制剂的功效和研制的意义

生姜酒主要是温中散寒，通过试验了近二三十种的果酒对身体的调整作用发现生姜酒具有预防感冒和调整鼻炎的作用，增强身体免疫力。生姜酒项目市场需求比较大，可以帮助很多人的健康。所以需要申报项目种植小黄姜原料，研究开发好品质的小黄姜发酵酒，应用到市场上有需求的客户人群，为人类生活造福，增强人民的身体健康，提高人民的生活质量。

（二）研发思路和过程设计

1.原辅料研发背景的核查、立项调研

2.根据药食两用保健食品的中医理论整理制剂中各个原料中药的安全有效性评价资料

3.制剂工艺配方的设计和小试

4.样品试制和安全毒理学实验的研究

5.生产工艺研究

6.制剂产品功能学实验研究和评价

7.制剂产品质量控制、标准制定和质量评价研究

8.制剂产品的包装、标签和使用说明书的设计

9.项目研发资料的整理、撰写和审核

（三）生姜酒的应用前景

生姜保健酒，无论从所含的营养成分还是功能成分，都远远超过传统酒类，是真正的绿色营养食品。发挥生姜特有的驱风、散寒、健胃、化瘀和止痛的功效，再加上酒的活血排毒功能，使大众受益匪浅。而且生姜作为药食两用的保健食品原料，能在食用过程中发挥其多种及特有化学成分的功效，两者共同配制成的生姜保健营养酒能全面提高人体免疫力，增强体质，防病治病，具有广阔的市场和应用前景。

三、智能化生物动力生姜酒研制过程中的先进科技和合作伙伴

（一）某智慧农场的管理系统

某智慧农场的管理系统是以5G、物联网、人工智能等信息技术为基础，打造“云”“网”“端”“应用”结合的精准种植整体解决方案，实现作物生产全过程的精准化、智能化、规模化管理，助力现代农业降本增效。通过传感器、高清摄像头采集空气温湿度、光照度、CO_2浓度、水培液浓度、pH值等环境数据和作物生长状况。将收集到的数据与作物生长模型进行对比，实时对作物生长环境进行远程、精准、智能、自动调控，最终实现节能降耗、绿色环保、增产增收的目标。面向大棚/大田精准种植场景，打造具备环境智能监控、水肥智能决策两大核心能力的精准种植管理系统，助力农业生产主体提升生产效率、降低人工成本的需求。

（二）生物动力农业技术

应用土壤健康和营养技术、生物动力配置剂技术、土壤、植物和动物保健技术和适时农作技术，采取非常具体的措施，来加强土壤和食品的机体功能。例如，生产和加工过程完全杜绝人造产品包括化学合成的肥料、农药、催熟剂、荷尔蒙、生长素、储藏药剂、抗生素，以及其他易溶解、流失的矿物肥料；完全杜绝基因改造物质；作物使用生物动力或有机种子；动物及昆虫生长在无压力和精心的照料的环境中；采用自然药物，完全没有预防性药物和激素类药物的使用；采用温和的加工技术保证产品的固有品质等一系列与加强自然生命进程相联系的措施。

（三）非损伤微测技术

非损伤微测技术（Non-invasive Micro-test Technology，NMT）是生命科学底层核心技术，具有公开的科学研究平台，该技术起源于伍兹霍尔海洋生物学实验室（MBL），可通过定量测定活体组织、细胞与内/外环境间的，通过测定活体动植物组织、细胞与内/外环境间$H^+/Ca^{2+}/Cd^{2+}/Mg^{2+}/Cl^-/Pb^{2+}/Cu^{2+}/Na^+/K^+/NO_3^-/NH_4^+/H_2O_2/O_2/H_2$/IAA/葡萄糖等转运的实时变化，揭示基因功能、生理机制。常应用于生物医学、植物科学、微生物

学、水产科学、环境科学等领域。主要应用于繁育种植阶段植物生理技术指标的检测，比如应用NMT流速传感器检测不同愈伤组织的技术指标等研究。

本章小结

中医药饮食保健从“药食同源”的思想出发，研究饮食与保持和增进人体健康以及防治疾病关系的理论和方法，并以此指导饮食保健活动。中医药饮食保健包括“食养”“食疗”“食补”“食忌”四个方面，形成了以“整体饮食保健观”“辨体与辨证施膳饮食观”“脾胃为本饮食保健观”为代表的独特理论体系。食养与食疗的基本法则主要包含扶正祛邪、调整阴阳、调整脏腑功能、调理气血和三因制宜。“药食同源”理论主要适用于体质饮食保健、四时与区域饮食保健等方面。重点介绍了中医药饮食保健相关理论，食养与食疗的基本法则，以及饮食保健应用。整理分析药食两用资源相关的法规文件及品种的规定，为药食两用保健产品开发与实践应用提供资料，也可为药食两用保健产品的开发选题立项，注册应用及市场前景提供借鉴的意义。

关键词

食养　dietary regimen

食疗　food therapy

药食同源　homology of medicine and food

药食两用资源　medicine and food resources

亚健康　semi-health

抗衰老　anti-aging

复习思考题

1.针对目前我国药食同源保健产品开发同质化现象严重的问题，试进行分析并提出对策。

2.我国药食同源保健产品如何与国际接轨，实现国际化，试进行分析并提出对策。

3.试分析如何建立药食两用保健食品的质量控制体系。

（王满元　杜　清　李文龙）

注册篇

思维导图

- 保健食品注册与备案
  - 概述
    - 基本概念
    - 发展历程
    - 适用范围
    - 资质要求
    - 管理机构
    - 必要性
  - 注册
    - 注册流程
    - 注册申请
      - 国产保健食品注册申请
        - 新产品注册申请
        - 延续注册申请
        - 变更注册申请
        - 转让技术注册申请
      - 进口保健食品注册申请
        - 新产品注册申请
        - 延续注册申请
        - 变更注册申请
        - 转让技术注册申请
    - 注册受理
      - 受理机构
      - 受理时限
      - 受理结论
      - 受理编号
    - 技术审评
    - 行政审查、证书制作及信息公开
  - 备案
    - 备案流程
    - 备案受理
    - 证书制作
    - 材料变更
  - 管理
    - 注册证书有效期
    - 注册、备案号格式
    - 注册证书与备案信息管理
    - 依法撤销注册、备案的情况
    - 保健食品注册与备案名称要求
    - 保健食品注册与备案相关法律责任

第十三章　保健食品注册与备案思维导图

第十三章

保健食品注册与备案

学习目标

1. 掌握保健食品注册与备案的基本概念、适用范围、法规要求及其流程。

2. 熟悉保健食品注册与备案的受理、申请人和备案人资质要求、注册检验项目与技术规定。

3. 了解保健食品注册申请与备案的发展历程、所需材料及相关要求、注册与备案号格式。

第一节 概 述

一、保健食品注册与备案的基本概念

保健食品注册与备案是保健食品研发上市的前提。了解保健食品注册与备案的相关法规与规定，熟悉保健食品注册与备案的流程与管理要点，有助于规范保健食品注册与备案行为，引导保健食品研发，促进保健食品产业健康持续发展。

2016年7月1日起实施的《保健食品注册与备案管理办法》规定："保健食品注册，是指市场监督管理部门根据注册申请人申请，依照法定程序、条件和要求，对申请注册的保健食品的安全性、保健功能和质量可控性等相关申请材料进行系统评价和审评，并决定是否准予其注册的审批过程。保健食品备案，是指保健食品生产企业依照法定程序、条件和要求，将表明产品安全性、保健功能和质量可控性的材料提交市场监督管理部门进行存档、公开、备查的过程。"

根据其定义，保健食品注册与备案管理具有以下特征。

1. 申请人是保健食品注册与备案申请的申请主体，应当对申报资料的真实性、完整性、可溯源性负责。

2. 各级市场监督管理部门是保健食品注册与备案申请的监管主体。

3. 申请事项是注册申请的，市场监督管理部门应遵循科学、公开、公正、便民、高效的原则对拟上市保健食品的安全性、保健功能、质量可控性等方面进行系统评价和审查。对达到要求的，准予其注册。

4. 申请事项是备案申请的，市场监督管理部门应遵循科学、公开、公正、便民、高效的原则对申请材料依照法定程序存档、公开、备查。

二、保健食品注册与备案的发展历程

我国的保健食品注册管理制度自初步制定至逐步完善，大致经历了3个阶段，分别

为注册许可和生产许可阶段，注册申请阶段，注册与备案双轨管理阶段。

（一）注册许可和生产许可阶段

1996年3月15日，卫生部依据《中华人民共和国食品卫生法》发布《保健食品管理办法》，对保健食品的定义、审批、监督管理等作出明确规定，我国正式实行保健食品注册许可和生产许可管理制度。

（二）注册申请阶段

2005年4月30日，国家食品药品监督管理局依据《中华人民共和国食品卫生法》与《中华人民共和国行政许可法》，发布了《保健食品注册管理办法（试行）》。该办法对保健食品的注册申请与审批、原料与辅料、试验与检验、再注册等作出了具体规定，进一步健全了保健食品的注册申请体系。

（三）注册与备案双轨管理阶段

2015年4月24日，《中华人民共和国食品安全法》修订，明确规定保健食品实行注册与备案双轨管理制，并根据审评要求开展注册现场核查。2016年2月26日，为进一步贯彻落实本法，国家食品药品监督管理局出台了《保健食品注册与备案管理办法》，要求建立保健食品原料目录，对用纳入保健食品原料目录内的原料加工生产的保健食品仅需备案管理。2020年12月1日，国家市场监督管理总局在依法严格注册的基础上，基于已批准的产品，制定发布了辅酶Q_{10}等五种保健食品原料目录，使得保健食品的备案由单一的营养素补充剂产品扩展至功能类保健食品，进一步简化了保健食品的审批流程。

从原卫生部监管时期的注册环节无须现场核查，到原国家食品药品监督管理局监管时期的逐步开展注册现场核查，再到如今的注册备案双轨制管理制度，随着监管机构的不断变革，我国保健食品的注册申请体系也在不断健全和完善。

目前，我国保健食品注册与备案管理体系不断完善，申请人可分别通过以下两个网址进行保健食品注册和备案申请。

保健食品注册管理信息系统（申报端）：http://xbjspzc.gsxt.gov.cn/regist-enter/.

保健食品备案管理信息系统：http://xbjspba.gsxt.gov.cn/record_pt/index.jsp.

三、保健食品注册与备案的适用范围

（一）生产和进口下列产品应当申请保健食品注册

1.使用保健食品原料目录以外原料（以下简称目录外原料）的保健食品。

2.首次进口的保健食品（属于补充维生素、矿物质等营养物质的保健食品除外）。

（二）生产和进口下列保健食品应当依法备案

1.使用的原料已经列入保健食品原料目录的保健食品。

2.首次进口的属于补充维生素、矿物质等营养物质的保健食品。

首次进口的保健食品，是指非同一国家、同一企业、同一配方申请中国境内上市销售的保健食品；首次进口的属于补充维生素、矿物质等营养物质的保健食品，其营养物质应当是列入保健食品原料目录的物质。

四、申请人和备案人的资质要求

国产保健食品注册申请人应当是在中国境内登记的法人或者其他组织；进口保健

食品注册申请人应当是上市保健食品的境外生产厂商，由其常驻中国代表机构或者由其委托中国境内的代理机构办理。

国产保健食品的备案人应当是保健食品生产企业，原注册人可以作为备案人；进口保健食品的备案人，应当是上市保健食品境外生产厂商。

原注册人包括以下三种。

（1）《保健食品原料目录》发布前受理的保健食品注册申请，其原料已列入《保健食品原料目录》，且符合备案相关技术要求的，申请该产品备案的原注册申请人。

（2）获得注册的保健食品，其原料已列入《保健食品原料目录》，且符合备案相关技术要求的，申请该产品备案的原保健食品注册人。

（3）《保健食品原料目录》发布前受理的保健食品注册申请，以及获得注册的保健食品，其部分原料或用量不符合《保健食品原料目录》以及备案技术要求的，注册申请人或证书持有人同意按照《保健食品原料目录》调整产品原料和产品技术要求，也可以作为原注册人。但《保健食品原料目录》发布后受理的注册申请保健食品，其原料已列入《保健食品原料目录》，且产品符合相关技术要求，原注册申请人不可以作为原注册人申请该产品备案。

五、保健食品注册与备案的管理机构

国家市场监督管理总局负责保健食品注册管理，以及首次进口的属于补充维生素、矿物质等营养物质的保健食品备案管理，并指导监督省、自治区、直辖市市场监督管理部门承担的保健食品注册与备案相关工作。

省、自治区、直辖市市场监督管理部门负责本行政区域内保健食品备案管理，并配合国家市场监督管理总局开展保健食品注册现场核查等工作。

市、县级市场监督管理部门负责本行政区域内注册和备案保健食品的监督管理，承担上级市场监督管理部门委托的其他工作。

六、保健食品注册与备案管理的意义

实施保健食品注册管理可以严格注册准入，落实法律责任，严格上市产品标准，从源头上保证产品质量。在依法严格注册的基础上，实施保健食品备案管理，扩大保健食品备案管理范围，可以优化审批流程，提升注册备案效能，鼓励创新研发，激发产业内生动力。

严格落实保健食品注册与备案双轨管理制，规范保健食品的原料目录及名称，约束保健食品申报要求，加强保健食品注册与备案监管，对于提高保健食品质量安全、保障公众利益是不可或缺的。

第二节　保健食品注册

一、注册流程

1.申请人依据自身注册申请事项提出申请并提交相应申请材料后，由国家市场监督管理总局行政受理机构进行形式审查，符合要求的，将全部材料移交至国家市场监督管理总局食品审评中心进行技术审评（图13-1）。

2.审评中心组织审评专家对保健食品的申请材料进行审查后，根据审评要求开展现场核查，并将下线产品封样送复核检验机构检验。审评中心依据上述审查结论作出综合审评结论及建议后，报送国家市场监督管理总局进行审查。

3.国家市场监督管理总局审查后，最终作出准予注册或者不予注册的决定，并由受理机构向注册申请人发出保健食品注册证书或者不予注册决定。

4.注册申请人对国家市场监督管理总局作出不予注册的决定有异议的，可以向国家市场监督管理总局提出书面行政复议申请或者向法院提出行政诉讼。

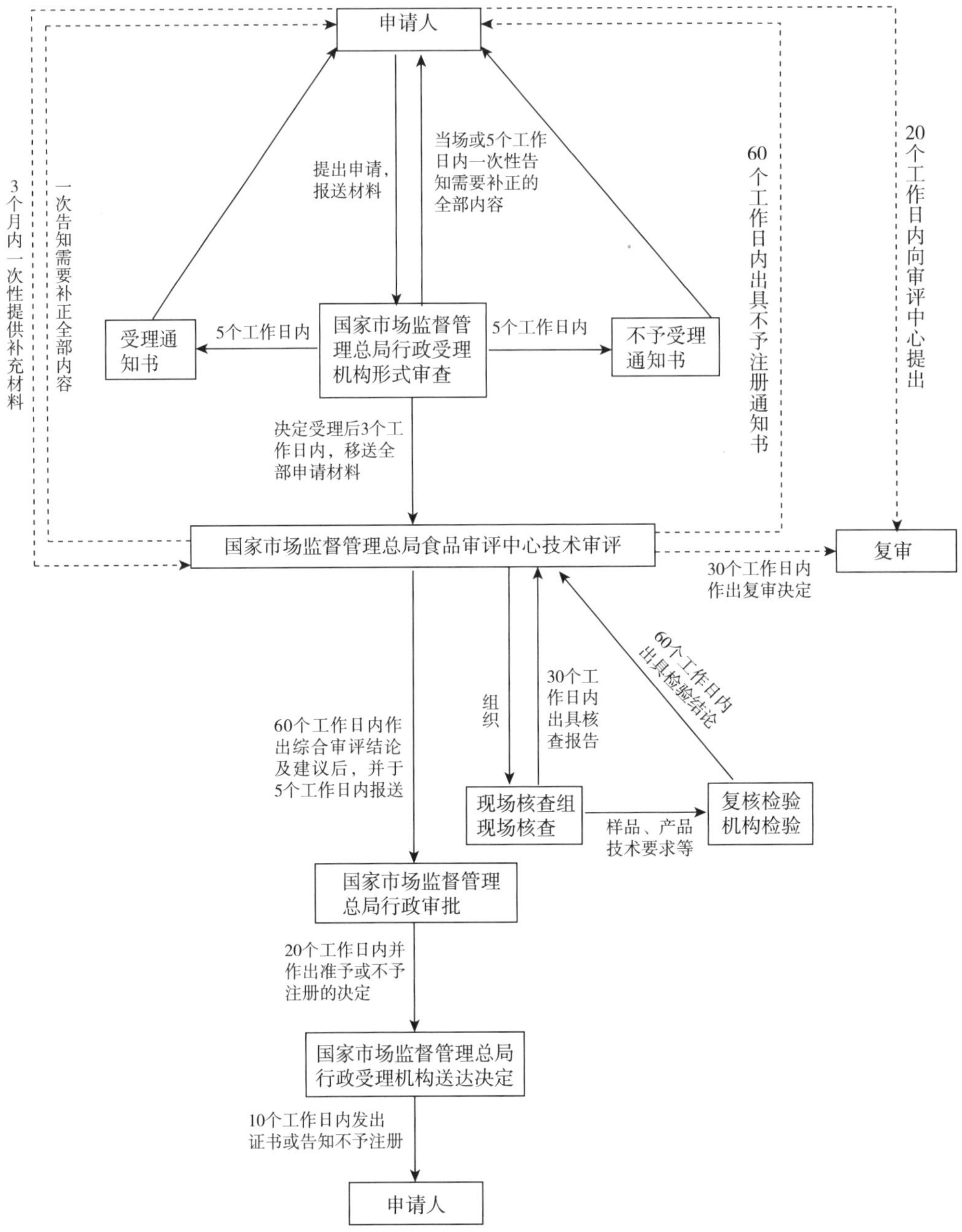

图13-1 保健食品注册流程图

二、注册申请

（一）注册申请分类

国产保健食品注册申请，是指申请人拟在中国境内生产销售保健食品的注册申请。

进口保健食品注册申请，是指已在中国境外生产销售一年以上的保健食品拟在中国境内上市销售的注册申请。

按其具体申请事项不同，可分为新产品注册申请（new product registration）、延续注册申请（continuation of registration）、变更注册申请（change of registration）、转让技术注册申请（transfer of technology registration）。

1.新产品注册申请 申请人依据自身注册申请事项提交申请材料，国家市场监督管理总局行政受理机构和食品审评中心分别对注册申请材料进行形式审查和技术评审，然后国家市场监督管理总局对审评中心的审评结论和建议进行进一步的审查，最终作出准予注册或者不予注册的决定。

2.延续注册申请 已经上市生产销售的保健食品注册证书有效期届满需要延续的，应在有效期届满6个月前提出并获准受理。

申请延续注册的保健食品的安全性、保健功能和质量可控性符合要求的，予以延续注册，并颁发新的保健食品注册证书，同时注销原保健食品注册证书；依据不足或不再符合要求的、在注册证书有效期内未进行生产销售的，以及注册人未在规定时限内提交延续申请的均不再予延续注册。

保健食品注册人申请延续注册的，按照备案程序办理。

3.变更注册申请 保健食品注册证书及其附件所载明内容变更的，应当由保健食品注册人申请变更并书面提交变更理由及依据；注册人名称变更的，应当由变更后的注册申请人申请变更。

变更申请的理由依据充分合理，不影响产品安全性、保健功能和质量可控性的，予以变更注册，并颁发新的保健食品注册证书，同时注销原保健食品注册证书；理由依据不充分、不合理，或者拟变更事项影响产品安全性、保健功能和质量可控性的，不予变更注册。

注册申请人可同时申请多个事项的变更注册申请，涉及延续注册申请的也可同时受理。因客观原因无法同时办理的，审评中心应当以书面意见告知注册申请人并说明理由，10个工作日内申请人未提出异议的，变更申请事项自动终止。

注册过程中，注册申请人自身名称、地址发生变化的，注册申请人可以提出补充变更申请。不同时间申请的多个变更事项，以最后受理变更事项的审评时限作为全部变更事项的审评时限。

4.转让技术注册申请 技术转让产品注册申请，是指保健食品批准证书的持有者，将产品生产销售权和生产技术全权转让给保健食品生产企业，受让方在转让方的指导下重新提出的产品注册申请。产品技术要求等应当与原申请材料一致。准予转让技术的，给予新的注册号，颁发新的保健食品注册证书，同时注销原保健食品原注册证书。

拟申请转让技术，如该产品正在办理其他注册事项的，在完成相关注册事项前，暂不受理该产品转让技术事项申请；正在办理转让技术注册事项的，可同时提出变更或延续注册申请。但变更或延续注册申请受理的同时，转让技术注册申请终止办理。

（二）注册申请所需提交的材料

1.国产新产品注册申请所需提交的材料

（1）保健食品注册申请表，以及注册申请人对申请材料真实性负责的法律责任承诺书。

（2）注册申请人主体登记证明文件复印件。

（3）产品研发报告，包括研发人、研发时间、研制过程、中试规模以上的验证数据，目录外原料及产品安全性、保健功能、质量可控性的论证报告和相关科学依据，以及根据研发结果综合确定的产品技术要求等。

（4）产品配方材料，包括原料和辅料的名称及用量、生产工艺、质量标准，必要时还应当按照规定提供原料使用依据、使用部位的说明、检验合格证明、品种鉴定报告等。其中，原辅料用量是指制成1000个最小制剂单位的量。

（5）生产工艺材料，提供生产工艺流程简图及说明，包括主要工序、关键工艺控制点及关键工艺参数等说明。

（6）安全性和保健功能评价材料，包括目录外原料及产品的安全性、保健功能试验评价材料，人群食用评价材料，功效成分或者标志性成分、卫生学、稳定性、菌种鉴定、菌种毒力等试验报告，以及涉及兴奋剂、违禁药物成分等检测报告。

（7）直接接触保健食品的包装材料种类、名称、相关标准。

（8）产品标签、说明书样稿，产品名称中的通用名与注册的药品名称不重名的检索材料。

（9）3个最小销售包装的样品。

（10）其他与产品注册审评相关的材料。

（11）属于补充维生素、矿物质等营养物质的国产产品注册申请材料：

①补充的维生素、矿物质等营养物质，应具有明确的中国居民膳食营养素推荐摄入量（RNI）或适宜摄入量（AI）。

②产品使用的原料质量标准，应有适用的食品安全国家标准或卫生行政部门认可的适用标准。仅有《中国药典》或中国药品标准的，原料应属已列入《食品安全国家标准 食品营养强化剂使用标准》或卫生行政部门公告的营养强化剂。

③应按新产品注册申请要求，以及保健食品原料目录的纳入要求等有关规定，提交注册申请材料。其中，毒理学评价试验材料和保健功能评价试验材料可免于提供。

2.国产产品延续注册申请所需提交的材料

（1）保健食品延续注册申请表，以及注册申请人对申请材料真实性负责的法律责任承诺书。

（2）注册申请人主体登记证明文件复印件。

（3）保健食品注册证书及其附件的复印件。

（4）经省级市场监督管理部门核实的注册证书有效期内保健食品的生产销售情况。

（5）人群食用情况分析报告。

（6）生产质量管理体系运行情况的自查报告。

（7）检验机构出具的注册证书有效期内的产品技术要求全项目检验报告。

3.国产产品变更注册申请所需提交的材料

（1）保健食品变更注册申请表，以及注册申请人对申请材料真实性负责的法律责任承诺书。

（2）注册申请人主体登记证明文件复印件。

（3）注册证书及其附件复印件。

（4）变更前后的具体事项、变更的理由和依据。

根据具体变更事项，还应提供以下材料。

（1）改变注册人自身名称、地址的变更申请，还应提供当地工商行政管理部门出具的注册人名称、地址已经变更的证明文件。

（2）申请人与其他公司进行吸收合并或新设合并的，还应当提供注册申请人合并前后营业执照的复印件；当地工商行政管理部门出具的合并、注销的证明文件；注册申请人与相关公司对产品批准证书所有权归属无异议的声明及其公证文件。

（3）申请人进行公司分立的，还应当提供注册申请人及其全资子公司营业执照的复印件；当地工商行政管理部门出具的该注册申请人成立全资子公司的证明文件；验资机构出具的将所有涉及保健食品的生产车间、设备设施、生产人员和产品批准证书等一并划入分立后全资子公司的验资证明文件；注册申请人同意将所有涉及保健食品的生产车间、设备设施、生产人员和产品批准证书等一并划入其全资子公司的董事会或有关单位的决议及批准文件；划转前后，生产车间、设备设施、生产工艺、质量标准、生产人员等与产品质量安全相关条件要求未发生改变的承诺书。

（4）改变产品名称的，还应提供拟变更后的产品通用名称与已经批准注册的药品名称不重名的检索材料、产品名称与批准注册的保健食品名称不重名的检索材料。若以原料或原料简称以外的表明产品特性的文字作为产品通用名的，应提供命名说明；若使用注册商标的，还应提供商标注册证明文件。

（5）增加保健功能项目的，还应按照新产品注册申请的保健功能论证有关材料要求，提供保健功能论证报告、保健功能试验评价材料、伦理审查批件、人群食用评价材料、拟增加保健功能试验用样品的卫生学试验报告等。

（6）改变产品规格、贮存方法、保质期、辅料、生产工艺以及产品技术要求其他内容的，还应提供3批样品的功效成分或标志性成分、卫生学、稳定性试验报告，若产品技术要求中引用标准被更新、替代，标准内容未发生实质性更改的，可免于提供。变更生产工艺的，还应提供文献依据、试验数据，对变更前后的工艺过程进行对比分析，证实工艺变更后产品的安全性、保健功能、质量可控性与原注册产品实质等同。

（7）改变适宜人群范围、不适宜人群范围、食用方法以及注意事项的，原注册申请所开展的安全性、保健功能评价试验以及功效成分或标志性成分、卫生学、稳定性试验，不能充分支持变更后内容的，还应提供支持变更申请事项的相关评价试验与试验报告。其中，涉及减少食用量的变更申请，还应提供按照拟变更的食用量进行功能学评价的试验报告；涉及增加食用量的变更申请，还应提供按照拟变更的食用量进行毒理学安全性评价的试验报告，以及拟变更的食用量与原食用量的功能学评价试验比较分析。

4.国产产品转让技术注册申请所需提交的材料

（1）保健食品转让技术注册申请表，以及注册申请人对申请材料真实性负责的法律责任承诺书。

（2）受让方主体登记证明文件复印件。

（3）原注册证书及其附件复印件，经公证的转让合同以及转让方出具的注销原注册证书申请。

（4）产品配方材料。

（5）产品生产工艺材料。

（6）3批样品功效成分或标志性成分、卫生学、稳定性试验报告。

（7）直接接触保健食品的包装材料种类、名称和标准。

（8）产品标签、说明书样稿。

（9）3个最小销售包装样品。

（10）样品生产企业质量管理体系符合保健食品生产许可要求的证明文件复印件、委托加工协议原件等材料。

（11）样品试制场地和条件与原注册时是否发生变化的说明。

5.进口产品注册申请所需提交材料　进口保健食品新产品注册、延续注册、变更注册、转让技术注册申请，除应按国产产品提交相关材料外，还应提交以下材料。

（1）产品生产国（地区）政府主管部门或者法律服务机构出具的注册申请人为上市保健食品境外生产厂商的资质证明文件，并载明出具文件机构名称、生产厂商名称地址、产品名称和出具文件的日期等。

（2）产品生产国（地区）政府主管部门或者法律服务机构出具的保健食品上市销售一年以上的证明文件，或者产品境外销售以及人群食用情况的安全性报告。

（3）产品生产国（地区）或者国际组织与保健食品相关的技术法规和（或）标准原文。

（4）境外生产企业保证向我国出口的保健食品符合我国有关法律、行政法规的规定和食品安全国家标准的要求的说明。

（5）保证生产质量管理体系有效运行的自查报告。

（6）产品在生产国（地区）上市的包装、标签、说明书实样。

（7）由境外注册申请人常驻中国代表机构办理注册事务的，应当提交《外国企业常驻中国代表机构登记证》复印件。

（8）变更注册申请，还应提供变更后的产品包装和标签说明书实样、产品生产国（地区）政府主管部门或者法律服务机构出具的申请事项已变更的证明文件以及相关证明材料。

（9）进口产品在境外转让技术注册申请，还应提供经受让方所在国家（地区）公证机关公证和中国驻所在国使领馆确认的转让合同。

申请首次进口保健食品注册及其变更的，应当提交中文材料，外文材料附后。中文译本应当由境内公证机构进行公证，确保与原文内容一致；申请注册的产品质量标准（中文本），必须符合中国保健食品质量标准的格式。境外机构出具的证明文件应当经生产国（地区）的公证机构公证和中国驻所在国使领馆确认。

（三）注册申请提交材料具体要求

1.生产工艺相关研究材料应完整、规范、可溯源，研究过程和结果应真实完整，应提供依据对各工序和使用技术的必要性、科学性、可行性进行充分论证。

（1）国产产品应提供从小试工艺研究到中试工艺验证和工艺修正的研究过程，并提供至少3批中试产品的生产验证数据及自检报告。因未添加辅料或工艺简单成熟等原因，未开展小试规模的辅料筛选、工艺优选等研究的，应提供合理的相关说明。

（2）首次进口产品应提供从小试工艺研究到规模化生产工艺的研究过程，并提供至少3批中试产品的生产验证数据及自检报告，且其生产验证报告及自检报告数不得低于国产产品的要求。小试、中试工艺研究资料缺失或不完整的，应提供国外生产厂商出具的10批次以上规模化产品生产验证报告及自检报告。

2.产品技术要求研究应包含鉴别方法研究、理化指标研究、功效成分或标志性成分指标研究、装量差异或重量差异（净含量及允许负偏差）、原辅料质量要求、稳定性考察以及综合确定的产品技术要求。

（1）理化指标研究，应符合现行规定、规范性文件、强制性标准、《保健食品检验与评价技术规范》《中华人民共和国药典》“制剂通则”项等的有关规定。检测方法非国家标准、地方标准、行业标准或技术规范等的，申请人应对检测方法的适用性、重现性等进行研究，并提供方法学研究资料；检测方法为国家标准、地方标准、行业标准或技术规范等的，但样品前处理、检测条件等未明确的，应重点对未明确的内容进行研究后予以明确。

（2）功效成分或标志性成分指标研究，应详细说明产品功效成分或标志性成分指标选择、指标值制定及其检测方法研究的过程和依据。

（3）装量差异或重量差异（净含量及允许负偏差），普通食品形态产品指标应符合《定量包装商品净含量计量检验规则》规定，《中国药典》“制剂通则”项下有相应要求的产品剂型指标应符合相应要求。

（4）原辅料质量要求，应提供全部原辅料的质量要求并说明质量要求的来源和依据。

（5）稳定性考察，稳定性试验应在稳定性试验条件下，对产品功效成分或标志性成分指标以及稳定性重点考察指标的变化情况进行研究，视情况可以同时选择其他非重点考察指标一并进行稳定性研究。稳定性试验完成后，申请人应对稳定性试验结果进行系统分析和判断，并结合样品具体情况进行综合分析论证。

（6）产品技术要求，应按配方材料列出全部原辅料，经辐照的，应在名称后标注；对产品的外观、内容物以及直接接触产品的包装材料进行描述并标明理化指标、微生物指标、功效成分或标志性成分的名称、指标值、检测方法。

3.安全性和保健功能评价材料，应为具有法定资质的食品检验机构出具的安全性、保健功能试验评价材料及其功效成分或标志性成分、卫生学、稳定性试验、菌种鉴定、菌种毒力试验与兴奋剂、违禁药物成分等检测报告。涉及人群食用评价试验的，还需出具人群食用评价材料。

4.最小销售包装样品应包装完整、无破损且距保质期届满不少于3个月；其标签主要内容应与注册申请材料中标签说明书内容一致，并标注样品的生产日期、生产单位。

（四）注册检验项目及技术规定

保健食品注册检验，是指申请人向国家市场监督管理总局提出保健食品注册申请前，按照有关规定，在具有资质的检验机构所进行的质量检验。

1.检验项目

（1）安全性评价试验。

（2）保健功能评价试验。

（3）功效成分或标志性成分试验。

（4）卫生学试验。

（5）稳定性试验。

2.技术规定

（1）安全性评价试验，是指检验机构按照相关规定和规范的要求，对送检的保健食品或其原料进行的以验证食用安全性为目的的试验。

①以普通食品、新食品原料、按照传统既是食品又是中药材的物质为原料，采用水提等传统食品生产工艺生产、食用方法与传统食用方法相同，且原料推荐食用量为常规用量或符合国家相关食品用量规定的保健食品，注册申请人可以申请免于提供产品的安全性评价试验材料。

②以使用依据符合保健食品原料管理有关规定的物品为原料，采用常规工艺生产的保健食品，应当至少进行急性经口毒性试验、三项遗传毒性试验、28天经口毒性试验。并根据试验结果决定是否增加90天经口毒性试验、致畸试验和生殖毒性试验、慢性毒性和致癌试验及代谢试验。其中，样品与试验报告的相关信息应与注册申请材料的相应内容一致，并确保样品来源应清晰，包装完整。因检验工作需要确需使用非定型样品的，应提供非定型样品的生产和处理过程，以及食品检验机构出具样品处理的具体要求及必要性和合理性说明。

③自报告签发之日起至注册申请受理之日止，产品的安全性评价试验报告有效期为5年。

（2）保健功能评价试验，是指检验机构按照相关规定和规范的要求，对送检的保健食品进行的以验证保健功能为目的的试验，包括动物实验和人群食用评价试验。

①进行保健功能人体试食试验之前，应当先完成必要的安全性评价试验、动物功能试验、卫生学试验。取得试验机构伦理委员会的伦理审查批件，同意开展人体试食试验的，方可按照人体试食试验规程等有关规定进行保健功能人体试食试验。

②保健功能评价动物试验、产品安全性评价试验应在同一家试验机构进行。保健功能动物实验、安全性评价试验应该使用同一样品，并为功效成分或标志性成分试验、卫生学试验、稳定性试验用样品之一。

③人群食用评价试验应使用与保健功能动物实验、安全性评价试验同批次的完整包装样品。不能使用同批次样品的，应说明理由并提供质量一致性的证明材料以及该试验机构出具的卫生学试验报告。

④自报告签发之日起至注册申请受理之日止，保健功能评价动物实验、人群食用评价试验报告有效期为5年。

（3）功效成分或标志性成分试验，是指注册申请人或检验机构按照申请材料中的检测方法，对送检样品进行的功效成分或标志性成分含量及其在保质期内变化情况的检测。

应标明功效成分或标志性成分的名称、指标值、检测方法。其中，功效成分或标志性成分指标值应标示为每100g或100ml中功效成分或标志性成分指标的含量。

（4）卫生学试验，是指注册申请人或检验机构按照申请材料中的指标检测方法，对送检样品进行的产品技术要求全项目检测。

（5）稳定性试验，是指注册申请人或检验机构按照国家食品药品监督管理总局发布的保健食品稳定性试验程序、方法以及申请材料中的检测方法，对送检样品进行的产品稳定性重点考察指标在保质期内变化情况的检测。

①产品稳定性重点考察指标，主要包括感官、微生物、崩解时限（溶散时限等）、水分、pH值、酸价、过氧化值、真菌毒素、列入理化指标中的特征成分等随储存条件和贮存时间容易发生变化的指标。

②产品非稳定性重点考察指标，主要包括鉴别、灰分、污染物（如铅、总砷、总汞等）、农残（如六六六、滴滴涕等）、国家相关标准及现行规定有用量限制的合成色素和甜味剂等随储存条件和贮存时间不易发生变化的指标，以及国家相关标准及现行规定有用量限制的抗氧化剂指标。

三、注册受理

（一）受理机构

国家市场监督管理总局行政受理机构负责受理保健食品注册申请材料，并进行形式审查。

（二）受理时限

受理机构应按照《保健食品注册与备案管理办法》对申请人提交的注册相关申请材料进行形式审查，分别做出受理或不予受理的决定。做出受理决定后，应当在3个工作日内将全部申请材料移送至审评中心。

（三）受理结论

1.更正申请材料的情况

（1）申请材料存在可以当场更正的错误的，应当允许注册申请人当场更正。

（2）申请材料不齐全或者不符合法定形式的，应当当场或者在5个工作日内一次告知注册申请人需要补正的全部内容，逾期不告知的，自收到申请材料之日起即为受理。

2.依法予以受理的情况　申请事项属于国家市场监督管理总局职权范围，申请材料齐全、符合法定形式，注册申请人按照要求提交全部补正申请材料的，应当受理注册申请。

3.依法不予受理的情况

（1）申请事项依法不需要取得注册的，应当即时告知注册申请人不受理。

（2）新产品、转让技术、变更注册、延续注册申请产品已经列入保健食品原料目录，并符合相关技术要求的，不予受理。

（3）申请事项依法不属于国家市场监督管理总局职权范围的，应当即时作出不予受理的决定，并告知注册申请人向有关行政机关申请。

受理或者不予受理注册申请，应当出具加盖国家市场监督管理总局行政许可受理专用章和注明日期的书面凭证，并在受理后3个工作日内将申请材料一并送交审评中心。

（四）受理编号

国产保健食品新产品、延续注册、变更注册、转让技术、证书补发注册申请的受理编号分别为：国食健申G+4位年代号+4位顺序号、国食健续G+4位年代号+4位顺序号、国食健更G+4位年代号+4位顺序号、国食健转G+4位年代号+4位顺序号、国食健补G+4位年代号+4位顺序号。

进口保健食品新产品、延续注册、变更注册、转让技术、证书补发注册申请的受理编号分别为：国食健申J+4位年代号+4位顺序号、国食健续J+4位年代号+4位顺序号、国食健更J+4位年代号+4位顺序号、国食健转J+4位年代号+4位顺序号、国食健补J+4位年代号+4位顺序号。

四、技术审评

技术审评，是指国家市场监督管理总局食品审评中心在收到申请材料后应当组织审评专家对申请材料的安全性、保健功能、工艺、产品技术要求等进行审评，并根据需要开展现场核查与复核检验的过程。

技术审评结束后，审评中心应汇总合组讨论会和专家论证会审评建议、专家审查组审评报告、现场核查报告、复核检验报告，形成综合技术审评结论和建议并报送国家市场监督管理总局。

注册申请人对拟不予注册的审评建议有异议的，应在20个工作日内提出复审申请，可以同时申请复审答辩，复审的内容仅限于原申请事项及申请材料。

五、行政审查、证书制作及信息公开

（一）负责机构

国家市场监督管理总局对审评程序和结论的合法性、规范性以及完整性进行审查，最终作出准予注册或者不予注册的决定，并由受理机构向注册申请人发出保健食品注册证书或者不予注册决定。

（二）处理时限

国家市场监督管理总局应当自受理审评中心作出的综合审评结论及建议之日起20个工作日内作出准予注册或者不予注册的决定，并自作出决定之日起10个工作日内，由受理机构向注册申请人发出保健食品注册证书或者不予注册决定。

除涉及国家秘密、商业秘密外，市场监督管理部门应当自完成注册工作之日起20个工作日内在网站公布已经注册的保健食品目录及相关信息。

第三节　保健食品备案

一、备案流程

国产保健食品备案，申请人应向所在地省、自治区、直辖市市场监督管理部门提出申请并提交相应申请材料，符合要求的，当场备案。

首次进口的属于补充维生素、矿物质等营养物质的保健食品的备案，申请人应向国家市场监督管理总局提出申请并提交相应申请材料，符合要求的，当场备案。

国产和首次进口保健食品备案流程见图13-2。

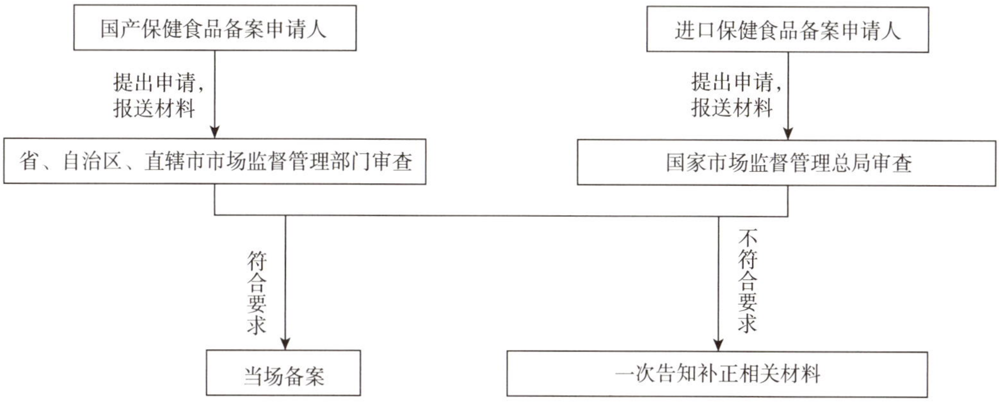

图13-2　保健食品备案流程

二、备案申请

（一）国产保健食品备案申请所需材料

1.保健食品备案登记表，以及备案人对提交材料真实性负责的法律责任承诺书。

2.备案人主体登记证明文件复印件。

3.产品技术要求材料。

4.具有合法资质的检验机构出具的符合产品技术要求全项目检验报告。

5.产品配方材料。

6.产品生产工艺材料。

7.安全性和保健功能评价材料。

8.直接接触保健食品的包装材料种类、名称、相关标准等。

9.产品标签、说明书样稿。

（二）进口保健食品备案申请所需材料

进口保健食品备案申请除应提交国产保健食品备案申请所需材料外，还应提交以下材料。

1.产品生产国（地区）政府主管部门或者法律服务机构出具的注册申请人为上市保健食品境外生产厂商的资质证明文件。

2.产品生产国（地区）政府主管部门或者法律服务机构出具的保健食品上市销售一年以上的证明文件，或者产品境外销售以及人群食用情况的安全性报告。

3.产品生产国（地区）或者国际组织与保健食品相关的技术法规或者标准原文。

4.产品在生产国（地区）上市的包装、标签、说明书实样。

5.由境外备案人常驻中国代表机构办理备案事务的，应当提交《外国企业常驻中国代表机构登记证》及其复印件。

6.境外备案人委托境内的代理机构办理备案事项的，应当提交经过公证的委托书原件以及受委托的代理机构营业执照复印件。

三、备案受理

（一）受理机构

国家市场监督管理总局行政受理机构负责受理首次进口的属于补充维生素、矿物质等营养物质的保健食品的备案管理材料。

省、自治区、直辖市市场监督管理部门负责接收相关保健食品备案材料。

（二）受理时限

市场监督管理部门收到备案材料后，备案材料不符合要求的，应当一次告知备案人补正相关材料；符合要求的，当场备案。

四、证书制作及信息公布

对备案的保健食品，市场监督管理部门应当按照相关要求的格式制作备案凭证、发放备案号，并完成备案信息的存档备查工作，将备案信息表中登载的信息在其网站上公布。

五、备案材料变更

已经备案的保健食品，需要变更备案材料的，备案人应当向原备案机关提交变更说明及相关证明文件，备案材料符合要求的，市场监督管理部门应当将变更情况登载于变更信息中，将备案材料存档备查。

第四节　保健食品的注册与备案管理

一、注册证书有效期

保健食品注册证书有效期为5年，变更注册的保健食品注册证书有效期与原保健食品注册证书有效期相同；有效期届满需要延续的，应在有效期届满6个月前提出并获准受理。

有效期内，注册证书遗失或者损坏的，注册人应当向受理机构提出书面申请并说明理由。其中，因遗失申请补发的，应在省、自治区、直辖市市场监督管理部门网站上发布遗失声明；因损坏申请补发的，应当交回保健食品注册证书原件。

国家市场监督管理总局应当在受理后20个工作日内予以补发。补发的保健食品注册证书应当标注原批准日期，并注明“补发”字样。

二、注册、备案号格式

国产保健食品注册号格式为：国食健注G+4位年代号+4位顺序号。

进口保健食品注册号格式为：国食健注J+4位年代号+4位顺序号。

国产保健食品备案号格式为：食健备G+4位年代号+2位省级行政区域代码+6位顺序编号。

进口保健食品备案号格式为：食健备J+4位年代号+00+6位顺序编号。

三、注册证书与备案信息管理

保健食品注册证书应当载明产品名称、注册人名称和地址、注册号、颁发日期及有效期、保健功能、功效成分或者标志性成分及含量、产品规格、保质期、适宜人群、不适宜人群、注意事项。保健食品注册证书附件应当载明产品标签、说明书主要内容和产品技术要求等。保健食品注册证书产品技术要求应当包括产品名称、配方、生产工艺、感官要求、鉴别、理化指标、微生物指标、功效成分或者标志性成分含量及检测方法、装量或者重量差异指标（净含量及允许负偏差指标）、原辅料质量要求等内容。

保健食品备案信息应当包括产品名称、备案人名称和地址、备案登记号、登记日期以及产品标签、说明书和技术要求。

四、依法予以注册、备案撤销的情况

（一）撤销注册

1.注册人以欺骗、贿赂等不正当手段取得保健食品注册的，国家市场监督管理总局应当予以撤销。

2.有下列情形之一的，国家市场监督管理总局根据利害关系人的请求或者依据职权，可以撤销保健食品注册证书。

（1）行政机关工作人员滥用职权、玩忽职守作出准予注册决定的。

（2）超越法定职权或者违反法定程序作出准予注册决定的。

（3）对不具备申请资格或者不符合法定条件的注册申请人准予注册的。

（4）依法可以撤销保健食品注册证书的其他情形。

3.有下列情形之一的，国家市场监督管理总局应当依法办理保健食品注册注销手续。

（1）保健食品注册有效期届满，注册人未申请延续或者国家食品药品监管总局不予延续的。

（2）保健食品注册人申请注销的。

（3）保健食品注册人依法终止的。

（4）保健食品注册依法被撤销，或者保健食品注册证书依法被吊销的。

（5）根据科学研究的发展，有证据表明保健食品可能存在安全隐患，依法被撤回的。

（6）法律、法规规定的应当注销保健食品注册的其他情形。

（二）撤销备案

有下列情形之一的，国家市场监督管理部门依法取消保健食品备案。

1.备案材料虚假的。

2.备案产品生产工艺、产品配方等存在安全性问题的。

3.保健食品生产企业的生产许可被依法吊销、注销的。

4.备案人申请取消备案的。

5.依法应当取消备案的其他情形。

五、保健食品注册与备案名称要求

同一企业不得使用同一配方注册或者备案不同名称的保健食品；不得使用同一名称注册或者备案不同配方的保健食品，且保健食品备案过程中，应当以规范的原料名称命名通用名。

六、法律责任

（一）保健食品注册与备案违法行为，食品安全法等法律法规已有规定的，依照其规定。

（二）注册申请人隐瞒真实情况或者提供虚假材料申请注册的，国家市场监督管理总局不予受理或者不予注册，并给予警告；申请人在1年内不得再次申请注册该保健食品；构成犯罪的，依法追究刑事责任。

（三）注册申请人以欺骗、贿赂等不正当手段取得保健食品注册证书的，由国家市场监督管理总局撤销保健食品注册证书，并处1万元以上3万元以下罚款。被许可人在3年内不得再次申请注册；构成犯罪的，依法追究刑事责任。

（四）有下列情形之一的，由县级以上人民政府市场监督管理部门处以1万元以上3万元以下罚款；构成犯罪的，依法追究刑事责任。

1.擅自转让保健食品注册证书的。

2.伪造、涂改、倒卖、出租、出借保健食品注册证书的。

（五）市场监督管理部门及其工作人员对不符合条件的申请人准予注册，或者超越法定职权准予注册的：

1.直接负责的主管人员和其他直接责任人员给予记大过处分。

2.情节较重的，给予降级或者撤职处分。

3.情节严重的，给予开除处分。

4.造成严重后果的，其主要负责人还应当引咎辞职。

（六）市场监督管理部门及其工作人员在注册审评过程中滥用职权、玩忽职守、徇私舞弊的：

1.造成不良后果的，对直接负责的主管人员和其他直接责任人员给予警告、记过或者记大过处分。

2.情节较重的，给予降级或者撤职处分。

3.情节严重的，给予开除处分。

知识拓展

进口保健食品的九种标记

进口保健食品的保健食品标识标签上有一些标记保健食品作用的英语词汇，这些词汇可以归纳为进口保健食品的9类标记，如图13-3所示。

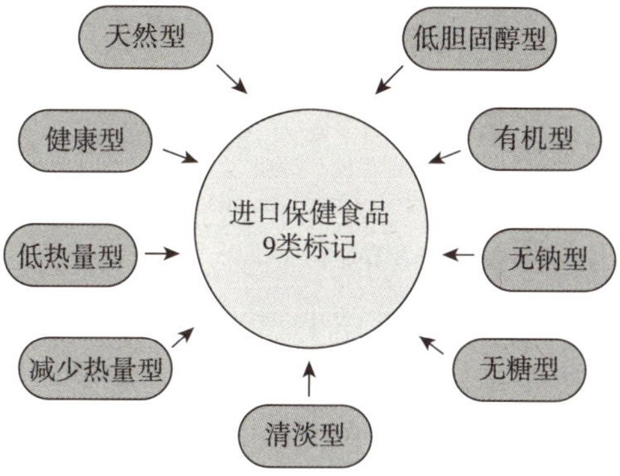

图13-3　进口保健食品的9类标记

进口保健食品的9类标记具体介绍如下。

1. Natural（天然型）：不含防腐剂和人工添加剂。

2. Health（健康型）：含有有机质，天然成分、低热量物质或素食，但不代表其中不含人工成分。

3. Lowcaloric（低热量型）：单位热量在40千卡以下。

4. Reduced Calorie（减少热量型）：所含热量比一般食品少1/3。

5. Light（清淡型）：所含各成分均比一般同类保健食品低15%左右。

6. Sugar Free（无糖型）：不含蔗糖，但不表示不含糖醇。

7. Sodium Free（无钠型）：每单位食品中钠含量少于5毫克。

8. Organic（有机型）：制造食品所用的原料在生长过程中没用过杀虫剂或化学肥料。

9. Lowcholesterol（低胆固醇型）：每单位食品中胆固醇含量少于5毫克，脂肪含量少于5毫克，饱和脂肪酸少于6%。

本章小结

保健食品注册与备案管理是为了规范行业标准，在源头上保证产品安全有效的同时优化审批流程，促进保健食品行业的高质量发展。“在法治下推进改革，在改革中完善法治”。从注册许可和生产许可制到注册申请制再到注册与备案双轨管理制，随着时代背景的变迁，保健食品注册与备案管理的法律体系也随之不断变更与完善。

2020年修订的《保健食品注册与备案管理办法》从主体层面、技术层面与法律层面对保健食品注册与备案管理中涉及到的责任主体、申请材料、检验项目与技术要求以及法律责任方面等均做出了明确规定，清晰明了地描述出保健食品注册与备案管理的全过程，在严格市场准入的同时简化了审批流程，加快了审批速度。

关键词

保健食品注册　health food registration

保健食品备案　health food filing

新产品注册　new product registration

变更注册　change of registration

延续注册　continuation of registration

技术审评　technical review

现场核查　on-site verification

复核检验　recheck test

卫生学试验　hygiene test

稳定性试验　stability test

转让技术注册　transfer of technology registration

安全性评价试验　safety evaluation test

保健功能评价试验　health function evaluation test

功效成分或标志性成分试验　functional or iconic ingredient test

保健食品注册申请分类　classification of health food registration application

保健食品注册检验　registration test of health food

复习思考题

1.请解释保健品的批准文号“国食健注G20170691”“食健备J201900000002”和“食健备G201836001357”的含义。

2.日常生活中是否接触过保健食品注册与备案的相关案例？对你有什么启发？

3.如果让你申请一个保健食品，请简述申请的基本流程有哪些？

4 哪些情况下国家市场监督管理总局可以依法撤销保健食品注册证书？

5.哪些情况下国家市场监督管理部门可以依法取消保健食品备案？

（马　国　潘　超　李龙舟　杜　清）

思维导图

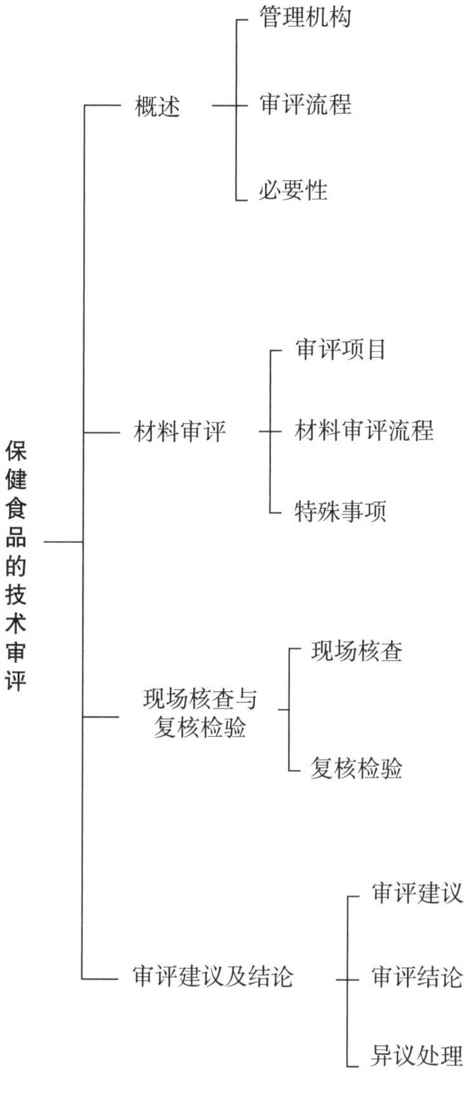

第十四章　保健食品的技术审评思维导图

第十四章

保健食品的技术审评

学习目标

1. 掌握保健食品技术审评流程、保健食品材料审评项目、保健食品材料审评特殊事项。

2. 熟悉保健食品技术审评机构、保健食品现场核查与复核检验的定义、保健食品现场核查流程、保健食品综合审评结论与异议处理。

3. 了解保健食品技术审评的必要性、保健食品材料审评流程、保健食品材料审评专家审查组组成与职责、保健食品综合审评建议。

第一节　概　述

保健食品的技术审评（technical evaluation of health food），是指国家市场监督管理总局食品审评中心（以下简称审评中心）对依法予以受理的保健食品注册申请进行综合审查，作出审评结论及建议，并报送国家市场监督管理总局的过程。

一、管理机构

审评中心负责组织审评专家进行保健食品注册审评及现场核查工作。保健食品审评涉及的试验和检验工作应当由国家市场监督管理总局选择的符合条件的食品检验机构承担。

审评中心应于收到材料的60个工作日内完成审评工作，并向国家市场监督管理总局提交综合审评结论和建议。特殊情况下需要延长审评时间的，经审评中心负责人同意，可以延长20个工作日，延长决定应当及时书面告知申请人。涉及注册申请人补充材料的，审评中心收到补充材料后，审评时间重新计算。现场核查、复核检验、复审所需时间不计算在审评和注册决定的期限内。

二、技术审评流程

1.材料审评

（1）组织专家审查组　审评中心收到国家市场监督管理总局行政受理机构移交的申请材料后，从审评专家库中随机抽取审评专家，组建专家审查组对申请材料的安全性、保健功能、工艺、产品技术要求等进行审查，提出审评意见并形成审评报告（图14-1）。

（2）组织合组讨论会　申请材料中涉及多个专业的技术问题，需相关专家审查组共同研究讨论的。专家审查组组长提出讨论建议，明确讨论内容后，由审评中心负责组织召开合组讨论会，以合组讨论会意见作为提出产品审评建议的依据。

（3）组织专家论证会　合组讨论会专家意见未达成三分之二以上一致的，审评中心另行组织专家论证会对争议问题进行论证并形成专家论证会审评意见和建议。

（4）形成审核结论　审评会议结束后，审评中心应对各专家审查组审评报告进行审核和汇总，根据现行规定、技术规范和汇总意见，形成审评中心审核结论。

2.现场核查　材料审评后，审评中心认为需要开展现场核查的，根据注册现场核查的具体需求组建注册现场核查组进行现场核查。

3.复核检验　现场核查符合要求的，对动态试生产下线样品进行抽样，按照产品规定的储存条件进行封存后，连同产品技术要求及样品接收单等材料，一并移交复核检验机构进行复核检验。

4.综合审评　技术审评结束后，审评中心应汇总合组讨论会和专家论证会审评建议、专家审查组审评报告、现场核查报告、复核检验报告，形成审评中心审评报告，报审评中心主管领导批准后，作出“予以注册”或“不予注册”的综合技术审评结论和建议。

5.报送国家市场监督管理总局　审评中心作出综合技术审评结论与建议后，5个工作日内报送国家市场监督管理总局。

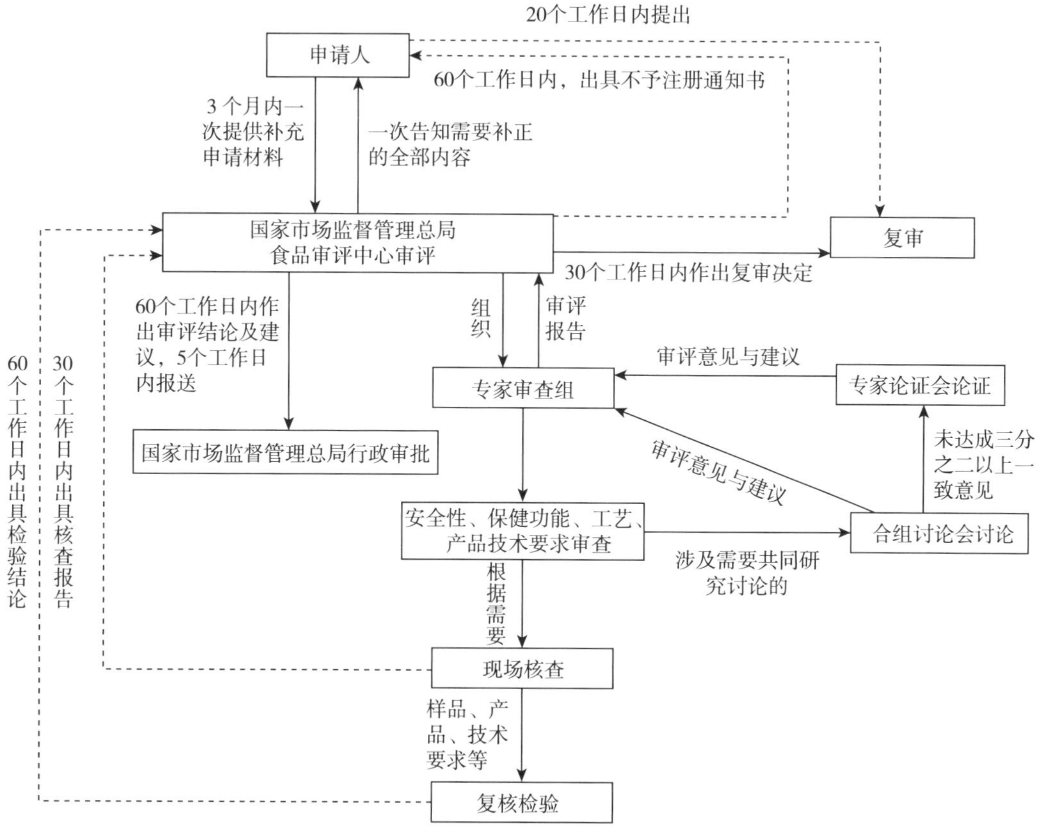

图14-1　技术审评流程图

三、必要性

作为保健食品注册环节中不可或缺的一环，技术审评是保健食品质量控制的重要手段。秉承依法、科学、公正、高效的基本原则，严格落实保健食品技术审评制度，规范和加强对产品配方、工艺、质量标准等涉及产品安全和功能内容的审查，确保审评工作的质量，有利于规范注册申请秩序，优化注册审评流程，提升保健食品研发水平和科技含量，对保障保健食品的安全有效具有十分重要的作用。

第二节　材料审评

材料审评（material evaluation），是指审评中心组织审评专家对申请材料的安全性、保健功能、工艺、产品技术要求等进行审评以及根据科学依据的充足程度明确产品保健功能声称限定用语，形成审评报告的过程。

一、审评项目

审评专家应当对申请材料中的下列内容进行审评，并根据科学依据的充足程度明确产品保健功能声称的限定用语：

（1）产品研发报告的完整性、合理性和科学性；

（2）产品配方的科学性，及产品安全性和保健功能；

（3）目录外原料及产品的生产工艺合理性、可行性和质量可控性；

（4）产品技术要求和检验方法的科学性和复现性；

（5）标签、说明书样稿主要内容以及产品名称的规范性。

科学依据，是指与注册申请保健食品的安全性、保健功能和质量可控性相关的科学文献、评价试验、风险评估、权威信息和统计数据等，包括文献依据和试验依据。

文献依据包含国内核心专业期刊或国际专业期刊正式发表的科研论文、我国传统本草典籍的有关记述、文献分析和评价报告以及权威机构正式发布的相关标准与风险评估或统计信息等。其中文献分析和评价报告，是指具有相应专业知识的技术人员通过文献的检索、筛选和分析，提出对产品安全性、保健功能科学性的文献评价报告。文献数据的收集应查准、查全文献，文献的检索和筛选应具有可重复性。

试验依据包含检验机构出具的试验报告、注册申请人开展的试验研究以及风险评估机构出具的食品安全风险评估报告等。

二、材料审评流程

（一）专家审查组审查

材料审评的专家审查组由安全性专家审查组、保健功能专家审查组、工艺专家审查组以及产品技术要求专家审查组组成，负责对申请材料的安全性、保健功能、工艺、产品技术要求等进行审评。

1.安全性审查

（1）专家审查组组成与职责　安全性专家审查组由配方、毒理、工艺专家组成。

配方专家负责对提交注册的保健食品的原料使用依据、新原料的安全性评估材料、配方配伍和用量的理论依据与文献依据等安全性论证报告相关内容以及产品安全性、产品配方、标签说明书样稿中拟定的适宜人群、不适宜人群、食用量和食用方法、注意事项等相关内容进行审评。

毒理专家负责对提交注册的保健食品的新原料的安全性评估材料、毒理学试验报告、产品安全性试验评价材料及其论证报告相关内容以及产品安全性、产品标签说明书样稿中拟定的适宜人群、不适宜人群、食用量和食用方法、注意事项等相关内容进行审评。此外，毒理专家还应对后续保健食品非定型包装样品的试制现场核查提出建议。

工艺专家负责对提交注册的保健食品的原料与产品是否采用了可能导致物质基础发生重大改变的非常规工艺进行研判。

安全性专家审查组成员不得低于7人。

（2）审评内容　安全性专家审查组应对申请材料中的产品安全性论证报告、新原料安全性评价与安全性评价试验进行审查。

1）产品安全性论证报告：产品安全性论证报告，应按照普通食品（包括可用于普通食品的物品、食品添加剂，下同）、新食品原料、“按照传统既是食品又是中药材的物质”“拟纳入保健食品原料目录”以及保健食品新原料等类别，明确原料的使用依据。并有充分的理论依据、文献依据和试验数据来支持产品配方配伍及用量安全性。其配伍使用应无传统配伍禁忌，现代医学药理学研究中应未发现食用安全性问题，产品配方原料的品种、等级、质量、用量及个数应符合有关规定。

此外，依据产品安全性论证报告中提供的原料使用依据、产品配方配伍及用量的科学依据、安全性评价试验材料等还应可以确证所提交注册的保健食品的配方及其标签说明书中拟定的适宜人群、不适宜人群、食用方法和食用量、注意事项等相关事项的合理性。

2）新原料的安全性评价：新原料的安全性评价应参照新食品原料安全性审查的有关规定，提供①保健食品新原料的研制报告；②国内外的研究利用安全性评估材料；③毒理学评价报告；④生产工艺、质量要求检验报告。其中，研制报告应依据充分、研制过程科学，毒理学评价报告以及生产工艺、质量要求检验报告应符合食品安全标准和有关规定。

3）产品的安全性评价试验：产品的安全性评价试验项目应符合现行规定与技术规范。所采用的样品应来源清晰，包装完整，确系要使用非定型样品的，需提供其生产和处理过程，并出示食品检验机构出具的样品处理的具体要求及必要性和合理性说明。样品名称、规格等样品信息与试验申请人、研发人等试验报告具体内容均应与申请材料保持一致。其所载明的菌种鉴定报告以及菌种毒力试验报告用菌种，应当源自试验样品使用的原料，或提供与试验样品使用的原料具有明确一致性的证明材料。

2.保健功能审查

（1）专家审查组组成与职责　保健功能专家审查组由配方、功能、工艺专家组成。

配方专家负责对配方的主要原料功能依据、其他原料的配伍必要性、配方配伍用量及其理论依据和文献依据等保健功能论证报告相关内容以及产品功能声称、产品配方、商标名、通用名以及标签说明书样稿拟定的原料、辅料、适宜人群、不适宜人群、食用方法和食用量等进行审评。

功能专家负责对产品的保健功能评价试验材料、人群食用评价材料、保健功能论证报告等相关内容以及标签说明书样稿中拟定的适宜人群、不适宜人群、食用方法和食用量等进行审评；此外，若保健功能动物实验使用非定型样品，人群食用评价试验使用与保健功能动物实验、安全性评价试验不同批次样品的，功能专家还应对样品的试制现场核查提出建议。

工艺专家负责对产品和原料的生产工艺、物质基础、食用方法和食用量、剂型、规格等与产品的功能依据是否相符进行研判。

保健功能专家审查组成员不得低于7人。

（2）审评内容　保健功能专家审查组应对申请材料中的保健功能论证报告、保健功能评价试验与产品商标名和通用名等行审查。

①保健功能论证报告：产品保健功能论证报告应明确各配方原料的使用目的与产品的组方原理。所使用的主要原料的功能作用应具有充足的科学依据，其余原料的配伍应具有明确的必要性。若以经简单加工的普通食品为原料的，应提供充足的国内外实验性科学文献依据，并重点明确所用原料的功效成分和含量以及量效关系。所涉及的配伍使用应有助于协同发挥保健功能。所载明的产品配伍及用量应具有充足的声称功能的理论依据及文献依据。

②保健功能评价试验：保健功能评价动物实验应与产品安全性评价试验在同一家试验机构进行，使用的样品一致，并为功效成分或标志性成分试验、卫生学试验、稳定性试验用样品之一。

进行保健功能人体试食试验之前，应当先完成必要的安全性评价试验、动物功能试验、卫生学试验，并取得试验机构伦理委员会同意开展人体试食试验的伦理审查批件。人群食用评价试验使用的样品应为与保健功能动物实验、安全性评价试验同批次的完整包装样品。不能使用同批次样品的，应说明理由并提供不同批次样品的生产工艺和样品质量一致性证明材料以及该试验机构出具的卫生学试验报告。

③产品商标名和通用名：保健食品商标名应以文字标示，使用注册商标的，在商标名后加“牌”或在商标名右上角加“®”；使用非注册商标的，在商标名后加“牌”，使用的非注册商标名应符合《办法》等命名有关规定。一个产品只允许使用一个商标名。

保健食品若为单一原料产品的，应以原料或原料简称命名。若为复配产品的，可结合产品配方依据、各原料功效主次、用量高低等选用适宜种类和数量的原料名称或简称命名；以原料或原料简称以外的表明产品特性的文字，应符合相关规定。其中，所使用的原料名称应与国家标准规定的内容一致，没有国家标准的，应与地方标准、行业标准等规定的内容一致；所使用的原料简称，其简称不能产生歧义，或组合成违反其他命名规定的含义。

同一申请人申报的不同产品，不得使用相同的产品名称。有充足依据表明必须要标注特定人群或区分其他必要特性的，应在属性名后加括号规范标注。

3.工艺审查

（1）专家审查组组成与职责　工艺专家审查组由工艺专家组成，负责对生产工艺研究材料以及原料和产品生产工艺的合理性、送审样品、产品属性名进行审评，并对生产工艺材料、产品配方中辅料、标签说明书的规格、适宜人群、不适宜人群项以及产品技术要求中生产工艺、直接接触产品的包装材料、原辅料质量要求项中涉及的工艺内容等进行审核确定。申请材料符合要求的，还应对产品生产工艺的真实性、可行性进行现场核查。

工艺专家审查组成员不得少于3人。

（2）审评内容　工艺审查专家审查组应对申请材料中的生产工艺研究材料、生产工艺材料、送审样品与属性名等行审查。

①生产工艺研究材料：生产工艺的研究过程和结果应真实完整，并提供依据对各工序和使用技术的必要性、科学性、可行性进行充分论证。影响产品安全性、保健功能的主要生产工序和关键工艺参数应合理，其优选试验设计和优选过程应清晰、合理，工艺的必要性应明确。

关键工艺，是指产品生产过程中，对产品质量安全或保健功能有直接影响，不随着工艺规模、生产设备等客观变化必须进行参数调整的工艺。

②生产工艺材料：生产工艺流程简图及说明，应包括主要工序、关键工艺控制点及关键工艺参数等及其说明，并与生产工艺研究结果相符。

③送审样品：送审样品包装应完整、无破损且在保质期内，应标注样品的生产日期、生产单位，样品质量应符合国家相关标准及产品技术要求的规定，并与申请材料其他内容相符。

④属性名：保健食品的属性名应表明产品的类别或形态。产品属性名有适用的国家标准的，应按照国家标准的产品分类属性名命名，产品属性名无适用的国家标准的，应按照《中国药典》制剂通则规定的属性名命名。

4.产品技术要求审查

（1）专家审查组组成与职责　产品技术要求专家审查组由理化和标准专家组成，负责对产品技术要求研究，功效成分或标志性成分、卫生学、稳定性试验报告，产品技术要求材料以及标签说明书样稿拟定的功效成分或标志性成分及含量、规格、贮藏方法、保质期等进行审评。此外，产品技术要求专家审查组还负责审核确定对产品技术要求内容。

产品技术要求专家审查组成员不得少于3人。

（2）审评内容　产品技术要求审查专家审查组对申请材料中的产品技术要求研究材料、功效成分或标志性成分、卫生学、稳定性试验等行审查。

①产品技术要求研究材料：产品技术要求内容应完整，指标及指标值的设定应合理且与研究结果一致。其中，质量控制指标应可反映产品的真实属性；理化指标及指标值应依据合理，符合有关规定，并与配方、工艺、产品剂型（形态）等申请材料相关

内容相符。各指标的检测方法应满足科学性、适用性和重现性的要求，理化、微生物等指标的检测方法，应采用适用的国家标准、地方标准、行业标准或技术规范等的检测方法，并对标准或规范中未明确的内容进行重点沟通研究明确。无适用的国家标准、地方标准、行业标准或技术规范等检测方法的，注册申请人应提供详细的检测方法以及检测方法的适用性、重现性等方法学研究材料，检测方法应科学、适用、重现。

根据产品配方及相关研究结果等可以确定产品的鉴别方法的，应予以全面、准确地阐述。采用显微鉴别、色谱鉴别、颜色反应等的，提供的彩色照片、色谱图等，应能真实反映鉴别结果。未制定鉴别项的，应说明未制定的理由。

②功效成分或标志性成分、卫生学、稳定性试验：三批样品的功效成分或标志性成分、卫生学、稳定性试验报告应符合技术规范及国家标准等现行规定。其检测项目应完整，检验方法应与申请材料中的测定方法以及相关说明一致，检测结果应与产品配方、生产工艺等技术要求相关内容相符，产品质量应稳定。申请人对稳定性试验结果进行的系统分析和判断，以及对贮藏方法、直接接触产品的包装材料、保质期等进行的综合分析论证应科学合理。

若三批样品的功效成分或标志性成分、卫生学、稳定性试验为注册申请人自检的，应对注册申请人检测能力以及自检报告真实性现场核查提出建议。

（二）合组讨论会讨论

合组讨论会专家由技术问题涉及的相关专家、审查组专家组成，负责对申请材料中涉及多个专业的或其他需共同研究讨论的技术问题进行讨论。

三分之二以上专家达成一致意见的，该项审评意见和建议将作为形成各专家审查组审评报告的依据，未达成的，应详细记录无法作出审评建议的原因，审评中心另行组织专家论证会对争议问题进行论证。

（三）专家论证会论证

专家论证会由争议问题涉及的相关专家、审查组专家组成，负责对争议问题进行论证。其中，安全性、保健功能专家审查组人数分别不得少于13人，工艺、产品技术要求专家审查组人数分别不得少于5人。

五分之四以上专家达成一致意见的，该项审评意见和建议可作为形成专家审查组审评报告的依据，并与前次产品审评意见合并形成专家审查组审评报告。未达成的，无法对产品安全性、保健功能或质量可控性作出判断的，同样与前次产品审评意见合并形成专家审查组审评报告，最终审评建议为不予注册。

（四）审评报告审核及异议处理

审评中心应对各专家审查组审评报告进行审核和汇总，根据现行规定、技术规范和汇总意见，形成审评中心审核结论。

1.审评中心同意专家审查组审评建议的，符合要求的，应按有关规定组织开展现场核查；需要补充材料的，应一次告知注册申请人需要补正的全部内容；不予注册的，告知注册申请人拟不予注册的理由、依据以及需要补正的其他内容。

2.审评中心不同意专家审查组审评建议的，经审评中心主管领导批准后，应组织召开专家论证会，对争议问题进一步论证。

3.审评中心不同意复审专家审查组审评建议的，应详细说明作出审核结论的理由和依据，以审评中心审核结论作为作出产品综合审评结论和建议的依据。

（五）申请人异议处理

注册申请人对拟不予注册的审评建议有异议的，应在20个工作日内提出复审申请，可以同时申请复审答辩。复审的内容仅限于原申请事项及申请材料。

1.原申请事项为新产品或增加保健功能的变更注册申请的，自受理复审申请之日起30个工作日内，审评中心应当组织拟不予注册审评建议涉及的复审专家审查组进行审评并作出复审决定。

复审专家审查组中拟不予注册审评建议涉及的安全性、保健功能专家审查组人数分别不少于13人，工艺、产品技术要求专家审查组人数分别不少于5人，但不应包含原作出不予注册审评建议的专家。

2.原申请事项为补充材料、延续注册、转让技术或增加保健功能以外的其他变更注册等注册申请的，复审专家审查组中拟不予注册审评建议涉及的安全性、保健功能专家审查组人数分别不少于7人，工艺、产品技术要求专家审查组人数分别不少于3人。

（六）复审异议处理

审评中心不同意复审专家审查组审评建议的，应详细说明作出审核结论的理由和依据，以审评中心审核结论作为作出产品综合审评结论和建议的依据。

三、特殊事项

申请人申请事项为增加保健功能的变更申请的，应按照新产品注册申请的要求，提供保健功能论证报告、保健功能评价试验材料、人群食用评价材料、卫生学试验报告、变更后的标签说明书样稿等材料，其变更申请由保健功能专家审查组进行审评。

申请人申请事项为转让技术、变更注册或延续注册申请的，若该产品原料已列入保健食品原料目录，且符合相关技术要求，审评中心应向注册申请人发出中止审评的书面通知，并告知转让技术、变更注册、延续注册申请人以原注册人为备案申请人按程序向备案部门提出备案申请。若未列入保健食品原料目录中，除转让技术、变更注册的功效成分或标志性成分、卫生学、稳定性试验报告或延续注册的产品技术要求全项目检验报告，检验方法应与产品技术要求的测定方法以及相关说明一致，产品质量应稳定可控，检验结果应符合现行规定、技术规范、强制性国家标准和产品技术要求的规定之外，还应符合以下要求。

1.申请事项为转让技术注册申请的，其产品配方、生产工艺、标签说明书、产品技术要求等材料，应与原批准注册产品一致。若受让方申请改变产品名称的，变更后产品名称应符合保健食品命名规定。转让技术注册申请材料经技术审评符合要求后，应开展试制现场核查及复核检验，若样品试制场地和条件与原注册时未发生变化的，提供相关证明文件，可以免于进行试制现场核查及抽样复检。

2.申请事项为增加保健功能除外的变更注册申请的，其变更事项应必要、合理，且不导致产品安全性、保健功能和质量可控性发生实质性更改。变更规格、辅料、生产工艺以及产品技术要求其他内容的申请材料经审评符合要求后，应开展现场核查并抽取下线样品封样送复核检验。产品技术要求中引用标准被更新、替代，标准内容未发生实质性更改的，可以免于开展现场核查及抽样复检。

3.申请事项为延续注册申请的，其产品应在注册证书有效期内进行过生产销售。并且产品的安全性、保健功能和质量可控性符合要求。

第三节　现场核查与复核检验

一、现场核查

特殊食品注册现场核查（on-site verification of special food registration）是国家市场监督管理总局对特殊食品产品或配方的研发、生产（或试制）、检验的条件、能力和原始数据及临床试验情况进行审核、对生产（或试制）过程进行核查，以评价注册申报资料与实际情况是否相一致的过程。注册现场核查组应当自接到通知之日起30个工作日内完成现场核查，并将核查报告送交审评中心。首次进口的保健食品境外现场核查，根据境外生产厂商的实际情况确定。

（一）管理机构

国家市场监督管理总局负责保健食品注册现场核查监督管理工作。

国家市场监督管理总局食品审评中心负责注册现场核查的组织实施工作，对核查工作和结果负责；负责制定保健食品注册现场核查工作细则，拟订注册现场核查方案，建立特殊食品核查员库；负责注册现场核查和抽样检验工作的经费预算支出。

省、自治区、直辖市市场监督管理部门对本辖区保健食品注册现场核查工作给予配合，委派观察员参加注册现场核查。

（二）核查流程

1.审评中心组织审评专家对保健食品的申请材料进行审查后，认为需要开展现场核查的，通过书面、信息系统、网站信息等方式告知申请人，并告知申请人注册现场核查中需进行动态试制或试生产的产品规格或配方。

2.申请人在被告知之日起30个工作日内，通过书面或信息系统确认核查信息及接受注册现场核查的时间。因不可抗力因素导致不能接受注册现场核查的，可书面申请延期，逾期未确认的，视为主动放弃注册现场核查，注册现场核查不通过。

3.申请人确认后，审评中心应根据注册现场核查的具体需求组建注册现场核查组并提前3个工作日书面通知申请人注册现场核查时间与相关要求，同时书面告知被核查单位所在地省级市场监督管理部门。

4.申请人按照通知的时间和要求，做好接受注册现场核查的准备，试制现场应满足中试及以上生产规模。因申请人自身原因导致在规定时限内无法实施注册现场核查的，注册现场核查不通过，如遇不可抗力或特殊原因可书面申请延期。

5.注册现场核查结束后，核查组将注册现场核查报告以及注册现场核查发现问题、被核查单位书面说明、注册现场核查记录本、现场取证材料等一并提交审评中心。

6.现场核查符合要求的，应当对动态试生产下线样品进行抽样，按照产品规定的储存条件进行封存后，连同产品技术要求及样品接收单等材料，一并移交复核检验机构。

7.被核查企业需要行整改的，应当在10个工作日内整改完成，并报所在地省级市场监督管理部门。省级市场监督管理部门在对被核查企业的整改情况逐一验收确认后将明确的整改验收结论书面报审评中心。

二、复核检验

保健食品产品质量复核检验（recheck test of product quality），是指国家市场监督管理总局受理保健食品注册申请后，由国家市场监督管理总局选定的具有资质的检验机构按照申请人申报的产品质量标准对国家市场监督管理总局提供的样品所进行的全项目检验。

复核检验机构应严格按照申请材料中的测定方法以及相关说明进行操作，对测定方法的科学性、复现性、适用性进行验证，对产品质量可控性进行质量检验。整项复核检验工作应于自接受委托之日起60个工作日内完成，之后将复核检验结论报送审评中心。首次进口的保健食品境外复核检验时限，应根据境外生产厂商的实际情况确定。

第四节　审评建议与结论

一、审评建议

技术审评结束后，审评中心应当汇总各项审评建议与报告，提出综合技术审评建议。

（一）申请材料符合要求

若申请材料完整，产品试验数据和文献依据可充分支持产品的安全性、保健功能和质量可控性，原料及产品的生产工艺合理可行，产品技术要求适用、可复现并符合技术规范、强制性国家标准等现行规定，且产品名称、配方、标签说明书样稿主要内容、产品技术要求等材料规范完善并符合规定的，审评建议应为“申请材料符合要求”。

若为变更注册，变更理由和依据充分合理，不导致产品安全性、保健功能和质量可控性发生实质性改变的，审评建议应为“申请材料符合要求”。

若为延续注册，产品的安全性、保健功能和质量可控性符合要求，在注册证书有效期内进行过生产销售的，审评建议应为“申请材料符合要求”。

（二）补充材料

产品安全性、保健功能和质量可控性科学依据充足，但符合以下情况之一的，审评建议应为“补充材料”。

1.需要对产品的非稳定性重点考察指标进行补充研究的。

2.需要对标签说明书中适宜人群范围、不适宜人群范围等内容的确定依据进一步说明的。

3.需要对不涉及安全性、保健功能、质量可控性审评建议的申请材料进一步规范完善的。

审评中心认为需要注册申请人补正材料的，应当一次告知需要补正的全部内容。注册申请人应当在以发放《审评意见通知书》电子审评意见后5个工作日计的3个月内按照补正通知的要求一次提供补充材料。

（三）不予注册

存在下列情形之一的，审评中心应当终止审评，提出不予注册的建议。

1.申请材料内容矛盾、不符，真实性难以保证或者内容不完整，无法证实产品安全性、保健功能或质量可控性的。

2.科学依据不充足或申请材料无法保证产品安全性、保健功能或质量可控性的。

3.产品或原料的安全性、保健功能评价试验材料不符合技术规范、国家标准等现行规定，或者试验结果不能充分支持产品的安全性或保健功能的。

4.产品功效成分或标志性成分、卫生学、稳定性试验报告、复核检验报告或原辅料质量检验报告不符合现行规定、国家相关标准，产品质量安全难以保证的。

5.功效成分或标志性成分检测方法不合理、不适用、不能复现或方法学研究资料不能充分证明检测方法合理性、适用性和重现性的。

6.产品稳定性试验不合理或不符合规定的。

7.产品或原料的生产工艺不合理的。

8.送审样品与申请材料明显不符，样品真实性难以保证，或样品质量不合格的。

9.属于补充维生素、矿物质等营养物质的新申报国产产品，不符合原料目录纳入标准等相关管理规定的。

10.经补充材料，仍未对标签说明书中适宜人群范围、不适宜人群范围等内容的确定依据作出合理解释的。

11.转让技术申请产品的配方、工艺等内容与原批准注册内容不一致，标签说明书和产品技术要求等不符合现行规定或产品安全性、保健功能、质量可控性不符合要求的。

12.变更注册申请事项导致产品质量发生实质性改变，或不能充分证明变更申请事项合理性的。

13.延续注册产品的安全性、保健功能和质量可控性依据不足或者不符合现行规定，注册证书有效期内未生产销售，或未在规定时限内提交延续申请的。

14.收到不予注册的决定后重新提出的注册申请，未针对不予注册的原因提供重新注册申请的理由，或重新注册申请的理由和依据不充足的。

15.逾期未提供补充材料或者未完成补正的。

16.专家论证会未形成五分之四以上专家一致意见，无法对产品安全性、保健功能或质量可控性作出判断的。

17.现场核查或复核检验结论为“不符合要求”的。

18.产品依法属于备案管理的。

二、审评结论

（一）予以注册

申请材料审评建议为符合要求，按规定无需开展现场核查及复核检验，或现场核查结论及复核检验结论均为符合要求的，综合审评结论应为“予以注册”。审评中心应拟定保健食品批准证明文件及附件样稿，通知申请人在5个工作日内登录保健食品注册系统进行校核确认。未在5个工作日内校核确定的，视为申请人对拟定的保健食品批准证明文件及附件样稿无异议。

（二）不予注册

符合下列情形之一的，综合审评结论应为“不予注册”。

1.注册申请人逾期未提交补充材料或者未完成补正，不足以证明产品安全性、保健功能和质量可控性的。

2.审评中心认为申请材料不真实、产品存在安全性或者质量可控性问题，或者不具备声称的保健功能的，应当终止审评，提出不予注册的建议。

3.现场核查报告认为申请材料不真实、无法溯源复现或者存在重大缺陷的，应当终止审评，提出不予注册的建议。

4.复核检验结论认为测定方法不科学、无法复现、不适用或者产品质量不可控的。

5.申请人未在规定时限内提出复审申请，或经复审维持不予注册建议的。

三、异议处理

审评中心提出不予注册建议的，应当同时向注册申请人发出拟不予注册的书面通知。注册申请人对通知有异议的，应当自收到通知之日起20个工作日内向审评机构提出书面复审申请并说明复审理由。复审的内容仅限于原申请事项及申请材料。

审评中心应当自受理复审申请之日起30个工作日内作出复审决定。改变不予注册建议的，应当书面通知注册申请人。

本章小结

技术审评作为保健食品注册流程中的重要环节，涵盖了从原辅料到产品生产工艺再到指标限定及检测方法控制等产品质量控制的全过程，涉及范围广，技术难度大，政策关联度高。

严格落实保健食品技术审评制度，切实保障保健食品技术审评工作质量，不断优化保健食品技术审评工作质量，持续更新保健食品技术审评技术手段，有利于规范注册申请秩序，保证保健食品产品质量，稳定保健食品市场，从而提升保健食品企业的研发水平和科技含量，促进保健食品产业健康、稳定、持续发展。

关键词

技术审评	technical evaluation	科学依据	scientific basis
文献依据	literature basis	试验依据	test basis
关键工艺	critical process	现场核查	on-site verification
复核检验	recheck test		

复习思考题

1.注册人申请事项为增加保健功能的变更申请的，在技术审评环节有哪些注意事项？

2.注册人申请事项为转让技术注册申请的，在技术审评环节有哪些注意事项？

3.如果你是一名保健食品生产工艺审查专家，你需要对申请的某一保健食品的生产工艺的哪些内容进行技术审评？

（马　国　潘　超　李龙舟　杜　清）

应用篇

思维导图

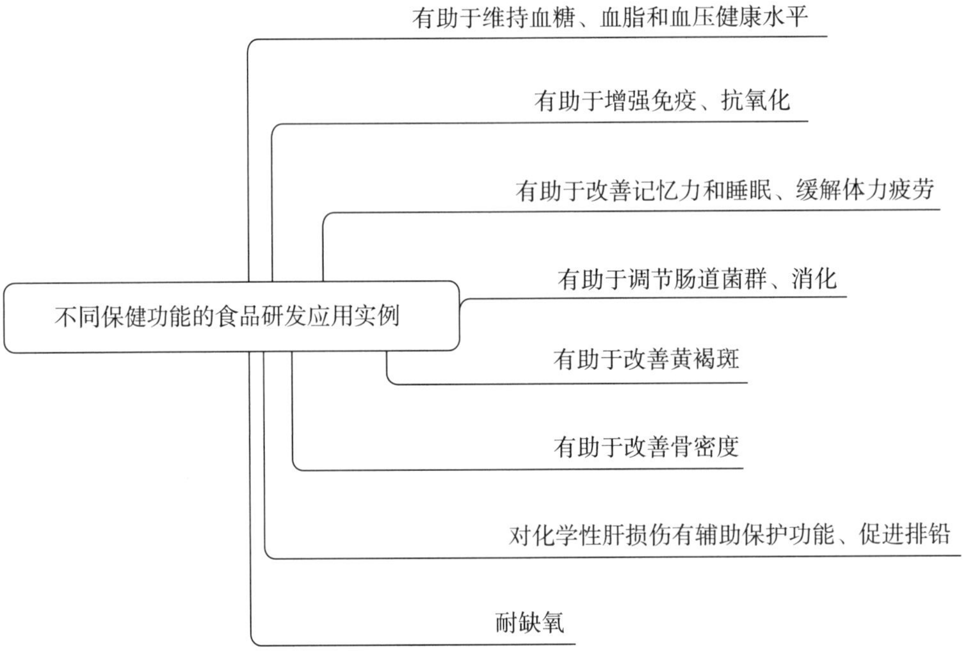

第十五章　保健食品研发应用相关实例

第十五章

不同保健功能的食品研发应用实例

学习目标

1.掌握各类保健食品功能的定义及其检验与评价方法。

2.根据不同保健食品功能，结合制备工艺，熟悉保健食品的研发思路、基础理论和制备工艺。

3.了解各类保健食品的可用原料、提取工艺及其配伍。

第一节 有助于维持血糖、血脂和血压健康水平

（一）有助于维持血脂健康水平的陈皮提取物

1.研发简介 高脂血症是指各种原因引起的血浆中胆固醇或三酰甘油（甘油三酯）水平升高的一类疾病。据统计，我国近三分之一的人患有不同程度的高脂血症，并且患者群趋于年轻化，高脂血症已成为30～50岁年龄段人群的一大“杀手”。高脂血症的主要危害是导致动脉粥样硬化，进而引发冠心病、脑卒中、心肌梗死、心脏猝死等各类疾病。因而，高脂血症的防治研究具有重大的意义。

中医认为，若脾气虚弱，则运化失常，水津不布，精化为浊，从而形成高脂血症。同时脾虚可生痰、生瘀，痰浊内阻和瘀血停滞是形成高脂血症重要的因素。脾失健运是高脂血症发病的重要病机，因此，治疗关键当以健脾助运为主。陈皮为芸香科植物橘及其栽培变种的干燥成熟果皮。性温，味苦、辛，归肺、脾经。化学成分为橙皮苷、川陈皮素、肌醇、挥发油等，功效为行气健脾、降逆止呕、燥湿化痰、消痛，属理气类药物。《神农本草经》中说陈皮主胸中瘕热逆气，利水谷，久服去臭，下气通神，多用于脾胃气虚、气滞之运化不良证及痰湿壅滞、湿浊中阻、肺失宣降等证。陈皮的主要作用是行脾胃之气。脾胃主运化水湿，故脾胃之气行则能去湿、健脾、化痰，故陈皮温能养脾，辛能醒脾，苦能健脾。

2.研发目的与制备工艺 按照传统中医理论与现代医学相结合，制备一种具有降血脂作用的陈皮提取物。本案例在加工浓缩单味中药陈皮的基础上，通过以下技术方案制备了具有降血脂作用的陈皮提取物。工艺流程如图15-1所示。

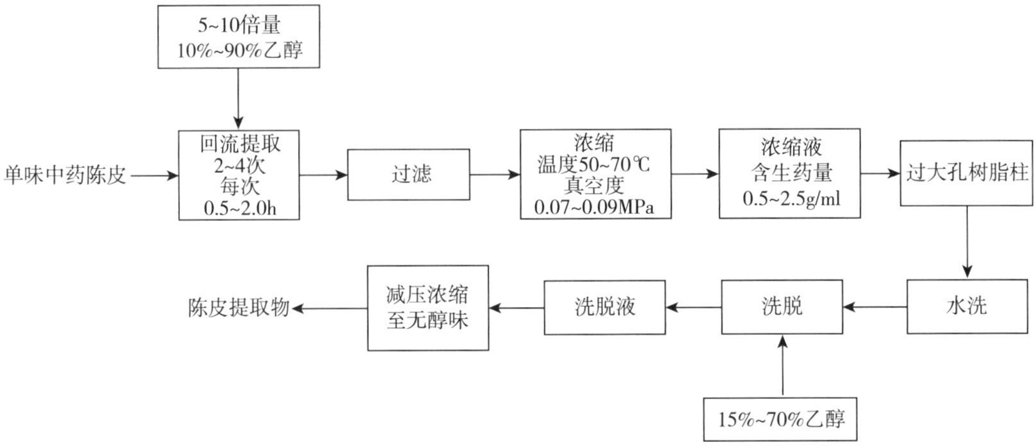

图15-1　降血脂作用的陈皮提取物提取流程图

3.产品特点与应用　该提取物可用常规制剂方法制备各种剂型，包括片剂、胶囊剂、丸剂、颗粒剂或口服液等中药口服制剂，可广泛应用于制备具有降血脂作用的保健食品或药品。将上述提取物用于腹腔注射75%蛋黄乳剂导致的ICR小鼠急性高脂血症模型，可显著降低TG、TC、LDL，并升高HDL，效果优于阳性对照。

（二）有助于维持血脂健康水平的白术提取物

1.研发简介　随着生活水平的提高、饮食结构和生活方式的改变，我国血脂异常的患病率近年来呈明显升高趋势，血脂异常是代谢综合征的表现之一，它与多种疾病密切相关，如肥胖症、高血压、冠心病、脑卒中等，因此防治血脂异常对延长寿命、提高生活质量有着重要意义。临床上根据血脂水平可将高脂血症分为四类：

（1）高胆固醇血症　血清胆固醇（TC）水平增高；

（2）高甘油三酯血症　血清甘油三酯（TG）水平增高；

（3）混合型高脂血症　血清TC与TG水平均增高；

（4）低高密度脂蛋白血症　血清高密度脂蛋白（HDL-c）水平降低。

中药具有多途径、多靶点、多通道的作用特点。通过辨证论治，在治疗高血脂时擅于改善不同症候具有的症状，具有一定的整体性、系统性。此外，中药治疗还兼顾其他病理环节，能明显改善高脂血症的临床症状，提高患者的生活质量。

白术为菊科植物白术的干燥根茎。其主要有效成分为挥发油、多糖等。白术性温、味甘，入脾、胃二经，具有健脾益气、燥湿利水、固表止汗、安胎之功效。其中挥发油中的苍术酮、白术内酯等有保肝、降血压、抗炎、抗癌等药理作用。目前关于白术的降血脂药效鲜有研究，仅有的报道记载均为白术的水提复方（如苓桂薏苡白术散、半夏白术天麻汤）或白术醇提物。本案例前期研究表明，白术醇提物中降脂有效成分为亲脂性、低极性成分，采用低极性溶剂或超临界提取所得提取物的降脂作用较醇提物显著增强。

本案例提取得到的提取物较醇提物降脂有效成分更为集中，在实际应用中具有使用剂量小，作用明确等优点，更适合进一步开发及应用。采用超临界CO_2萃取或石油醚提取白术干燥根茎，得到苍术酮含量为10%～95%的白术提取物，研究发现，一定剂量的该提取物能显著降低高脂模型大鼠血清中TC、LDL-C水平，升高HDL-C水平，下调动脉粥样硬化指数（AI），改善相关血脂指标，且提取过程时间短、效率高，因此认为白术提取物治疗高脂血症有广泛的开发前景。

2.研发目的与制备工艺 白术提取物的具体制备工艺流程如图15-2所示。

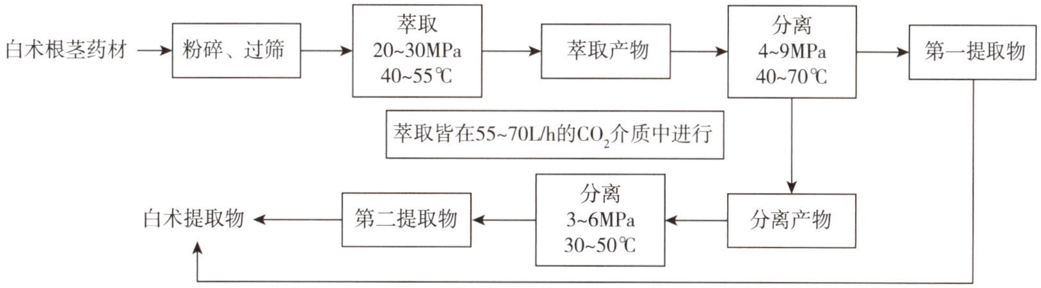

图15-2 CO_2超临界萃取白术提取物的流程图

3.产品特点及应用 该发明所述的白术提取物可用于制备预防和治疗高脂血症的药品或食品，例如，可制成白术超临界CO_2提取物为主的浸膏、片剂、颗粒剂、丸剂、胶囊剂、散剂、口服液等。

思政教育

随着健康中国建设深入推进，我国重大疾病防治成效显著，重大慢性病过早死亡率呈下降趋势；但是，我国仍面临多重疾病威胁并存、多种健康影响因素交织的复杂局面。“三高”（高血压、高血脂、高血糖）发病率高、达标率低，且“三高”通常合并存在，综合管理现状不佳，大大增加了心血管代谢疾病发生率和死亡风险，给社会带来沉重负担。高血压、高血脂以及高血糖三者之间互相作用，若想让病情得到彻底治疗，需协调治疗，把血压、血脂和血糖全部降到正常水平。患者需调整好饮食，远离高脂肪和高热量食物，积极控制体重，避免身体过于肥胖。

（三）富含黄酮糖苷的铁皮石斛提取物

1.研发简介 随着现代人类饮食结构、生活习惯、环境及生活节奏等的改变，糖尿病、高血脂、高血压及高尿酸等代谢相关疾病高发，且呈现年轻化趋势。上述代谢相关疾病均是心脑血管疾病的高危因素，且危险因素往往相互影响，在同一个体上同时出现多种异常。研究显示，多种代谢紊乱合并出现时，心脑肾并发症及外周血管病变的发病率明显增加，严重危害患者健康。面对高血压及糖脂代谢紊乱经常同时出现的现象，临床上对上述疾病的防治更应关注综合改善，而非单纯的一个指标。由于现有临床上常用的药物，多是针对单一疾病某个特定的生理病理环节而开发，具有作用明确、靶点单一等特点，对伴随的并发症或者症状的改善作用小。为达到综合防治的效果，往往需要联合用药，这就增加了患者经济负担、加大了用药风险、降低了患者依从性，在临床上面临一定的挑战。

铁皮石斛为石斛之上品，是兰科植物铁皮石斛的干燥茎，又名黑节草。具有益胃生津、滋阴清热等功效，历代本草将其列为“药中之上品”，有“中华九大仙草之首”的美称。其药用历史悠久，早在秦汉时期的《神农本草经》就记载其“主伤中、除痹、下气、补五脏虚劳羸瘦、强阴、久服厚肠胃”。近几年，专家学者对铁皮石斛化学成分进行大量的研究，发现铁皮石斛主要含多糖、黄酮、酚酸、菲类化合物、联苄类化合物、氨基酸、生物碱以及微量元素等成分。铁皮石斛因其全面的功能与主治，临床上主要用于热病津伤，口干烦渴，胃阴不足，食少干呕，病后虚热不退，阴虚火旺，骨蒸劳热，目暗不明，筋骨痿软等证。1987年，铁皮石斛被列入《国家重点保护野生药材物种名录》，同时由于铁皮石斛保健作用强以及食用历史悠久，被国家卫生健康委员会公布为“药食同源”原料。铁皮石斛还具有悠久的用于减轻糖尿病症状的历史，糖尿病在中国也被称为“消渴病”。铁皮石斛的降血糖功效使其成为消渴汤治疗2型糖尿病的常用成分。

本案例采用铁皮石斛或其水提残渣为原料，经干燥、粉碎、回流提取、分离纯化及干燥制备得到铁皮石斛提取物，经药效研究发现，一定剂量的该提取物能显著降低血压、调节血脂、降低血糖及改善代谢紊乱伴随的血黏度异常、微循环障碍等，具有综合改善多种代谢紊乱的优势，服用剂量小，作用明确，利于铁皮石斛的综合利用，有广泛的开发前景。

2.研发目的与制备工艺 本案例提供一种富含黄酮糖苷的铁皮石斛提取物及其应用方案，所述提取物以铁皮石斛或其水提药渣为原料，通过以下操作获得：经提取、分离纯化以获得芹菜素为苷元的黄酮糖苷提取物，其黄酮糖苷提取步骤如图15-3所示。

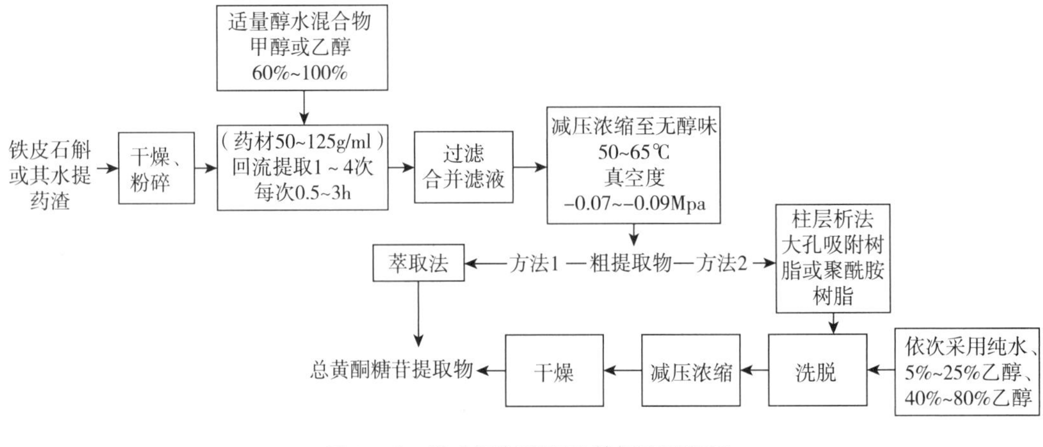

图15-3 铁皮石斛提取物的提取流程图

3.产品特点及应用　本案例选用铁皮石斛或其原料的水提残渣为原料，制备了一种富含黄酮类成分的提取物，经现代制剂技术，可用于制备具有预防和治疗多种代谢紊乱功效的药品、保健食品或特殊医学用途配方食品；其提取物具备降低血压、调节血脂、降低血糖、改善胰岛素抵抗和微循环障碍、降低血黏度等生物活性。

（四）一种有助于维持血糖健康水平的保健茶及其制备方法

1.研发简介　糖尿病是危害人类健康的三大疾病之一，有较高致残率和致死率，发病率呈逐年显著增长趋势。我国目前对于糖尿病的治疗，通常采用胰岛素及口服磺酰脲类和双胍类口服药。而降糖保健茶具有清热解毒、疏风散热、滋阴补肾，益气生津、复脉固脱、清泻肺火等功效，同时还具有软化血管、增加毛细血管的韧性、改善机体血液黏稠程度、调节人体免疫力、促进血液流通等作用。降糖保健茶通过降血糖能够有效改善糖尿病的相关症状，降低低血糖发生的风险；通过刺激胃酸分泌，能够促进胃肠蠕动的作用，利于人体有害物质的排出。对于糖尿病患者来说，选择合适的茶饮不仅能缓解口渴，还能帮助降低血糖。虽然降糖药食两用的保健茶饮具有一定的降糖作用，但因为功效成分和药理功效复杂，还应遵循医生的建议，根据每个人的健康状况，合理饮食、规律运动、定期检查血糖，以确保血糖控制在理想范围内。

2.研发目的与制备工艺　本案例提供一种有助于维持血糖健康水平的保健茶及其制备方法，即一种成分简单且能缓解糖尿病并发症糖尿病肾病病理恶化的保健茶，主要通过以下技术方案实现，如图15-4所示。

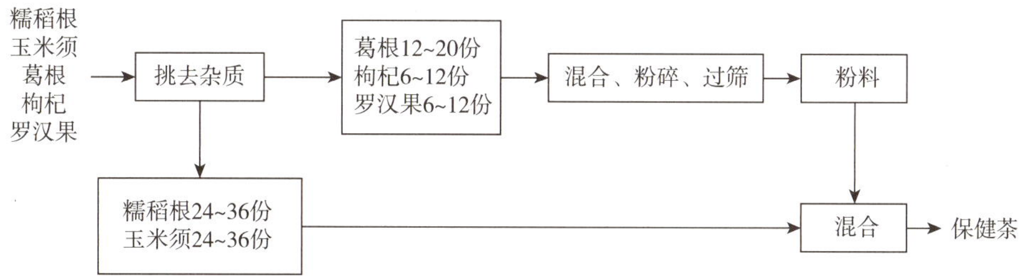

图15-4　保健茶及其制备方法的流程图

3.产品特点及应用　本案例成分简单，糯稻根、玉米须、葛根、枸杞、罗汉果即可，其中将葛根、枸杞和罗汉果碾制成粉末即可煮制服用，成本便宜，且不需要其他药物进行辅助，可降低糖化血红蛋白HbALc水平，且可有效改善和缓解糖尿病肾病的病理改变。

复习思考题

1.如何选择具有改善血糖、血脂和血压的保健食品？
2.如何开发降血脂的保健食品？
3.如何开发和制备保健茶产品？

第二节　有助于增强免疫力、抗氧化

（一）一种银杏叶多糖提取方法

1.研发简介　银杏作为我国的一种特有古老树种，广泛分布在我国多个地区，银杏叶，是银杏科植物银杏的干燥叶，秋季叶尚绿时采收，及时干燥。银杏叶包含多种物质，如黄酮类、萜类、生物碱以及水溶性的多糖。研究发现，这些物质具有多种生物学活性，有利于维持生命活动的正常进行，具有抗衰老、抗肿瘤、免疫调节等价值，对银杏叶的研究逐渐成为医药、食品等科学领域的研究热点之一。

现有研究大都集中银杏果实的开发利用，以及对银杏叶多糖、银杏叶黄酮的研究，例如利用超声波作用于液体产生空化作用，导致气泡形成，增长，爆破压缩，从而使固体样品分散，增大样品与萃取溶剂之间的接触面积，提高了目标物从固相转移到液相的传递速率，缩短萃取时间。

2.研发目的与制备工艺　银杏叶多糖的提取方法主要包括以下步骤，如图15-5所示。

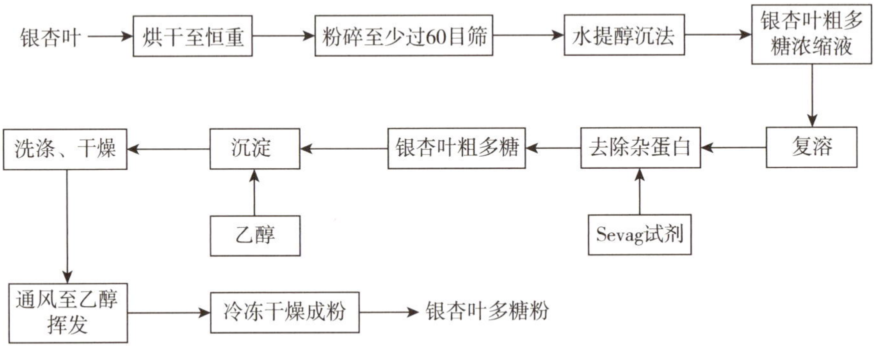

图15-5　银杏叶多糖提取方法的流程图

3.产品特点及应用　以银杏叶为原料，采用水提醇沉的方法，真空浓缩，离心，冷冻机冻干处理后，得到有助于增强免疫力的银杏叶多糖粉末，得率高，工艺简单。该提取物对DPPH自由基和ABTS自由基清除率达到71.76%和97.40%，与0.5mg/ml的VC效果相当，为银杏多糖保健饮料的研究与开发利用提供了理论依据。

（二）黑青稞黑藜麦组合物

1.研发简介　人体衰老是由于活性氧类自由基堆积或清除产生障碍的后果，体内的多余自由基会引起细胞损伤以及色素沉着。虽然人体自身有抗氧化酶和非酶系统抵御氧化损伤，但若受到过量活性氧（reactive oxygen species，ROS）的氧化损伤，自身的保护体系就不足以将其清除，需要使用抗氧化剂。具有抗氧化功效的植物中的化学成分可以清除氧自由基，减少自由基对人体血管壁损害从而达到抗动脉硬化的目的，比如维生素C、维生素E都具有抗氧化的作用，辅酶Q_{10}、硫辛酸和谷胱甘肽等也具有抗氧化作用。部分中药的提取物也具有抗氧化、抗自由基损伤的作用，比如银杏叶、丹参、蜈蚣、鹿茸、大蒜、黄芪、三七、红景天、何首乌、灵芝、川芎、五味子等。此外，部分药食两用中药同样可以抗氧化，比如大枣、地黄、黄精、枸杞、肉苁蓉等。还有药食两用的粮食作物，其独特的营养价值和健康效益，在日常饮食中发挥调节人类健康的作用。

青稞是一种生长在高原低温低氧环境中的农作物，又称裸大麦，是禾本科大麦属作物。而黑青稞其脂肪、粗纤维和花青素含量高，具有良好的保健功能。

黑藜麦性平味甘，含有丰富的蛋白质、膳食纤维和矿物质，且氨基酸组成均衡，并富含酚酸、多酚和黄酮等酚类化合物。其中，摄入人体内的酚类化合物具有抗氧化、抗炎、抗病毒和抗癌等功效。

2.研发目的与制备工艺　本案例主要制备一种黑青稞黑藜麦组合物，其可用于抗氧化产品，具有抗氧化生物活性高、提高超氧化物歧化酶（SOD）的含量、降低丙二醛（MDA）含量能力强的特点。

黑青稞醇提物制备中，黑青稞水提物质量比为（1.5～2.4）：1；黑藜麦醇提物制备中，黑藜麦水提物质量比为（0.8～2）：1。黑青稞提取物、黑藜麦提取物制备技术方案，如图15-6和图15-7所示。

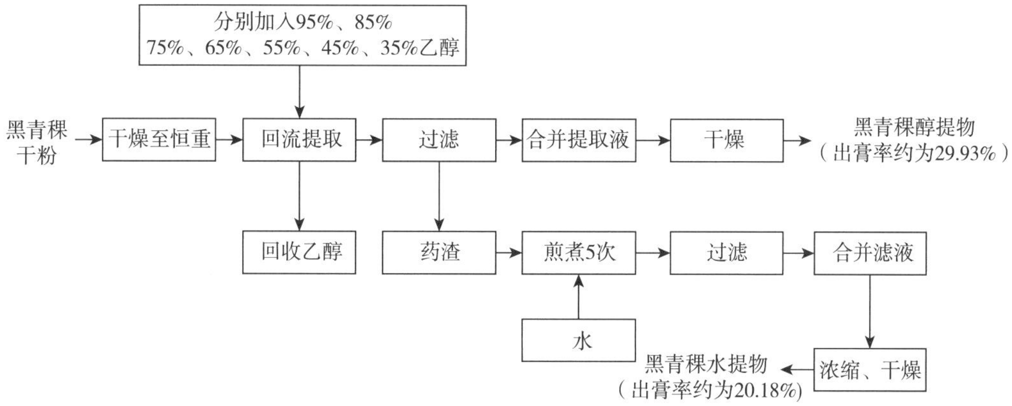

图15-6　黑青稞醇提物和水提取制备的流程图

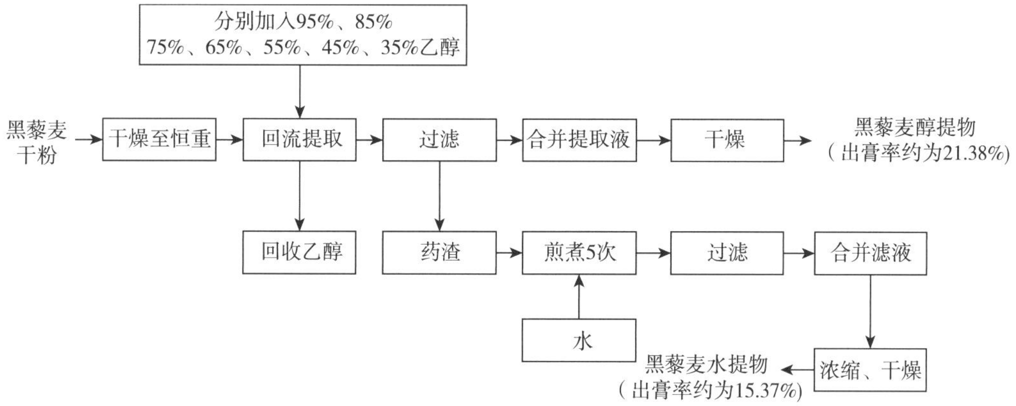

图15-7　黑藜麦醇提物和水提物制备的流程图

3.产品特点及应用　本案例提供了一种提取方法简单快捷、成本低的黑青稞水提物、黑青稞醇提物、黑藜麦水提物和黑藜麦醇提物的制备方案，通过复配上述提取物得到的组合物能够上调SOD含量，下调MDA含量，具有抗氧化活性，可用于制备有助于抗氧化作用的产品。

（三）某藻粉软胶囊

某藻粉软胶囊具有免疫调节保健功能，主要成分选用海洋单细胞杜氏藻，再辅以其他营养物质经科学方法精制而成，每100g含天然胡萝卜素≥1g，维生素E≥0.2g。

复习思考题

简述一下增强免疫力保健食品的检测指标以及结果判定。

第三节　有助于改善记忆力和睡眠、缓解体力疲劳

（一）一种有助于改善睡眠的保健食品及其制备方法

1.研发简介　随着人均寿命的延长、社会老龄化的加快，失眠作为最常见的睡眠障碍，其发病率不断增加。我国1996~2019年注册的改善睡眠保健食品中多以总皂苷、总多糖或总黄酮等作为功效成分或者标志性成分：例如吴潍龙及其研究团队重点开发银杏白果内酯，用简便的化学分子编辑技术，精细地针对白果内酯的化学分子结构进行编辑，显著增强其化学稳定性及结构，构建出一个拥有多样生物活性的白果内酯衍生物库作药物筛选，有助于维持大脑内的抗氧化水平，从而抑制脑细胞死亡。另有研究证明，银杏叶能够改善记忆力和提高注意力，促进脑部功能。因此，开发一种有助于改善睡眠作用的保健食品尤为重要，通过辅助调节神经系统功能，减少长期服用药物而出现的头晕、嗜睡、恶心、呕吐等副作用，降低可能导致的依赖性。

2.研发目的与制备工艺　本案例提供了一种有助于改善睡眠作用的保健食品及其制备方法，产品成分包括：茶氨酸、γ-氨基丁酸、神经酸、磷脂酰丝氨酸、银杏叶提取物、亚麻籽粉、维生素、低聚糖、5-羟基色氨酸、维生素B_1、维生素B_6、维生素C、维生素E，利用各成分在神经保护、提高记忆力、改善脑部营养等方面的协同增效作用。具体实施配比如表15-1所示。亚麻籽为亚麻科亚麻属一年生草本植物亚麻的籽粒。本产品的制备工艺流程如图15-8所示，选用羧甲基淀粉钠、硬脂酸镁为辅料。产品规格为1克/片，服用剂量为每天服用1片。

表15-1　一种有助于改善睡眠的保健食品组合物实例

原料	份数	原料	份数
磷脂酰丝氨酸	150份	维生素B_1	0.5份
γ-氨基丁酸	90份	维生素B_6	0.35份
茶氨酸	200份	维生素C	2.8份
神经酸	35份	羧甲基淀粉钠	65份

续表

原料	份数	原料	份数
5-羟色氨酸	3份	硬脂酸镁	18份
亚麻籽粉	15份	低聚果糖	180份
银杏叶提取物	4.45份	维生素E	1.85份

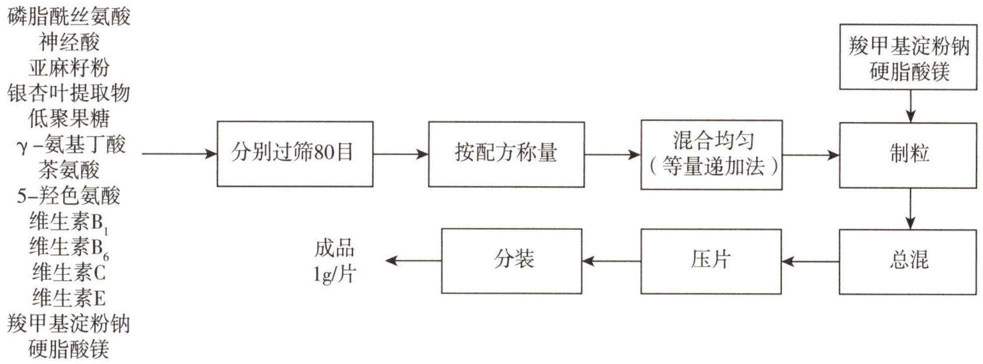

图15-8　一种有助于改善睡眠的保健食品制备流程图

3.产品特点及应用　本发明特别添加了磷脂酰丝氨酸、神经酸以及茶氨酸、氨基丁酸，有助于改善睡眠。据专利报道，100多试食例的有效率95%以上。

知识拓展

世界睡眠日

睡眠是人体的一种主动过程，可以恢复精神和解除疲劳。充足的睡眠、均衡的饮食和适当的运动，是国际社会公认的三项健康标准。为唤起全民对睡眠重要性的认识，2001年，国际精神卫生和神经科学基金会主办的全球睡眠和健康计划发起了一项全球性的活动，此项活动的重点在于引起人们对睡眠重要性和睡眠质量的关注。世界睡眠日有多个版本，其一是3月21日，它是由国际精神卫生和神经科学基金会在2001年发起，并在2003年由中国睡眠研究会正式引入中国。另一个版本是由世界睡眠医学学会于2008年发起的一项健康计划，并提议将世界睡眠日定在每年三月的第3个星期五。

2003年中国睡眠研究会把“世界睡眠日”正式引入中国，从2008年发布中国主题，2023年世界睡眠日中国主题：良好睡眠，健康之源。

“世界睡眠日”的目的是要引起人们对睡眠重要性和睡眠质量的关注，提醒人们要关注睡眠健康及质量。关注睡眠质量就是关注生活质量，关注睡眠就是关注健康。失眠已经成为一个影响现代人健康的重要问题，它不仅影响人的情绪，甚至能影响人的免疫系统，更重要的是，失眠往往是身体潜在某种疾病的外在表现形式之一。

（二）一种具有缓解体力疲劳的茶藨子果实或其提取物

1.研发简介 茶藨子属植物形态变异较大，类型复杂，全世界约有160种，主要分布于欧洲和北美气候温暖地区，在亚洲、南美和北非也分布广泛，中国境内有59种30个变种，仅青海省就分布有11种1个变种。狭果茶藨子属虎耳草科茶藨子属植物，为落叶灌木，生于海拔2800米以下的山坡灌丛、杂木林下或山沟中。《凉山州中草药资源普查名录》记载狭果茶藨子的茎和枝可用于肝炎的治疗，《晶珠本草》中记载茶藨子有敛毒、除黄水并能收敛各种脉管病的作用。狭果茶藨子的果实为多汁浆果，风味独特多样，从苦、酸到酸甜可口，老百姓通常将茶藨子的果实生食用于防治感冒。

2.研发目的与制备工艺 本案例提供茶藨子果实或其提取物在制备抗体力疲劳产品中的用途，并对茶藨子果实的进一步研究开发。提取物制备方法为所述提取物为茶藨子果实的乙醇提取物、乙酸乙酯提取物、正丁醇提取物中的一种或多种的混合。所采用的方法为系统溶剂法，即指依次采用极性由低到高的溶剂进行提取。

正丁醇提取物的制备方法包括如下内容：

（1）取除去乙醇后的茶藨子果实乙醇提取物；

（2）茶藨子果实乙醇提取物用石油醚-水系统进行提取，水相备用；

（3）水相用乙酸乙酯提取，取水相，再用正丁醇萃取，合并正丁醇层，制备得到正丁醇提取物。

3.产品特点及应用 本案例所述的茶藨子正丁醇提取物对小鼠体重和脏器重量无显著影响，并且能够延长小鼠的负重游泳时间、降低小鼠运动后血尿素氮BUN含量，提高小鼠肝糖原的储备，从而延缓疲劳产生，可应用但不限于用在药品、保健食品、食物添加剂等各个方面。

复习思考题

1.简述一下改善睡眠的保健品检测指标以及结果判定。

2.简述一下缓解体力疲劳的保健食品检测指标。

第四节 有助于调节肠道菌群、消化

（一）一种青梅提取物及其制备方法和应用

1.研发简介 幽门螺杆菌（*Helicobacterpylori*，Hp）是革兰阴性、微厌氧、单极多鞭毛的螺旋状杆菌，主要通过口-口途径在人与人之间传播。幽门螺杆菌经口进入胃后穿过胃黏液层，主要分布于胃黏膜组织中，可导致胃炎、胃溃疡、胃黏膜相关淋巴组织淋巴瘤等多种消化系统疾病，更有甚者会发展为胃癌。胃癌是全球最常见的恶性肿瘤之一，在癌症死亡率中位列第三。幽门螺杆菌容易寄居于胃窦等部位，造成慢性胃炎等疾病的发生，该病属于中医“痞证、胃痛”的范畴。根据辨证可以选择具有燥湿健脾、健脾益气作用的植物中的功效成分。若需调理肠道，还可通过改善肠道的菌群，达到缓解肠道的痉挛疼痛、肠道胀气等症状的目的。某些植物中含有较多的抗氧化物质，具有抗菌消炎的作用，还能够调节肠道菌群、助消化。目前临床对幽门螺杆菌的治疗方法包括三联、四联抗生素杀菌疗法，但随着感染率的升高，幽门螺杆菌逐渐对药物产生耐药性，伴有人体肠道菌群失调等诸多副作用，根治幽门螺杆菌仍然难以解决，因此亟需寻找一种天然成分代替抗生素来克服幽门螺杆菌耐药性的问题，并产生有助于调节肠道菌群的作用。

2.研发目的与制备工艺　本案例为解决上述问题，提供一种青梅提取物，拓展其在抑制幽门螺杆菌和其他食源性致病菌中的应用，青梅提取物制备的技术方案的具体步骤，见图15-9。

3.产品特点及应用　上述青梅提取物对于常见的食源性致病菌具有优秀的抗菌能力，尤其是对于幽门螺杆菌、大肠埃希菌、金黄色葡萄球菌、副溶血性弧菌、志贺氏菌、沙门氏菌、李斯特氏菌具有快速强效的杀菌能力。因此，本案例制备方法得到的青梅提取物能够作为主要活性成分或唯一活性成分，可优选咀嚼片、颗粒剂、肠溶胶囊、口服液等常见剂型，制备有效抑制幽门螺杆菌或其他食源性致病菌感染的组合物，并进一步添加到保健食品或食品中。

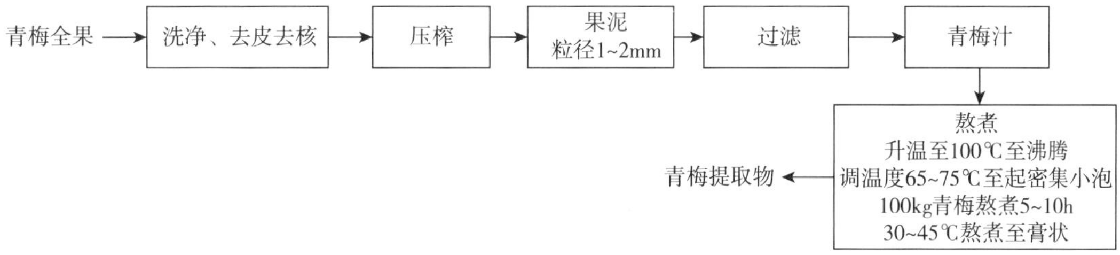

图15-9　青梅提取物的制备流程图

（二）乳蛋白源性肠道微生态调节肽保健品及其制备方法

1.研发简介　乳蛋白源性生物活性多肽是以乳蛋白为原料，经蛋白酶水解以后的产物，乳蛋白源性生物活性肽不仅可以提供人体所需的蛋白质营养，同时还具有多种生理调节功能，因而是多种功能性食品组成成分。肠道微生态是人体与肠道菌群之间构成的微生态系统，这一系统中，各种微生物保持着种类和数量的动态平衡，当人体消化功能削弱、某些种类微生物受到抑制或某些种类微生物过度生长时，肠道微生态平衡被破坏，出现腹泻、便秘、消化不良等肠道菌群失常现象。微生态调节制剂是在微生态学理论指导下生产的一类能够调节肠道微生态失衡、保持微生态平衡稳定、提高人的健康水平或增进健康状态的生物制品。微生态调节制剂能黏附于人体胃肠黏膜细胞，常见的有益生菌、益生元及合生元三类。而乳蛋白源性生物活性多肽具有可促进消化的物质，可被结肠内正常细菌分解和利用，选择性地刺激结肠内有益菌生长，改善肠道功能，比如双歧因子。市场上常见的可选择的微生态调节制剂虽然具有调节肠道菌群和有助于消化的作用，但其作用的专一性较差，必须详细由医生诊断后对症采用适宜的乳蛋白源性生物活性多肽保健食品制剂。然而，由于人体内的消化酶系的存在，乳蛋白源性的活性肽在到达小肠末端前已经被大部分降解，丧失了其生理调节功能。即使对于胃肠道消化功能不良的人群而言，乳蛋白源性活性肽虽然可以到达小肠末端，但由于乳蛋白的水解产物中多肽的组成相当复杂，当它们被用作肠道微生物生长所需的营养物质时，既能促进益生菌的生长，也能促进肠道机会致病菌的生长，这就干扰了乳蛋白源性抗菌肽和多肽类双歧因子对肠道微生态调节功能的发挥。

2.研发目的与制备工艺　本案例通过多种手段的结合，提供一种口感好，能够直接作用于肠道菌群并发挥肠道微生态调节功能的乳蛋白源性肠道微生态调节肽保健食品，其制备方法包括以下步骤，如图15-10所示。

3.产品特点及应用　根据上述的制备方法制得的乳蛋白源性肠道微生态调节肽可应用于保健食品，本案例的优点在于：该产品能够补充人体所需的蛋白质，并对肠道微生态具有调节作用。通过乳蛋白源性肠道微生态调节肽不仅能够促进肠道健康，还可以改善人体整体的健康状况。而且乳源生物活性肽是从乳或乳制品中提取的天然活性物质，其独有的生物活性和保健调节功能，还可以用于对乳源食物过敏或者体内缺乏对乳制品消化代谢酶的患者。

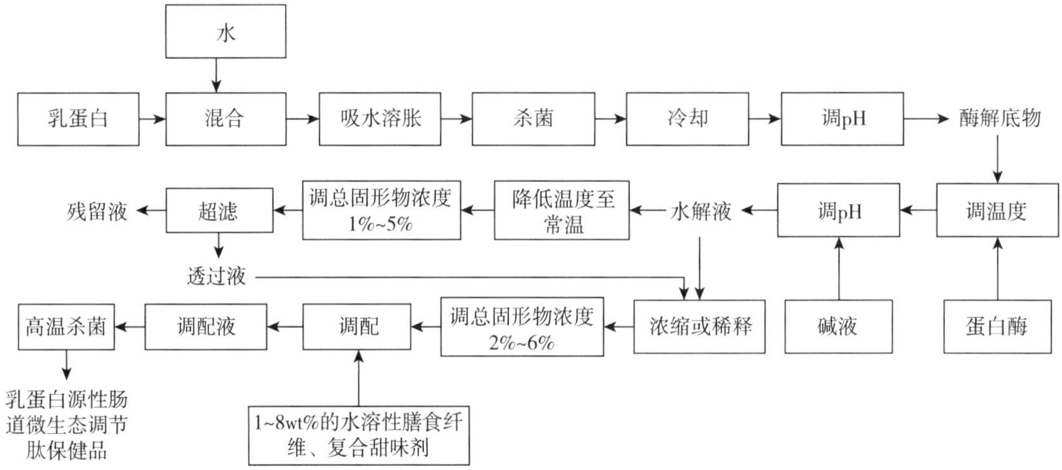

图15-10　乳蛋白源性肠道微生态调节肽保健品的制备流程图

（三）一种有助于消化的发酵饮料及其制备方法

1.研发简介　藏医非常重视饮食调养，在其传统疗法和调理中，利用食物和饮物进行调理是最重要的手段之一，不仅可以治疗疾病，而且可用于预防疾病和日常保健。目前，市场上以青稞为原料制备的药食同源的产品均存在口感不佳、调理效果不理想的问题。而通过微生物复合发酵所得的青稞酵素单方或复方饮品，不仅富有特色风味，还具备调节胃肠功能的作用。

2.研发目的与制备工艺　本案例提供一种基于藏区青稞发酵工艺制备的保健发酵饮料，旨在形成口感好、药效佳的饮料产品。其制备工艺流程如图15-11所示，发酵后初饮品经离心、过滤和灭菌等步骤，可以延长产品的保质期。

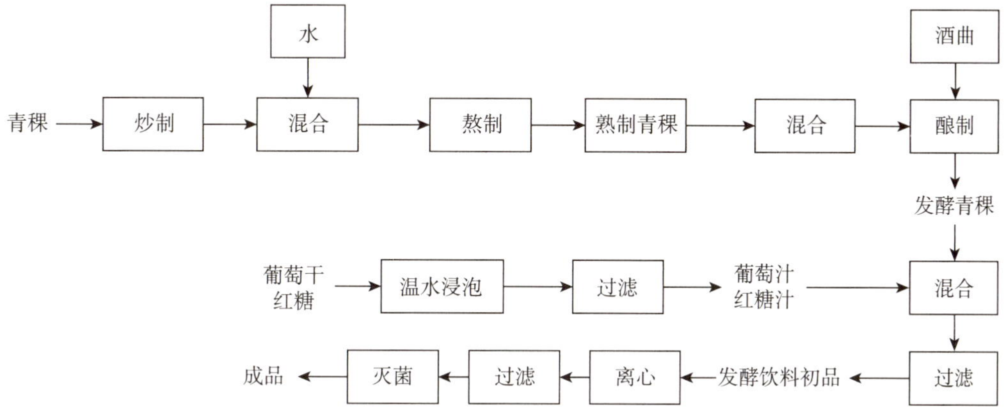

图15-11　发酵饮料制备流程图

3. 产品特点及应用　本案例发明技术以青稞、葡萄干、红糖和酒曲为原料，通过调控各组分的用量，制备得到的发酵饮料具备口感佳、药效理想的优点，可以起到强身健体、改善睡眠、开胃消食、活血化瘀和通便利肺的功效。根据文献案例提供的数据，饮用本发酵饮料1周后的功效调查结果如表15-2所示，对睡眠不佳、食欲不佳、便秘、咳嗽、体虚耳鸣有改善作用。

表15-2　饮用本发酵饮料1周后的功效调查结果

对象（n）	有效（n）	无效（n）	P
睡眠不佳（142）	113	29	<0.05
食欲不佳（61）	48	23	<0.05
便秘（36）	33	3	<0.05
咳嗽（24）	18	6	<0.05
体虚耳鸣（19）	14	5	<0.05

知识拓展

肠道菌群的分类

（一）根据可培养细菌的数量分类

在肠道菌群中，依目前技术可以培养到的细菌有400余种，依据其数量多少可以分为主要（优势）菌群和次要菌群。

1. 主要（优势）菌群　指肠道菌群中数量大或种群密集度大的细菌，一般在10^7～10^8 CFU/g以上，包括类杆菌属、优杆菌属、双歧杆菌属、瘤胃球菌属和梭菌属等专性厌氧菌，通常源于原籍菌群。优势菌群是对宿主发挥生理功能的菌群，在很大程度上影响整个菌群的功能，决定着菌群对宿主的生理病理意义。

2. 次要菌群　数量在10^7CFU/g以下，主要为需氧菌或兼性厌氧菌，如大肠埃希菌和链球菌等，流动性大，有潜在致病性，大部分属于外籍菌群或过路菌群。

（二）根据肠道菌群与宿主的关系分类

1.有益性菌群　主要是肠道专性厌氧细菌，包括类杆菌属、优杆菌属、双歧杆菌属等，这些菌群数量大，持续存在，与宿主处于共生状态。有益性菌群是构成生物拮抗和生物屏障的主要菌群，对宿主发挥着免疫、代谢和营养等生理功能，因此具有使宿主保持健康的作用。

2.有害性菌群　主要是数量比较少的厌氧菌，包括葡萄球菌、假单胞菌、变形杆菌等，这些菌群在正常情况下，不会对宿主致病，但如果数量增多，超出一定范围则可引起感染而致病。

3.中间性菌群　数量介于有益菌群和有害菌群之间，其作用也介于两者之间，是具有有益和有害作用的双向性菌群，中间性菌群增加，可导致腐败物质、致癌物质和毒素的增加，促进宿主的老化。

应该注意，以上菌群有益性与有害性的分类是在肠道菌群内部之间，并且与宿主维持平衡时（微生态平衡）的表现有关。如果发生了微生态失衡（肠道菌群紊乱），各种菌群对宿主的作用可能发生转化，从而致病。

复习思考题

有助于调节肠道菌群、消化的保健食品的相关实验项目和结果判定有哪些?

第五节　有助于改善黄褐斑

一种有助于改善黄褐斑的保健饮料及其制备方法和应用

1.研发简介　黄褐斑是一种常见的、出现在面部的皮肤色素沉着。皮肤的颜色通常由存在于皮肤中的黑色素的量以及种类决定，一般而言皮肤中含有的黑色素的量越多则肤色越深，而黑色素的量越少则肤色越白。而黑色素主要是由位于皮肤基底层中的黑色素细胞生成的，因此阻断皮肤基底层中的黑色素的形成是改善黄褐斑的一个重要途径。

由于黄褐斑产生的原因较为复杂，因此需要根据每个人的健康状况和特质来对症使用药食两用的产品。表象是色素沉着在皮肤表面，本质还是因为人体对于色素的代谢作用出现阻碍造成的。治疗黄褐斑一般采用中药、食品及药食两用的产品。通过分析具体原因，采用调节机体内分泌功能的方法，可以有效排除人体的毒素、抑制黑色素细胞分泌和淡化黑色物质的沉积。目前还会采用滋补肝肾的药材，比如山茱萸、怀山药、熟地、泽泻、云苓、丹皮、当归、白芍、丹参、陈皮、益母草、首乌藤等，通过煎服口服汤剂的方式，增强或者恢复器官的器质性功能。

因此，通过口服的方式，有针对性的补充一些具有减少皮肤色素沉着作用的功能性物质，抑制黑色素的形成，是改善黄褐斑的一种新的方法。例如某抗氧化美白型蛋白饮料及其制备方法，通过人参提取物制备，获得人参多酚，可有效抑制酪氨酸酶的产生，降低黑色素的生产，实现缓解黄褐斑形成和加重的辅助性效果。

2.研发目的与制备工艺 本案例克服了现有技术中的外用化妆品有效成分未渗入到皮肤基底层或者真皮层从而导致抑制色素沉着效果较差的缺陷，并提供一种通过抑制皮肤色素沉着而改善黄褐斑的功能性饮料及其制备方法。

通过制备白芷提取物溶液，加入各种复方原辅料、调味剂和防腐剂等进行混合调配，优选试验工艺配方，由此开发出具有抗氧化、祛斑作用的白芷复合天然饮料。本案例所述具有改善黄褐斑功能的保健饮料的制备方法如图15-12所示。

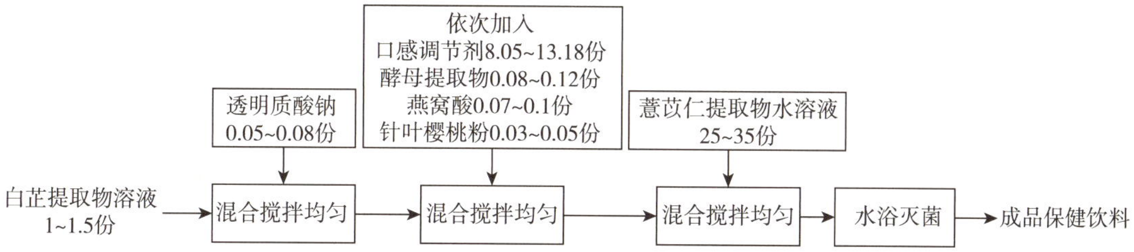

图15-12 改善黄褐斑功能的保健饮料制备的流程图

3.产品特点及应用 实验研究结果显示，该保健饮料对DPPH自由基清除率变化范围为40%～75%，经口服方式对B16小鼠色素瘤细胞酪氨酸酶活性抑制率变化范围为50.00%～75.00%，两项结果均具有浓度依赖性，证明通过口服该保健饮料，能够有效清除皮肤中的自由基和抑制酪氨酸酶的活性，从而对黑色素合成有抑制作用。

知识拓展

痤疮

痤疮是一种好发于青春期，主要累及面部毛囊皮脂腺的慢性炎症性皮肤病，主要与皮脂腺分泌过多、毛囊皮脂腺腺管堵塞、痤疮丙酸杆菌感染和继发的皮肤炎症和免疫反应有关。中国人群截面统计痤疮发病率为8.1%，研究发现超过95%的人会有不同程度的痤疮发生，3%～7%痤疮患者会遗留瘢痕，给求美者身心健康带来负面影响。

痤疮的临床表现和分级：痤疮的开始是粉刺（comedo）并破溃形成毛囊性发疹，继而以炎症反应及微生物或毛囊虫的作用，形成丘疹、脓疱、结节、囊肿及瘢痕等多形性皮损。

痤疮的治疗方法主要包括以下四种：①外用药物；②口服药物；③光电治疗；④化学换肤。

复习思考题

请概述如何选择和改善痤疮的保健食品原料和研发依据。

第六节 有助于改善骨密度

某维生素D加钙软胶囊

1.研发简介 钙是维持人体神经、肌肉、骨骼系统、细胞膜和毛细血管通透性正常功能所必需的物质。维生素D_3，又名胆钙化醇。维生素D主要有以下生理功能。

(1)提高肌体对钙、磷的吸收，使血浆钙和血浆磷的水平达到饱和程度。

(2)促进生长和骨骼钙化，促进牙齿健全。

(3)通过肠壁增加磷的吸收，并通过肾小管增加磷的再吸收。

(4)维持血液中柠檬酸盐的正常水平。

(5)维生素D_3是7-脱氢胆固醇的活性形式。

2.制备工艺

(1)主要原料为碳酸钙、维生素D_3(胆钙化醇、食用植物油、α-生育酚)、蜂蜡、大豆油、明胶、甘油、纯化水、二氧化钛；功效成分/标志性成分含量——每粒含钙200mg、维生素D_3 3.25μg。

(2)食用方法及食用量：每日2次，每次1粒，口服。

(3)适宜人群：需要补充钙、维生素D的成人；不适宜人群：少年儿童、孕早期妇女。

知识拓展

晒太阳补钙原理

太阳光中的紫外线UVB能够作用于人体皮肤，使7-脱氢胆固醇转化为维生素D_3，维生素D_3被淋巴系统等转运吸收入血液，并先后经过肝、肾代谢即变成活性维生素D_3，活性维生素D_3可以在肠道、肾脏及骨等多个组织器官发挥生物学效应，即可促进钙、磷的吸收，又能直接调整骨代谢，从而达到补钙的功效。

另外在晒太阳过程中，阳光中的红外线可透过皮肤到皮下组织，起到加温的作用，使血管扩张，促进血液循环和全身的新陈代谢。这同样对于钙质的吸收非常有利。

因此，晒太阳只是促进了肠道对钙的吸收，而不是直接的补钙。

复习思考题

简述一下有助于改善骨密度保健食品的一般要求和结果判定。

第七节　对化学性肝损伤有辅助保护功能、促进排铅

（一）一种对酒精性肝损伤有辅助保护功能的中药组合物及其应用

1.研发简介　酒精中毒俗称醉酒，是指患者一次饮用大量酒精后发生的机体功能异常状态，其对神经系统和肝脏伤害最严重。病毒、酒精、药物、自身免疫性、遗传代谢性等多种原因都能够造成肝损伤。例如结核类药物、抗甲状腺类药物，可以引起急性肝细胞坏死，甚至导致肝衰竭；长期慢性肝脏炎症的反复发作，如乙型肝炎、丙型肝炎，可最终导致肝硬化；若自身免疫系统发生紊乱，可产生针对肝细胞的自身抗体，诱发肝损伤。而其中化学性肝损伤是由化学性肝毒性物质（比如过量或者质量差的酒精）所造成的肝损伤，可引起肝脏器质性损坏甚至腐烂、糜烂或者硬化。而长期大量饮酒引起的酒精性肝脏损伤，最终也可造成肝硬化、肝腹水，甚至肝衰竭等严重后果。

目前对急性酒精中毒多采用西医治疗，如阿片受体拮抗剂纳洛酮。症状较重的病人，应迅速催吐，中毒后短时间内，用1%碳酸氢钠或0.5%活性炭混悬液或清水反复洗胃。该方法主要针对严重醉酒的人群使用。本案例提到的一种解酒、醒酒、护肝的中药组合物，可用于辅助缓解酒后脸红、心跳过速、头晕、恶心呕吐、口渴欲饮、脘腹胀闷、烦热躁动等不适症状。

2.研发目的与制备工艺　在开发对肝损伤具有辅助保护作用的功能性食品时，常见的保健食品原料有白芍、当归、五味子、黄芩、黄连、黄柏、茯苓、白术、桂枝等。本产品研究则使用了以上部分药物制成组合物。该组合物能够提高肝脏中保护酶的活性、降低肝损伤中脂肪病变的程度，从而起到对化学性肝损伤的辅助保护作用。具体制备方法如图15-13所示。

3.产品特点及应用　本案例优选了各原料药及其之间的配比，中药组合物配伍符合中医“君臣佐使”的理论，配伍有序，诸药合用，实现解酒、醒酒、护肝的功效；并且方中药味数目少，原材料丰富，制备工艺简单，成本低。主要应用情况如下。

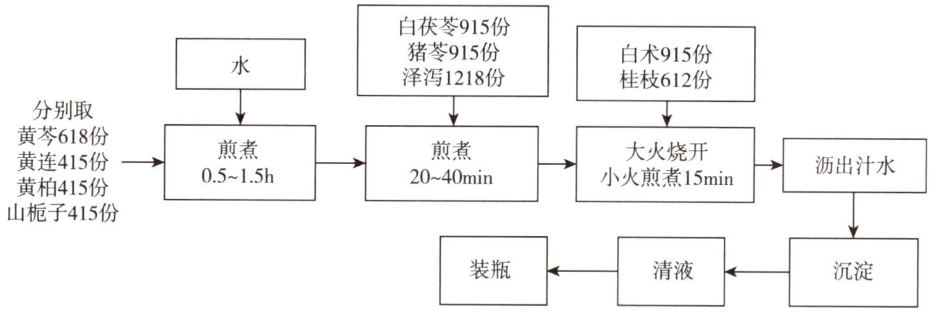

图15-13　解酒、醒酒、护肝中药组合物的制备流程图

本产品经120例以上醉酒患者试食，结果表明：醉酒患者主要表现为酒后脸红、快速心跳、头晕、恶心呕吐、口渴欲饮、脘腹胀闷、烦热躁动等，服用本案例所述的中药组合物制成的颗粒剂后，大部分患者在45分钟后以上症状得到明显改善，1.5小时后上述症状基本消失，总有效率为100%。

本产品经120例以上预防醉酒患者试食：饮酒前30～60分钟服用本案例所制备的颗粒剂，患者饮酒量比通常状态下增加50%～100%，120例保持头脑清醒，预防醉酒有效率为100%。

知识拓展

喝酒为什么脸红?

喝酒脸红的罪魁祸首并不是酒精，而是乙醛。所以，大部分人喝酒脸红并不是酒精中毒，而是乙醛的作用。人饮酒后脸色发红，这是因为乙醇进入人体后，变成乙醛，而乙醛引起末梢血管扩张的结果。还有一类人，貌似酒量很大，喝了很多脸都不红。这些人饮酒后脸不变色，可是他们如果饮酒过多，会引起脸色发青。这是因人体摄取酒精后，一时血压上升，接着下降。血压下降，反过来会使末梢血管突然收缩。末梢血管的血流恶化，脸色便发青。饮酒脸色发红的人，血液中乙醛的含量比脸不变色的人高好几倍，因此，再饮多少也不会引起血管突然收缩，脸色也不会发青。所以喝酒脸红的人意味着能迅速将乙醇转化成乙醛，也就是说他们有高效的乙醇脱氢酶。喝酒脸红的人有的只有乙醇脱氢酶而没有乙醛脱氢酶。所以体内迅速累积乙醛而迟迟不能代谢，因此会长时间涨红了脸。当1～2个小时后红色就会渐渐褪去，这是靠肝脏里的P450慢慢将乙醛转化成乙酸，然后进入TCA循环而被代谢。

（二）杏鲍菇富硒蛋白的营养结构特性及其有助于排铅的保健功能

1.研发简介　铅作为一种有害的重金属元素，通过食物及饮用水、空气及皮肤接触等途径在人体内富集，主要分布在大脑、肾脏、肝脏及骨骼等器官中。膳食中的铅暴露可能会破坏中枢神经系统、骨骼造血系统，引起贫血、高血压、肾脏损伤等疾病。另外，铅还影响孩子的智力发育及生长发育。传统的治疗铅中毒的方法为螯合治疗法，但螯合剂的使用存在一定副作用，例如长期服用依地酸二钠钙会导致疲劳、恶心、加重肾负担且会引起人体铁、锌等微量元素的流失。

已有研究表明，硒不仅能够影响铅的吸收，还能对铅诱导的机体炎症损伤和免疫系统紊乱产生显著拮抗作用。但机体自身无法合成硒元素，只能从外界摄入，但人类日常饮食中硒含量较低，难以满足普通人群尤其是缺硒地区人群的补硒需求。目前大多通过叶面喷硒、根部灌硒等方式使农作物富集硒以提高食物中的硒含量及生物可利用性。作物中的大部分硒以硒代蛋氨酸（SeMet）、硒代胱氨酸（$SeCys_2$）及硒代同型半胱氨酸等形态与蛋白质结合，使得富硒蛋白成为硒在作物中的主要存在形式。

杏鲍菇是我国工厂化大规模种植的一种食用菌，富含蛋白质、多糖等营养成分，其栽培不受土壤因素限制，培养周期短，并且杏鲍菇对微量元素有较好的吸收能力，因此相较于大米、小麦等谷物，杏鲍菇是一种理想的硒生物强化载体。因此对富硒蛋白缓解铅毒性、有助于排铅进行研究，具有一定的现实意义。

2.研发目的与制备工艺 杏鲍菇富硒蛋白提取纯化具体步骤见图15-14，以硒含量最高的组分记为SePEP。

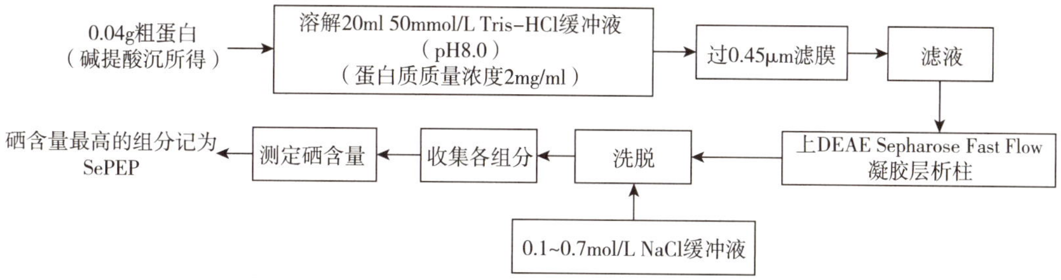

图15-14 杏鲍菇富硒蛋白提取纯化流程图

3.产品特点及应用 实验表明：杏鲍菇富硒蛋白的氨基酸含量显著增加，体外模拟消化产物可显著降低Pb^{2+}对RAW264.7细胞毒性，细胞存活率升高，对Pb^{2+}暴露RAW264.7细胞的促炎因子IL-6、IL-8和TNF-α的释放具有显著抑制作用，缓解了Pb^{2+}诱导的RAW264.7细胞炎症反应。可制成以杏鲍菇富硒蛋白提取物为主的浸膏、片剂、颗粒剂、丸剂、胶囊剂、散剂、口服液等以改善铅毒性为主要功能的药品或食品。

复习思考题

1.简述有助于排铅的保健食品的实验项目与结果评定。

2.简述一种解酒护肝口服液的制备方法的优点。

第八节 耐缺氧

柴达木大肥菇菌丝及其提取物的耐缺氧用途

1.研发简介 统计资料显示，进入3000m和3655m地区时急性高原病的发病率分别为57.3%和63.8%，进入3900m和4500m地区时AMS的发病率高达89.2%和100%。因此，高原病的防治刻不容缓。缺氧分为病理性缺氧、生理性缺氧、运动性缺氧和环境性缺氧。缺氧对机体是一种劣性刺激，影响机体各种代谢，特别是影响机体的氧化供能，最终会导致机体的心、脑等主要器官氧供给不足而死亡。耐缺氧的主要化学成分为鲨烯，药食两用的原料主要包括红景天、枸杞子、银杏叶、酪蛋白酸钾、西洋参、人参、三七、丹参、黄芪、天麻、葛根和刺五加等。菌类食物，如香菇、平菇、木耳等，或者药食两用的灵芝中的化学成分，均能够通过不同的机制减少血液黏稠度，提升大脑的血液流动速度和输氧能力，从而供应一定量的蛋白质，增加血红蛋白的携氧能力，提高血氧饱和度，对耐缺氧能力有明显的增强作用。柴达木大肥菇，学名双层环伞菌，俗称沙菇、大蘑菇，其具有地下结实、抗逆性强等特点，主要生长于戈壁草滩土层之下。2018年以液体培养柴达木大肥菇获得其菌丝体的研究已获得成功。柴达木大肥菇多糖等在抗缺氧方面的用途已经得到了证实，并且得到良好的应用效果。

2.研发目的与制备工艺 本案例提供了柴达木大肥菇菌丝及其提取物在制备耐缺氧保健食品中的用途。其制备方案见图15-15。

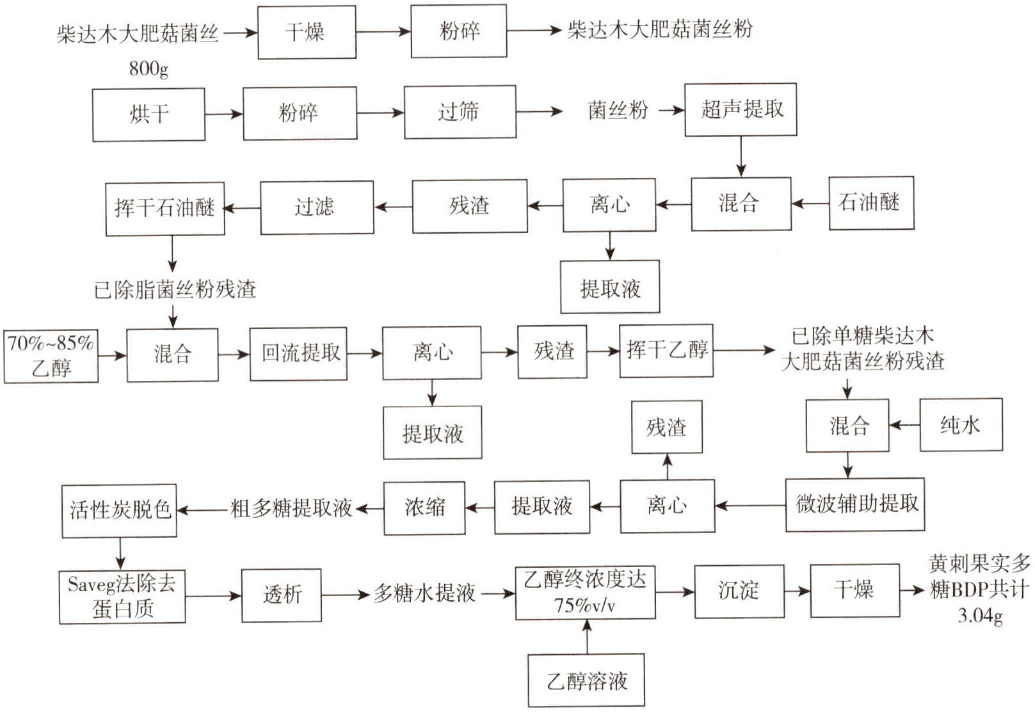

图15-15 柴达木大肥菇菌丝及其提取物提取的流程图

3.产品特点及应用 研究发现，柴达木大肥菇菌丝具有良好的抗缺氧功能，通过提高细胞中的5-羟色胺、多巴胺、乙酰胆碱、内皮素表达量，降低NADPH氧化酶含量，增强肺通气、肺循环和心血管活动，增加机体代偿反应，促进机体的低氧耐受能力提高，保护细胞急性缺氧损伤，因此可以将柴达木大肥菇菌丝及其提取物用于制备安全可靠的抗缺氧保健食品。

知识拓展

高原反应

高原反应是人到达一定海拔高度后，身体为适应因海拔高度而造成的气压差、含氧量少、空气干燥等的变化，而产生的自然生理反应，海拔高度一般达到2700米左右时，就会有高原反应。

1.高原反应的症状一般表现为：头痛、气短、胸闷、厌食、微发热、头昏、乏力等。

2.部分人因含氧量少而出现：嘴唇和指尖发紫、嗜睡、精神亢奋、睡不着觉等不同的表现。

3.部分人因空气干燥而出现：皮肤粗糙、嘴唇干裂、鼻孔出血或积血块等。

即将前往高原地区的人群，可针对缺氧、寒冷和干燥的气候特点提前服用西洋参含片、红景天口服液、生脉饮和诺迪康等具有滋阴补气、扶正固本类功效的制剂。

针对气虚血瘀、寒凝血瘀、有心血管疾病的患者，可提前准备用于改善冠脉流量、缓解心脏不适的复方丹参滴丸、速效救心丸、地奥心血康、复方党参胶囊、麝香保心丸、银杏叶片等中成药制剂。

对于肺燥、津伤等兼证，配以五味子、枸杞子、西洋参等滋阴益气类中药代茶饮，亦可有效缓解诸多干燥症状；而出现腹胀、恶心、呕吐等症状，可服用具有健脾胃功效的益气健胃饮对症治疗。

急性高原反应的发生与人们进入高原地区的快慢、海拔高度、停留时间和个体体质等因素有关。出现急性高原反应后，应尽量休息，减少活动和耗氧量，可进食易消化的高糖类食物，不宜过饱。必要时应及时就医，吸氧或行高压氧治疗。

本章小结

本章主要通过举例的方式，介绍了不同功能保健食品原料的作用原理与特点，帮助读者从实际案例中了解不同功能的保健食品研发应用情况。

关键词

血清甘油三酯　serum triglycerides，TG
高尿酸血症　hyperuricemia
超氧化物歧化酶　superoxide dismutase，SOD
还原型谷胱甘肽　reduced glutathione
谷胱甘肽过氧化物酶　cystatin peroxidase
避暗实验　passive avoidance
水迷宫实验　water maze experiment
双歧杆菌　*Bifidobacterium*
肠球菌　*Enterococcus*
拟杆菌　*Bacteroides*
幽门螺杆菌　*Helicobacterpylori,Hp*
酪氨酸酶　tyrosinase
血红蛋白　hemoglobin
缺铁性贫血　iron-deficiency anaemia
维生素D　vitamin D，VD
丙二醛　malondialdehyde，MDA
铅　lead
血清胆固醇　serum cholesterol，CHOL
丙二醛　malondialdehyde，MDA
银杏多糖　ginkgo polysaccharide
活性氧　reactive oxygen species，ROS
跳台实验　step down test
穿梭箱实验　shuttle box experiment
帕金森病　parkinson's disease，PD
乳杆菌　*Lactobacillus*
肠杆菌　*Enterobacter*
产气荚膜梭菌　*Clostridium perfringens*
痤疮　acne
黑色素　melanin
血清铁蛋白　serum ferritin
骨密度　bone mineral density，BMD
化学性肝损伤　chemical liver injury
还原型谷胱甘肽　glutathione，GSH
高原病　highaltitude disease，HAD

急性高原病　acutemountain sickness，AMS
慢性高原病　chronicmountain sickness，CMS
糖化血红蛋白　glycated hemoglobin A1c，HbA1c
血清极低密度脂蛋白　serum very low density lipoprotein，VLDL
血清中低密度脂蛋白　serum low density lipoprotein，LDL
3′-香叶基柑橘查尔酮　3′-geranylchalconaringenin
血清8-表氢氧异前列腺素　8-Isoprostane
谷丙转氨酶　alanine aminotransferase，ALT
谷草转氨酶　aspartate aminotransferase，AST
常压耐缺氧实验　atmospheric hypoxia tolerance experiment
亚硝酸钠中毒存活实验　survival experiment of sodium nitrite poisoning
急性脑缺血性缺氧实验　experiment of acute cerebral ischemic hypoxia

复习思考题

1. 简述柴达木大肥菇菌丝多糖的制备方法。
2. 简述提高缺氧耐受力保健食品的实验项目与结果评定。

（段飞霞　张玉静　杜　清　刘梦丹）

附　录

WHO保健食品调整的原则

https://www.who.int/zh/news-room/fact-sheets/detail/food-safety

GB16740—2014 食品安全国家标准　保健食品

https://www.huining.gov.cn/upfiles/file/20221117/1668651026336887.pdf

GB 4806.1—2016 食品安全国家标准 食品接触材料及制品通用安全要求

http://www.nhc.gov.cn/sps/s7891/201611/06ed87a09dad4cf6aee48cd89efbef35.shtml

GB17405—1998 食品安全国家标准 保健食品良好生产规范

https://std.samr.gov.cn/gb/search/gbDetailed?id=71F772D78DDFD3A7E05397BE0A0AB82A

食品生产经营监督检查管理办法（国家市场监督管理总局令第49号）

https://www.gov.cn/gongbao/content/2022/content_5682425.htm

GB16740—1997 保健（功能）食品通用标准

https://std.samr.gov.cn/gb/search/gbDetailed?id=71F772D801F8D3A7E05397BE0A0AB82A

保健食品新功能及产品技术评价实施细则（试行）（2023年第37号）

https://www.gov.cn/zhengce/zhengceku/202308/content_6900636.htm

保健食品标志规范标注指南

https://www.gov.cn/zhengce/zhengceku/202312/content_6922043.htm

保健食品稳定性试验指导原则

http://mpa.jiangxi.gov.cn/art/2013/12/12/art_35108_2414980.html

保健食品评审技术规程

https://www.zhangqiaokeyan.com/academic-journal-cn_detail_thesis/0201292493247.html

保健食品注册审评审批工作细则（2016年版）

https://www.samr.gov.cn/tssps/zcwj/art/2023/art_fae7b7c8faf2421f8ede847f3c4a1a27.html

保健食品新功能产品申报与审评规定

https://www.tid.gov.hk/english/aboutus/tradecircular/cic/asia/2012/files/ci201206a.pdf

特殊食品注册现场核查工作规程（暂行）

https://www.samr.gov.cn/tssps/zcwj/art/2023/art_2aa262bb6f084affbed68fe411a79793.html

允许保健食品声称的保健功能目录 非营养素补充剂（2023年版）

https://www.samr.gov.cn/zw/zfxxgk/fdzdgknr/tssps/art/2023/art_491d5c9de75e425c8cd0203027af1d93.html

保健食品人群试食试验伦理审查工作指导原则（2023年版）

网址同“允许保健食品声称的保健功能目录 非营养素补充剂（2023年版）”

保健食品功能检验与评价技术指导原则（2023年版）

网址同“允许保健食品声称的保健功能目录 非营养素补充剂（2023年版）”

保健食品功能检验与评价方法（2023年版）

网址同“允许保健食品声称的保健功能目录 非营养素补充剂（2023年版）”

中华人民共和国农产品质量安全法

https://www.samr.gov.cn/zw/zfxxgk/fdzdgknr/bgt/art/2023/art_f5a0c2c6c3724a6aad91645043b012ce.html

保健食品原料目录

https://www.samr.gov.cn/tssps/zcwj/art/2023/art_ff0298388ff5401094fa6fedd8f64f44.html

保健食品注册与备案管理办法

https://scjgj.beijing.gov.cn/cxfw/flfgcxfw/spaql/202006/t20200618_1927767.html

保健食品及其原料安全性毒理学检验与评价技术指导原则（2020年版）

https://www.samr.gov.cn/zw/zfxxgk/fdzdgknr/tssps/art/2023/art_d0c45ed1dc6d4ff4a7eb6bb9baac0bb1.html

实验动物管理条例

https://www.gov.cn/zhengce/202203/content_3337973.htm

保健食品注册审评审批工作细则（2016年版）

http://www.cfe-samr.org.cn/zcfg/bjsp_134/gfxwj/zcwj/202208/t20220802_4413.html

RB/T 193—2015良好实验室规范在组织病理学同行评议中的应用指南

https://max.book118.com/html/2019/0309/5310130022002020.shtm

GB 15193.17—2015食品安全国家标准 慢性毒性和致癌合并试验

https://www.wdfxw.net/doc44483182.htm

GB 15193.15-2015食品安全国家标准 生殖毒性试验

https://www.anan.gov.cn/anan/cpbz/201801/75801430dff14b9da9ff8a196c6fddb9/files/dd1a6b4eb35b4298a04b134353a0df23.pdf

GB 15193.13—2015食品安全国家标准 90天喂养试验

https://www.anan.gov.cn/anan/cpbz/201801/fc636d6b93a643b7815d206cbbfa7710/files/de9f65ed70df4f78a085f6c20b3296a8.pdf

中华人民共和国食品安全法

http://www.gov.cn/zhengce/2015-04/25/content_2853643.htm

GB15193.22—2014食品安全国家标准 28天喂养试验

https://www.anan.gov.cn/anan/cpbz/201801/07758d6a55a0417cbed3a79100a00efe/files/3f7db7aadb2548b5a5648d8aa6d6d083.pdf

GB 15193.6—2014食品安全国家标准 哺乳动物骨髓细胞染色体畸变试验

https://www.wdfxw.net/doc87783911.htm

GB 15193.5—2014食品安全国家标准 哺乳动物红细胞微核试验

http://www.nhc.gov.cn/sps/s3593/201412/d9a9f04bc35f42ecac0600e0360f8c89.shtml

GB 15193.4—2014食品安全国家标准 细菌回复突变试验

http://www.nhc.gov.cn/sps/s3593/201412/d9a9f04bc35f42ecac0600e0360f8c89.shtml

GB 15193.3—2014食品安全国家标准 急性经口毒性试验

网址同“GB 15193.4—2014食品安全国家标准 细菌回复突变试验”

GB 15193.20—2014食品安全国家标准 哺乳动物体外TK基因突变试验

网址同“GB 15193.4—2014食品安全国家标准 细菌回复突变试验”

GB 15193.1—2014 食品安全国家标准 食品安全性毒理学评价程序

网址同“GB 15193.4—2014食品安全国家标准 细菌回复突变试验”

食品中化学物风险评估的原则和方法

https://iris.who.int/bitstream/handle/10665/44065/WHO_EHC_240_17_eng_summary_chi.pdf?sequence=17

良好实验室规范（GLP）原则

https://view.officeapps.live.com/op/view.aspx?src=https%3A%2F%2Fwww.cnas.org.cn%2Fimages%2Ffwzl%2Fglpzl%2Fglpgfyz%2F2013%2F07%2F08%2F360CF7AE4EBFE818F5D60253A76B2AD1.doc&wdOrigin=BROWSELINK

实验室质量控制规范 食品毒理学检测

https://openstd.samr.gov.cn/bzgk/gb/newGbInfo?hcno=562F6369D79504291D357F5EBD24ECB8

新资源食品安全性评价规程

http://www.nhc.gov.cn/cms-search/xxgk/getManuscriptXxgk.htm?id=16499

NY/T 1102—2006转基因植物及其产品食用安全检测 大鼠90d喂养试验

https://hbba.sacinfo.org.cn/attachment/onlineRead/04c55348fbdc793585740ae8b37d04668a63777be6892381fe2674f4f864d0ea

NY/T 718—2003农药毒理学安全性评价良好实验室规范

https://max.book118.com/html/2019/0727/8055014057002037.shtm

GB15193.1—2003食品安全性毒理学评价程序

https://openstd.samr.gov.cn/bzgk/gb/newGbInfo?hcno=311E20885A901BD92EDC3E87FDCDB817

GB 15193.1—1994 食品安全性毒理学评价程序

https://www.doc88.com/p-9418283400610.html

中华人民共和国食品卫生法

https://www.gov.cn/banshi/2005-08/01/content_18960.htm

参考文献

1. Evans M W，Ndetan H，Perko M，et al. Dietary Supplement Use by Children and Adolescents in the United States to Enhance Sport Performance：Results of the National Health Interview Survey［J］. The Journal of Primary Prevention，2012，33（1）：3-12.

2. 白悦彤，郭秀云，郑梦凡. 我国保健食品市场现状分析及对策研究［J］. 现代商业，2019（21）：7-8.

3. 王海燕.新中国成立70周年我国特殊食品监管法规体系演变历程［J］.中国食品药品监管，2019（5）：30-43.

4. 华永有. 我国已获批准的保健食品现状分析［J］. 海峡药学，2014，26（11）：134-136.

5. 黄璐琦，何春年，马培，等. 我国药食两用物品产业发展战略思考［J］. 中国工程科学，2022，24（6）：81-87.

6. 孙蓉，齐晓甜，陈广耀，等. 中药保健食品研发、评价和产业现状及发展策略［J］. 中国中药杂志，2019，44（5）：861-864.

7. 胡颖廉. 行政吸纳市场："中国式"监管的制度困境——以保健食品为例［J］. 中山大学学报（社会科学版），2020，60（6）：168-178.

8. 李菲菲，刘洪宇，迟海林，等. 保健食品延续注册产品技术要求审评分析及建议［J］. 中国食物与营养，2022，28（9）：15-19.

9. 童钰琴，王松涛，江南，等. 我国已注册改善睡眠保健食品的现状分析［J］. 中国现代中药，2021，23（11）：2000-2005.

10. Xiaoding Jiang, Xu He, Jonathan Wong, et al. Lactone-to-Lactam Editing Alters the Pharmacology of Bilobalide［J］. JACS, 2024, 7：16.

11. 天津隆顺榕发展制药有限公司. 维生素D3加钙软胶囊说明书［OL］.［2015-07-02］. http：//www.lsr.com.cn/product/list.

12. 张雪莉，胡秋辉，纪阳，等. 杏鲍菇富硒蛋白的营养结构特性及对铅毒性的缓解作用［J］. 食品科学，2022，43（15）：125-133.

参考书籍

1. 党毅，刘勇. 保健食品研制与开发 (第2版)［M］. 北京：人民卫生出版社，2019.

2. 吴学谦，徐娟. 保健食品学［M］. 北京：中国林业出版社,2021.

3. 张艺，贡济宇. 保健食品研发与应用 (第2版)［M］. 北京：人民卫生出版社，2021.

4. 李朝霞. 保健食品研发原理与应用［M］. 北京：科学出版社，2022.

5. 迟玉杰. 保健食品学［M］. 北京：中国轻工业出版社，2016.

6. 赵余庆. 保健食品研制思路与方法［M］. 北京：人民卫生出版社，2010.

7. 范青生，胡居吾. 保健食品注册申报实用指南［M］. 北京：中国轻工业出版社，2006.

8. 车云波，贾强. 功能性食品开发与应用［M］. 北京：中国医药科技出版社，2019.

参考专利

1. 项蕾红，范逍遥，朱依谆，等．益母草碱在制备痤疮治疗药物中的用途：CN112007022B［P］．2022-11-18.

2. 张海丽，苑晓萌，岳明瑞，等．一种抗氧化牡丹保健花茶及其制备方法：CN110754551A［P］．2019-11-27.

3. 刘文洪，杨明，陈建赟，等．一种翠叶金丝保健茶的制备方法：CN201610269613［P］．2016-04-27.

4. 肖倩．一种清喉利咽的中药组合物及其应用：CN202011295527.3［P］．2020-11-18.

5. 许谦，李雪，张慧敏，等．一种桑黄风味酸奶及其制备方法：CN202111121011.1［P］.2022-01-11.

6. 吕圭源，陈素红，张志茹，等．一种具有降血脂作用的决明子提取物在制备降血脂药物及保健食品中的应用：CN104940278A［P］．2015-09-30.

7. 田俊，王瑱，任璇璇，等．一种银杏功能性饮料的制备方法：CN108391772A［P］．2018-08-14.

8. 吕圭源，陈素红，宓文佳，等．一种具有降血糖作用的铁皮石斛根提取物及其用途：CN201410482159［P］．2016-03-30.

9. 李学志，刘曼，周思含，等．甘薯渣膳食纤维的提取方法及其在调节肠道菌群中的应用：CN110025015A［P］.2019-07-19.

10. 孙华，张梦迪，郝思雨，等．3′-香叶基柑橘查尔酮及组合物在制备治疗脂肪肝的产品方面中的应用：CN202010149382［P］．2021-08-03.

11. 吕主源，陈素红，李雄英，等．一种具有降血脂作用的陈皮提取物及其应用：CN103845477A［P］．2014-06-11.

12. 吕圭源，陈素红，唐琪晶，等．一种具有调节血脂作用的白术提取物及其应用：CN201410516671［P］．2014-09-30.

13. 颜美秋，吕圭源，陈素红，等．一种富含黄酮碳苷的铁皮石斛提取物及其应用：CN201910229592［P］．2019-03-25.

14. 王辉．一种辅助降血糖的保健茶及其制备方法：CN202110636468［P］．2021-06-08.

15. 田俊，王瑱，任冰玉，等．一种银杏叶多糖提取方法及具有它的抗氧化性测定方法：CN108383921A［P］．2018-08-10.

16. 姚晓华，吴昆仑，姚有华，等．黑青稞黑藜麦组合物在制备抗氧化产品中的用途：CN202010941447.4［P］.2021-01-12.

17. 帅玉英，华颖，夏道宗，等．一种预防抑郁及老年痴呆的保健食品及其制备方法：CN107927732A［P］．2017-12-15.

18. 叶英，王树林，曹效海，等. 茶藨子果实或其提取物的抗疲劳用途：CN109999068A［P］. 2019-07-12.

19. 帅玉英，黄子茹，谈峻成. 一种青梅提取物及其制备方法和应用：CN115777930A［P］, 2023-03-14.

20. 夏明. 乳蛋白源性肠道微生态调节肽保健品及其制备方法：CN201611077510［P］. 2016-11-30.

21. 李啟恩，郭肖，扎西桑布，等. 一种发酵饮料及其制备方法：CN113331329A［P］. 2021-06-29.

22. 李昌煜，王倩，王林燕，等. 一种具有美白亮肤功能的保健饮料及其制备方法和应用：CN115444086A［P］. 2022-12-09.

23. 高鹏飞，陈漫漫，邢婧伟，等. 一种解酒、醒酒、护肝的中药组合物及其应用：CN202011509077.3［P］. 2021-03-26.

24. 焦迎春，陈雅楠，吴杉. 柴达木大肥菇菌丝及其提取物的抗缺氧用途：CN202010342271.0［P］. 2020-08-07.

25. 丁志山，钱朝东，蒋福升，等. 一种具有降尿酸作用的山核桃叶提取物球松素及其制备方法和用途：CN105362259A［P］. 2015-10-20.

26. 杨永晶，索有瑞，韩丽娟. 一种含有沙棘籽油的软胶囊的制作方法：CN108497499A［P］. 2018-01-24.

27. 成仿云，揭晓，钟原. 一种牡丹花茶及其制作方法：CN201710037985.9［P］. 2017-10-03.

28. 孟于添. 一种牡丹花茶的制备方法：CN202011091666.4［P］. 2020-11-09.

29. 杨晓红. 一种牡丹花茶及其制备方法：CN201310727146.1［P］. 2013-12-24.

30. 郑艳，洪阳，张倩，等. 一种牡丹花茶及其制备方法：CN201310156404.5［P］. 2013-04-28